U0275020

信息技术和电气工程学科国际知名教材中译本系列

Reinforcement Learning and Optimal Control

强化学习与最优控制

[美] 德梅萃·P. 博塞克斯 （Dimitri P. Bertsekas） 著

李宇超 译

清华大学出版社
北京

北京市版权局著作权合同登记号　图字：01-2024-1604

Original English Language Edition: Reinforcement Learning and Optimal Control by Dimitri P. Bertsekas.
Copyright © Dimitri P. Bertsekas, 2024.
All rights reserved.
Athena Scientific, Belmont, MA, USA.

本书封面贴有清华大学出版社防伪标签。无标签者不得销售。
版权所有，侵权必究。举报：010-62782989，beiqinquan@tup.tsinghua.edu.cn。

图书在版编目（CIP）数据

强化学习与最优控制 / (美) 德梅萃·P. 博塞克斯 (Dimitri P. Bertsekas) 著; 李宇超译. —北京：清华大学
出版社，2024.2
（信息技术和电气工程学科国际知名教材中译本系列）
书名原文: Reinforcement Learning and Optimal Control
ISBN 978-7-302-65644-9

Ⅰ. ①强…　Ⅱ. ①德… ②李…　Ⅲ. ①最佳控制-教材　Ⅳ. ①O232

中国国家版本馆 CIP 数据核字（2024）第 049046 号

责任编辑：王一玲
封面设计：常雪影
责任校对：王勤勤
责任印制：丛怀宇

出版发行：清华大学出版社
　　　　网　　　址：https://www.tup.com.cn, https://www.wqxuetang.com
　　　　地　　　址：北京清华大学学研大厦 A 座　　邮　　编：100084
　　　　社　总　机：010-83470000　　　　邮　　购：010-62786544
　　　　投稿与读者服务：010-62776969, c-service@tup.tsinghua.edu.cn
　　　　质　量　反　馈：010-62772015, zhiliang@tup.tsinghua.edu.cn
　　　　课　件　下　载：https://www.tup.com.cn , 010-83470236
印 装 者：三河市龙大印装有限公司
经　　销：全国新华书店
开　　本：203mm×260mm　　　　印　　张：17.75　　　字　　数：462 千字
版　　次：2024 年 4 月第 1 版　　　印　　次：2024 年 4 月第 1 次印刷
印　　数：1～1500
定　　价：139.00 元

产品编号：093574-01

关于作者

Dimitri P. Bertsekas 曾在希腊国立雅典技术大学学习机械与电气工程，之后在麻省理工学院获得系统科学博士学位。他曾先后在斯坦福大学工程与经济系统系和伊利诺伊大学香槟分校的电气工程系任教。1979 年以来，他一直在麻省理工学院电机工程与计算机科学系任教，现任麦卡菲工程教授。2019 年，他加入亚利桑那州立大学计算、信息与决策工程学院并担任富尔顿教授。

Bertsekas 教授的研究涉及多个领域，包括确定性优化、动态规划、随机控制、大规模与分布式计算以及数据通信网络。他已撰写 19 部著作及众多论文，其中，数本著作在麻省理工学院被用作教材，包括《动态规划与最优控制》《数据网络》《概率导论》《凸优化算法》《非线性规划》。

Bertsekas 教授因其著作《神经元动态规划》（与 John Tsitsiklis 合著）荣获 1997 年 INFORMS 授予的运筹学与计算机科学交叉领域的杰出研究成果奖，他还获得了 2001 年美国控制协会 John R. Ragazzini 奖及 2009 年 INFORMS 说明写作奖、2014 年美国控制协会贝尔曼遗产奖、2014 年 INFORMS 优化学会 Khachiyan 终身成就奖、2015 年 MOS/SIAM 的 George B. Dantzig 奖、2018 年 INFORMS 的冯·诺依曼理论奖，以及 2022 年 IEEE 控制系统奖。2001 年，他因为"基础性研究、实践并教育优化/控制理论，特别是在数据通信网络中的应用"当选美国工程院院士。

序言

转而投身于现代计算机的怀抱，让我们放弃所有分析工具。（Turning to the succor of modern computing machines, let us renounce all analytic tools.）

（理查德·贝尔曼 [Bel57]）

从目的论的角度来看，任何特定方程组的特定数值解都远不如理解的性质重要。（From a teleological point of view the particular numerical solution of any particular set of equations is of far less importance than the understanding of the nature of the solution.）

（理查德·贝尔曼 [Bel57]）

在本书中，我们考虑大规模且具有挑战性的多阶段决策问题。原则上，该类问题可以通过动态规划（dynamic programming, DP）来求解。但是，对于许多实际问题以该方法进行数值求解是难以实现的。本书探讨的求解方法通过采用相关的近似，能够给出满足性能要求的次优策略。此类方法有几个不同的但本质上等价的名称：强化学习（reinforcement learning）、近似动态规划（approximate dynamic programming）和神经元动态规划（neuro-dynamic programming）。在本书中，我们将使用其最通俗的名称：强化学习。

我们所讲的学科从最优控制和人工智能这两个领域的思想碰撞中获益良多。本书的目的之一便是探讨这两个领域的共同边界，从而为具有其中任一领域背景的研究者提供通向另一领域的桥梁。另外一个目的则是挑选出许多在实践中证明有效的且具有坚实的理论与逻辑基础的方法，并将它们有组织地整理起来。鉴于当前相关前沿文献中存在着诸多相左的思路和观念，本书归纳整理的体系可能有助于研究人员和实践者在宛如迷宫的前沿文献中找到出路。

基于动态规划的次优控制方法可以分为两类。第一类是值空间近似（approximation in value space），即通过某种方式采用其他的函数来近似最优展望费用函数。与值空间近似相对的主要替代方法是策略空间近似（approximation in policy space），即我们将注意力集中在某些特定形式的策略上，通常是某种形式的参数族，然后通过优化方式在其中选取策略。某些方案会将这两种近似结合起来，旨在充分利用两者的优势。通常值空间近似与作为动态规划核心思想的值迭代和策略迭代的联系更为紧密，而策略空间近似则主要依赖于类梯度下降的更广泛适用的优化机制。

尽管我们对策略空间的近似给出了大量的讲解，本书的大部分内容还是集中于值空间近似。此类方法通过对有限阶段的费用以及未来最优费用的近似之和进行优化，从而得到每个状态对应的控制。未来最优费用的近似是以将来可能所处的状态为自变量的函数，通常将其记为 $\tilde{J}$。该函数可以通过多种不同的方法计算得到，其中可能涉及仿真和/或某种给定的或单独获得的启发式/次优策略。对于仿真的运用使得一些算法在没有数学模型时同样得以实现，而这也将动态规划推广到其传统适用范围之外。

本书有选择地介绍四种获取函数 $\tilde{J}$ 的方法。

（a）问题近似（problem approximation）：此类方法中的 $\tilde{J}$ 是与原问题相关的但相对简单问题的最优费用函数，并且该问题可以通过精确动态规划求解。我们会对此类方法中的确定性等价和强制解耦方法给出一些讲解。

（b）策略前展与模型预测控制（rollout and model predictive control）：此类方法中的 $\tilde{J}$ 是某个已知启发式策略的费用函数。一般求解策略前展所需的费用函数值是通过仿真计算得到的。尽管此类方法可用于求解随机问题，但其依赖于仿真的特征使它们更适用于确定性问题，其中就包括了某些启发式解法已知的、具有挑战性的组合优化问题。策略前展还可以与自适应采样和蒙特卡洛树搜索相结合，并且所得方案已成功应用于西洋双陆棋、围棋、国际象棋等游戏场景中。

模型预测控制最初是为求解涉及目标状态的连续空间的最优控制问题而开发的。譬如经典控制问题中的原点即可被视为目标状态。我们可以将该方法看作一种基于次优优化的特殊形式的策略前展，其控制目标是抵达特定的状态。

（c）参数化费用近似（parametric cost approximation）：此类方法中的 $\tilde{J}$ 是从包含神经网络在内的参数化的函数族中选出的，而其中的参数是通过运用状态-费用的样本对以及某种增量形式的最小二乘/回归算法"优化"或"训练"得到的。这一部分中我们将对近似策略迭代及其多种变体给出一些讲解，其中就包括了多种执行-批评方法。这些方法中涉及的策略评价通常是通过基于仿真的训练方法来实现的，而策略改进则可能依赖于策略空间的近似。

（d）聚集（aggregation）：此类方法中的 $\tilde{J}$ 是与原问题相关的某一类特定问题的最优费用。这就是所谓的聚集问题。与原问题相比，该问题涉及的状态数目更少。我们可以通过多种不同的方式构造聚集问题，并且可以通过精确动态规划进行求解。由此得到的最优费用函数就可以作为 $\tilde{J}$ 并用于有限阶段的优化方法中。在涉及神经网络或基于特征的线性架构的参数化近似方案中，聚集还可以用于改进局部的近似效果。

本书采用了循序渐进的阐述方式，从四个不同的方向展开。

（a）从精确动态规划到近似动态规划（from exact DP to approximate DP）：我们首先讨论精确动态规划算法，讨论实现这些方法时可能存在的难点，并在此基础上介绍相应的近似方法。

（b）从有限阶段到无穷阶段问题（from finite horizon to infinite horizon problems）：在第 1~3 章，我们介绍相对直观且数学上更为简单有限阶段的精确和近似动态规划算法。对于无穷阶段问题的解法则在第 4~6 章给出。

（c）从确定性到随机模型（from deterministic to stochastic models）：我们通常分开介绍确定性和随机问题，这是由于确定性问题更为简单，且对于书中的一些方法而言，其具有某些可以利用的特定优势。

（d）从基于模型的到无模型实现方法（from model-based to model-free implementations）：一直到 20 世纪 90 年代初之前，经典动态规划算法都是求解相应问题的唯一实现形式。与之相比，强化学习具有显著的潜在优势：它们可以通过使用仿真器/计算机模型而非数学模型来实现。本书首先讨论基于模型的实现方式，然后从中找出通过适当修改就可以利用仿真器的方案。

在第 1 章之后，每一类新方法都可以被视为之前讲解方法的更复杂或更一般的版本。此外，我们还会通过示例来说明其中的一些方法，从而有助于理解它们的适用范围。但读者也可以有选择地跳过这些例子，而不会影响整体的连贯性。

本书的数学风格与笔者的动态规划书籍 [Ber12a]、[Ber17] 和 [Ber18a]，以及笔者与 Tsitsiklis 合著并发表于 1996 年的神经元动态规划（neuro-dyanmic programming，NDP）研究专著 [BT96] 有所不同。尽管针对有限阶段和无穷阶段动态规划理论和相应的基本近似方法，我们给出了严谨（但简短）的数学说明，但我们更多地依赖直观的解释，而较少地依赖基于证明的洞见。此外，本书要求的数学基础相当有限：微积分、矩阵-向量代数的最基本应用，以及基本概率（涉及大数定律和随机收敛的复杂数学论证被直观解释所取代）。

尽管采用了一种更直观而不完全以证明为导向的阐述风格，我们仍然遵循了一些基本原则。其中最重要的原则是在使用自然语言时保持严谨。原因在于，由于省去了完整的数学论证和证明，精确的语言对于保持逻辑一致的阐述至关重要。我们尤其力求明确地定义术语，并避免使用多个实质上意义相同的术语。此外，在条件允许的情况下，我们尽量提供足够的解释或直观说明，以便数学家能够相信相关论述，甚至根据提供的思路来构建出书中并未给出的严谨证明。

值得注意的是，尽管我们介绍的多种方法在实践中通常能取得成功，但其性能表现并不扎实。这反映了该领域当前的技术水平：没有任何方法可以保证适用于所有问题，甚至大多数问题，但对于给定问题，文献中有足够多的方法可供尝试，并且最终成功的机会也不算小[1]。为了帮助读者选取合理的方法并尽快解决问题，我们首先强调的是培养对每种方法内部工作原理的直观理解。然而，了解该领域的分析原理以及核心计算方法背后的机制仍然很重要。引用来自神经元动态规划专著 [BT96] 中前言的一句话："我们能够从文献里令人眼花缭乱的猜测性建议和声明中辨别出有前途的或扎实的算法，主要靠的是理解神经元动态规划方法的数学结构。"

另一句来自《纽约时报》文章 [Str18] 的陈述，与 DeepMind 引人注目的 AlphaZero 国际象棋程序有关，同样值得引用："然而，关于机器学习令人沮丧的一点是，这些算法无法阐述它们在思考什么。我们不知道它们为什么有效，所以我们不知道它们是否值得信赖。AlphaZero 似乎已经发现了关于国际象棋的一些重要原则，但它还不能与我们分享这种理解，至少目前还不能。作为人类，我们想要的不仅仅是答案，我们还想要洞察力。这将成为我们今后与计算机互动时紧张的源头之一。"[2]对此，我们可以补充说，人类的洞察力只能在某种人类思维的结构中获得，而数学推理与算法模型似乎是实现这一目标的最合适的结构。

我想对为这本书做出直接或间接贡献的许多学生和同事表示感谢。特别要感谢过去 25 年来我在这个领域中的主要合作者，尤其是 John Tsitsiklis、Janey (Huizhen) Yu 和 Mengdi Wang。此外，多年来与 Ben Van Roy 分享见解对于塑造我对本领域的理解非常重要。与 Ben Recht 的关于策略

---

[1] 虽然强化学习是基于动态规划的数学原理，但它也依赖于多个相互影响的近似，并且这些近似在实践中的效果很难预测和量化。我们希望通过进一步的理论和应用研究，该领域的相关理论能得到改善和澄清。然而，可以说，在目前的形式下，强化学习是一个爆炸性发展的领域，复杂、不纯净，并且有些混乱。强化学习当前的状况并非个例。在其他一些重要的优化领域中，类似的状况也存在过相当一段时间。

[2] 这篇序言开头引用的两段贝尔曼在 1957 年的表述也表达了这种紧张关系。尽管其中的第一段引言引人注目且被广泛引用，但不可否认的是，它有点脱离了上下文（在他关于实际应用的工作中，贝尔曼一直保持着数学分析学者的本色）。贝尔曼引人入胜的自传 [Bel84] 中包含了关于动态规划（以及近似动态规划）起源的许多信息；他的合作者 Dreyfus[Dre02] 汇编了这部自传中的一些选段。贝尔曼表示："为了能够取得进展，我们必须考虑近似技术，尤其是数值算法。最后，在花费了大量时间和精力来分析许多种简单模型却多徒劳无功后，我准备面对新的挑战，即如何将动态规划作为获取数值问题的数值答案的有效工具。"接着，他将自己对数值动态规划工作的动机归因于（在当时还很原始的）数字计算机的出现，并将其称为"巫师的学徒"。

梯度方法的交流也对我很有帮助。在麻省理工学院（Massachusetts Institute of Technology，MIT）我所教授的动态规划课程中，学生们所做的项目给我带来不少灵感，其中许多都间接地反映在了本书中。我要对许多审阅本书部分内容的读者表示感谢。在这方面，我要特别提到李宇超，他提出了很多有益的意见；还有 Thomas Stahlbuhk，他非常仔细地阅读了整本书，并提出了许多有洞察力的建议。

本书成型于 2019 年 1 月，彼时我在亚利桑那州立大学（Arizona State University，ASU）教授了一门为期两个月的相关课程。该课程的授课视频和课件可以从我的网站（http://web.mit.edu/dimitrib/www/RLbook.html）获取，它们为本书内容提供了有益的补充。在授课期间，亚利桑那州立大学热情友好和激发创造力的环境极大地提高了我的工作效率。为此，我非常感谢 Stephanie Gil 以及其他来自该校的同事，包括 Heni Ben Amor、Esma Gel、Subbarao (Rao) Kambhampati、Angelia Nedic、Giulia Pedrielli、Jennie Si 和 Petr Sulc。此外，Stephanie 与她的学生 Sushmita Bhattacharya 和 Thomas Wheeler 一起，与我合作进行研究并实现了多种方法，对书中的许多见地有所贡献，并且测试了多种算法的变体。

Dimitri P. Bertsekas
2019 年 6 月

目录

第 1 章　精确动态规划

本章介绍精确动态规划（DP）的一些背景知识，同时着眼于本书的主题，即一些次优的求解方法。这些方法通常被冠以几个不同的但本质上等价的名称：强化学习（reinforcement learning）、近似动态规划（approximate dynamic programming）和神经元动态规划（neuro-dynamic programming）。在本书中，作为这些方法的统称，我们主要使用其中最通俗的名字：强化学习（RL）。

我们首先介绍包含有限多的连续决策阶段的问题，即所谓有限阶段问题。因为只涉及有限多的决策阶段，该类问题在理解与分析中相对容易。对于更加复杂的无穷阶段问题的讲解则会在第 4~6 章给出。此外，我们分开介绍确定性问题和随机问题（分别对应 1.1 节和 1.2 节）。这样安排是由于相较随机问题，确定性问题更加简单，因而更适于作为学习最优控制理论的切入点。此外，与随机问题所相比，确定性问题还具有一些特有的利于求解的特点。这些特点有助于我们通过更加多样的方式来求解。例如，当用于解决确定性问题时，基于仿真的方法可以得到极大的简化，而且也更容易理解。

最后，我们在 1.3 节提供多种动态规划建模实例，用以阐明 1.1 节和 1.2 节中的一些概念。熟悉动态规划理论的读者可选择在粗读 1.3 节后就跳过本章的其他部分，直接开始第 2 章的学习。关于近似动态规划方法的讲解也将在第 2 章展开。

1.1　确定性动态规划

所有（离散时间的）动态规划问题都会涉及一个离散时间的动态系统。在控制的影响下，该系统会相应地生成一个由状态构成的序列。在有限阶段问题中，系统会经历 N 个时刻（也称为阶段）的演化。在 k 时刻，系统的状态和所受到的控制分别记作 x_k 和 u_k。在确定性系统中，x_{k+1} 不是随机生成的，即它由 x_k 和 u_k 完全决定。

1.1.1　确定性问题

一个确定性动态规划问题涉及如下离散时间的动态系统

$$x_{k+1} = f_k(x_k, u_k), \quad k = 0, 1, \cdots, N-1 \tag{1.1}$$

其中，k——时刻；

x_k——系统状态，属于某种空间的一个元素；

u_k——控制或决策变量，属于某个给定的集合 $U_k(x_k)$，该集合由 x_k 决定，并可随时刻 k 而变化；

f_k——关于 (x_k, u_k) 的函数，用于描述系统状态从 k 时刻到 $k+1$ 时刻的演化机制；

N——时域或决策可作用于系统的时刻的总数。

我们称所有可能的 x_k 组成的集合为 k 时刻的状态空间（state space）。状态空间可以是任意类型的集合，并且可以随着时刻 k 而发生改变；这种状态空间的一般性正是动态规划方法的主要优势之一。类似地，由所有可能的 u_k 构成的集合被称为控制空间（control space）。同理，U_k 可以是任意类型的集合，并且可能随着时刻 k 的不同而改变。

除上述概念外，动态规划问题还会涉及费用函数这一概念。我们记 k 时刻所产生的阶段费用为 $g_k(x_k, u_k)$，那么通过把阶段费用从当前时刻起累加起来就定义了当前状态的费用函数。这里的 $g_k(x_k, u_k)$ 是一个关于 (x_k, u_k) 的函数，其输出为实数，且函数本身可能随时刻 k 而发生变化。对于一个给定的初始状态 x_0，控制序列 $\{u_0, \cdots, u_{N-1}\}$ 的总费用为

$$J(x_0; u_0, \cdots, u_{N-1}) = g_N(x_N) + \sum_{k=0}^{N-1} g_k(x_k, u_k) \tag{1.2}$$

其中，$g_N(x_N)$——系统演化终点的终止费用。

上述总费用的定义是完备的，这是因为控制序列 $\{u_0, \cdots, u_{N-1}\}$ 和初始状态 x_0 通过式(1.1)共同确定了状态序列 $\{x_1, \cdots, x_N\}$。我们希望在所有满足控制约束的决策序列 $\{u_0, \cdots, u_{N-1}\}$ 中寻找能最小化费用 [式(1.2)] 的序列，从而得到最优值[1]

$$J^*(x_0) = \min_{\substack{u_k \in U_k(x_k) \\ k=0,\cdots,N-1}} J(x_0; u_0, \cdots, u_{N-1})$$

所定义的关于 x_0 的函数。图 1.1.1 说明了确定性问题的主要组成部分。

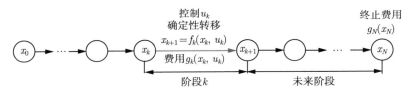

图 1.1.1 一个确定性的 N 阶段最优控制问题。从 x_k 出发，在控制信号 u_k 的作用下，下一时刻的状态依据系统方程

$$x_{k+1} = f_k(x_k, u_k)$$

完全确定，并产生一个取值为 $g_k(x_k, u_k)$ 的阶段费用。

接下来，我们将介绍一些确定性问题的示例。

离散最优控制问题

许多情况下，状态与控制空间本身就是由有限多的离散元素构成的。在此类问题中，从任意 x_k 到可能的 x_{k+1} 的系统状态转移都可以很方便地用有向无环图来描述。图中的节点代表系统的状态，而边则代表状态动作对 (x_k, u_k)。以 x_k 为起点的每个边对应于控制约束集 $U_k(x_k)$ 中的一个控制选项，并且其终点为下一时刻状态 $f_k(x_k, u_k)$，见图 1.1.2。为了有效利用图来处理该问题的最终阶段，我们在图中添加一个虚拟终止节点 t。每个 N 阶段的状态 x_N 与终止节点 t 之间被一个费用为 $g_N(x_N)$ 的边相连。

---

[1] 本书 (在应使用 "inf" 的位置) 全部使用 "min" 来表示在一个可行决策集上取得的最小值。即使当我们不确定上述最小值能否通过某一可行的决策取得时，我们仍会采用符号 "min"。

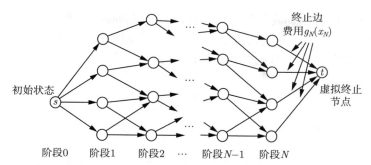

图 1.1.2 一个确定性有限状态问题的转移图。图中的节点代表状态 x_k，边则代表状态决策对 (x_k, u_k)。边 (x_k, u_k) 以 x_k 和 $f_k(x_k, u_k)$ 作为起点和终点。我们把相应状态转移的费用 $g_k(x_k, u_k)$ 视作该边的边长。这个确定性有限状态的问题就等价于寻找从初始节点 s 到终止节点 t 的最短路径。

注意到每个控制序列 $\{u_0, \cdots, u_{N-1}\}$ 都对应于以初始状态（阶段 0 的状态 s）为起点并终止于 N 阶段某状态的一条路径。如果我们把一条边对应的费用视作其长度，那么容易发现求解一个确定性的有限状态有限阶段问题就等价于寻找其相应转移图中以初始节点 s 为起点、以终止节点 t 为终点的最小长度（最短）的路径。此处路径的长度指的是构成路径的边的长度之和。[①]

一般而言，组合优化问题可以用确定性、有限状态、有限阶段的最优控制问题来描述。我们用以下调度问题作为示例。

例 1.1.1（一个确定性调度问题） 假设为了生产某产品，在某机器上需要执行四道工序。这四道工序以字母 A、B、C 和 D 来表示。假设工序 B 需在工序 A 之后执行，工序 C 需在工序 D 之前执行（因此，工序序列 CDAB 是允许的，而 CDBA 则不允许）。从工序 m 到 n 的编排费用 C_{mn} 给定。此外，从工序 A 和 C 开始分别需要的启动费用是 S_A 和 S_C（见图 1.1.3）。一个工序序列的费用是该序列对应的阶段费用之和。例如，工序序列 ACDB 的费用为

$$S_A + C_{AC} + C_{CD} + C_{DB}$$

可以把该问题视作关于三个决策序列的问题，即安排执行前三道工序（第四道工序由前三道确定）。因此，将已经安排的工序序列作为状态就是一个合理的选择，相应的，初始状态就是一个人为引入的状态，用来表示决策过程的开端。图 1.1.3 给出了该问题对应的状态及决策的所有可能的状态转移。此处的问题是确定性的，即在任意一个给定的状态下任选一个控制，系统下一时刻的状态都是唯一确定的。例如，在状态 AC 时决定安排工艺 D，那么下一时刻状态即为 ACD，且该决策花费 C_{CD} 的费用。因此，上述问题可以很方便地用图 1.1.3 所示的转移图来说明。图中的每一条以初始状态为起点、以某一终止时刻的状态为终点的路径即为原问题的一个解。这一解的费用就是构成该路径的所有边的费用与终止费用之和。该问题的最优解就对应于相应转移图中费用最小的上述路径。

连续空间最优控制问题

控制理论中的许多经典问题都涉及一个连续的状态空间。例如，状态空间可以是欧几里得空间，即由维度为某正整数 n 的向量构成的空间。这类问题中就包括了线性二次型问题（linear-quadratic

---

problems）。线性二次型问题涉及线性的系统方程、二次型的费用函数，且不存在控制约束。下面我们就给出该类问题的一个示例。在我们所举的例子中，状态和控制都是一维的。但该类问题可以拓展到非常普遍的多维问题中（见 [Ber17] 3.1 节）。

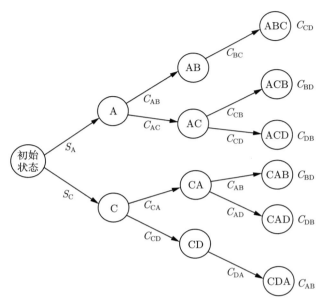

图 1.1.3 　例 1.1.1所述的确定性调度问题的转移图。图中的每条边都代表把某个状态（边的起点）导向另一状态（边的终点）的一个决定。边所对应的费用标注在其一旁。最终工序所对应的费用则作为终止费用标注在图中的终止节点的一旁。

例 1.1.2（一个线性二次型问题） 　某材料需要依次通过 N 个烤箱（见图 1.1.4）。记 x_0 为该材料的初始温度；x_k, $k = 1, \cdots, N$，为该材料经过烤箱 k 之后的温度；u_{k-1}, $k = 1, \cdots, N$，为在烤箱 k 中作用于该材料的热能。在实际中，控制量 u_k 的值会受到某些约束，例如非负性。然而，为了便于理论分析，我们可以先考虑控制不受约束的情况，然后再检验所得的解是否满足问题中某些天然存在的约束。

假设系统方程如下：

$$x_{k+1} = (1-a)x_k + au_k, \quad k = 0, 1, \cdots, N-1$$

其中，a 是一个已知的位于开区间 $(0,1)$ 的标量。我们的目标是使用相对较少的能量，使材料的最终温度 x_N 尽可能接近目标温度 T。我们用如下形式表示费用函数：

$$r(x_N - T)^2 + \sum_{k=0}^{N-1} u_k^2$$

其中，$r > 0$ 为一个给定标量，用于表示对上式的两部分费用，即所得最终温度与目标温度的误差以及所花费的总的加热能量之间的权衡。

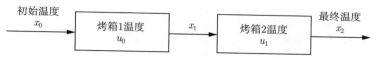

图 1.1.4 当 $N = 2$ 时，例 1.1.2介绍的线性二次型问题。该材料温度根据系统方程 $x_{k+1} = (1 - a)x_k + au_k$ 演化，其中 a 为取值于开区间 $(0, 1)$ 的标量。

对于状态和控制不受约束的线性二次型问题，我们可以解出其解析解，这部分内容将在 1.3.7 节展开。在另一类常见的最优控制问题中，状态和/或控制则会受到一些线性约束。相应地，在上述例子中，引入由某些给定标量 a_k、b_k、c_k 和 d_k 定义的状态和/或控制的约束 $a_k \leqslant x_k \leqslant b_k$ 和 $c_k \leqslant u_k \leqslant d_k$ 也会是一个很自然的选择。这种存在约束的问题不仅可以采用动态规划求解，也可以采用二次规划的方法解决。一般来说，具有连续的状态及控制空间的、确定性最优控制问题，（除了可以用动态规划解决外）可以通过非线性规划的方法求解，如梯度法、共轭梯度法和牛顿法。根据所求问题的特殊结构，我们还可以对上述求解方法做相应的调整。

1.1.2 动态规划算法

本节将介绍动态规划算法并证明其合理性。这种算法基于一个简单的概念，即最优性原理（principle of optimality）。现将该原理概述如下，见图 1.1.5。

最优性原理 给定初始状态 x_0，记相应的某一最优控制序列为 $\{u_0^*, \cdots, u_{N-1}^*\}$。在该控制序列作用于状态方程(1.1)后，系统的状态序列为 $\{x_1^*, \cdots, x_N^*\}$。现考虑如下子问题：

从 k 时刻的状态 x_k^* 出发，以 $\{u_k, \cdots, u_{N-1}\}$，$u_m \in U_m(x_m)$，$m = k, \cdots, N - 1$ 为优化变量，我们希望最小化从 k 时刻到 N 时刻累积的"展望费用"：

$$g_k(x_k^*, u_k) + \sum_{m=k+1}^{N-1} g_m(x_m, u_m) + g_N(x_N)$$

那么，该子问题的最优解是 $\{u_k^*, \cdots, u_{N-1}^*\}$，即通过截短原问题的最优控制所得的序列。

上述子问题被称为始于 x_k^* 的尾部子问题（tail subproblem）。简单来讲，最优性原理就是指一个最优控制序列的尾部即为其相应的尾部子问题的最优解。

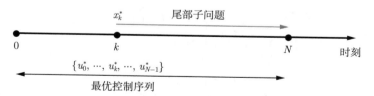

图 1.1.5 最优性原理图示。对于一个最优控制序列 $\{u_0^*, \cdots, u_{N-1}^*\}$，其尾部 $\{u_k^*, \cdots, u_{N-1}^*\}$ 是一个新的最优控制问题的最优控制序列。记原序列相应的最优轨迹为 $\{x_1^*, \cdots, x_N^*\}$，那么这个新的问题就是以该最优轨迹中的状态 x_k^* 为初始状态的原问题的尾部子问题。

从直观上讲，最优性原理的论证很容易。假设截取的控制序列 $\{u_k^*, \cdots, u_{N-1}^*\}$ 不是相应子问题的最优解。那么在求解原问题的过程中，当到达状态 x_k^* 时，通过将剩余的控制序列替换为以上假设的子问题的最优解（因为到达状态 x_k^* 前采用的控制序列 $u_0^*, \cdots, u_{k-1}^*$ 并不会约束后续的控制选择，所以这么做是可行的），我们将得到比原最优解更优的控制序列。如果以驾车出行来类比，假设从洛杉矶到波士顿的最快路径途经芝加哥，那么最优性原理就是如下显然的事实：以上最快路径中从芝加哥到波士顿的部分也是从芝加哥开始到波士顿结束的最快路径。

最优性原理表明我们可以从后往前、逐步地求解最优费用函数：首先针对仅涉及最后一段的"尾部子问题"求解其最优费用函数，然后求解涉及最后两个阶段的"尾部子问题"，以此类推，直到求得整个问题的最优费用函数。

动态规划算法就是基于上述思想：该算法依序执行，通过利用已知的更短时间跨度的尾部子问题的解，解决某一给定的时间跨度的所有尾部子问题。我们以例 1.1.1 中介绍的调度问题来说明上述算法。以下例子中的计算比较烦琐，且跳过这些计算步骤并不影响对后续内容的理解。然而，对于动态规划算法的初学者，通读这些计算步骤仍然是有益的。

例 1.1.1（一个确定性调度问题——续） 现在我们考虑例 1.1.1 中介绍的调度问题，并利用最优性原理求解。我们需要以最优的方式来安排工序 A、B、C 和 D。在两个工序交接时会产生一定的转移费用，其相应数值标注在图 1.1.6 中对应边上。

根据最优性原理可知，原问题的一个最优调度序列的"尾部"必然是相应的尾部子问题的一个最优解。例如，假设最优调度为 CABD。那么在将前两道工序 C 和 A 确定后剩余两道工序的安排应当是先 B 后 D，即 BD，而不是 DB。考虑到这一点，我们先求解所有长度为 2 的尾部子问题，接着再求解长度为 3 的尾部子问题，最后求解长度为 4 的原问题（对于长度为 1 的子问题，因为已经安排了三道工序，最后一个决策即为仅有的剩余工序，显然无须求解）。我们后续会看到，一旦长度为 k 的子问题得到解决，那么长度为 $k+1$ 的问题将很容易求解，这就是动态规划算法的核心。

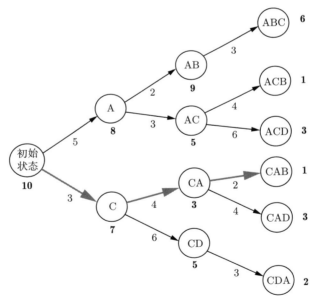

图 1.1.6　确定性调度问题图示。每个决策的费用标注在相应的边上。每个节点/状态一旁标注的数值代表从该状态为起点进行工序安排的最优解所需的费用。该费用即为相应尾部子问题的最优费用（参照最优性原理）。原问题的最优费用为 10，并标注在初始状态一旁。最优调度由加粗的边标出。

长度为 2 的尾部子问题：这些子问题涉及两个没有安排的工序，并且对应于状态 AB、AC、CA 和 CD（见图 1.1.6）。

状态 AB：从该状态出发，接下来唯一可安排的工序为 C，因此该子问题的最优费用为 9（在工序 B 后安排 C 花费 3，C 后安排 D 花费 6，将两费用相加可得）。

状态 AC：此处有两种调度方案：(a) 先安排 B 再安排 D，共计花费 5；或者 (b) 先安排 D 再安排 B，共计花费 9。两选项中前者更优，因此该尾部子问题的最优费用为 5，并注于图 1.1.6 中节点 AC 旁边。

状态 CA：此处有两种调度方案：(a) 先安排 B 再安排 D，共计花费 3；或者 (b) 先安排 D 再安排 B，共计花费 7。两选项中前者更优，因此该尾部子问题的最优费用为 3，并注于图 1.1.6 中节点 CA 旁边。

状态 CD：从该状态出发，接下来唯一可安排的工序为 A，因此该问题的最优费用为 5。

长度为 3 的尾部子问题：可以通过求得的长度为 2 的子问题的最优解来求解这些子问题。

状态 A：从该状态出发可选的调度安排有：(a) B（花费 2）并从所得状态为起点求解相应的长度为 2 的子问题的最优解（如前所述，其最优费用为 9），因而总计花费 11；或者 (b) 先安排 C（花费 3）并从所得状态为起点求解相应的长度为 2 的子问题的最优解（其最优费用为 5，如前所述），因而总计花费 8。上述第二种调度方案是最优的，其相应的费用 8 即为该尾部子问题的最优费用，标注于图 1.1.6 中节点 A 旁边。

状态 C：从该状态出发可选的调度安排有：(a) A（花费 4）并从所得状态为起点求解相应的长度为 2 的子问题的最优解（其最优费用为 3，见前述计算），因而总计花费 7；或者 (b) 先安排 D（花费 6）并从所得状态为起点求解相应的长度为 2 的子问题的最优解（其最优费用为 5，见前述计算），因而总计花费 11。上述第一种调度方案是最优的，其相应的费用 7 即为该尾部子问题的最优费用，标注于图 1.1.6 中节点 C 旁边。

长度为 4 的原问题：从初始状态出发可选的调度安排有：(a) A（花费 5）并从所得状态为起点求解相应的长度为 3 的子问题的最优解（如前所述，其最优费用为 8），因而总计花费 13；或者 (b) 先安排 C（花费 3）并从所得状态为起点求解相应的长度为 3 的子问题的最优解（如前所述，其最优费用为 7），因而总计花费 10。上述第二种调度方案是最优的，其相应的费用 10 即为原问题的最优费用，标注于图 1.1.6 中初始状态节点旁边。

在利用所有尾部子问题的解计算出原问题的最优费用后，我们可以求得最优调度：从初始状态出发，从前向后计算，每一时刻选择最优的调度，即选择从当前状态出发的相应尾部子问题的最优调度的第一步安排。通过这种方式，从图 1.1.6 标注可知，CABD 为最优调度。

通过动态规划求解最优控制序列

在上述章节中，我们给出了一些佐证最优性原理成立的经验性的论据。现在，我们将通过把以上的论证转化成数学术语，从而给出求解确定性有限阶段问题的动态规划算法。该算法按照顺序，从 J_N^* 出发，从后往前求解 J_{N-1}^*，J_{N-2}^* 等，从而依次构造如下函数：

$$J_N^*, J_{N-1}^*, \cdots, J_0^*$$

针对确定性有限阶段问题的动态规划算法　首先令以下方程成立：

$$J_N^*(x_N) = g_N(x_N), \quad 对所有 x_N \tag{1.3}$$

对 $k = 0, \cdots, N-1$，令

$$J_k^*(x_k) = \min_{u_k \in U_k(x_k)} \Big[g_k(x_k, u_k) + J_{k+1}^* \big(f_k(x_k, u_k) \big) \Big], \quad \text{对所有} x_k \tag{1.4}$$

注意到在阶段 k，动态规划算法要求对所有的 x_k 通过式(1.4)计算 $J_k^*(x_k)$ 后，才能进行下一步 $k-1$ 阶段的计算。动态规划算法的关键是，对每个初始状态 x_0，上述算法最后一步得到的数值 $J_0^*(x_0)$ 等于最优费用 $J^*(x_0)$。而且，我们可以证明有如下更一般的结论成立，即对于所有的 $k = 0, 1, \cdots, N-1$，以及 k 时刻的所有状态 x_k，下式成立：

$$J_k^*(x_k) = \min_{\substack{u_m \in U_m(x_m) \\ m=k, \cdots, N-1}} J(x_k; u_k, \cdots, u_{N-1}) \tag{1.5}$$

其中，

$$J(x_k; u_k, \cdots, u_{N-1}) = g_N(x_N) + \sum_{m=k}^{N-1} g_m(x_m, u_m) \tag{1.6}$$

即 $J_k^*(x_k)$ 是始于时刻 k 以 x_k 为初始状态而终于时刻 N 的 $(N-k)$ 阶段尾部子问题的最优费用[1]。基于这一事实，我们称 $J_k^*(x_k)$ 为在状态 x_k 与时刻 k 的最优展望费用（optimal cost-to-go），并称 J_k^* 为时刻 k 的最优展望费用函数（optimal cost-to-go function）或者最优费用函数（optimal cost function）。在求解最大值的问题中，上述动态规划算法式(1.4)中的最小化运算被最大化运算所取代，而 J_k^* 也被称为 k 时刻的最优价值函数。

注意到上述算法会求解每个尾部子问题，即计算从所有中间状态出发直到最终阶段所累计的费用，再从中找出对应于所有中间阶段的最小费用。一旦取得函数 $J_0^*, \cdots, J_N^*$ 后，对给定的初始状态 x_0，我们可以采用以下前向的算法构造最优控制序列 $\{u_0^*, \cdots, u_{N-1}^*\}$ 及其相应的状态轨迹 $\{x_1^*, \cdots, x_N^*\}$。

构造最优控制序列 $\{u_0^*, \cdots, u_{N-1}^*\}$ 首先，令

$$u_0^* \in \arg \min_{u_0 \in U_0(x_0)} \Big[g_0(x_0, u_0) + J_1^* \big(f_0(x_0, u_0) \big) \Big]$$

及

$$x_1^* = f_0(x_0, u_0^*)$$

---

[1] 我们可以通过归纳法证明上述结论。鉴于 $J_N^*(x_N) = g_N(x_N)$，上述结论在 $k = N$ 时成立。为证明对所有的 k 都成立，我们据式(1.5)和式(1.6)得到如下关系：

$$\begin{aligned} J_k^*(x_k) &= \min_{\substack{u_m \in U_m(x_m) \\ m=k, \cdots, N-1}} \Big[g_N(x_N) + \sum_{m=k}^{N-1} g_m(x_m, u_m) \Big] \\ &= \min_{u_k \in U_k(x_k)} \Big[g_k(x_k, u_k) + \min_{\substack{u_m \in U_m(x_m) \\ m=k+1, \cdots, N-1}} \Big[g_N(x_N) + \sum_{m=k+1}^{N-1} g_m(x_m, u_m) \Big] \Big] \\ &= \min_{u_k \in U_k(x_k)} \Big[g_k(x_k, u_k) + J_{k+1}^* \big(f_k(x_k, u_k) \big) \Big] \end{aligned}$$

其中最后一个等式是基于归纳假设而成立。此处有一个数学上很微妙的细节。当求最小值时，在某些状态 x_k，展望费用函数 J_k^* 可能取值 $-\infty$。即便如此，上述归纳法中的论述依然成立。

依次向后，对 $k = 1, 2, \cdots, N-1$，令

$$u_k^* \in \arg \min_{u_k \in U_k(x_k)} \Big[g_k(x_k, u_k) + J_{k+1}^* \big(f_k(x_k, u_k) \big) \Big] \tag{1.7}$$

及

$$x_{k+1}^* = f_k(x_k^*, u_k^*)$$

同样的算法也可以用于构造任何尾部子问题的最优控制序列。图 1.1.6 描绘出了动态规划算法用于规划问题例 1.1.1 的相关计算。节点旁边的数字给出了相应的展望费用的取值，而加粗的边则标出了根据上述算法构造的最优控制序列。

1.1.3 值空间的近似

只有当我们通过动态规划算法求出所有 x_k 和 k 对应的 $J_k^*(x_k)$ 的取值后，才可以使用前述的前向算法来构造最优控制序列。然而在实际中，因为可能需要计算的 x_k 和 k 的数量过大，采用动态规划求解时通常会非常耗时。但是，如果以一些近似函数 $\tilde{J}_k$ 代替最优展望费用函数 J_k^*，那么我们仍然可以采用一个类似的前向求解过程。这就是值空间近似（approximation in value space）的基础，也是本书讲解的核心。在动态规划求解的式(1.7)中，通过以 $\tilde{J}_k$ 来代替 J_k^*，就可以相应地求得次优解 $\{\tilde{u}_0, \cdots, \tilde{u}_{N-1}\}$，用来代替最优的 $\{u_0^*, \cdots, u_{N-1}^*\}$。

值空间的近似——用 $\tilde{J}_k$ 代替 J_k^* 首先，令

$$\tilde{u}_0 \in \arg \min_{u_0 \in U_0(x_0)} \Big[g_0(x_0, u_0) + \tilde{J}_1 \big(f_0(x_0, u_0) \big) \Big]$$

及

$$\tilde{x}_1 = f_0(x_0, \tilde{u}_0)$$

依次向后，对 $k = 1, 2, \cdots, N-1$，令

$$\tilde{u}_k \in \arg \min_{u_k \in U_k(\tilde{x}_k)} \Big[g_k(\tilde{x}_k, u_k) + \tilde{J}_{k+1} \big(f_k(\tilde{x}_k, u_k) \big) \Big] \tag{1.8}$$

及

$$\tilde{x}_{k+1} = f_k(\tilde{x}_k, \tilde{u}_k)$$

构造合适的近似展望费用函数 $\tilde{J}_k$ 是强化学习方法的要点之一。针对不同问题的特点，有多种不同的方法可以选择。对这些方法的讲解将会在从第 2 章起的后续章节中依次展开。

Q 因子和 Q 学习

以下表达式

$$\tilde{Q}_k(x_k, u_k) = g_k(x_k, u_k) + \tilde{J}_{k+1} \big(f_k(x_k, u_k) \big)$$

即出现在式(1.8)右侧的部分，被称为关于 (x_k, u_k) 的（近似）Q 因子[①]。特别地，近似最优控制式(1.8)可通过最小化 Q 因子得到

$$\tilde{u}_k \in \arg \min_{u_k \in U_k(x_k)} \tilde{Q}_k(x_k, u_k)$$

[①] "Q 学习"一词及一些相关的算法思想是 Watkins 在论文 [Wat89] 中首次提出的（Watkins 以符号 Q 代表 Q 因子，这一算法因该符号而得名）。"Q 因子"一词被用在专著 [BT96] 中，并被用于本书中。Watkins 在 [Wat89] 中则称之为（在一个给定状态的）"动作价值"。"状态-动作价值"和"Q 价值"这些名称在文献中也很常见。

上述分析表明在值空间近似的方案中我们可以采用 Q 因子代替费用函数。此类方法以一种替代（并且等价）形式的动态规划算法作为出发点。这种替代形式的算法并不生成最优展望费用函数 J_k^*，取而代之的是对于所有的状态–控制对 (x_k, u_k) 和时刻 k 生成的如下最优 Q 因子（optimal Q-factors）：

$$Q_k^*(x_k, u_k) = g_k(x_k, u_k) + J_{k+1}^*\big(f_k(x_k, u_k)\big) \tag{1.9}$$

因此，最优 Q 因子即是动态规划式(1.4)右侧被最小化的表达式。注意到，该式表明最优费用函数 J_k^* 可以由最优 Q 因子 Q_k^* 通过以下计算获得：

$$J_k^*(x_k) = \min_{u_k \in U_k(x_k)} Q_k^*(x_k, u_k)$$

此外，通过上式，动态规划算法改写作一种仅涉及 Q 因子的等价形式：

$$Q_k^*(x_k, u_k) = g_k(x_k, u_k) + \min_{u_{k+1} \in U_{k+1}\big(f_k(x_k, u_k)\big)} Q_{k+1}^*\big(f_k(x_k, u_k), u_{k+1}\big)$$

在后续讲解所谓 Q 学习（Q-learning）的一类强化学习方法时，会介绍相关算法的精确与近似形式。

1.2 随机动态规划

为了描述系统状态 x_k 的更新，随机有限阶段最优控制问题同样包含离散时间的动态系统。但与确定性问题相比，随机问题涉及的动态系统表达式中包括了一个随机"扰动" w_k。我们把扰动 w_k 服从的概率分布记作 $P_k(\cdot \mid x_k, u_k)$。该分布可能显式地由 x_k 与 u_k 的取值决定，但不受先前扰动 $w_{k-1}, \cdots, w_0$ 取值的影响。该系统可写作如下形式：

$$x_{k+1} = f_k(x_k, u_k, w_k), \quad k = 0, 1, \cdots, N-1$$

其中，与确定性问题一样，x_k 是某状态空间 S_k 的一个元素，控制 u_k 是某控制空间的一个元素。每阶段的费用记作 $g_k(x_k, u_k, w_k)$，且费用取值也依赖于随机扰动 w_k，见图 1.2.1。对于给定的当前状态 x_k，存在一个给定的、随状态变化的子集 $U_k(x_k)$，而控制 u_k 属于给定的约束集合 $U_k(x_k)$。

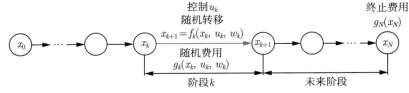

图 1.2.1 一个 N 阶段的随机最优控制问题。从 x_k 出发，在控制信号 u_k 的作用下，下一时刻的状态依据系统方程

$$x_{k+1} = f_k(x_k, u_k, w_k)$$

随机生成，其中 w_k 是随机扰动，并产生一个取值为 $g_k(x_k, u_k, w_k)$ 的随机阶段费用。

在确定性问题中，我们从所有的控制序列 $\{u_0, \cdots, u_{N-1}\}$ 中找寻最优解。与之不同的是，在随机问题中，我们从策略（policies）（也称为闭环控制律，closed-loop control laws 或反馈策略，feedback policies）中选取最优解。每个策略由一个函数序列构成，即

$$\pi = \{\mu_0, \cdots, \mu_{N-1}\}$$

其中，μ_k 是从状态 x_k 到控制 $u_k = \mu_k(x_k)$ 的映射，并且满足控制约束，即对所有 $x_k \in S_k$，约束 $\mu_k(x_k) \in U_k(x_k)$ 成立。相较于控制序列，策略是更一般的数学概念。因为策略允许基于当前状态 x_k 提供的信息来选择控制 u_k，所以在存在随机不确定性的情况下，策略可以降低所需的费用。如果没有当前状态提供的信息，当状态的取值并非预期时，控制器就不能充分应对，从而给所花费的费用带来不利影响。以上所述是确定性与随机最优控制问题的本质区别。

确定性与随机最优控制问题的另一个重要区别在于，在后者的求解过程中，评价各种量化取值，例如费用函数的取值，需要计算期望值。因此，在我们即将讨论的各种求解随机问题的方法中将会涉及蒙特卡洛仿真。

给定一个初始状态 x_0 和一个策略 $\pi = \{\mu_0, \cdots, \mu_{N-1}\}$，未来状态 x_k 和扰动 w_k 都是随机变量。它们的概率分布由系统方程间接给出，即

$$x_{k+1} = f_k(x_k, \mu_k(x_k), w_k), \quad k = 0, 1, \cdots, N-1$$

因此对于给定的阶段费用函数 $g_k, k = 0, 1, \cdots, N$，初始状态为 x_0 时策略 π 的期望费用为

$$J_\pi(x_0) = E\left\{ g_N(x_N) + \sum_{k=0}^{N-1} g_k(x_k, \mu_k(x_k), w_k) \right\}$$

其中，期望值运算 $E\{\cdot\}$ 针对所有的随机变量 x_k 和 w_k。一个最优策略 π^* 即为能够使上述费用最小化的策略，即

$$J_{\pi^*}(x_0) = \min_{\pi \in \Pi} J_\pi(x_0)$$

其中，Π 为所有策略构成的集合。

最优费用取决于 x_0 并记作 $J^*(x_0)$，即

$$J^*(x_0) = \min_{\pi \in \Pi} J_\pi(x_0)$$

为了便于理解，我们可以把 J^* 视作给每个初始状态 x_0 赋值最优费用 $J^*(x_0)$ 的函数，并称之为最优费用函数（optimal cost function）或最优价值函数（optimal value function）。

有限阶段随机动态规划

与针对确定性问题的动态规划算法相比，适用于随机有限阶段最优控制问题的动态规划算法具有相似的形式，并且具有与确定性版本相同的几个主要特征。

（a）通过利用尾部子问题，将多阶段的最小化问题分解为单阶段的最小化问题。

（b）对所有的阶段 k 和状态 x_k，从后向前求解相应的 $J_k^*(x_k)$ 的取值，即从 k 时刻的状态 x_k 出发所产生的最优展望费用。

（c）通过在动态规划公式中的最小化运算来获得一个最优控制策略。

（d）适于采用值空间近似的结构。在该结构中，我们用近似的 $\tilde{J}_k$ 来代替 J_k^*，并通过相应的最小化求解来获得一个次优解。

针对随机有限阶段问题的动态规划算法　　首先令方程

$$J_N^*(x_N) = g_N(x_N)$$

对 $k = 0, \cdots, N-1$，令

$$J_k^*(x_k) = \min_{u_k \in U_k(x_k)} E\Big\{ g_k(x_k, u_k, w_k) + J_{k+1}^*\big(f_k(x_k, u_k, w_k)\big) \Big\} \tag{1.10}$$

成立。如果对于每一个状态 x_k 及时刻 k，上式右侧在 $u^* = \mu_k^*(x_k)$ 取得最小值，那么策略 $\pi^* = \{\mu_0^*, \cdots, \mu_{N-1}^*\}$ 则为最优策略。

事实上，此处的关键在于对于每个初始状态 x_0，最优费用 $J^*(x_0)$ 等于上述动态规划算法最后一步求解给出的函数值 $J_0^*(x_0)$。上述事实可以通过归纳法加以证明，其论证类似于确定性问题的证明；此处我们略去证明（见文献 [Ber17] 1.3 节中的讨论）[①]。

在运用离线计算生成最优展望费用函数 $J_0^*, \cdots, J_N^*$ 的同时，我们可以通过式(1.10)中的最小化运算来计算并储存一个最优策略 $\pi^* = \{\mu_0^*, \cdots, \mu_{N-1}^*\}$。然后一旦达到状态 x_k，我们就可以在线地从内存中检索控制 $\mu_k^*(x_k)$ 并用于系统。

作为上述方式的替代方案，我们可以在线地执行最小化运算式(1.10)来计算控制 $\mu_k^*(x_k)$，而不是将策略 π^* 存储起来。这种在线求解控制的方法被称为一步前瞻最小化（one-step lookahead minimization）。这种在线计算控制的方法较少在精确动态规划中使用，而主要被用在涉及值空间近似的动态规划算法中。与确定性问题中的方式类似，这种求解方法用近似值 $\tilde{J}_k$ 代替 J_k^*；参见式(1.7)和式(1.8)。

值空间的近似——用 $\tilde{J}_k$ 代替 J_k^*　　在 k 时刻的任意状态 x_k，计算并采用如下决策：

$$\tilde{\mu}_k(x_k) \in \arg\min_{u_k \in U_k(x_k)} E\Big\{ g_k(x_k, u_k, w_k) + \tilde{J}_{k+1}\big(f_k(x_k, u_k, w_k)\big) \Big\} \tag{1.11}$$

与确定性问题相同，在随机问题中采用值空间近似的方法的出发点在于采用精确动态规划算法可能会极其耗时。当采用值空间近似时，我们只需要对系统在线控制时遭遇的 N 个状态 $x_0, \cdots, x_{N-1}$ 进行式(1.11)中的一步前瞻最小化运算，而不是对可能潜在的巨大的状态空间中的每个状态进行上述运算。当然，这种简化必然会导致最优性的损失，并且要求我们构造合适的近似展望费用函数 $\tilde{J}_k$。构造合适的近似展望函数是强化学习方法的要点，后续章节中会详细讨论。

随机问题的 Q 因子

类似于确定性问题中的定义方式 [见式(1.9)]，我们可以定义随机问题的最优 Q 因子，即将随机动态规划式(1.10)右侧中进行最小化运算的部分定义为最优 Q 因子。由此可知最优 Q 因子如下：

$$Q_k^*(x_k, u_k) = E\Big\{ g_k(x_k, u_k, w_k) + J_{k+1}^*\big(f_k(x_k, u_k, w_k)\big) \Big\}$$

最优展望费用函数 J_k^* 则可通过对最优 Q 因子作如下运算得到：

$$J_k^*(x_k) = \min_{u_k \in U_k(x_k)} Q_k^*(x_k, u_k)$$

[①] 此处有一些技术层面/数学上的难点，即关于式 (1.10) 中的期望值运算是否定义良好及所求得的值是否有限。在实际中，我们无须顾虑这些问题。特别是当扰动空间 w_k 仅存在有限多个取值时，所有的期望值计算都成为有限多的实数项的求和运算，因此上述技术问题在这种情况下完全不存在。对上述问题在数学上的探讨，请参见文献 [Ber17] 第 1 章和文献 [BS78] 中的相关讨论。

而且动态规划算法可以表述为只涉及 Q 因子的形式：

$$Q_k^*(x_k, u_k) = E\left\{g_k(x_k, u_k, w_k) + \min_{u_{k+1} \in U_{k+1}(f_k(x_k, u_k, w_k))} Q_{k+1}^*\big(f_k(x_k, u_k, w_k), u_{k+1}\big)\right\}$$

1.3　例子、变形和简化

本节通过一系列的例子来说明用数学语言描述问题、求解问题的方法和技巧，从而展示基本的动态规划算法在各种不同情境问题中的普适性。为了使定义的最优控制问题便于采用动态规划方式求解，此处我们建议采用如下的两步走问题定义方式。

（a）明确问题中的控制/决策 u_k 以及这些控制可作用于系统的时刻 k。通常这一步非常简单。然而，在某些情况下，我们也需要做出选择。例如，在某些确定性问题中，我们的目标是选取一个最优控制序列 $\{u_0, \cdots, u_{N-1}\}$。此时，我们可以将多个控制合并起来一并选取，即将控制对 (u_0, u_1) 视作一个控制选择。然而在随机问题中，因为有助于作出控制选择的信息/反馈会将不同的阶段加以区分，因此将多阶段控制合并在一起的方式一般都不可行。

（b）选取状态 x_k。此处的基本准则是 x_k 应包括 k 时刻控制器可以知道的、有益于控制 u_k 选择的所有信息。实际上，我们选取的状态 x_k 应当保证在我们知道状态 x_k 的取值后，过去发生的一切（k 阶段之前所有阶段的状态、控制和扰动）都与将来的控制选择无关。从这个意义上讲，k 时刻的状态 x_k 应当将过去与未来分割开来。类似地，在马尔可夫链中，未来状态的条件概率分布（根据定义）只依赖于当前状态，而不受其他的历史状态的影响。因此，上述选取系统状态的基本准则也被称为系统状态应具有"马尔可夫性质"，表达了与马尔可夫链状态的相似性。

应当注意到，从状态选择的角度讲，同一问题中可能有多种同等有效的包含信息的方式，所以我们可能有多种不同的量可以选作状态。因此除上述的基本准则外，我们还可能要考虑其他因素，例如尽可能选择最小化状态空间维数的量作为状态。下面以一个简单的例子来说明。如果量值 x_k 满足了上述的基本原则因而可以被用作状态，那么 (x_{k-1}, x_k) 因为包含了 x_k 中有助于控制选择的所有信息，也可以被用作状态。但是，使用 (x_{k-1}, x_k) 代替 x_k 在优化费用方面并没有获得任何好处，反而扩大了状态空间而使动态规划算法的求解复杂化。一个与减小状态空间的维度相关的概念是充分统计量（sufficient statistic），即指在控制器可获知的所有信息中汇总必要信息的量（见本书 3.1.1 节的讨论，以及 [Ber17] 的 4.3 节）。本书的 1.3.6 节给出了一个关于充分统计量的例子，更进一步的讨论见 3.1.1 节。

通常，将状态的维数最小化是合理的，但也有例外的情况。一个典型的例子是涉及部分（partial）或不完整（imperfect）状态信息的问题。在此类问题中，为了控制某些随时间变化的目标量 y_k（例如，y_k 可以是正在行进中汽车的位置/速度），我们会采集一些测量值。如果 I_k 是由初始时刻直到 k 时刻的所有测量值和控制构成的集合，则将 I_k 用作状态是正确的。然而一个更好的替代选择可能是用条件概率分布 $P_k(y_k \mid I_k)$ 作为状态。这种条件概率被称作置信状态（belief state），它可以包含所有对于控制选择有用的信息。另外，置信状态 $P_k(y_k \mid I_k)$ 是一个无穷维的量，而 I_k 则是有限维的，因此最佳选择可能依问题而定；有关部分状态信息问题的进一步讨论请参见文献 [Ber17] 和 [Kri16]。

关于建模和问题公式化技巧的更多更广泛的讲解，读者可参阅动态规划的相关文献。后续章节的讲解基本上不依赖于本节的后续内容，因此读者可以有选择地阅读剩余部分后跳至下一章，并根据需要返回本节进行选读。

1.3.1 确定性最短路径问题

考虑带有一个特殊节点（称为目的地，destination）的有向图。将由该图所有的节点构成的集合记作 $\{1, 2, \cdots, N, t\}$，其中 t 代表目的地节点，并将从节点 i 移动到节点 j 所需费用记作 a_{ij}（也称为连接节点 i 和 j 的有向边的长度，length）。我们将一系列起点和终点依次相连的边构成的序列称为路径。从一个给定节点到另一个节点间路径的长度是该路径上的边长总和。在本问题中，我们希望找到从每个节点 i 到目的地 t 的一条最短（即最小长度）的路径。

我们将起始并终止于同一节点的路径，即形如 $(i, j_1), (j_1, j_2), \cdots, (j_k, i)$ 的路径，称为环。我们需要如下关于环的假设成立：在所考虑的图中不存在总长度为负数的环。否则，我们就可以通过在一些路径中添加足够多的长度为负的环从而使这些路径的总长度任意小。因此，我们假设所有环均具有非负的长度。在该假设成立的前提下，我们可以清楚地看到一条最优路径不需要移动多于 N 步。因此可以将问题中的最大步数限制为 N。为了符合 N 阶段动态规划的理论框架，在建模中，我们要求涉及刚好 N 步移动，但允许从任意节点 i 到其自身的、花费 $a_{ii} = 0$ 的退化移动。我们还假设对任一节点 i，存在至少一条从 i 到 t 的路径，从而使该问题至少有一个解。

我们可以将该问题描述为一个具有 N 阶段的确定性动态规划问题。在该问题中，$0, \cdots, N-1$ 阶段中的状态是集合 $\{1, \cdots, N\}$ 中的节点，目的地节点 t 为阶段 N 的唯一状态，而控制就对应于包含自边 (i, i) 在内的所有边 (i, j)。因此在每个状态 i，我们选择控制 (i, j) 后便以费用 a_{ij} 移至状态 j。

在此建模中，我们可以写出相应的动态规划算法。对于 $i = 1, \cdots, N$ 及 $k = 0, \cdots, N-1$，其最优展望费用函数 J_k^* 有如下含义：

$$J_k^*(i) = \text{从节点 } i \text{ 出发经过 } N - k \text{ 步后移动至 } t \text{ 的最优费用}$$

因此，从 i 到 t 的最优路径的费用即为 $J_0^*(i)$。动态规划算法有如下直观清晰的形式：

从节点 i 出发经过 $N - k$ 步后移动至 t 的最优费用

$$= \min_{\text{所有边}(i,j)} [a_{ij} + (\text{从节点 } j \text{ 出发经过 } N - k - 1 \text{ 步后移动至 } t \text{ 的最优费用})]$$

或表示为

$$J_k^*(i) = \min_{\text{所有边 } (i, j)} [a_{ij} + J_{k+1}^*(j)]$$

其中，

$$J_{N-1}^*(i) = a_{it}, \quad i = 1, 2, \cdots, N$$

这一算法就是用于求解最短路径的贝尔曼-福特算法（Bellman-Ford algorithm）。该算法是求解最短路径最流行的算法之一。

经过 k 步移动抵达节点 i 时，最优策略要求从所有与 i 之间有边 (i, j) 连接的节点 j 中，挑选并移动至最小化 $a_{ij} + J_{k+1}^*(j)$ 的节点 j^*。如果上述算法给出的最优策略包含了从一个节点到它本身的退化移动，那么意味着该最优解实际上只需要少于 N 步的移动。

应当注意到，如果对某 $k > 0$ 有如下等式成立：

$$J_k^*(i) = J_{k+1}^*(i), \quad \text{对所有 } i$$

那么后续的动态规划迭代将不会改变展望费用的取值（$J^*_{k-m}(i) = J^*_k(i)$ 对所有的 $m > 0$ 与 i 成立）。因此在此情况下，上述迭代运算即可终止，且对所有 i 而言，$J^*_k(i)$ 即为从 i 到 t 的最短路径。

为了演示该算法，我们以图 1.3.1(a) 介绍一个最短路径问题。其中所有满足 $i \neq j$ 的费用 a_{ij} 都标注于相应的连接线段的一旁（假设 $a_{ij} = a_{ji}$）。图 1.3.1(b) 给出了在每个 i 与 k 的最优展望费用 $J^*_k(i)$ 以及相应的最优路径。

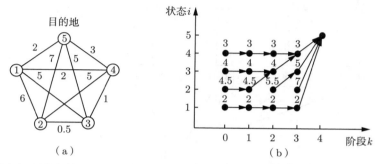

图 1.3.1 （a）最短路径问题的参数。目的地为节点 5。两条相反方向的边长相等，且其数值标注于连接相应节点的线段一旁。（b）动态规划算法生成的展望费用。沿着阶段 k 与状态 i 标注的数值即代表 $J^*_k(i)$。箭头指示每个阶段与节点的最优移动。从节点 1、2、3 和 4 出发的最优路径分别为 $1 \to 5$、$2 \to 3 \to 4 \to 5$、$3 \to 4 \to 5$ 和 $4 \to 5$。

1.3.2 确定性离散优化问题

通过将每个可行解分解成一系列的决策/控制，我们通常可以把离散优化问题转化成一个动态规划问题，如例 1.1.1 给出的调度问题。由于状态数量呈指数级增长，这种转化得到的问题通常会使相应的动态规划计算量过大而难以执行。不过，这种转化方式却可以使我们采用近似动态规划的方法来求解离散优化问题，这些近似解法包括了策略前展和其他在后续章节中介绍的方法。以下通过一个例子来演示上述转化方式，并将其拓展到一般的离散优化问题。

例 1.3.1（旅行商问题） 经典的旅行商问题是描述工序调度问题的一个重要数学模型。给定 N 座城市以及城际旅行所需的时间，在对每座城市要求有且只有一次访问后，我们需要返回出发城市。在所有可行的方案中，我们希望找出总旅行时间最少的一个规划路线。令 $k = 1, \cdots, N$，以 k 座不同城市构成的序列作为节点，就可以得到一个图，从而把该问题转化成一个动态规划问题。每个包含 k 座城市的序列都是 k 阶段的一个状态。初始状态 x_0 则是作为出发点的某城市（在图 1.3.2 中为城市 A）。从一个 k 座城市的节点/状态出发，通过在相应序列后添加一座新的城市，系统在下一时刻抵达相应的 $k+1$ 座城市的阶段/状态，并花费 $k+1$ 座城市序列的最后两座城之间的城际旅行费用，见图 1.3.2。此外，每个代表 N 座城市序列的节点都与一个虚拟终止节点 t 相连，并且相应的连接边对应的旅行费用为从序列的最后一座城市到出发城市的旅行费用。这样，我们就将旅行商问题转化成一个动态规划问题。

从每个节点出发到终止状态的最优展望费用可以通过动态规划算法获得，其相应数值被标注在节点的一旁。然而，应当注意到，节点数量随着城市数量 N 指数递增。这就导致当 N 取大值时，动态规划算法难以执行。因此，大规模的旅行商和相关的调度问题通常使用近似方法求解，而其中的一些方法正是基于动态规划而设计的，在后续章节中会对它们进一步讨论。

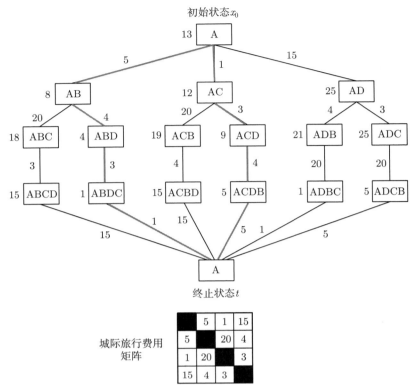

图 1.3.2　将旅行商问题转化为一个动态规划问题的示例。4 座城市 A、B、C 和 D 之间的旅行费用标注在图底部的矩阵中。通过将每个包含 k 座城市的序列作为一个节点，我们引入一个图。每个含 k 座城市的节点即为 k 阶段的一个状态。转移费用/旅行时间则标注在相应的边的一侧。最优展望费用可以通过动态规划算法给出。该算法从终止状态开始，从后往前，直到抵达初始状态为止，所得数值标注于相应节点旁。在该问题中有两个最优序列（即 ABDCA 和 ACDBA），在图中用粗线将其标出，这两个最优序列都可以通过起始于初始状态 x_0 的前向最小化运算获得 [参见式(1.7)]。

　　把前述的转化方法推广到一般的离散优化问题[①]

$$\text{minimize} \quad G(u)$$

$$\text{subject to} \quad u \in U$$

其中，U 是由有限多的可行解构成的集合，$G(u)$ 是一个费用函数。假设每个解都含有 N 个组分，即形如 $u = (u_1, \cdots, u_N)$，其中 N 为一个正整数。我们可以将这一离散优化问题视作一个顺序决策问题，其中每个阶段的控制选择就对应于确定一个组分 $u_1, \cdots, u_N$。由某一解的前 k 个组分组成的一个 k 元组 $(u_1, \cdots, u_k)$ 被称为一个 k 元解（k-solution）。把所有的 k 元解与有限阶段动态规划问题的第 k 阶段相关联，如图 1.3.3 所示。更具体地说，对于 $k = 1, \cdots, N$，把所有的 k 元组 $(u_1, \cdots, u_k)$ 均视为 k 阶段的状态。初始状态是一个虚拟状态，记作 s。从该状态出发，可以移动到任意状态 (u_1)，其中 u_1 属于集合

$$U_1 = \{\tilde{u}_1 \mid \text{存在一个形如 } (\tilde{u}_1, \tilde{u}_2, \cdots, \tilde{u}_N) \in U \text{ 的解}\}$$

　　[①] 下列问题中，"minimize" 表示"最小化"，"subject to" 则表示"约束条件为"。——译者注

因此，U_1 是由所有符合可行性要求的 u_1 构成的集合。

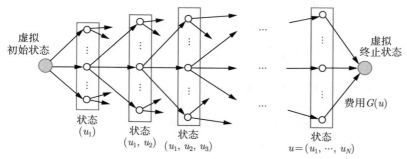

图 1.3.3 将一个离散优化问题转化为一个包含 $N+1$ 个阶段的动态规划问题。该问题仅在最终阶段中每个连接 N 元解 $(u_1,\cdots,u_N)$ 与虚拟终止状态的边上存在费用 $G(u)$。通过利用问题的结构，其他的转化方式可能只需要比上述方案更少的状态就可以将离散优化问题转化成动态规划问题。

更一般而言，从状态 $(u_1,\cdots,u_k)$ 出发，我们可以移动至任何形如 $(u_1,\cdots,u_k,u_{k+1})$ 的后续状态，其中 u_{k+1} 应属于集合

$$U_{k+1}(u_1,\cdots,u_k) = \{\tilde{u}_{k+1} \,|\, 存在一个形如 \,(u_1,\cdots,u_k\,\tilde{u}_{k+1},\cdots,\tilde{u}_N) \in U \,的解\}$$

当位于状态 $(u_1,\cdots,u_k)$ 时，我们必须从集合 $U_{k+1}(u_1,\cdots,u_k)$ 中选择控制 u_{k+1}。这个集合中的 u_{k+1} 就是既与先前阶段的控制 $(u_1,\cdots,u_k)$ 相容，又符合可行性要求的控制选择。该问题的最后阶段即对应于 N 元解 $u=(u_1,\cdots,u_N)$，且紧接着这些 N 元解的就是虚拟终点状态 t。在最终阶段，从每个 u 到 t 的展望费用为 $G(u)$，即解 u 的费用，见图 1.3.3。在上述等效转化得到的动态规划问题中，其他所有转移的费用均为 0。

记从 k 元解 $(u_1,\cdots,u_k)$ 出发的最优展望费用为 $J_k^*(u_1,\cdots,u_k)$，即在所有前 k 个组分都等于相应的 u_i，$i=1,\cdots,k$ 的解中，通过最小化得到的最优费用。那么动态规划算法可以用下式表述：

$$J_k^*(u_1,\cdots,u_k) = \min_{u_{k+1}\in U_{k+1}(u_1,\cdots,u_k)} J_{k+1}^*(u_1,\cdots,u_k,u_{k+1}) \tag{1.12}$$

且满足终止条件

$$J_N^*(u_1,\cdots,u_N) = G(u_1,\cdots,u_N)$$

式(1.12)从后向前执行：从已知方程 $J_N^* = G$ 开始，通过代入式(1.12)来计算 J_{N-1}^*，然后计算 J_{N-2}^*，以此类推，直至 J_1^*。然后，通过以下前向算法构造出一个最优控制序列 $(u_1^*,\cdots,u_N^*)$：

$$u_{k+1}^* \in \arg\min_{u_{k+1}\in U_{k+1}(u_1^*,\cdots,u_k^*)} J_{k+1}^*(u_1^*,\cdots,u_k^*,u_{k+1}), \quad k=0,\cdots,N-1 \tag{1.13}$$

首先计算 u_1^*，然后 u_2^*，以此类推，直至 u_N^*，参见式(1.7)。

当然，这里状态的数量通常随着阶段 N 的增加呈指数增长，但我们可以把动态规划的最小化式(1.13)当作出发点，构建多种近似求解方法。例如，我们可以尝试使用值空间近似的一些方法，即在式(1.13)中用某些次优的 $\tilde{J}_{k+1}$ 代替 J_{k+1}^*。该类方法中，一种可行的方式是固定解的前 $k+1$ 个组

分为 $u_1^*, \cdots, u_k^*, u_{k+1}$，而后采用某一启发式方法获得一个次优解。这个次优解对应的费用就可以用来作为

$$\tilde{J}_{k+1}(u_1^*, \cdots, u_k^*, u_{k+1})$$

上述这种值空间近似的方法被称为策略前展算法（rollout algorithm），这是一种简单且有效地获得组合优化问题近似解的方法。本书将在第 2 章中讨论该算法在有限阶段随机问题中的应用，并在第 5 章中介绍其在无穷阶段问题中的应用，同时把它与策略迭代的方法以及自主学习的一些观念联系起来。

最后，我们指出具有时序特征的最短路径及离散优化问题可以通过各种近似最短路径的方法求解。这些方法包括了在文献中广泛研究的标记修正法、A* 算法和分支限界法。作者的动态规划教材 [Ber17]（第 2 章）对这些方法进行了较大篇幅的讲解。这些讲解与本节的内容相关联，而与之相关的对最短路径方法的更详尽的探讨则可以在作者的网络优化教材 [Ber98] 中找到。

1.3.3 含终止状态的问题

许多动态规划问题都会包含一个终止状态（termination state），即阶段费用为 0 且为吸附态的状态 t。具体来说，对所有时刻 k, 状态 t 都满足如下条件：

$$g_k(t, u_k, w_k) = 0, \quad f_k(t, u_k, w_k) = t, \quad 对所有 \; w_k \; 与 \; u_k \in U_k(t)$$

因此，即使在早于 N 的某个时刻，系统一旦抵达状态 t, 就可以认为控制过程实质上已经终止。当问题中存在某种特殊的终止决策时，系统可以通过选择该决策抵达终止状态，或者可以从别的状态经过随机转移到达终止状态。

通常，如果已知最优策略最多需要经过 N 个决策阶段而且 N 的取值已知，那么这个动态规划问题就可以表述为一个 N 阶段的有限阶段问题①。这是因为即使系统在时刻 $k < N$ 抵达终止状态，我们也可以认为系统在接下来的 $N - k$ 个阶段都停留在状态 t 且不花费任何费用。

正如 1.3.3 节所述，离散空间确定性优化问题通常与最短路径问题有紧密的联系。在 1.3.2 节讨论的问题中，系统抵达终止状态当且仅当系统做出了 N 个决策（参见图 1.3.3）。但在其他的问题中，系统可能在更早的时刻抵达终止状态。在下面的这个著名的智力游戏中，系统动态就可以在早于 N 的时刻终止。

例 1.3.2（四皇后问题） 现将四个皇后摆放在一个 4×4 的国际象棋棋盘上，且要求她们彼此之间不能互相攻击。换言之，摆放的位置应当保证每行、每列以及每条斜线至多只有一个皇后。我们可以将这个问题描述成一个等效的顺序决策问题：首先在最上端的那行的前两格中选择一格放置一个皇后，然后在第二行的某位置放置第二个皇后以保证她不受到第一个皇后的攻击，以此类推，摆放第三和第四个皇后（在考虑第一个皇后的位置时我们只需要考虑前两格。这是因为后两格对应的情况与摆放在前两格时呈对称关系；此处就是一个有多种状态空间可供选择的情况，而我们选择了状态数量最少的那个状态空间）。

我们可以用一个无环图的节点来表示皇后的摆放情况，其中根节点 s 对应于还未摆放皇后的空棋盘，而终止节点则代表了那些无法再摆放新皇后的情况，即在现有格局下，任意摆放一个新皇后

---

① 当我们无法获知到达终止状态所需阶段的一个上界时，该问题就必须被描述为一个无穷阶段的问题。这类问题将在后续章节中予以讲解。

都会对已有的皇后构成攻击。在此基础上，我们还添加了一个虚拟终止节点 t，并且把所有的终止节点都与 t 用边相连。在连接终止节点与 t 的边中，我们规定如果终止节点对应的格局中少于四个皇后，则其与 t 之间的边长为 1（见图 1.3.4），用于表示这个节点对应一个无解的死局位置，而除此之外的所有边的花费均为零。这样，四皇后问题就简化成一个寻找从节点 s 到 t 的最小费用路径的问题，且最优的皇后摆放序列花费为 0。

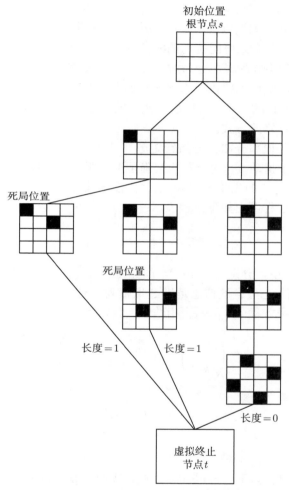

图 1.3.4 四皇后问题转化为离散优化问题。基于对称性，将皇后摆放在最上排最右侧的情况忽略不计。涂黑的方格表示此处有一个皇后。除了连接死局位置与虚拟终止节点的边之外，其他所有边的长度均为 0。

注意到，一旦状态/图中的节点被穷举后，本质上说该问题就已经被解决了。在这个 4×4 的问题中，状态数量不多因而我们可以很容易逐一列举它们。然而，我们容易想到在一些类似问题中状态数目可能会很大。例如，考虑将 N 个皇后摆放在一个 $N \times N$ 的棋盘上且保证皇后之间不相互攻击。即使对数值不大的 N，该问题的状态空间都会相当大（当 $N = 8$ 时，每行摆放一个皇后的所有摆放方式有 $8^8 = 16777216$ 种）。所有 $N \geqslant 4$ 的问题都可被证明有解存在（当 $N = 2$ 或 $N = 3$ 时，该问题显然无解）。

N 皇后摆放问题还存在多种变形。例如，在一个 $N \times N$ 的棋盘上，要求每个方格要么被皇后占领，要么受到皇后攻击，则求解最少需要多少皇后才能满足该条件？该问题被称为皇后统治问题（queen domination problem）。原则上说，该最少数目可以通过动态规划求得，且对于某些 N 相应的数量已知（例如，对 $N = 8$ 最少需要 5 个皇后），但对有些 N 值其最小数量依然未知（例如，可参见 Fernan 的文章 [Fer10]）。

1.3.4 预报

现考虑如下情况：在 k 时刻受到扰动 w_k 作用前，控制器获知预报 y_k。凭借 y_k，控制器可以重新评估当前时刻扰动 w_k 甚至未来可能扰动的概率分布。例如，y_k 可能是对 w_k 取值的一个精确预报，或者当 w_k 可以有多种不同的概率分布时，y_k 可以精确预测 w_k 的分布形式。实际中我们感兴趣的预报包括对天气状态、货币利率以及库存需求的概率预报。

一般来说，对于存在预报的问题，可以引入额外的状态量来包含预报提供的信息[1]。我们将通过一个简单的例子来说明这种修改方式。

设每阶段的扰动 w_k 的概率分布为一组给定分布 $\{P_1, \cdots, P_m\}$ 中的某一个。在每阶段 k 开始时，假设控制器会收到关于扰动 w_k 的分布的准确预报；即如果该预报为 i，那么扰动 w_k 的概率分布为 P_i。此外，记预报将是 i 的先验概率为 p_i 并假设 p_i 取值给定。

鉴于上述假设，预报过程可由如下方程表示：

$$y_{k+1} = \xi_k$$

其中，y_{k+1} 从 $1 \sim m$ 中取值，分别对应 m 个可能的预报；ξ_k 是满足先验概率分布的随机变量，即取 i 的概率为 p_i。该系统状态蕴含的信息是当 ξ 取值为 i 时，扰动 w_{k+1} 服从分布 P_i。

通过将系统方程与预报方程 $y_{k+1} = \xi_k$ 相结合，就得到一个系统方程为

$$\begin{pmatrix} x_{k+1} \\ y_{k+1} \end{pmatrix} = \begin{pmatrix} f_k(x_k, u_k, w_k) \\ \xi_k \end{pmatrix}$$

的扩充系统。新系统的状态为

$$\tilde{x}_k = (x_k, y_k)$$

新的扰动为

$$\tilde{w}_k = (w_k, \xi_k)$$

且扰动的概率分布由分布 P_i 及概率 p_i 决定。因此，扰动的概率分布（通过 y_k）明确依赖于 $\tilde{x}_k$，而不受早前阶段扰动的影响。

因此在将费用进行合理的变形后，含预报的问题可被写作一个随机动态规划问题。应当注意该问题中控制同时依赖于当前状态和当前预报。适用于该问题的动态规划算法有如下形式：

──────────────

[1] 对于原本不适用动态规划求解的问题，通过引入额外状态量的方式可以将其改写成符合动态规划结构的问题。这种修改方式被称作状态扩充（state augmentation），已经在实践中得到了广泛应用（参见文献 [Ber17]）。通过状态扩充来修改问题表述的例子多见于不同阶段之间的扰动互相关联的情况。此外，状态扩充也适用于存在所谓后位（post-decision）状态的问题。在此类问题中，系统方程 $f_k(x_k, u_k, w_k)$ 形如 $\tilde{f}_k(h_k(x_k, u_k), w_k)$，其中 $\tilde{f}_k$ 为某函数，$h_k(x_k, u_k)$ 则代表了受到控制作用后产生的中间"状态"。通过引入后位状态，应用于改进问题的动态规划算法可能会得到简化（见文献 [Ber12a] 6.1.5 节）。

$$
\begin{cases}
J_N^*(x_N, y_N) = g_N(x_N) \\
J_k^*(x_k, y_k) = \min_{u_k \in U_k(x_k)} \underset{w_k}{E} \left\{ g_k(x_k, u_k, w_k) + \sum_{i=1}^m p_i J_{k+1}^* \big(f_k(x_k, u_k, w_k), i \big) \,\big|\, y_k \right\}
\end{cases}
\tag{1.14}
$$

其中，y_k 可以从 $1 \sim m$ 中取值，针对 w_k 的期望则根据概率分布 P_{y_k} 来计算。

至此，读者应该清楚地看到上述方法还可以扩展到其他情况，包括预报受到控制的影响（如通过支付额外的费用来获得更准确的预报）和涉及多个外来阶段的扰动的问题。然而，这些扩展所付出的代价是相应的动态规划算法将更为复杂。

1.3.5 含不可控状态组分的问题

在许多实际问题中，给定状态包含了多个组分，且其中某些组分的取值不受控制的影响。在处理此类问题时，动态规划算法可以得到极大的简化，而且算法可以只针对受控的状态组分来执行。我们先以一个例子来说明这种简化手段，然后再给出一般情况下的处理办法。

例 1.3.3（停车） 在前往目的地的路上，某司机正在寻找一个收费不高的停车位。在这一区域共有编号为 $0, \cdots, N-1$ 的 N 个车位。在车位 $N-1$ 后还有一个车库。司机从车位 0 开始驾车按顺序驶过各停车位，即从车位 k 出发，下一时刻将驶向车位 $k+1$，且使用车位 k 会花费 $c(k)$。此外，每个车位 k 有 $p(k)$ 的概率没有被占用，且各车位可用与否的概率相互独立。如果司机抵达车位 $N-1$ 且不选择停在此处，那么他就必须将车停在车库并支付费用 C。只有在抵达一个停车位后，司机才可以查看该车位是否空闲。如果该车位可用，司机可选择将车停在此处，也可以选择前往下一个停车位。此处的问题即为寻找期望费用最小的停车策略。

我们把该问题描述为含 N 个决策阶段以及一个虚拟终止状态 t 的动态规划问题。其中每个阶段对应于一个停车位，而状态 t 则用于表示车辆已经停好；参见图 1.3.5。在 $k = 1, \cdots, N-1$ 的任一阶段，存在三种可能的状态：虚拟终止状态 (k, t)，以及分别对应于车位 k 闲置和已用的状态 (k, F) 和 $(k, \overline{F})$。在阶段 0 时，只存在两种可能的状态 $(0, F)$ 和 $(0, \overline{F})$，而在最终阶段只有一种可能的状态，即终止状态 t。该问题中的控制/决策即在状态 (k, F) 时选择停车还是驶向下一个停车位 [当处于状态 $(k, \overline{F})$ 与 (k, t)，$k = 1, \cdots, N-1$ 时，司机没有选择权]。当处于状态 (k, F)，$k = 1, \cdots, N-1$，且司机选择停车时，系统会以 $c(k)$ 的代价抵达终止状态 t。同理，当处于 $(N-1, F)$ 和 $(N-1, \overline{F})$ 且司机继续前进时，系统会以 C 的代价抵达终止状态 t。系统从状态 (k, t)，$k = 1, \cdots, N-1$，到 t 不花任何费用。

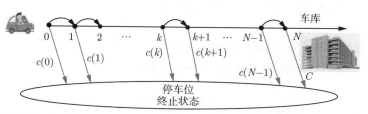

图 1.3.5 停车问题的费用结构。在停车位 $k = 0, 1, \cdots, N-1$ 中，如果车位可用，则司机可以选择将车停在该位置并支付费用 $c(k)$，也可以驾车驶向下一个停车位 $k+1$ 而不支付任何费用。当抵达位置 N（车库）时司机则只能花费 C 将车停在此处。

现在我们给出求解该问题的动态规划算法的形式。记

$J_k^*(F)$：抵达停车位 k 且车位闲置时的最优展望费用。

$J_k^*(\overline{F})$：抵达停车位 k 且车位被占用时的最优展望费用。

$J_k^*(t)$："已经停车"/终止状态的最优展望费用。

当处于阶段 $k = 0, \cdots, N-1$ 且不位于终止状态 t 时，动态规划算法有如下形式：

$$J_k^*(F) = \begin{cases} \min\left[c(k), p(k+1)J_{k+1}^*(F) + \left(1 - p(k+1)\right)J_{k+1}^*(\overline{F})\right], & k < N-1 \\ \min\left[c(N-1), C\right], & k = N-1 \end{cases}$$

$$J_k^*(\overline{F}) = \begin{cases} p(k+1)J_{k+1}^*(F) + \left(1 - p(k+1)\right)J_{k+1}^*(\overline{F}), & k < N-1 \\ C, & k = N-1 \end{cases}$$

而对于状态 t，有

$$J_k^*(t) = 0, \qquad k = 1, \cdots, N$$

尽管上述算法很容易执行，我们还是可以利用状态中第二个组分（F 和 $\overline{F}$）不可控这一特点将算法进一步简化为一种等效形式。为此引入以下标量：

$$\hat{J}_k = p(k)J_k^*(F) + \left(1 - p(k+1)\right)J_{k+1}^*(\overline{F}), \quad k = 0, \cdots, N-1$$

该标量可被视作抵达车位 k 但还没有确认车位是否可用时的最优期望展望费用。

当采用新引入的标量时，前述的动态规划算法可写作

$$\hat{J}_{N-1} = p(N-1)\min\left[c(N-1), C\right] + \left(1 - p(N-1)\right)C$$

$$\hat{J}_k = p(k)\min\left[c(k), \hat{J}_{k+1}\right] + \left(1 - p(k)\right)\hat{J}_{k+1}, \quad k = 0, \cdots, N-2$$

通过该算法我们就可以求出最优停车策略，即对车位 $k = 0, \cdots, N-1$，当车位可用且 $c(k) \leqslant \hat{J}_{k+1}$ 时停在车位 k。

图 1.3.6 给出了参数取值

$$p(k) \equiv 0.05, \quad c(k) = N - k, \quad C = 100, \quad N = 200 \tag{1.15}$$

时 $\hat{J}_k$ 的值。最优策略即径直开到车位 165 号，然后从此处算起，停在第一个可用的车位。读者可以自行验证，不仅是对上述给定的 $c(k)$，对所有 $c(k)$ 随 k 单调递减的情况，最优策略都是以某单一阈值来切换控制的形式。

现在我们就给出上述例子采用的转化方法的正式表述。已知系统状态是由 x_k 和 y_k 构成的组合 (x_k, y_k)，其中的主要组分 x_k 受控制的影响且满足状态方程

$$x_{k+1} = f_k(x_k, y_k, u_k, w_k)$$

其中，扰动的分布 $P_k(w_k \mid x_k, y_k, u_k)$ 给定。另一个状态组分 y_k 的演化则依据条件分布 $P_k(y_k \mid x_k)$。由此可见，控制 u_k 只能通过 x_k 间接地作用于 y_k，而不是直接对其施加影响。至此，读者可能会想把 y_k 视作扰动。但 y_k 与扰动有一个区别：控制器采取决策 u_k 前就可以观测到 y_k 的取值，而扰动 w_k 则是等到控制器选取 u_k 后才作用于系统。此外，w_k 的概率分布还可能依赖于 u_k。

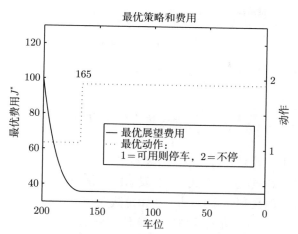

图 1.3.6　参数设定为式(1.15)的停车问题的最优展望费用和最优策略。最优策略是从车位 0 径直开到车位 165，然后从此处起，停在可用的第一个车位。

　　事实上，正如前述例子所示，我们可以把动态规划算法写成只包含可控成分 x_k 的形式，而不可控成分对系统的影响则被"均摊开来"。具体而言，记阶段 k 时状态 (x_k, y_k) 的最优展望费用为 $J_k^*(x_k, y_k)$，并定义

$$\hat{J}_k(x_k) = \underset{y_k}{E}\left\{ J_k^*(x_k, y_k) \,|\, x_k \right\}$$

那么类似于前述停车问题，我们可以得到一个生成 $\hat{J}(x_k)$ 的动态规划算法，其形式如下[①]：

$$\hat{J}_k(x_k) = \underset{y_k}{E}\left\{ \min_{u_k \in U_k(x_k, y_k)} \underset{w_k}{E}\left\{ g_k(x_k, y_k, u_k, w_k) + \hat{J}_{k+1}\big(f_k(x_k, y_k, u_k, w_k)\big) \,\big|\, x_k, y_k, u_k \right\} \,\big|\, x_k \right\} \quad (1.16)$$

　　需要说明的是，上式右侧的最小化运算仍然需要针对所有的 (x_k, y_k) 组合，因为只有这样才能得到关于 (x_k, y_k) 的最优控制律。即便如此，式(1.16)表示的等效形式仍然极大地减小了计算量，这是因为式(1.16)只需要针对所有可控状态 x_k 计算相应的 $\hat{J}_k(x_k)$，而算法原本形式则要求对所有的 (x_k, y_k) 组合计算相应的 $J_k^*(x_k, y_k)$。在后续考虑值空间近似的章节中我们将会看到近似 $\hat{J}_k(x_k)$ 比近似 $J_k^*(x_k, y_k)$ 容易，参见随后关于预报和俄罗斯方块游戏的讨论。

　　现在我们以 1.3.4 节的预报问题中得到的扩充状态为例进一步阐明上述观点。预报问题中的 y_k 即代表了一个不可控的状态成分。因此动态规划可以据式(1.16)得到简化。具体而言，通过使用 1.3.4 节的符号并定义

$$\hat{J}_k(x_k) = \sum_{i=1}^{m} p_i J_k^*(x_k, i), \quad k = 0, 1, \cdots, N-1$$

---

① 该式由如下计算得到：

$$\hat{J}_k(x_k) = E_{y_k}\left\{ J_k^*(x_k, y_k) \,|\, x_k \right\}$$

$$= E_{y_k}\left\{ \min_{u_k \in U_k(x_k, y_k)} E_{w_k, x_{k+1}, y_{k+1}}\left\{ g_k(x_k, y_k, u_k, w_k) + J_{k+1}^*(x_{k+1}, y_{k+1}) \,\big|\, x_k, y_k, u_k \right\} \,\big|\, x_k \right\}$$

$$= E_{y_k}\left\{ \min_{u_k \in U_k(x_k, y_k)} E_{w_k, x_{k+1}}\left\{ g_k(x_k, y_k, u_k, w_k) + E_{y_{k+1}}\left\{ J_{k+1}^*(x_{k+1}, y_{k+1}) \,|\, x_{k+1} \right\} \,\big|\, x_k, y_k, u_k \right\} \,\big|\, x_k \right\}$$

和

$$\hat{J}_N(x_N) = g_N(x_N)$$

并根据式(1.14)可得

$$\hat{J}_k(x_k) = \sum_{i=1}^m p_i \min_{u_k \in U_k(x_k)} \mathop{E}_{w_k} \big\{ g_k(x_k, u_k, w_k) + \hat{J}_{k+1}\big(f_k(x_k, u_k, w_k)\big) \,\big|\, y_k = i \big\}$$

由此可见，该动态规划算法只需要针对由 x_k 构成的空间，而不是由 x_k 和 y_k 的组合构成的空间进行计算。因此，式(1.16)表示的算法相较式(1.14)表示的算法更容易近似。

不可控状态成分通常出现在到达系统中，例如排队系统。在此类问题中有不受控制影响的随机事件（如有顾客到达），而系统需要针对这些随机事件做出恰当的决策。在处理此类问题时，我们需要扩充系统状态从而包含不可控成分。但正如式(1.16)所示，相应的动态规划算法仍然可以只针对一个较小的状态空间，而不是扩充后的状态空间来执行。下面给出另一个例子。

例 1.3.4（俄罗斯方块） 俄罗斯方块是一个广受欢迎的电子游戏。在二维网格的游戏区域中，每个方格有填充和空白两种可能状态。所有已填充的方格构成了一个具有"孔洞"和锯齿形上沿的"砖墙"（见图 1.3.7）。随着区域上方不断落下不同形状的板块被添加到墙的顶端，空白方格也逐渐被填满。在一个给定板块落下的过程中，玩家可在游戏区域及墙的顶端的限制范围内，任意横向移动及旋转板块。板块的形状是以独立同分布的方式随机生成，相应的概率分布是针对有限多种可能的板块形状。游戏开始时，整个游戏区域是完全空白的，而当最上端一行的某一方格被填充且墙的顶端触及游戏区域的上边界时，游戏则终止。当某一行的所有方格都被填充时，这一行将被移除，并且置于这一行之上的砖块将相应地下移，同时玩家也得到 1 分。玩家的目标是在 N 步决策后或者游戏终止时得到尽可能多的分数（消除尽可能多的横行）。如果在 N 步决策前游戏已经终止，则以此时得分为准；反之，则以 N 步决策得到后的总分数为准。

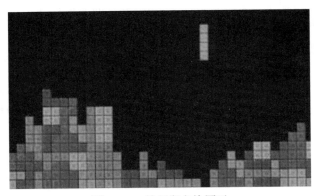

图 1.3.7 俄罗斯方块图示

我们可以把寻找最优的俄罗斯方块玩法的问题建模为一个随机动态规划问题。该问题中的控制记作 u，是对于下落板块的横向位置以及转动角度。系统状态则包含了两个组分：

（1）游戏区域的布局，例如，对每个方格赋予一个布尔数值来表示其填充/空白状态，就可以得到一个记为 x 状态组分。

（2）当前下落板块的形状，记为 y。

此外，在该问题中还有一个额外的终止状态。抵达终止状态不需要任何费用，且一旦处于终止状态，则系统的状态和费用都不再发生改变。

由于下落板块的形状 y 是独立于控制 u 而依据概率分布 $p(y)$ 生成，因此它可以被视作一个不可控状态组分。式(1.16)给出的动态规划算法针对所有可能的游戏区域布局 x 进行计算且具有如下的直观形式：

$$\hat{J}_k(x) = \sum_y p(y) \max_u \left[g(x, y, u) + \hat{J}_{k+1}(f(x, y, u)) \right], \quad \text{对所有 } x$$

其中，当状态为 (x, y) 而采用的控制为 u 时，
- $g(x, y, u)$ 是获得的分数（消除的行数）；
- $f(x, y, u)$ 是接下来的游戏区域的布局（或者终止状态）。

需要注意的是，尽管通过消除不可控状态动态规划算法得到了简化，状态 x 的数量仍然是极其庞大的。因此在实际中这一问题只能通过一些次优的方法来解决，而这些方法我们也会在本书后续章节中予以讨论。

1.3.6 不完整的状态信息和置信状态

迄今为止我们都假设控制器可获知当前状态 x_k 的确切取值，因此任一策略都由一个函数序列 $f_k(x_k)$，$k = 0, \cdots, N-1$ 构成。然而在许多实际问题中，这个假设并不成立。这是因为状态中的某些组分可能无法直接测量，所用传感器的观测不准确，或者精确观测所需的传感器费用过于昂贵。

通常在此类问题中，传感器只能测得当前状态的某些部分，而可观测部分还可能受到随机噪声的影响。例如，在一个三维空间位置控制问题中，状态可能是由六维的位置与速度组分构成，那么由雷达观测得到的三维位置信息可能会受到噪声的干扰。我们称这些情况下的问题为部分（partial）或不完整（imperfect）状态信息的问题。此类问题在优化与人工智能的文献中都很常见（参见 [Ber17, RN16]）。尽管有针对部分信息问题的动态规划算法，但与完整信息问题相比，求解此类问题的算法要求的计算量要大得多。因此，在不存在解析解的情况下，部分信息问题在实际中通常用次优方法求解。

另外，从概念上讲，部分信息问题与我们迄今为止所讲的完整信息问题并无区别。事实上通过各种方式重新表述问题后，我们可以将一个部分信息问题简化为一个完整信息问题（见文献 [Ber17] 第 4 章），其中最常见的方式是用一个置信状态（belief state）来代替状态 x_k。基于控制器可获知的从初始时刻到 k 时刻的所有观测值，置信概率表示此时 x_k 的概率分布。我们通常记置信状态为 b_k（见图 1.3.8）。原则上该概率分布可以计算求得，且在动态规划算法中可被用作状态。以下通过一个简单的例子来说明这一方法。

例 1.3.5（寻宝） 寻宝是一个经典的搜索问题。在该问题中寻宝者需要在 N 个不同的阶段做出决策，以决定是否搜索一个可能有宝藏的地方。如果此处有宝藏，那么每次搜索有 ξ 的可能性寻得该宝物，且一经发现，宝藏将被取走。因此寻宝问题的状态有两个可能的取值：该地点有或没有宝藏。寻宝者可选的决策也有两个：搜索和不搜索。在对该地点进行一次搜索后，我们就得到了一个观测。观测的取值只能说找到或没有找到宝藏。如果不对该地点进行搜索，那么我们就不能获得任何新信息。

记

b_k：在 k 时刻开始时，在已获知的所有的观测值的条件下该地点有宝藏的可能性。

这是 k 时刻的置信状态，其依据下式随时间更新：

$$b_{k+1} = \begin{cases} b_k, & \text{在 } k \text{ 时刻不对该地点进行搜索} \\ 0, & \text{已对该地进行搜索且已寻得宝藏} \\ \dfrac{b_k(1-\xi)}{b_k(1-\xi)+1-b_k}, & \text{在 } k \text{ 时刻对该地点进行搜索但未发现宝藏} \end{cases} \tag{1.17}$$

其中第三个关系是利用贝叶斯法则得到的（b_{k+1} 等于 k 时刻存在宝藏且经搜索没有找到的可能性，除以搜索不成功的可能性）。上述第二个关系成立原因是一旦搜索成功，宝藏便会被取走。

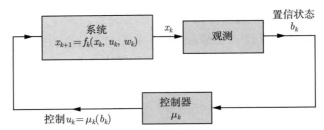

图 1.3.8　含不完整状态观测的控制系统图示。置信状态 b_k 是给定直到时刻 k 的所有观测前提下，x_k 的条件概率分布。

把 b_k 视为式(1.17)给出的"置信系统"的状态，并假设宝藏的价值为 V，且每次搜索花费 C，那么我们就可以写出针对该问题的动态规划算法。记 k 时刻置信状态 b 的最优展望费用为 $J_k^*(b)$，那么相应的算法有如下形式：

$$J_k^*(b_k) = \max\left[J_{k+1}^*(b_k),\ -C + b_k\xi V + (1-b_k\xi)J_{k+1}^*\left(\frac{b_k(1-\xi)}{b_k(1-\xi)+1-b_k}\right) \right] \tag{1.18}$$

其中，$J_N^*(b_N) = 0$。式(1.18)最大化运算的两个选项对应于不搜索（此时 b_k 值保持不变）和搜索 [在此情况下 b 根据式(1.17)更新]。

由于该问题相对简单，我们可以通过上述的动态规划算法得到其解析解。具体而言，通过归纳法（以 $k = N-1$ 出发），可以得到函数 J_k^* 对所有 $b_k \in [0,1]$ 满足 $J_k^*(b_k) \geqslant 0$ 且

$$J_k^*(b_k) = 0, \quad b_k \leqslant \frac{C}{\xi V}$$

由此可知，在 k 时刻当且仅当

$$\frac{C}{\xi V} \leqslant b_k$$

成立时，选择搜索为最优。因此选择搜索为最优当且仅当下一次搜索的期望收益 $b_k\xi V$ 大于或等于搜索费用，即只关注下一个阶段的一种短视策略。

当然，前述问题是一个极端简单的例子，其中涉及的状态 x_k 只有两种可能的取值，因此其相应的置信状态 b_k 也只能在 $[0,1]$ 区间取值。尽管如此，在 $[0,1]$ 区间依然有无穷多的值，那么如果需

要通过计算求解，则置信状态的取值区间必须被离散化，且我们需要对动态规划算法式(1.18)进行相应调整以使其针对离散化后得到的状态空间进行求解（第 6 章将会讨论离散化的方法）。

在一些问题中，状态 x_k 虽然只有有限多，比如 n 个不同取值，但 n 的值可能很大，此时相应的置信状态就构成一个 n 维的单纯形。鉴于 n 的维数很高，相应的离散化也会很困难。因此作为备选的次优解法通常用在部分状态信息的问题中。后续章节中会给出其中一些方法的介绍。

以下是一个部分状态信息问题的简单例子。在此例中由于置信状态空间极大，精确动态规划求解已不再可能。

例 1.3.6（双向停车） 考虑例 1.3.3介绍的停车问题的复杂版本。与例 1.3.3中一样，在前往目的地的路上，某司机正在寻找一个收费不高的停车位。在这一区域共有编号为 $0, \cdots, N-1$ 的 N 个车位，在车位 $N-1$ 后还有一个车库。与前例不同的是，此时司机既可以前进，也可以后退，而不是只能朝着车库前进。具体而言，当处于车位 i 时，在该车位可用的前提下可以花费 $c(i)$ 停车，也可以花费 t_i^- 退回 $i-1$，抑或花费 t_i^+ 前往 $i+1$。此外，司机还会记下所有途经车位的使用情况且可以返回这些车位，见图 1.3.9。

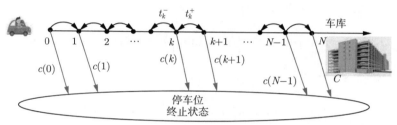

图 1.3.9 双向停车问题的费用结构与状态转移方式。在停车位 $k = 0, 1, \cdots, N-1$ 中，如果车位可用，则司机可以选择将车停在该位置并支付费用 $c(k)$，也可以返回车位 $k-1$ 并支付 t_k^-，抑或前往车位 $k+1$ 并支付 t_k^+。当抵达位置 N（车库）时，司机则只能花费 C 将车停在此处。

假设车位可用的概率 $p(i)$ 随时间变化，即在某次途经时可用（或被占）的车位在下次再来看时可能已经被占（或者相应地变得可用）。此外假设在察看任何一个车位的占用情况前，各车位被占的概率已知，且司机也知道概率 $p(i)$ 随时间演化的方式。例如，我们可以假设每个时刻 $p(i)$ 有 ξ 的概率按某个已知比率增加，且有 $1 - \xi$ 的概率按另一个已知比率减小。

在此问题中，置信状态即为当前各车位空闲概率构成的向量

$$(p(0), \cdots, p(N))$$

且它的取值基于每个时刻的观测来更新：每个时刻的观测即为在当前考察车位的空置/占用情况。基于迄今为止已经观测过的停车位的使用状况，司机可以计算出置信状态的确切值。尽管在后续讲解中，我们会给出一种针对置信状态构成的状态空间的动态规划算法，但实际中这种算法并不能执行[①]。因此该问题在实际中只能通过近似方法求解，相关方法会在后续章节中加以介绍。

---

① 事实上，我们此处定义的是一个无穷阶段问题，这是因为问题定义允许司机在停车场里一直闲逛而永远不停车。鉴于此，我们可以给允许的移动次数设置一个上限 $\overline{N} > N$，并且要求在 $\overline{N} - k$ 时刻且位于 k 车位时只能朝着车库方向移动。那么原本的无穷阶段问题就变成一个相似难度的有限阶段问题。

1.3.7 线性二次型最优控制

在少数特殊情况下，动态规划算法能够给出问题的解析解。这些解析解的用途之一就是在求解相关的问题时，作为近似动态规划方法的出发点。在存在解析解的问题中，很重要的一类问题即各类线性二次型最优控制问题。这类问题涉及一个线性（可能是多维的）系统和二次型的费用函数，且不对控制选择进行约束。我们采用例 1.1.2 给出的标量线性二次型问题加以说明，并采用动态规划算法计算只有两个阶段（$N = 2$）的情况，以此说明线性二次型问题中的解析解。

与例 1.1.2 中相同，终止费用为

$$g_2(x_2) = r(x_2 - T)^2$$

因此动态规划算法的第一步即令

$$J_2^*(x_2) = g_2(x_2) = r(x_2 - T)^2$$

[参见式(1.3)]。

而针对倒数第二阶段，有 [参见式(1.4)]

$$J_1^*(x_1) = \min_{u_1} \left[u_1^2 + J_2^*(x_2) \right] = \min_{u_1} \left[u_1^2 + J_2^*\big((1-a)x_1 + au_1\big) \right]$$

代换上式中的 J_2^*，就得到

$$J_1^*(x_1) = \min_{u_1} \left[u_1^2 + r\big((1-a)x_1 + au_1 - T\big)^2 \right] \tag{1.19}$$

通过对 u_1 求导并将导数设为 0，就可以求得上式的最小值。相应的求导计算给出

$$0 = 2u_1 + 2ra\big((1-a)x_1 + au_1 - T\big)$$

然后通过整理相关项并求解 u_1，就得到以 x_1 为函数的最后一个烤箱的最优温度：

$$\mu_1^*(x_1) = \frac{ra\big(T - (1-a)x_1\big)}{1 + ra^2} \tag{1.20}$$

通过将上式的最优温度代入关于 J_1^* 的表达式(1.19)，得到

$$
\begin{aligned}
J_1^*(x_1) &= \frac{r^2 a^2\big((1-a)x_1 - T\big)^2}{(1 + ra^2)^2} + r\left((1-a)x_1 + \frac{ra^2\big(T - (1-a)x_1\big)}{1 + ra^2} - T\right)^2 \\
&= \frac{r^2 a^2\big((1-a)x_1 - T\big)^2}{(1 + ra^2)^2} + r\left(\frac{ra^2}{1 + ra^2} - 1\right)^2 \big((1-a)x_1 - T\big)^2 \\
&= \frac{r\big((1-a)x_1 - T\big)^2}{1 + ra^2}
\end{aligned}
$$

现在我们倒退一个阶段，[根据式(1.4)] 有

$$J_0^*(x_0) = \min_{u_0} \left[u_0^2 + J_1^*(x_1) \right] = \min_{u_0} \left[u_0^2 + J_1^*\big((1-a)x_0 + au_0\big) \right]$$

成立，然后将关于 J_1^* 的等式代入上式，得到

$$J_0^*(x_0) = \min_{u_0} \left[u_0^2 + \frac{r\big((1-a)^2 x_0 + (1-a)au_0 - T\big)^2}{1 + ra^2} \right]$$

通过对 u_0 求导并将导数设为 0，就可以求得上式的最小值。相应的求导计算给出

$$0 = 2u_0 + \frac{2r(1-a)a\big((1-a)^2 x_0 + (1-a)au_0 - T\big)^2}{1 + ra^2}$$

通过整理相关项并经过一些计算，第一个烤箱的最优温度可由下式给出：

$$\mu_0^*(x_0) = \frac{r(1-a)a\big(T - (1-a)^2 x_0\big)}{1 + ra^2\big(1 + (1-a)^2\big)} \tag{1.21}$$

这一阶段的最优费用可以通过将上式代入关于 J_0^* 的表达式得到。通过一系列简单而冗长的计算，最后会得到一个简洁的表达式

$$J_0^*(x_0) = \frac{r\big((1-a)^2 x_0 - T\big)^2}{1 + ra^2\big(1 + (1-a)^2\big)}$$

至此我们就得到了该问题的解。

应当注意到上述算法通过式(1.21)和式(1.20)一并给出了两个阶段的最优策略 $\{\mu_0^*, \mu_1^*\}$，这些最优策略可被视作针对每个可能的 x_0 和 x_1 的值，设置相应的烤箱温度 $\mu_0^*(x_0)$ 和 $\mu_1^*(x_1)$ 的规则。因此（正如所预期的）该动态规划算法解出了所有的尾部子问题并且提供了一个反馈策略。

该例子中一个值得注意的特点是我们获得解析解的方式。通过回溯上述的求解步骤读者不难看出，正是因为阶段费用是二次型并且系统方程是线性的，求解过程才得到了极大的简化 [参见式(1.20)的导出步骤]。事实上，上述结论可以拓展到更一般的情况。只要系统是线性的且费用是二次型的，无论阶段数 N 的取值如何，最优策略和最优展望费用函数都能以解析解的形式给出（见文献 [Ber17] 3.1 节）。

随机线性二次型问题——确定性等价

在原有线性系统的基础上，我们以加和的方式引入一个零均值的随机扰动。值得注意的是，添加这种随机扰动不会对最优策略产生任何影响。以前述问题为例，假设材料的温度演化依如下系统方程

$$x_{k+1} = (1-a)x_k + au_k + w_k, \quad k = 0, 1$$

其中，w_0 和 w_1 是独立随机变量，其概率分布给定，期望为零

$$E\{w_0\} = E\{w_1\} = 0$$

且方差值有限。那么求解 J_1^* 的公式 [参见式(1.4)] 就变为

$$J_1^*(x_1) = \min_{u_1} E_{w_1}\Big\{ u_1^2 + r\big((1-a)x_1 + au_1 + w_1 - T\big)^2 \Big\}$$

$$= \min_{u_1} \left[u_1^2 + r\big((1-a)x_1 + au_1 - T\big)^2 + 2rE\{w_1\}\big((1-a)x_1 + au_1 - T\big) + rE\{w_1^2\} \right]$$

因为 $E\{w_1\} = 0$，上式可化简为

$$J_1^*(x_1) = \min_{u_1} \left[u_1^2 + r\big((1-a)x_1 + au_1 - T\big)^2 \right] + rE\{w_1^2\}$$

通过比较上式与式(1.19)，可知引入扰动 w_1 只会导致最小化计算的公式中多出一个无关常数项 $rE\{w_1^2\}$。因此在添加扰动后最后阶段的最优策略保持不变，而最优费用 $J_1^*(x_1)$ 则增加了 $rE\{w_1^2\}$。通过简单的计算就可以发现类似情况也出现在第一阶段的求解过程中。具体而言，最优费用在确定性问题的解的基础上，只增加了依赖于 $E\{w_0^2\}$ 和 $E\{w_1^2\}$ 的常数项。

一般来说，如果系统方程中随机扰动被其期望代替后，最优策略保持不变，那么我们就说确定性等价（certainty equivalence）成立。确定性等价成立的问题包含了多种涉及线性系统和二次型费用的问题，见文献 [Ber17]3.1 节和 4.2 节。而对于其他问题，确定性等价则可以用作问题近似的基础，例如，假设当前问题中的确定性等价成立（譬如用包含期望值在内的某些典型值来代替系统方程中的随机值），然后采用精确动态规划来求解简化所得的确定性问题（见 2.3.2 节）。

1.3.8 含未知参数的系统——自适应控制

迄今为止，我们只考虑了已知系统方程的问题。然而在实际中，很多问题中的系统参数可能不是精确可知，或者可能随时间变化。

我们以车辆的巡航定速系统加以说明。某轿车 k 时刻的速度记为 x_k，且其演化的系统方程为

$$x_{k+1} = x_k + bu_k$$

其中，u_k 为推动该车前进的力（可以认为 u_k 与施加在油门踏板上的压力相关）。然而，上式中的参数 b 变化非常频繁且难以高精度地建模表述。这是因为参数 b 的取值受到很多不可预测的时变条件的影响，例如坡度和路面状况，以及车身重量（车重受乘客数量的影响）。这些情况下，我们就需要一种面对潜在的大范围参数变化仍然表现良好的控制器。

为了能将上述问题表述为一个可以求解的优化问题，可以将未知的参数视为不可测的状态，从而把该问题表述为一个不完整状态信息问题。具体而言，记系统方程为

$$x_{k+1} = f_k(x_k, \theta, u_k, w_k)$$

其中，θ 是未知的参数向量。为简单起见，假设 θ 不随时间变化。引入一个额外的状态变量 $y_k = \theta$，从而得到其相应状态方程为

$$\begin{pmatrix} x_{k+1} \\ y_{k+1} \end{pmatrix} = \begin{pmatrix} f_k(x_k, y_k, u_k, w_k) \\ y_k \end{pmatrix}$$

该等式也可以简写为

$$\tilde{x}_{k+1} = \tilde{f}_k(\tilde{x}_k, u_k, w_k)$$

其中，$\tilde{x}_k = (x_k, y_k)$ 是新的状态，$\tilde{f}_k$ 是相应的系统方程。初始状态为

$$\tilde{x}_0 = (x_0, \theta)$$

然而，因为 y_k（即 θ）是不可测的，即使控制器可以得到 x_k 的取值，该问题仍然属于不完整状态信息问题，这就使得通过动态规划算法得到精确解的方案很困难。为了解决该问题，许多学者提出了不同的次优解法。

显然，一个合理的方案是将控制器的设计分为两个阶段，即参数估计（或辨识）阶段 [parameter estimation (or identification) phase] 和控制阶段（control phase）。在第一阶段中，未知参数被辨识，而控制器则无视所有临时得到的参数。第一阶段完成后，最终得到的控制参数被用来设计一个最优控制律。在系统实际运行的过程中，上述参数估计和控制轮流进行的设计过程可以重复多次，从而应对后续的参数变化。

上述方案一个明显的缺点就是在一些情况下何时终止一个阶段并开始下一阶段并不容易决定。第二个缺点，源于方案本身，则是对未知参数的估计必须时常在系统处于受控状态下进行。那么控制过程可能会使某些未知参数无法被辨识。这就是所谓的参数可辨识性（identifiability）问题。有一些文献在最优控制的背景下对这一问题进行了讲解，包括 [BV79]、[Kum83]；另外参见 [Ber17] 6.7 节。下面我们以如下简单的标量系统加以说明。系统状态方程为

$$x_{k+1} = ax_k + bu_k, \quad k = 0, \cdots, N-1$$

阶段费用为二次型形式

$$\sum_{k=1}^{N} (x_k)^2$$

假设状态信息完全可测，那么如果参数 a 和 b 已知，则通过计算可得最优控制律为

$$\mu_k^*(x_k) = -\frac{a}{b} x_k$$

即可将所有未来状态置零。现假设参数 a 和 b 未知，并采用上述的两阶段方案。第一阶段时作用于系统的控制律为

$$\tilde{\mu}_k(x_k) = \gamma x_k \tag{1.22}$$

式中，γ 为某标量，例如设 $\gamma = -\bar{a}/\bar{b}$，其中 $\bar{a}$ 和 $\bar{b}$ 是对参数 a 和 b 的先验估计。在第一阶段完成后，控制律变为

$$\overline{\mu}_k(x_k) = -\frac{\hat{a}}{\hat{b}} x_k$$

其中，$\hat{a}$ 和 $\hat{b}$ 为参数辨识阶段得到的估计值。在控制律式(1.22)的作用下，闭环系统为

$$x_{k+1} = (a + b\gamma)x_k$$

因此，辨识过程至多可以识别 $(a + b\gamma)$ 的值，却不能识别参数 a 和 b 的值。换句话说，如果参数对 (a_1, b_1) 和 (a_2, b_2) 满足 $a_1 + b_1\gamma = a_2 + b_2\gamma$，那么辨识过程就无法区分这两组参数。因此当形如式(1.22)的反馈控制作用于系统时，参数 a 和 b 是不可辨识的。

以上讨论的问题以及处理这些问题的方法都属于自适应控制（adaptive control）这一广阔学术领域。自适应控制用来处理含未知参数系统的控制器设计，该领域有丰富的理论和广阔的应用。本书不会对自适应控制进行讨论，感兴趣的读者可以参见相关文献，例如，由 Aström 和 Wittenmark 所著

的 [ÅW13]，Goodwin 和 Sin 所著的 [GS14]，Ioannou 和 Sun 所著的 [IS12]，Krstic、Kanellakopoulos 和 Kokotovic 所著的 [KKK95]，Kumar 和 Varaiya 所著的 [KV15]，Sastry 和 Bodson 所著的 [SB11]，以及 Slotine 和 Li 所著的 [SL91]。

此外，还有一种简单而通俗的控制方法值得关注，即 PID（比例-积分-微分，Proportional-Integral-Derivative）控制。PID 控制适用于涉及未知或者变化的数学模型的问题，见由 Aström 和 Hagglund 所著的 [ÅH95]、[ÅH06]。具体来说，PID 控制适用于单输入单输出的动态系统，且在系统的参数在较大范围变化的情况下，能使系统的输出维持在某一设定点附近或者遵循给定的轨迹。PID 控制最简单的形式只需要涉及三个参数，而这三个参数的取值可以通过许多不同的方式来决定，包括一些手动/启发式的方法。我们将在 5.7 节简要地讨论 PID 控制，并指出自动设定 PID 控制的参数可被视为广义上的策略空间近似的一类方法。

1.4　强化学习与最优控制——一些术语

鉴于动态规划相关的近似方法在处理维数灾难（curse of dimensionality）（通过使用近似费用函数应对由于状态数量增加带来的计算量的暴增）和模型灾难（curse of modeling）（用仿真器/计算机模型代替问题中的数学模型）中展现的潜力，这些方法已经引起了人们的浓厚兴趣。现阶段强化学习领域的长足进步很大程度上得益于最优控制（该学科传统上强调顺序决策制定及完备的优化方法）和人工智能（该学科传统上强调从观测与经历中学习，在游戏程序中引入启发式评价函数，以及使用基于特征或其他方式的表示法）的非常有益的相互交流。

随着人们对其中本质问题、相关方法及应用的深入理解，如今这两个学科间的边界已不复存在。然而令人遗憾的是，基于强化学习的讨论（使用人工智能的相关术语）与基于动态规划的讨论（使用最优控制相关术语）所用术语及侧重点都已经有很大的区别，前者通常用最大化/值函数/收益，而后者则会用最小化/费用函数/每阶段费用，且差别远不止于此。

本书采用了动态规划与最优控制领域的专业术语。鉴于一些读者可能已经习惯于人工智能领域，或者最优控制领域的相关表述，我们在此提供一份这两个领域常用术语的对应列表，以便于读者理解。列表左侧为强化学习领域专用词汇，右侧为最优控制领域相对应的术语。

（a）环境（environment）＝ 系统（system）。

（b）智能体（agent）＝ 决策者（decision maker）或控制器（controller）。

（c）动作（action）＝ 决策（decision）或控制（control）。

（d）一个阶段的收益（reward of a stage）＝ 一个阶段的费用（cost of a stage）（的相反数）。

（e）状态价值（state value）＝ 从一个状态出发所花费用（cost starting from a state）（的相反数）。

（f）价值函数或收益函数（value function or reward function）＝ 费用函数（cost function）（的相反数）。

（g）最大化价值函数（maximizing the value function）＝ 最小化费用函数（minimizing the cost function）。

（h）动作价值（action value）或状态动作价值（state-action value）＝ 一个状态与动作对的 Q 因子或 Q 值（Q-factor or Q-value of a state-control pair）（Q 值也常用于强化学习的文献中）。

（i）规划（planning）＝ 在数学模型已知的情况下，利用该模型来求解相应的动态规划问题。

（j）学习（learning）= 在不直接利用数学模型的情况下求解一个动态规划问题（这是"学习"这一术语在强化学习文献中最常代表的含义。其他用法也很常见）。

（k）自主学习（self-learning）= 通过某种形式的策略迭代来解决一个动态规划问题。

（l）深度强化学习（deep reinforcement learning）= 采用深度神经网络来进行价值和/或策略近似的近似动态规划。

（m）预测（prediction）= 策略评价（policy evaluation）。

（n）广义策略迭代（generalized policy iteration）= 乐观策略评价（optimistic policy iteration）。

（o）状态抽象（state abstraction）= 状态聚集（state aggregation）。

（p）时序抽象（temporal abstraction）= 时间聚集（time aggregation）。

（q）学习一个模型（learning a model）= 系统辨识（system identification）。

（r）分幕式任务（episodic task）或分幕（episode）= 有限步系统轨迹（finite-step system trajectory）。

（s）持续性任务（continuing task ）= 无穷步系统轨迹（infinite-step system trajectory）。

（t）经验回放（experience replay ）= 重复使用在一个仿真过程中生成的样本。

（u）贝尔曼算子（Bellman operator ）= 动态规划映射（DP mapping）或动态规划算子（DP operator）。

（v）回溯（backup）= 对一些状态求解其动态规划映射的值。

（w）遍历（sweep）= 对所有状态求解其动态规划映射的值。

（x）针对费用函数 J 的贪婪策略 = 在由方程 J 定义的动态规划表达式中，取得最小值的策略。

（y）后位状态（afterstate）= 决策后状态（post-decision state）。

（z）实测真实值（ground truth）= 经验所得的证据（empirical evidence），或由直接观察所获得的信息。

上述的一些概念将会在后续章节中逐步引入。在后续学习中，读者可借助以上列表，将本书所讲解的内容与其他强化学习文献中的相关知识串联起来。

符号

除了所用术语不同，人工智能和最优控制领域所用的数学符号也不同。这也使得读者在参阅相关文献时，由术语不同而引起的误解进一步加剧。本书基本采用了 Bellman 和 Pontryagin 在研究最优控制时所采用的"标准"数学符号，参见由 Athans 和 Falb 所著的 [AF66]，Bellman 所著的 [Bel67]，以及由 Bryson 和 Ho 所著的 [BH75] 等经典书籍。该系列符号也用于作者所著的其他动态规划教材和学术专著中。

现将本书中最常用的数学符号总结如下：

（a）x：状态。

（b）u：控制。

（c）J：费用函数。

（d）g：每阶段费用。

（e）f：系统方程。

（f）i：离散状态。

（g）$p_{ij}(u)$：在当前状态为 i，采用控制 u 的情况下，下一阶段状态为 j 的转移概率。

（h）α：折扣问题中的折扣率。

本书所采用的 x-u-J 系列符号是最优控制教材采用的标准符号（例如，由 Athans 和 Falb 所著的 [AF66]，由 Bryson 和 Ho 所著的 [BH75]，以及近来由 Liberzon 所著的 [Lib11]）。f 与 g 也是最优控制领域早期以及后续研究中最常用的代表系统和每阶段费用函数的符号（鉴于每阶段费用的英文是 cost，符号"c"相比"g"应当是更加自然的选择。然而遗憾的是，用符号"c"代表每阶段费用函数并不常见）。我们采用的离散系统符号 i 和 $p_{ij}(u)$ 是离散系统马尔可夫决策问题和运筹学文献中常用的数学符号。在这些领域中，离散系统的问题已被广泛研究（有些文献用 $p(j\,|\,i,u)$ 代替 $p_{ij}(u)$ 来代表转移概率）。

强化学习领域的相关文献绝大多数都是考虑有限多状态的马尔可夫决策问题，而且其中最常见的即是本书第 4 章中讲解的有折扣的和随机最短路径的无穷阶段问题。在这些文献中，最常见的符号即采用 s 代表状态，a 代表动作，$r(s,a,s')$ 代表每阶段收益，$p(s'\,|\,s,a)$ 或 $P_{s,a}(s')$ 代表在当前状态为 s 且采用动作 a 时，下一阶段状态为 s' 的转移概率，γ 代表折扣率（例如，见 Sutton 和 Barto 所著的 [SB18]）。

1.5 注释和资源

鉴于本书着重讲解近似动态规划与强化学习，在本章中我们只简要介绍了精确动态规划的一些相关知识点。作者的动态规划教材 [Ber17] 采用了与本书一致的符号与写作风格，对精确有限阶段动态规划及其在离散与连续空间中的应用进行了全面的讲解。由 Putman 所著的 [Put94] 和由作者所著的 [Ber12a] 详尽地讲解了无穷阶段有限状态的马尔可夫问题。作者的 [Ber12a] 也包含了对于连续空间无穷阶段问题的讲解，而由作者和 Shreve 所著的专著 [BS78] 则对精确动态规划中所涉及的一些更为复杂数学问题进行了讨论（特别是随机最优控制中涉及的概率/测度论方面的问题）。

作者的抽象动态规划专著 [Ber18a] 针对涉及总费用的顺序决策问题的核心理论与算法，提出了一套通用理论。通过使用抽象的动态规划算子（即强化学习领域的贝尔曼算子），该书中的理论同时适用于随机的、极小极大的、博弈的、风险敏感以及其他类型的动态规划问题。作者的目的是通过抽象化来获得深刻的理解。具体而言，每个动态规划模型的结构都被编码到相应的抽象贝尔曼算子中，而这些算子就可以作为相应模型的"数学签名"。因此，这些算子的特征（例如单调性和压缩性）很大程度上决定了适用于相应模型的分析结果和计算方法。本书中介绍的一些方法可能也适用于书中未涉及的其他多种动态规划模型。在这种情况下，从抽象化的视角对这些算法进行设计和分析就能获得适用于许多模型的一般性原则。

自 20 世纪 80 年代末到 90 年代初动态规划与强化学习之间的联系被发现以来，有大量有关近似动态规划与强化学习的文献面世。在此，我们仅提及相关的教科书、学术专著以及涉猎广泛的综述。这些文献在作为本书有益补充的同时表达了与本书相似的观点，并且与本书一起构成了检索其他相关文献的指南。此外不可避免的是，此处罗列的参考文献反映了学科文化的偏差，且侧重强调了作者熟悉的和与本书具有相似写作风格的文献（包括作者的著作）。对于因作者个人理解以及对学科认知所限而遗漏的许多重要文献，作者在此先表达诚挚的歉意。

对于本学科而言，两本著于 20 世纪 90 年代的书为学科的后续发展奠定了基调。其中第一本是由作者与 Tsitsiklis 所著并出版于 1996 年的 [BT96]，该书从决策、控制与优化的视角对该领域进行了阐释。由 Sutton 与 Barto 所著并出版于 1998 年的教材则反映了人工智能领域对该学科的理解（该书第二版 [SB18] 发表于 2018 年）。关于本书中涉及的某些话题的更一般的讨论，包括算法收敛性的问题和其他类型的动态规划模型，例如，基于平均费用优化的模型，读者可参阅上述的第一本专著，以及作者的动态规划教材 [Ber17]、[Ber12a]。关于该学科的早期发展历史，读者可参考 [BT96] 的 6.7 节和 [SB18] 的 1.7 节。

近期出版的相关书籍包括由 Gosavi 所著的 [Gos15]（作为该专著第二版，极大地扩展了 2003 年问世的第一版的内容），着重介绍了基于仿真的优化与强化学习算法；Cao 所著的 [Cao07] 着眼于通过基于敏感度的方式来讲解基于仿真的方法；Chang 等所著的 [CHFM13]（其 2007 年专著的第二版）强调了有限阶段/有限前瞻方法及自适应采样；Busoniu 等所著的 [BBDSE17] 重点介绍了适用于连续空间系统的函数近似方法，并且包含了关于随机搜索方法的讨论；Powell 所著的 [Pow11] 强调了在资源分配和运筹学领域的应用；Vrabie、Vamvoudakis 和 Lewis 所著的 [VVL13] 讨论了基于神经网络的方法、在线自适应控制以及连续时间最优控制的应用；Kochenderfer 等所著的 [KAC+15] 有选择性地讨论了动态规划中的近似、应用实例和处理不确定性的方法；Jiang 与 Jiang 所著的 [JJ17] 在近似动态规划的框架内发展了自适应控制理论；Liu 等所著的 [LWW+17] 讨论了自适应动态规划的一些形式，以及强化学习和最优控制的某些话题。由 Krishnamurthy 所著的 [Kri16] 聚焦于讨论部分状态信息的问题，同时也包含了关于精确动态规划和近似动态规划/强化学习方法的讨论。Haykin 的著作在以神经网络为主题的更广阔的背景下探讨了近似动态规划。Borkor 的著作 [Bor08] 是适用于专业学者的学术专著。该书通过采用常微分方程的方式，严谨地讨论了近似动态规划中许多迭代随机算法的收敛性问题。Meyn 所著的 [Mey08] 包含了更为广泛的话题，同时也涉及了我们讨论的一些近似动态规划算法。

在强化学习领域有很大影响力的早期综述包括由 Barto、Bradtke 和 Singh 所著的 [BBS91]（讨论了实时动态规划方法及其先例，实时启发式搜索 [Kor90]，以及异步动态规划理念 [Ber82]、[Ber83]、[BT89] 在相关背景下的应用），以及由 Kaelbling、Littman 和 Moore 所著的 [KLM96]（聚焦于强化学习的一般原则）。这些综述都从人工智能的视角出发讲解了相关的方法。由 White 和 Sofge 编辑的 [WS92] 也包含了描述该领域早期工作的一些综述。

由 Si 等编辑的 [SBPW04] 中包含的一些概述文章描述了本书中没有详细讲解的方法：线性规划（De Farias 的 [DF04]）、大规模资源分配方法（Powell 和 Van Roy 的 [PVR04]）以及确定性最优控制方法（Ferrari 和 Stengel 的 [FS04]，以及 Si、Yang 和 Liu 的 [SYL04]）。更新的关于这些及相关话题的讨论则可见由 Lewis、Liu 和 Lendaris 编辑的概述文集 [LLL08] 以及由 Lewis 和 Liu 编辑的 [LL13]。

近年来，该领域的长篇综述和短篇专著包括由 Borkar 所著的 [Bor09a]（从方法论的视角探讨了强化学习与其他蒙特卡洛方法的联系）、Lewis 和 Vrabie 所著的 [LV09]（展现了控制的视角）、Szepesvari 所著的 [Sze10]（从强化学习的视角探讨了值空间的近似）；Deisenroth、Neumann 和 Peters 所著的 [DNP+13] 与 Grondman 等所著的 [GBLB12]（专注于讨论策略迭代方法）；Browne 等所著的 [BPW+12]（专注于讨论蒙特卡洛树搜索）；Mausam 和 Kolobov 所著的 [Kol12]（从人工智能的视角探讨马尔可夫决策问题）；Schmidhuber 所著的 [Sch15]、Arulkumaran 等所著的 [ADBB17]、Li 所著的 [Li17]、Busoniu 等所著的 [BdBT+18]、Caterini 和 Chang 所著的 [CC18]（考虑了基于深度神经网络的强化学习方法）；作者所著的 [Ber05a]（专注于讨论策略前展算法与模型预测控制）、[Ber11a]（专注于讨论近似策略迭代）和 [Ber18b]（讨论了状态聚集的方法），以及 Recht 所著的 [Rec19]（专注于讨论连续空间的控制问题）。

第 2 章　值空间的近似

正如我们在第 1 章提到的，在许多情况下通过动态规划求解最优控制问题的精确解是不可行的。这很大程度上归咎于贝尔曼所谓的"维数灾"，即随着问题规模的增大，动态规划算法所需的计算与存储量迅速增加。此外在很多情况下，所求问题的结构可以很早获知，但某些问题数据，例如各种系统参数，只有在临近采取决策时才知道。这就严重制约了计算可用的时间。这些困难都表明为了在方便的执行与充分的性能间获得平衡，我们有必要寻求一些次优解法。

本书后续章节的内容与讲解方式遵循的原则都是基于作者对现阶段该领域前沿的认识：现阶段并没有任何强化学习方法可以确保解决全部甚至多数的动态规划问题，但对任一给定问题我们有多种不同的方法可以选择尝试，并且有相当概率可以成功。鉴于此，我们将介绍多种不同的方法，目的是让读者能形象地理解这些方法的内在机制，以及这些方法在分析与计算上的特性。我们会提供一些针对解法的分析，而且这些分析通常都基于动态规划原则。但对书中的大多数方法我们不会严谨地论证其性能。此外，我们将探讨不同方法在某些实际场景中的优势，但这些探讨也是作者的推测。因此，读者应对此持保留态度并且/或者酌情调整。

本章将以第 1 章中介绍的确定性及随机动态规划问题为背景，罗列出一系列不同的近似方法，然后聚焦于值空间近似的方法。在此列出的许多方法在经过适当调整后也可用于无穷阶段问题。它们与其他的只针对无穷阶段问题的特定方法一道，共同构成了后续章节介绍的内容。

2.1　强化学习中的近似方法

在基于动态规划的次优控制方法中主要有两种不同的近似方法。第一种是值空间的近似（approximation in value space），目的是近似最优费用函数。第二种方法是在一定类型的策略集合中通过优化计算选取策略，即所谓策略空间的近似（approximation in policy space）。本节给出这些方法的简要概述。

值空间的近似

值空间近似方法用某些函数 $\tilde{J}_k$ 来近似最优展望费用函数 J_k^*，然后将动态规划表达式中的 J_k^* 替换为 $\tilde{J}_k$。具体来说，当处于状态 x_k 时，所采用的控制由如下最小化给出：

$$\tilde{\mu}_k(x_k) \in \arg \min_{u_k \in U_k(x_k)} E\Big\{ g_k(x_k, u_k, w_k) + \tilde{J}_{k+1}\big(f_k(x_k, u_k, w_k)\big) \Big\} \tag{2.1}$$

上式定义了一个次优策略 $\{\tilde{\mu}_0, \cdots, \tilde{\mu}_{N-1}\}$。本章及后续章节将介绍多种选取或计算函数 $\tilde{J}_k$ 的方法。

值得注意的是，式(2.1)右侧的期望表达式可被视为一个近似 Q 因子

$$\tilde{Q}_k(x_k, u_k) = E\Big\{ g_k(x_k, u_k, w_k) + \tilde{J}_{k+1}\big(f_k(x_k, u_k, w_k)\big) \Big\}$$

而且，式(2.1)中的最小化运算可写作（参见 1.2 节）

$$\tilde{\mu}_k(x_k) \in \arg \min_{u_k \in U_k(x_k)} \tilde{Q}_k(x_k, u_k)$$

这表明作为上述值空间近似方法的变形，我们还可以近似 Q 因子。这种方法的特点是近似 Q 因子可以直接计算，而不需要采用费用函数近似这一中间步骤。本章后续讲解将主要着眼于费用函数近似的方法，但在个别情况下也会对 Q 因子近似方法加以说明。

值空间的近似——多步前瞻

基于最小化运算式(2.1)的值空间近似方法通常被称为一步前瞻（one-step lookahead），这是因为在经过一步之后，所有的未来费用都被 $\tilde{J}_{k+1}$ 所近似。这类方法的一个重要变形为多步前瞻（multistep lookahead），即最小化前 $\ell > 1$ 个阶段的费用，而未来费用则由函数 $\tilde{J}_{k+\ell}$ 来近似。例如，当使用两步前瞻时，相应的近似函数 $\tilde{J}_{k+1}$ 是

$$\tilde{J}_{k+1}(x_{k+1}) = \min_{u_{k+1} \in U_{k+1}(x_{k+1})} E\Big\{g_{k+1}(x_{k+1}, u_{k+1}, w_{k+1}) + \tilde{J}_{k+2}\big(f_{k+1}(x_{k+1}, u_{k+1}, w_{k+1})\big)\Big\}$$

其中，$\tilde{J}_{k+2}$ 是最优展望费用函数 J_{k+2}^* 的近似。

事实上，正如上述的两步前瞻所示，ℓ 步前瞻可以被视为一步前瞻的特例，即在这类一步前瞻中，前瞻函数是一个以 $\tilde{J}_{k+\ell}$ 为终止费用的 $\ell - 1$ 阶段动态规划问题的最优费用函数。然而在许多情况下，我们都需要单独考虑 ℓ 步前瞻方法，而不是将其作为一步前瞻的特例，从而更好地处理此类方法在实践中特有的一些问题。

采用 ℓ 步前瞻的原因是在获得相同控制性能的前提下，随着 ℓ 值的增大，对近似函数 $\tilde{J}_{k+\ell}$ 的准确性的要求可能会降低。换句话说，在采用相同准确度的近似函数 $\tilde{J}_{k+\ell}$ 时，随着 ℓ 值的增大，控制性能可能会更好。这显然符合我们的直观预期，因为随着 ℓ 的增大，更多的阶段费用通过优化等计算的方法得到精准评估。尽管可以人为构造出反例（见 2.2.1 节），但以上所述一般都与实际情况相符。一般来说，如果在线计算资源允许，我们至少应该尝试求解尽可能大的 ℓ 值对应的 ℓ 步前瞻。

本节的开始部分关于值空间近似的讨论主要是关于一步前瞻的。这些方法可以很直接地拓展应用于多步前瞻的情况，其相关讨论将在 2.2 节给出。

策略空间的近似

值空间近似的主要替代方案是**策略空间近似**（approximation in policy space），即将备选策略限制在一个合适的范围内，通常是某种形式的参数化策略，再从中加以选择。具体来说，可以引入参数化的策略族

$$\mu_k(x_k, r_k), \quad k = 0, \cdots, N-1$$

其中，r_k 是相应的参数，例如某一神经网络所代表的策略族，然后通过某种形式的优化方法来估计参数 r_k 的值。

策略空间近似的一个重要优点是，当系统在线运行时，所需的计算量通常远小于式(2.1)对应的前瞻最小化运算。这种优势也可以通过将值空间的近似与策略空间近似相结合来实现，这种方法将在 2.1.5 节给出。

本章将主要讨论值空间近似的方法，但其中的一些理念也同样适用于策略空间的近似。我们将讨论限制在有限阶段问题中，关于无穷阶段问题的探讨将在第 4 章及之后给出。然而，有限阶段问题的相关理念也与无穷阶段问题相关，而且本章及第 3 章给出的方法经过简单调整就能适用于无穷阶段问题。

基于模型的实现与无模型的实现

一般来说，一个有限阶段问题是通过状态、控制和扰动空间、函数 f_k、g_k、控制约束集合 $U_k(x_k)$，以及扰动的概率分布一起定义的。我们将以上信息称为相应问题的数学模型（mathematical model）。当然每一个有限阶段问题都只有一个数学模型，但某一给定的精确或近似的求解方法却可能有多种不同的工程实现方式。其中的某些实现方式可能完全是通过使用数学模型的分析计算来完成，而其他的方式可能还要依赖或者完全通过蒙特卡洛仿真来实现。

在本书中我们将对无模型方法给出一种统一且明确的定义（或者更准确地说是定义某种方法的无模型工程实现）[1]。具体而言，我们根据计算一步或多步前瞻表达式中涉及的期望值时，使用的是公式运算还是蒙特卡洛仿真将不同方法分类。基于这一原则，我们将本书中涉及的多种方法的实现方式分为两类：

（a）在基于模型的（model-based）实现方式中，假设给定 (x_k, u_k) 后 w_k 的条件概率分布的数学表达式已知。这意味着任意三元组 (x_k, u_k, w_k) 的 $p_k(w_k \mid x_k, u_k)$ 值已知。此外，函数 g_k 和 f_k 也已知。在基于模型的实现中，类似式(2.1)中的期望值是通过代数运算而非蒙特卡洛仿真得到的。

（b）在无模型的（model-free）实现方式中，式(2.1)中的期望值和相关表达式的计算是通过蒙特卡洛仿真来实现的。这样做可能有如下两个原因：

（1）概率 p_k 的数学表达式未知，取而代之的是计算机程序/仿真器。对任意给定状态 x_k 与控制 u_k，该程序模拟采样概率转移后得到的状态 x_{k+1}，并生成相应的转移费用。在此情况下，相应的期望值可以通过蒙特卡洛仿真来近似计算[2]。

（2）对于任意三元组 (x_k, u_k, w_k)，概率值 $p_k(w_k \mid x_k, u_k)$ 已知，但通过采样和蒙特卡洛仿真计算式(2.1)中的期望更加高效。因此，在这种情况下，期望值的计算所采用的方法与概率值 $p_k(w_k|x_k, u_k)$ 未知而只有计算机仿真器时所采用的方法相同[3]。

值得注意的是，确定性问题不需要计算期望值，所以，即使 g_k 与 f_k 的值是通过复杂的计算机运算得到的，解决这类问题的方法通常都属于基于模型的方法。然而因为各种不同的原因，蒙特卡洛仿真在求解确定性问题时仍然可能有用武之地。例如，国际象棋和围棋都是确定性问题，但阿尔法围棋（AlphaGo）和阿尔法零（AlphaZero）程序（Silver 等 [SHM+16]、[SHS+17]）都使用了随机策略且非常依赖于基于采样的蒙特卡洛树搜索技术。本章的 2.4.2 节将对这些技术予以说明。一些策略梯度方法也同样是基于采样实现的，后续章节也将对这些方法加以介绍。

总结起来，在本书中是否使用采样与蒙特卡洛仿真是决定一个执行方式属于基于模型的还是无

---

① 在文献中，术语"无模型"表达的含义多种多样。例如，有些作者把基于模型的方法定义为估计各状态下最优展望费用的方法，而将无模型方法定义为估计状态控制对的 Q 因子的方法。

② 蒙特卡洛仿真这一术语通常是指使用软件仿真器。然而在一些实际场景中，某些硬件或软/硬件结合的仿真器也可以用来生成用于蒙特卡洛平均值计算的样本。

③ 采用蒙特卡洛仿真来计算复杂积分甚至许多数加和的理念广泛应用于多种数值计算方法中。这些方法还包含了被称为蒙特卡洛积分（Monte Carlo integration）和重要性采样（importance sampling）等高效的蒙特卡洛技术，参见如 [Liu01]、[AG07]、[RC10] 和 [Gla13] 等文献中的详细介绍。

模型方法的决定因素。根据这种分类方法，当问题的数学模型以表达式形式已知，但出于执行方便或者计算高效等原因而采用蒙特卡洛仿真的方法就属于无模型的方法。

2.1.1 值空间近似的一般问题

在值空间近似方案中，通常有两个主要问题，且它们可以被分开单独处理：

（1）如何求得 $\tilde{J}_k$，即计算前瞻最小化式(2.1)中涉及前瞻函数 $\tilde{J}_k$ 的方法（见图 2.1.1）。本章将讨论其中的一些方法，更多其他方法的说明将在后续给出。

（2）如何选择控制，即求解式(2.1)中的最小化与执行次优策略 $\tilde{\mu}_k$ 的方法。与上述问题相同，有多种精确或近似的控制选择方法，本章将会给出其中一些方法的说明（见图 2.1.1）。

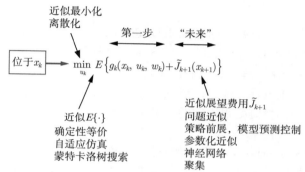

图 2.1.1 一步前瞻下值空间近似的多种不同方法。前瞻函数值 $\tilde{J}_{k+1}(x_{k+1})$ 用于近似最优展望费用函数的值 $J^*_{k+1}(x_{k+1})$，且可以通过多种不同方式计算得到。此外，在针对 u_k 的最小化运算和针对 w_k 的期望值计算中都可能涉及近似，见 2.1.1 节。

本节将在一步前瞻方法的背景下针对上述问题进行宏观讨论。

关于计算 $\tilde{J}_k$ 的值，我们将考虑如下四种不同的方法。

（a）问题近似（problem approximation）（2.3 节）：在此情况下，式(2.1)中的函数 $\tilde{J}_k$ 是一个便于计算的简化的优化问题的最优或近似最优解。简化方法可能包括利用可分解的结构来解耦问题，忽略各种类型的不确定性，减少状态空间的大小。另一种简化形式是聚集，这种方法将在第 6 章单独讨论。

（b）在线近似优化（on-line approximate optimization）（2.4 节、2.5 节）：这些方法通常涉及使用次优策略或启发式方法，即当需要时在线应用这些方法来近似最优费用函数。此处所用的次优策略可以通过问题近似等任何其他方式获得。策略前展算法（rollout algorithms）和模型预测控制（model predictive control）是这类方法的主要例子。

（c）参数化费用近似（parametric cost approximation）（第 3 章）：在此方法中式(2.1)中的函数 $\tilde{J}_k$ 是从给定的参数化的函数族 $\tilde{J}_k(x_k, r_k)$ 中选出的，其中 r_k 即参数向量，它的值是通过合适的算法求出的。这些参数化的函数族通常是利用状态 x_k 的主要特点，即所谓特征（features）来构造的。这些特征有可能源于对当前问题的深入理解，也可能来自训练数据和某种形式的神经网络。

（d）聚集（aggregation）（第 6 章）：这是一种特殊的但相当复杂的问题近似的方式。一种简单的聚集方法即在每阶段选出一组具有代表性的状态，然后将动态规划算法局限于这些代表状态，并通过在这些状态的最优费用之间插值近似其他状态的费用。聚集的另一个例子是将状态空间分为若干子集，每个子集是想象中的"聚集动态规划问题"的一个状态。在解决该问题以后，函数 $\tilde{J}_k$ 就可以在聚集问题的最优费用函数基础上得到。上述的状态空间划分可以是任意的，但通常都是利用特征来决定（有"相似"特征的状态就被分到一起）。而且，聚集还可以与上述的方法（a）～（c）相结合，并与之形成有益的补充。此外，我们还可将上述（a）～（c）产生的近似展望费用函数作为运用聚集方法的出发点，例如首先采用参数近似的方法，然后采用聚集来校正局部的偏差，从而提高所得费用函数的精度。

此外，我们还可以将上述方法与式(2.1)中关于 u_k 的近似最小化运算，以及通过确定性等价（参见 2.3.2 节）、自适应仿真和蒙特卡洛树搜索（参见 2.4.2 节）近似求解在 w_k 作用下的期望值等方法相结合，从而得到更多不同的近似方法。

2.1.2 离线与在线方法

在值空间近似方法中，一个重要的考虑是展望费用函数 $\tilde{J}_{k+1}$ 和式(2.1)中相应的次优策略 $\{\tilde{\mu}_0, \cdots, \tilde{\mu}_{N-1}\}$ 的计算是离线的（off-line）（即在控制过程开始前，且针对所有的 x_k 和 k），还是在线的（on-line）（即在控制过程开始之后，在需要时进行计算，且仅针对遇到的状态值 x_k）。

通常，对于具有挑战性的问题，计算控制 $\tilde{\mu}_k(x_k)$ 的值是在线完成的，这是因为当状态空间很大时，存储整个状态空间对应的控制是很困难的。相较而言，在线或离线计算 $\tilde{J}_{k+1}$ 则是一个重要的设计选择。我们因此区分：

（1）**离线方法**（off-line methods），即在控制过程开始前，对于每个阶段 k，式(2.1)中的整个函数 $\tilde{J}_{k+1}$ 已经计算完成。相应函数值 $\tilde{J}_{k+1}(x_{k+1})$ 可以直接存在内存中，也可以在通过一步前瞻计算控制需要时通过简单快速的运算获得。这些方法的优点是绝大多数的计算已经在控制过程开始的时刻 0 前已经完成。一旦控制过程开始，在计算次优策略的过程中不需要为了得到 $\tilde{J}_{k+1}(x_{k+1})$ 的值而付出额外的计算量。

（2）**在线方法**（on-line methods），即绝大多数的运算都发生在得知当前状态 x_k 的值以后，且只计算与当前状态相关的下一状态 x_{k+1} 对应的 $\tilde{J}_{k+1}(x_{k+1})$ 值，以便通过式(2.1)来计算控制。与离线近似方法相比，这些方法非常适合在线重新规划（on-line replanning），从而应对问题数据可能会随着时间变化的情况。在线方法可能优于离线方法的另一种类似情况是，问题的初始状态和其他相关信息只有在临近控制过程开始时才可知，此时在线方法就成为更好的选择。

神经网络和其他参数近似方法，以及聚集都是离线方案的典型例子。典型的在线方案是策略前展和模型预测控制。问题近似依照问题的其他特点，可能是在线的方法，也可能是离线的。当然，我们可以将上述方式结合起来，在离线情况下预先执行大量的运算，从而减小在线获得所需 $\tilde{J}_{k+1}$ 的计算量。在 2.4 节和 5.1 节讨论的截短策略前展就是这种方法的一个例子。

2.1.3 针对前瞻最小化的基于模型的简化

一旦近似的展望费用函数 $\tilde{J}_{k+1}$ 被选定，当处于状态 x_k 时，次优控制 $\tilde{\mu}_k(x_k)$ 可以通过最小化（如下一步前瞻表达式）

$$E\Big\{ g_k(x_k, u_k, w_k) + \tilde{J}_{k+1}\big(f_k(x_k, u_k, w_k)\big) \Big\} \tag{2.2}$$

来获得。本节将讨论多种方式来减小上述最小化运算的计算量。本节假设问题的数学模型给定，即函数 g_k 和 f_k 以表达式形式给出，且在给定 (x_k, u_k) 后 w_k 的条件概率分布也已知。此外，式(2.2)中的期望值计算不采用蒙特卡洛仿真的方式。我们将在下一节考虑无模型的方法。

去除式(2.2)中的期望值运算的可能手段是（假设）确定性等价（certainty equivalence）。在此情况下我们可以选择扰动 w_k 的某个典型值 $\tilde{w}_k$，然后通过求解以下的确定性问题

$$\min_{u_k \in U_k(x_k)} \left[g_k(x_k, u_k, \tilde{w}_k) + \tilde{J}_{k+1}\big(f_k(x_k, u_k, \tilde{w}_k)\big) \right] \tag{2.3}$$

从而得到控制 $\tilde{\mu}_k(x_k)$。这种通过用某典型值替换不确定量从而把随机问题转化为确定性问题的方法意味着 $\tilde{J}_{k+1}$ 函数本身也可以通过确定性方法得到。后续章节中（见 2.3 节）将详细讨论这种方法及其变形。

现在，我们转而考虑式(2.2)和式(2.3)中涉及的关于 $U_k(x_k)$ 的最小化运算的问题。当集合 $U_k(x_k)$ 包含有限多个元素时，可以通过穷举的方式计算每个控制对应的费用值来求出最小值。当然这种方式会非常耗时，特别是在多步前瞻的情况下。并行运算可以在此时发挥很大的作用 [此外，式(2.2)中期望值的运算也可以通过并行运算来执行]。对于一些离散控制问题，整数规划（integer programming）技术也会有所帮助。此外，对于采用多步前瞻求解的确定性问题，各种精确或近似的最短路径方法（shortest path methods）也值得尝试；有许多这类方法可供选择，例如，标记修正法、A* 算法，以及它们的变形（参见作者所著文献 [Ber98] 和 [Ber17] 中的详细讲解，其中内容与本章所述匹配）。

当控制约束集有无穷多个元素时，可以用将其离散化后得到的有限集合代替。一个更有效的替代方法可能是使用连续空间的非线性规划（nonlinear programming）技术。这种方法在确定性问题中尤其值得考虑，因为它们本身就适用于连续空间的优化问题；这种方法的典型例子是模型预测控制（参见 2.5 节）。

对于通过一步或多步前瞻求解的含连续控制空间的随机问题，随机规划（stochastic programming）技术可能是有效的方法。这种方法与线性与非线性规划具有紧密的联系，感兴趣的读者可参考文献 [Ber17] 中近似动态规划的应用，以及其中索引的相关文献。此外，另一种简化一步前瞻最小化式(2.2)的方法是基于 Q 因子的近似，这种方法适用于无模型的策略实现，我们将在下一节加以讨论。

2.1.4 无模型的离线 Q 因子近似

本书的主题之一即讨论不直接使用数学模型（系统方程 f_k、扰动 w_k 的概率分布和阶段费用函数 g_k）的方法。不使用数学模型的原因可能是因为其很难构造，或者很不方便使用。作为代替，我们假设系统和阶段费用可以很容易地通过软件仿真得到（例如，设想控制一个服务规则明确且复杂的排队网络时）[1]。

本节对于一些适用于随机问题的基于模型的方法，我们将讨论将它们转化为无模型策略实现的宏观思路。具体而言，我们假设

（a）存在计算机程序/仿真器，对于任何给定的状态 x_k 和控制 $u_k \in U_k(x_k)$，提供根据转移概率获得的后继状态 x_{k+1} 的样本，并产生相应的转移费用。

（b）某个费用函数 $\tilde{J}_{k+1}$ 已知。我们将在后续讲解某些特定方法时讨论如何以无模型的方式得到函数 $\tilde{J}_{k+1}$，例如，可以是通过求解一个模型已知的简单问题得到的，也可能是在数学模型未知的情况下通过使用仿真器求得。

---

[1] 另一种可能性是利用真实系统来提供下一状态及转移费用，但本书中不会明确地处理这个问题。

基于上述假设，我们想要用函数 $\tilde{J}_{k+1}$ 与仿真器来计算或近似所有 $u_k \in U_k(x_k)$ 对应的 Q 因子

$$E\left\{g_k(x_k, u_k, w_k) + \tilde{J}_{k+1}\big(f_k(x_k, u_k, w_k)\big)\right\}$$

然后找出最小的 Q 因子及其对应的一步前瞻控制。

当只针对某一给定状态 x_k 时，我们可以使用仿真器算出所有的 (x_k, u_k)，$u_k \in U_k(x_k)$ 对应的 Q 因子，然后选出能最小化 Q 因子的控制。然而在许多情况下，这种方式都太过耗时。为了应对该困难，可以引入代表 Q 因子函数的参数族（在第 3 章中我们将称其为近似架构）

$$\tilde{Q}_k(x_k, u_k, r_k)$$

其中，r_k 是参数向量，它的值是通过最小二乘拟合/回归得到的，从而使相应的 $\tilde{Q}_k$ 近似式(2.2)中进行最小化运算的期望值。一种可行的参数族即神经网络。在第 3 章中我们将讨论选择及训练参数结构的方法。其步骤如下：

基于值空间近似的 Q 因子近似方法总结　　假定对任意给定 x_{k+1} 相应 $\tilde{J}_{k+1}(x_{k+1})$ 已知：

（a）使用仿真器获得大量"具有代表性"的四元组 $(x_k^s, u_k^s, x_{k+1}^s, g_k^s)$，以及相应的 Q 因子

$$\beta_k^s = g_k^s + \tilde{J}_{k+1}(x_{k+1}^s), \quad s = 1, \cdots, q \tag{2.4}$$

其中，x_{k+1}^s 是仿真给出的对应于某扰动 w_k^s 的下一时刻状态

$$x_{k+1}^s = f_k(x_k^s, u_k^s, w_k^s)$$

相同的扰动也决定了相应的阶段费用样本

$$g_k^s = g_k(x_k^s, u_k^s, w_k^s)$$

仿真器并不需要输出 w_k^s，只需要输出下一状态样本 x_{k+1}^s 与费用样本 g_k^s（见图 2.1.2）。此外，假如仿真器可以执行相关计算，也可以直接输出 β_k^s。

图 2.1.2　假设近似费用函数 $\tilde{J}_{k+1}$ 已知时，用于无模型的 Q 因子近似的仿真器的图示。该仿真器的输入是状态控制对样本 (x_k^s, u_k^s)，输出是下一阶段状态的样本 x_{k+1}^s 及费用样本 g_k^s。这些样本值都对应于同一扰动 w_k^s 并满足如下关系：

$$x_{k+1}^s = f_k(x_k^s, u_k^s, w_k^s), \quad g_k^s = g_k(x_k^s, u_k^s, w_k^s)$$

扰动 w_k^s 的值无须由仿真器输出。Q 因子的样本 β_k^s 根据式(2.4)得到，且用于最小二乘回归式(2.5)中，从而得到一个参数化的 Q 因子近似 $\tilde{Q}_k$ 及其对应的策略式(2.6)。

（b）通过如下最小二乘回归计算 $\bar{r}_k$：

$$\bar{r}_k \in \arg\min_{r_k} \sum_{s=1}^{q} \left(\tilde{Q}_k(x_k^s, u_k^s, r_k) - \beta_k^s\right)^2 \tag{2.5}$$

（c）使用策略

$$\tilde{\mu}_k(x_k) \in \arg\min_{u_k \in U_k(x_k)} \tilde{Q}_k(x_k^s, u_k^s, \bar{r}_k) \tag{2.6}$$

在上述步骤中有如下几点值得注意：

（1）此处的无模型指的是该方法是基于蒙特卡洛仿真实现的，即在通过最小二乘回归式(2.5)及 Q 因子最小化得到策略 $\tilde{\mu}_k$ 的过程中不需要函数 f_k、g_k 以及 w_k 的概率分布。通过使用费用函数近似 $\tilde{J}_{k+1}$ 和仿真器就可以达到目的。

（2）上述方法可能涉及两处近似：其一是对于 $\tilde{J}_{k+1}$ 的计算，该函数是计算样本值 β_k 时所需的 [参见式(2.4)]；另外一处即是通过回归式(2.5)计算 $\tilde{Q}_k$。具体的获得 $\tilde{J}_{k+1}$ 和 $\tilde{Q}_k$ 的方法可以是相互独立的。

（3）通过最小化运算式(2.6)得到的策略 $\tilde{\mu}_k$ 与最小化式(2.2)得到的策略并不相同。这是由两方面原因造成的。其一是 Q 因子的结构 $\tilde{Q}_k$ 带来的近似误差；其二是有限样本回归式(2.5)带来的仿真误差。在执行策略的过程中，我们以上述潜在的误差源头为代价，获得了不依赖于数学模型所带来的便利。

此外，式(2.5)代表的最小二乘运算还有一个重要变形，即正则最小化（regularized minimization），指的是在原有二次型目标函数的基础上添加一个二次型的正则项。该项是参数 r 与某个初始估计值 $\hat{r}$ 的偏差的二次型 $\|r - \hat{r}\|^2$ 的若干倍。另外在某些情况下，某些非二次型的最小化也用于式(2.5)中来计算 $\bar{r}_k$，但在本书中我们将只讨论最小二乘的问题。参见第 3 章对这些问题的讨论。

2.1.5　基于值空间近似的策略空间近似

在策略空间的近似中，一种常用的方法是引入一个参数族形式的策略 $\mu_k(x_k, r_k)$，其中 r_k 是参数向量。参数化的形式可能包括我们将在第 3 章讲解的神经网络。此外，我们也可以通过利用当前问题的特点，采用问题特征来构造参数化的策略。

在策略空间的参数化近似中，一种常用的方案是获得大量的状态-控制对样本 $(x_k^s, u_k^s), s = 1, \cdots, q$，且每个样本 s 的状态 x_k^s 所对应的 u_k^s 是"好的"控制。基于这些样本，可以通过求解如下最小二乘/回归问题

$$\min_{r_k} \sum_{s=1}^q \|u_k^s - \tilde{\mu}_k(x_k^s, r_k)\|^2 \tag{2.7}$$

来计算 r_k（在该问题基础上也可能添加了正则项）①。特别是，在给定状态下可以利用能够给出"近似最优控制"的人类或软件"专家"选出的控制作为 u_k^s，从而使训练所得的 $\tilde{\mu}_k$ 与该专家的选择相符。在人工智能领域，这种类型的方法通常被称为监督学习（supervised learning）（另外可参见 5.7.2 节的讨论）。

与值空间的近似相关联的上述方法的一个特例是通过如下形式的一步前瞻最小化来得到状态控制对样本 (x_k^s, u_k^s)：

---

① 此处（及后续的类似情况）包含了如下的隐含假设：控制是某欧几里得空间的元素，因而不同控制间的差距可以通过测量其差值的范数得到。如果上述假设不成立，那么控制空间必须有某种距离度量来代替范数。上述这类的回归问题出现在基于数据训练参数分类器（parametric classifiers）的问题中，此处的分类器可能就涉及了神经网络（参见 3.5 节）。假设控制空间包含有限多的元素，那么分类器就是用可以被视为状态-类型对的数据 (x_k^s, u_k^s)，$s = 1, \cdots, q$ 训练得到，而每个状态 x_k 即被划归为"类型" $\tilde{\mu}_k(x_k, r_k)$。本书第 3 章将讨论参数近似结构，以及如何通过数据及回归技术对其进行训练。

$$u_k^s \in \arg \min_{u \in U_k(x_k^s)} E\Big\{ g_k(x_k^s, u, w) + \tilde{J}_{k+1}\big(f_k(x_k^s, u, w)\big) \Big\} \tag{2.8}$$

其中，$\tilde{J}_{k+1}$ 是某个（独立得到的）合适的值空间近似，参见式(2.2)。这种前瞻最小化还可以基于近似 Q 因子的最小化

$$u_k^s \in \arg \min_{u \in U_k(x_k^s)} \tilde{Q}_{k+1}(x_k^s, u, \bar{r}_k) \tag{2.9}$$

来实现 [参见式(2.6)]。在这些情况下，通过式(2.8)的形式利用了值空间的近似，或者通过式(2.9)的形式利用 Q 因子的近似，从而收集到状态-控制对样本 (x_k^s, u_k^s)，$s = 1, \cdots, q$。在此基础上，再通过式(2.7)执行策略空间的近似（即建立在值空间近似基础上的策略空间近似）。

  基于最小化式(2.7)的方案的主要优点是一旦获得了参数化的策略后，在线执行该策略就非常快，而且不会涉及形如式(2.8)和式(2.9)的大量的最小化运算。策略空间近似的方案通常都具备这一优势。

2.1.6　值空间的近似何时有效

  在一步前瞻方案中，一个重要的问题是什么样的 $\tilde{J}_k$ 才是好的近似函数。一个显然的答案即对所有 k，$\tilde{J}_k$ 都应该"接近"最优展望费用函数 J_k^*，从而保证近似方案具有一定程度的质量。但是，接近最优费用函数并不是近似方案具有良好质量的必要条件，而且所有或绝大多数好的实用方案也不满足这一条件。

  例如，如果所有的近似值 $\tilde{J}_k(x_k)$ 与最优值 $J_k^*(x_k)$ 的差都是同一个常数，那么通过值空间近似的方案式(2.1)得到的策略就是最优的。这就意味着一种更好的判断依据可能是 $\tilde{J}_k$ 和 J_k^* 的相对值"接近"，即

$$\tilde{J}_k(x_k) - \tilde{J}_k(x_k') \approx J_k^*(x_k) - J_k^*(x_k')$$

对所有的状态对 x_k 和 x_k' 都成立。尽管如此，这一指导方针仍然忽视了第一阶段的费用（或者在 ℓ 步前瞻情况下前 ℓ 步的费用）。

  相较而言，判断次优策略优劣的更为准确的预测指标即 Q 因子的近似误差 $Q_k(x_k, u) - \tilde{Q}_k(x_k, u)$ 是否随着 u 缓慢变化，其中 $Q_k(x_k, u)$ 和 $\tilde{Q}_k(x_k, u)$ 分别代表精确最优 Q 因子及其近似值。对此我们给出如下启发式的解释。假定在某状态 x_k 时，值空间近似生成的控制为 $\tilde{u}_k$ 而真实的最优控制为 u_k，那么，由于 $\tilde{u}_k$ 最小化 $\tilde{Q}_k(x_k, \cdot)$，有

$$\tilde{Q}_k(x_k, u_k) - \tilde{Q}_k(x_k, \tilde{u}_k) \geqslant 0 \tag{2.10}$$

成立，且由于 u_k 最小化 $Q_k(x_k, \cdot)$，有

$$Q_k(x_k, \tilde{u}_k) - Q_k(x_k, u_k) \geqslant 0 \tag{2.11}$$

成立。如果 $\tilde{u}_k$ 离最优控制较远，则式(2.11)中的值会较大，那么将式(2.11)与式(2.10)相加后得到的

$$\big(Q_k(x_k, \tilde{u}_k) - \tilde{Q}_k(x_k, \tilde{u}_k)\big) - \big(Q_k(x_k, u_k) - \tilde{Q}_k(x_k, u_k)\big)$$

将更大。而如果近似误差 $Q_k(x_k, u) - \tilde{Q}_k(x_k, u)$ 是在包含 u_k 和 $\tilde{u}_k$ 的邻域内随 u 逐渐变化的（即有小"斜率"），则上述情况不太可能会发生（参见图 2.1.3）。换句话说，Q_k 和 $\tilde{Q}_k$ 应具有关于 u 的

"相似的斜率"。在许多问题中，随着 u 的变化，相应近似 Q 因子 $\tilde{Q}_k(x_k, u)$ 的变化形式与精确 Q 因子 $Q_k(x_k, u)$ 的变化趋于"类似"，因而一定程度上解释了实践中值空间近似方法成功的原因。

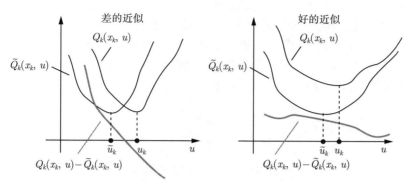

图 2.1.3　Q 因子近似误差的"斜率"作为值空间近似优劣的预测指标。在给定状态 x_k 下，令 u_k 取得 $Q_k(x_k, u)$ 关于 $u \in U_k(x_k)$ 的最小值，且令 $\tilde{u}_k$ 取得 $\tilde{Q}_k(x_k, u)$ 关于 $u \in U_k(x_k)$ 的最小值。图中右侧的近似误差 $Q_k(x_k, u) - \tilde{Q}_k(x_k, u)$ 是逐渐变化的（即有小"斜率"），且鉴于 $Q_k(x_k, \tilde{u}_k)$ 接近最优的 $Q_k(x_k, \tilde{u}_k)$，因此 $\tilde{u}_k$ 也是好的控制选择。图中左侧的近似误差 $Q_k(x_k, u) - \tilde{Q}_k(x_k, u)$ 变化快（即有大"斜率"），$\tilde{u}_k$ 是不好的选择。在 $Q_k(x_k, u)$ 与 $\tilde{Q}_k(x_k, u)$ 这些 Q 因子相差同一个整数这种极端情况下，针对任意一个执行最小化运算都会得到一样的结果。

　　当然，人们希望能有定量的方法来检验近似费用函数 $\tilde{J}_k$ 和近似 Q 因子 $\tilde{Q}_k$，或者相应得到的次优策略的质量。然而，并没有通用的此类测试方法。另外，除非是基于启发式的和问题特征的方法，一般也很难评价某个实用的次优策略与最优策略相比差多少。这种困难会反复出现在近似动态规划/强化学习中。

2.2　多步前瞻

　　在上一节中，我们讨论了采用一步前瞻最小化的值空间的近似。本节关注更具雄心的，同时也需要更大计算量的多步前瞻方案。

　　为了阐明这种方法，我们以两步前瞻（two-step lookahead）为例。当处于时刻 k 及状态 x_k 时，两步前瞻采用的控制是从如下的最小化运算

$$\tilde{\mu}_k(x_k) \in \arg \min_{u_k \in U_k(x_k)} E\Big\{ g_k(x_k, u_k, w_k) + \tilde{J}_{k+1}\big(f_k(x_k, u_k, w_k)\big) \Big\}$$

得到的。其中，对于所有可能从 x_k 经系统方程生成的后续状态 x_{k+1}，有

$$\tilde{J}_{k+1}(x_{k+1}) = \min_{u_{k+1} \in U_{k+1}(x_{k+1})} E\Big\{ g_{k+1}(x_{k+1}, u_{k+1}, w_{k+1}) + \tilde{J}_{k+2}\big(f_{k+1}(x_{k+1}, u_{k+1}, w_{k+1})\big) \Big\}$$

其中，$\tilde{J}_{k+2}$ 是最优展望费用函数 J^*_{k+2} 的某种近似。

　　因此，两步前瞻就等价于求解一个以 x_k 为初始状态、且以 $\tilde{J}_{k+2}$ 为终止费用函数的两阶段版本的动态规划问题。给定状态 x_k，这个动态规划问题的解就是一个两阶段的策略。该策略针对第一个前瞻阶段给出单一控制 u_k。对于第二个前瞻阶段 $k+1$ 每一个可取得的状态 $x_{k+1} = f_k(x_k, u_k, w_k)$，该策略给出了相应控制 $\mu_{k+1}(x_{k+1})$。然而，在上述两阶段策略得到后，对应于第二阶段的控制 $\mu_{k+1}(x_{k+1})$

则被丢弃，仅有 u_k 被当作两步前瞻策略在 x_k 的控制并被用于系统。在下一阶段，上述过程将被重复执行，即再求解一个以 x_{k+1} 为初始状态、以 $\tilde{J}_{k+3}$ 为终止费用函数的两阶段的动态规划问题。

以 $\ell > 2$ 阶段前瞻得到的策略也是以类似方法定义的：当处于状态 x_k 时，求解一个以 x_k 为初始状态且以 $\tilde{J}_{k+\ell}$ 为终止费用函数的 ℓ 阶段版本的动态规划问题，只使用 ℓ 阶段策略的第一个控制，并且丢弃后续其他的控制，见图 2.2.1。当然，在处于 $k > N - \ell$ 的最终几个阶段时，上述前瞻步数应缩短为 $N - k$。应当注意到，上一节讨论的一步前瞻最小化的简化方法（假设的确定性等价、自适应采样和无模型的策略执行等）也可拓展应用于多步前瞻方法。

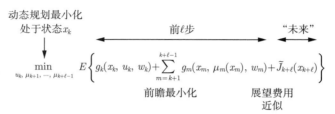

图 2.2.1　通过 ℓ 步前瞻的值空间近似。当处于状态 x_k 时，求解一个以 $\tilde{J}_{k+\ell}$ 为终止费用函数的 ℓ 阶段版本的动态规划问题，相应得到的 ℓ 阶段策略的第一个控制即为对应于状态 x_k 的控制，而该策略的其他控制则被丢弃。

2.2.1　多步前瞻与滚动时域

在 ℓ 步前瞻中所用的前瞻函数 $\tilde{J}_{k+\ell}$ 可以通过多种方式计算得到。然而，除了计算前瞻函数，我们还有别的选择：当采用足够长的前瞻步数时，我们可能已经掌握了当前动态规划问题足够多的特征，以至于不再需要一个复杂的 $\tilde{J}_{k+\ell}$。

作为特例，可以令 $\tilde{J}_{k+\ell} \equiv 0$，或者令

$$\tilde{J}_{k+\ell} = g_N(x_{k+\ell})$$

此处的想法是通过足够长的前瞻步数 ℓ 来保证得到的函数能足够好地近似最优 Q 因子 Q_k、最优展望费用函数 J_k^*，或者这些函数加减某一常数[①]。这种方案也被称为滚动时域方案（rolling horizon approach）（英文文献中也称为 receding horizon approach），但本质上其与采用简化展望费用近似的多步前瞻相同。应当注意到，只需少数几处改动，上述滚动时域方法也适用于无穷阶段问题[②]。

一般来说，随着所选的 ℓ 值增大，对 $\tilde{J}_{k+\ell}$ 近似精度的需求会降低。原因是 ℓ 步前瞻中有效的展望费用近似是由两部分组成的：

（a）涉及 ℓ 步前瞻中后 $(\ell-1)$ 阶段的 $(\ell-1)$ 步问题的费用；

（b）终止费用近似 $\tilde{J}_{k+\ell}$。

因为 $(\ell-1)$ 步问题是通过精确优化方法求解的，那么如果终止费用近似的贡献较小时，上述近似作为整体将相对准确。当 ℓ 值足够大时，这一假设很可能成立。

---

① 参见 2.1.6 节的讨论。一般来说，当 $k+\ell$ 步之后的概率分布近似独立于当前状态和控制，或者集中在"低费用"的状态时，滚动时域方案可能会有很好的表现。

② 对无穷阶段问题而言，其展望费用近似 $\tilde{J}_k$ 不随阶段 k 变化，即 $\tilde{J}_k \equiv \tilde{J}$ 对某函数 $\tilde{J}$ 成立。因此，相应的有限前瞻方案将生成时不变的策略。在无穷阶段折扣问题中（见第 4 章），一种简单的方案是使用足够长的滚动时域，以致尾部费用可以忽略不计从而可用 0 代替。当然，只要采用终止费用函数近似 $\tilde{J}$ 进行补偿，我们也可以用少量的前瞻步数 ℓ。

鉴于多步前瞻带来的优势,人们不禁猜测,随着 ℓ 增加,前瞻策略的性能就会得到提高。然而该猜测不一定总是正确的,这主要是因为相应策略"注意不到"前瞻 ℓ 阶段之后的特别"有利"或"不利"状态的存在。下面的例子就是对此的一个说明。

例 2.2.1 这是一个过度简化的例子,旨在说明以

$$\tilde{J}_{k+\ell}(x_{k+\ell}) \equiv 0$$

为展望费用近似的多步前瞻与滚动时域方法的缺陷,即随着前瞻步数的增大,相应次优策略的性能可能会降低。

现考虑图 2.2.2 中的 4 阶段确定性最短路径问题。在初始状态下有两个控制可供选择,记为 u 和 u'。在所有其他状态下,只有一个控制可用。因此,策略仅由 u 和 u' 之间的初始选择来确定。上方的路径与下方路径的四个转移费用标注在图中相应边的一旁(上方路径为 0, 1, 2, 1,下方路径为 0, 2, 0, 10)。当处于初始状态时,终止费用近似为 $\tilde{J}_2 = 0$ 的两步前瞻比较 $0+1$ 与 $0+2$ 的大小并偏好最优控制,而终止费用近似为 $\tilde{J}_3 = 0$ 的三步前瞻比较 $0+1+2$ 与 $0+2+0$ 的大小并选择次优控制。因此,使用更长的前瞻反而使控制性能变差。这类的问题与"边缘效应"有关,即前瞻"边缘"的费用变化很大(两步前瞻后的费用为 0,而三步前瞻后的费用为 10)。

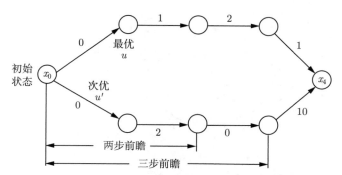

图 2.2.2 例 2.2.1的 4 阶段确定性最短路径问题,用以说明费用函数近似为 $\tilde{J}_{k+\ell}(x_{k+\ell}) \equiv 0$ 的多步前瞻中,使用更长的前瞻步数可能会降低相应策略的性能。

2.2.2 多步前瞻与确定性问题

一般来说,对于随机问题,多步前瞻的实现可能会非常耗时。这是因为该方法的每一步都需要解决一个阶段数等于前瞻步数的随机动态规划问题。但是,在确定性问题中,前瞻问题同样是确定性的,从而可以通过适用于有限空间问题的最短路径方法求解,甚至对于具有无穷状态的问题,通过适当的离散化,该方法也同样适用,参见图 2.2.3。这使得确定性问题特别适合用长步数的前瞻来解决。

类似地,我们可以通过非线性规划方法便利地解决连续空间确定性最优控制问题。这种想法在模型预测控制的背景下得到了广泛的应用(参见 2.5 节中的讨论)。

多步前瞻的部分确定性形式

当处理随机问题时,可以考虑一种基于确定性计算的近似 ℓ 步前瞻方案。这是一种混合的、部分确定的方法,即在状态 x_k 时,我们允许当前阶段的随机扰动 w_k 存在,但将未来的、直到前瞻末

端的扰动 $w_{k+1}, \cdots, w_{k+\ell-1}$ 都固定在一些典型值。这使我们在计算第一阶段以外的近似费用时可以采用确定性最短路径方法。

具体而言，如果采用这种方法，当处于状态 x_k 时，需要计算 $\tilde{J}_{k+1}(x_{k+1})$ 在所有 $u_k \in U(x_k)$ 和 w_k 对应的 $x_{k+1} = f_k(x_k, u_k, w_k)$ 处的取值。为了计算 $\tilde{J}_{k+1}(x_{k+1})$，我们需要求解一个始于 x_{k+1} 且涉及 $w_{k+1}, \cdots, w_{k+\ell-1}$ 典型值的 $(\ell-1)$ 步确定性最短路径问题得到的。一旦获得值 $\tilde{J}_{k+1}(x_{k+1})$，它们将被用在下式中近似计算 (x_k, u_k) 对所对应的 Q 因子：

$$\tilde{Q}_k(x_k, u_k) = E\Big\{ g_k(x_k, u_k, w_k) + \tilde{J}_{k+1}\big(f_k(x_k, u_k, w_k)\big) \Big\}$$

这些 Q 因子即蕴含了第一阶段的不确定性。这种方案在时刻 k 选择的控制为

$$\tilde{\mu}_k(x_k) \in \arg \min_{u_k \in U_k(x_k)} \tilde{Q}_k(x_k, u_k)$$

参见式(2.6)。

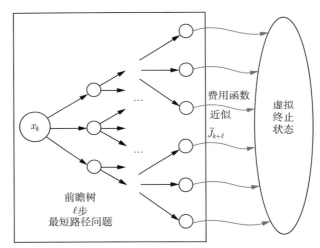

图 2.2.3　确定性有限状态问题的多步前瞻。此处的前瞻最小化问题等价于一个 ℓ 步后存在虚拟终止状态且终止费用函数为 $\tilde{J}_{k+\ell}$ 的最短路径问题。

这种通过将随机变量固定在某些典型值来获得近似的方法通常被称为（假设的）**确定性等价**（certainty equivalence），并将在 2.3.2 节中详细讨论。在 2.4.1 节讨论策略前展时，还将再次探讨用于确定性问题的多步前瞻方法。

2.3　问题近似

实施有限前瞻策略的一个关键问题是如何选取前瞻末端的展望费用的近似。本节将讨论问题近似方法，即构造一个与原问题相关但更简单的问题，从该问题中求得某个函数 $\tilde{J}_k$（例如该简化问题的最优展望费用函数），并用其近似原问题的最优费用函数 J^*。在以下小节中，我们考虑两种方法：

（1）通过强制解耦简化问题的结构，例如，用更简单的解耦约束或与拉格朗日乘子相关的惩罚来代替耦合约束。

（2）简化问题的概率结构，例如，用确定性扰动代替随机扰动。

另一种可以被视为问题近似的方法是聚集（aggregation），该方法采用因（将原状态）"聚集"起来而具有更小维度或更少状态的问题来近似原问题。精确求解该问题得到的最优费用即可作为原问题展望费用的近似。聚集也和第 3 章的基于特征的参数化近似思想相关。我们将在第 6 章讨论聚集方法。

2.3.1 强制解耦

通常，简化/近似方法非常适用于涉及多个子系统的问题，这些子系统通过系统方程、费用函数或控制约束构成耦合，但耦合程度"相对较弱"。尽管我们很难准确定义什么条件即构成"弱耦合"，但在特定问题情境下，通常很容易识别这种类型的结构。一般来说，对于此类问题，通过某种方式人为解耦子系统来近似求解是明智的选择，因为基于此，各个子系统可被单独处理，从而使问题或费用计算得到简化。

根据问题的不同，我们可以通过不同的方法实现强制解耦。通常，对于确定性问题而言，通过问题近似来计算次优控制序列的方法既可以用于离线计算，也适用于在线计算。对于随机问题，问题近似可用于离线计算近似展望费用函数 $\tilde{J}_k$，也可用于在线计算相应的次优策略。后续我们将结合应用阐述这两种情况。

一次优化一个子系统

当问题涉及多个子系统时，一种可能值得关注的近似方法即每次优化一个子系统。通过这种方式，任意时刻 k 的控制计算就可能得到简化。

例如，考虑一个 N 阶段确定性问题。当处于状态 x_k 时，控制 u_k 由 n 个组分构成，即 $u_k = \{u_k^1, \cdots, u_k^n\}$，其中 u_k^i 对应于第 i 个子系统。为了计算给定状态 x_k 的展望费用近似，我们可以优化单个子系统的控制序列，同时将其余子系统的控制保持在一些标称值上。具体来说，在处于状态 x_k 时，首先优化第一个子系统的控制序列 $\{u_k^1, u_{k+1}^1, \cdots, u_{N-1}^1\}$，然后优化第二个子系统的控制，以此类推，同时采用最新计算出的"最优"值来控制其余的相应子系统。

上述方法有多种可能的变形。例如，在此基础上，将子系统的计算顺序也作为优化对象，或者重复循环计算多次各子系统的控制序列，并在每次计算时都采用最新得到的其他子系统的控制作为其标称值。这种方法类似于其他优化问题中的"坐标下降"方法。

此外，如果我们采用近似方法计算式(2.1)中关于 u_k 的最小值，或者通过自适应采样或确定性等价的近似方法来近似计算关于 w_k 的期望值，还可以得到上述方法的更多变形。

例 2.3.1（车辆路径规划） 考虑沿某给定图的边移动的 n 辆车的路径规划问题。图中的每一个节点都有某个已知的"价值"。第一个通过该节点的车辆将获得该值，而随后通过的车则不会有所收获。这类问题可以作为一些实际问题的模型，即在某个交通网络的各个节点上，有多种有价值的任务亟待完成，且每项任务最多只能由单个车辆执行一次。我们假设每辆车从一个给定节点出发，在某一给定上限的步数内，必须返回另一个给定的节点。此处的问题即在满足这些约束的前提下，为每辆车规划一条路径，从而使车辆收集到的总价值最大化。

上述问题是一个很困难的组合优化问题，原则上我们可以通过动态规划进行求解。具体而言，可以将车辆当前位置的 n 元组，以及已经被访问过的、已不具有价值的城市列表一起视为状态。然而，这些状态的数量是巨大的（随着节点和车辆的数量呈指数增长）。只涉及单个车辆的类似问题虽然原则上说仍然困难，但通常可以在合理的时间内通过动态规划或者使用适当的启发式方法相当准确地解决。因此，一个合理的选择即通过解决所有的单个车辆问题获得展望价值的近似，然后采用一步前瞻得到相应策略。

特别是，当采用一步前瞻方案时，在给定的时刻 k 和给定的状态 x_k，我们考虑 n 辆车所有可能的移动方式所对应的 n 元组。在与其中每个移动的 n 元组对应的后续状态 x_{k+1} 处，用一组次优路径对应的值来近似最优展望价值。这些次优路径通过如下方式获得：首先给这些车辆排序，然后从状态 x_{k+1} 出发，在假设其余车辆均保持不动的前提下，计算出第一辆车的一条路径（这里可以通过动态规划获得这辆车路线的最优解，也可以通过一些启发式的方式得到近似解）。然后，在考虑第一辆车路线的情况下，计算第二辆车的路线，并以此类推：对于每一辆车，按照指定顺序，在考虑前序车辆计算结果的前提下，计算其行车路线。通过这种方式，就能得到为所有车辆设计的行车路线，以及采用这些路线后获得的价值。这就是与后继状态 x_{k+1} 所关联的价值 $\tilde{J}_{k+1}(x_{k+1})$。从 x_k 出发，找出所有车辆移动方式构成的 n 元组，进而得到对应的所有后继状态 x_{k+1}，然后重复上述步骤。我们采用其中获得最大价值的 n 元组作为 x_k 状态下的次优控制，参见图 2.3.1。

上述方案还有多种增强版本及变形。例如，在一次优化一辆车的步骤中，可以考虑多种不同的车辆顺序，并选择其中价值最高的路线对应的 n 元组的移动。其他的变形可能包括在图中节点之间增加旅行费用，以及对每辆车可以执行的任务数量加以限制。

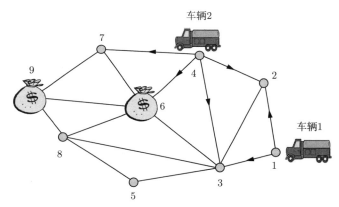

图 2.3.1　车辆路径规划问题和一次规划一辆车方法的示意图。例如，给定当前位置为 $x_k = (1, 4)$ 的两辆车，以及处于 6 和 9 的有价值的任务，我们考虑所有可能的下一时刻的位置对：

$$(2, 2), (2, 3), (2, 6), (2, 7), (3, 2), (3, 3), (3, 6), (3, 7)$$

从上述的每一个位置对出发，首先在假设车辆 2 不移动的情况下规划车辆 1 的最佳路径，然后基于所得的结果，再计算车辆 2 的最优路径。然后选择所获价值最优的位置对作为 x_{k+1}，并将两车移动到相应位置。

通过约束松弛实现约束解耦

现在考虑涉及耦合子系统的问题，其中的耦合完全是由于控制约束而形成的。这类问题的典型例子是将有限资源分配给一组系统方程完全解耦的子系统。我们举例说明可用于此类问题的一些强制解耦的方法。其中第一个是约束松弛（constraint relaxation），即采用不涉及耦合的约束集来代替原有的耦合约束集。

例 2.3.2（无休止多臂老虎机问题）　　所谓的多臂老虎机问题（multiarmed bandit problem）是一种有趣的动态规划模型。该问题涉及 n 个项目，但每个时刻我们只能处理其中的一个项目。每个项目在时刻 k 由其状态 x_k^i 表征。如果在时刻 k 处理项目 i，则可获得期望收益 $R^i(x_k^i)$，且状态 x_k^i 按照下式演化：

$$x_{k+1}^i = f^i(x_k^i, w_k^i), \quad k \text{ 时刻处理项目 } i$$

其中，w_k^i 是随机扰动，其概率分布依赖状态 x_k^i，但不依赖前序扰动。如果项目 i 未被处理，则其状态按照

$$x_{k+1}^i = \overline{f}^i(x_k^i, \overline{w}_k^i)$$

变化，其中 $\overline{f}^i$ 为给定函数，$\overline{w}^i$ 为随机扰动，其概率分布依赖状态 x_k^i，但不依赖前序扰动。此外，该项目还会产生收益 $\overline{R}^i(x_k^i)$，其中 $\overline{R}^i$ 为给定函数。由于存在控制约束（在任一给定时刻只能处理一个项目），这些项目被耦合起来。[①]一种次优的强制解耦方法考虑 n 个包含单个项目的问题，假定在剩余时域内只处理此单一项目。然后将 n 个问题的收益加起来作为最优收益的近似。

具体而言，假设最优收益函数 $J_k^*(x^1, \cdots, x^n)$ 通过形如 $\sum_{i=1}^{n} \tilde{J}_k^i(x^i)$ 的可分函数近似，其中的每个函数 $\tilde{J}_k^i$ 量化表征项目 i 对整体收益所做的贡献。相应的一步前瞻策略在 k 时刻选择项目 i 从而最大化收益

$$R^i(x^i) + \sum_{j \neq i} \overline{R}^j(x^j) + E\left\{\tilde{J}_{k+1}^i\big(f^i(x^i, w^i)\big)\right\} + \sum_{j \neq i} E\left\{\tilde{J}_{k+1}^j\big(\overline{f}^j(x^j, \overline{w}^j)\big)\right\}$$

上式也可以写作

$$R^i(x^i) - \overline{R}^i(x^i) + E\left\{\tilde{J}_{k+1}^i\big(f^i(x^i, w^i)\big) - \tilde{J}_{k+1}^i\big(\overline{f}^i(x^i, \overline{w}^i)\big)\right\}$$
$$+ \sum_{j=1}^{n}\left\{\overline{R}^j(x^j) + E\left\{\tilde{J}_{k+1}^j\big(\overline{f}^j(x^j, \overline{w}^j)\big)\right\}\right\}$$

注意到上式的最后一项并不依赖于 i，由此可知，一步前瞻策略有如下形式：

$$\text{处理项目 } i \quad \text{如果} \quad \tilde{m}_k^i(x^i) = \max_j \left\{\tilde{m}_k^j(x^j)\right\}$$

其中对所有 i，

$$\tilde{m}_k^i(x^i) = R^i(x^i) - \overline{R}^i(x^i) + E\left\{\tilde{J}_{k+1}^i\big(f^i(x^i, w^i)\big) - \tilde{J}_{k+1}^i\big(\overline{f}^i(x^i, \overline{w}^i)\big)\right\}$$

---

① 在该问题经典且最为简单的版本中，未被处理的项目的状态维持不变，且不带来任何收益，即

$$x_{k+1}^i = x_k^i, \quad \overline{R}^i(x_k^i) = 0, \quad k \text{ 时刻未处理项目 } i$$

该经典版问题的最优策略具有有助于高效计算的结构。多臂老虎机问题有很长的历史，且很多文献都对其进行了探讨，我们推荐读者参阅 [Ber12a] 及其中的索引文献。特别是，在此类问题的某些有利情况下，最优策略具有索引规则（index rule）的特征。该特点与本节讨论的解耦后的次优决策规则具有结构上的相似性，并且该策略的变形及其特殊情况已经得到了广泛研究。本例中"无休止"一词源于 Whittled 的 [Whi88]，指的是未处理的项目的状态可能会变化。

另一种经典的多臂老虎机问题则与自适应控制（1.3.8 节）相关，其中涉及含未知参数的系统。在此类问题中当考虑要处理的项目时，控制器需要考虑双重目标：一方面是高的短期收益（开发），另一方面是更好的参数辨识（探索）。尽管此类老虎机获得了很多关注，并且激发了一些有趣的强化学习思路（例如将在 2.4.2 节讨论的蒙特卡洛树搜索中的置信区间上界规则），本书不会对此类方法多做讲解。

为了实现上述次优策略方案，一个很重要的问题即确定可分的收益函数项 $\tilde{J}_{k+1}^i$。有多种不同的方法可供选择，而其中何为最优方案很大程度上由当前问题的特点决定。一种可行的方案是求解只涉及项目 i 的问题，例如假设其他所有的项目 $j \neq i$ 在剩余阶段 $k+1, \cdots, N-1$ 都不被处理，该问题的最优展望费用函数即可作为 $\tilde{J}_{k+1}^i$。这种近似方法相当于限制了问题的控制约束集，并且只涉及一个项目，因此可能易于处理。

另一种可能则是使用可分的参数化近似，形如

$$\sum_{i=1}^n \tilde{J}_{k+1}^i(x_{k+1}^i, r_{k+1}^i)$$

其中，r_{k+1}^i 是"可调的"参数向量，它的取值可以通过某些类似第 3 章所讲的训练方法得到。

通过拉格朗日松弛实现约束解耦

另一种处理耦合约束的方法是用线性拉格朗日乘子相关的惩罚函数加到成本函数上来代替它们。我们通过扩展前面的多臂老虎机示例 2.3.2 来说明这种方法。

例 2.3.3（多臂老虎机问题中的可分下界近似） 现在让我们考虑例 2.3.2 的多项目问题的另一个版本，其中涉及更一般形式的控制约束。在此问题中有 n 个子系统，在 k 时刻控制 u_k^i 作用于系统 i。与例 2.3.2 中要求每一时刻只能处理一个子系统不同，此处我们假设控制约束具有如下形式：

$$u_k = (u_k^1, \cdots, u_k^n) \in U, \quad k = 0, 1, \cdots$$

其中，集合 U 给定（例 2.3.2 可以视为以上一般问题的特例。如果令集合 U 中有且仅有单位坐标向量，即只有某一组分为 1、其余均为 0 的向量，那么就得到例 2.3.2）。第 i 个子系统方程由下式给出：

$$x_{k+1}^i = f^i(x_k^i, u_k^i, w_k^i), \quad i = 1, \cdots, n, \quad k = 0, 1, \cdots$$

其中，x_k^i 是从某空间中取值，u_k^i 是控制，w_k^i 是随机扰动，f^i 是给定函数。假设 w_k^i 的概率分布依赖于 x_k^i 和 u_k^i，但独立于前序扰动和其他子系统 $j \neq i$ 的扰动 w_k^j。由第 i 个子系统在 k 阶段产生的费用为

$$g^i(x_k^i, u_k^i, w_k^i) \tag{2.12}$$

其中，g^i 为给定的一个阶段的费用函数。为了符号书写的便利，我们假设系统方程、约束和每阶段费用均不随阶段变化，但下面我们介绍的方法也适用于时变的问题。

获得上述问题的可分近似的方法之一是采用一个比原约束 $u_k \in U$ 小或者大的解耦的约束，例如采用

$$u_k^i \in U^i, \quad i = 1, \cdots, n, \quad k = 0, 1, \cdots$$

其中，子集 $U^1, \cdots, U^n$ 相应满足 $U^1 \times \cdots \times U^n \subset U$ 或 $U \subset U^1 \times \cdots \times U^n$。

我们在此讨论适用于约束集 U 含有线性不等式约束的另一种方法。作为简例，着重讨论约束集 U 形如

$$U = \left\{ (u^1, \cdots, u^n) \,\middle|\, u^i \in U^i \subset \Re, i = 1, \cdots, n, \sum_{i=1}^n c^i u^i \leqslant b \right\} \tag{2.13}$$

的问题，其中 $c^1, \cdots, c^n$ 与 b 是某些标量。[①]针对此处的耦合约束

$$\sum_{i=1}^{n} c^i u_k^i \leqslant b, \quad k = 0, 1, \cdots \tag{2.14}$$

我们采用"松弛的"（更大的）约束

$$\sum_{k=0}^{N-1} \sum_{i=1}^{n} c^i u_k^i \leqslant Nb \tag{2.15}$$

加以代替。粗略地说，约束式(2.15)要求在 N 个阶段"平均"满足耦合约束式(2.14)。

接下来，通过给约束式(2.15)匹配标量的拉格朗日乘子 $\lambda \geqslant 0$，并将拉格朗日项

$$\lambda \left(\sum_{k=0}^{N-1} \sum_{i=1}^{n} c^i u_k^i - Nb \right) \tag{2.16}$$

添加到费用函数中，就得到原问题最优费用函数的下界近似。这种方法等价于将 k 阶段费用式(2.12)替换为

$$g^i(x_k^i, u_k^i, w_k^i) + \lambda c^i u_k^i$$

并将耦合约束式(2.13)替换为解耦约束

$$u_k^i \in U^i, \quad i = 1, \cdots, n$$

参见式(2.13)。这种下界近似在线性与非线性规划中基于拉格朗日的解耦方法中很常见（参见文献[BT97]、[Ber16a]）。所得最优值是原问题最优费用的下界的原因就在于，原问题的每个可行解的拉格朗日项(2.16)均是非正的，从而使其相应的费用值更小。在此基础上，约束松弛只会使所得的最优值更小。

一旦解耦完成，我们就可以分别求解每个子系统对应的问题，从而对每个 $k = 1, \cdots, N-1$，得到一个可分的下界近似

$$\sum_{i=1}^{n} \tilde{J}_k(x_k^i, \lambda)$$

这个下界近似就可以用于计算次优的一步前瞻策略。值得注意的是，我们还可以通过计算 λ 来优化该近似。具体的计算方式可以是简单尝试不同取值的 λ，也可以是通过更加系统化的优化方法。[②]另外一种可能性则是采用更一般的、形如

$$\sum_{k=0}^{N-1} \lambda_k \left(\sum_{i=1}^{n} c^i u_k^i - b \right)$$

的拉格朗日乘子项来代替式(2.16)，其中的 $\lambda_0, \cdots, \lambda_{N-1} \geqslant 0$ 是时变的标量乘子。

---

① 在更一般的情况下，u^i 与 b 是多维向量，而 c^i 则被具有适当维数的矩阵代替。此类一般问题也可以通过相似方式处理，当然相应的计算量会增大。

② 通过选取 λ 从而使下界近似得到最大化是一种有趣的可能性，且这种方法在基于对偶的优化中很常见。一般来说，该例中介绍的方法可以通过拉格朗日松弛（Lagrangian relaxation）的理论框架来描述，这是基于拉格朗日乘子和对偶理论的一种分解方法；参见文献[BT97]、[Ber15a] 和 [Ber16a]。

2.3.2 随机问题中的近似——确定性等价控制

现在我们考虑基于修改潜在的概率结构的问题近似方法。该类方法最常见的例子是确定性等价控制器（certainty equivalent controller，CEC）。在该方法中，随机扰动被取值于某些"典型"值的确定性变量所代替。因此，这种控制器在做决策时表现得好像某种形式的确定性等价原则成立似的，参见 1.3.7 节对线性二次型问题的讨论[1]。

确定性等价控制器的优势就在于它涉及的计算量与随机动态规划相比小得多：在每个阶段，它只需要解决确定性的最优控制问题。解决该确定性问题后我们便得到了一个最优控制序列，其中的第一个组分被用作当前的控制，而序列的剩余部分则被丢弃。因此，确定性等价控制器能够通过使用更加灵活和有效的确定性最优控制方法来处理随机甚至部分信息问题。

首先介绍适用于 1.2 节介绍的随机动态规划问题的确定性等价控制器的最常见版本。假设对每一个状态控制对 (x_k, u_k)，我们选出了相应扰动的"典型"值，并记作 $\tilde{w}_k(x_k, u_k)$。例如，期望值

$$\tilde{w}_k(x_k, u_k) = E\{w_k \mid x_k, u_k\}$$

在扰动空间（即随机扰动可以取值的范围）是欧几里得空间的凸子集时便可用作典型值 [在此情况下，$\tilde{w}_k(x_k, u_k)$ 属于扰动空间]。或者，$\tilde{w}_k(x_k, u_k)$ 可以是在给定 (x_k, u_k) 后条件概率值最大的扰动值。

为了实现上述的确定性等价控制器，当处于 k 阶段的状态 x_k 时，我们首先将原问题中的所有随机量用其典型值代替，从而得到相应的确定性最优控制问题，然后求解该问题，从而得到所需策略。具体而言，我们求解 $(N-k)$ 阶段的问题

$$\min_{\substack{x_{i+1}=f_i(x_i,u_i,\tilde{w}_i(x_i,u_i)) \\ u_i \in U_i(x_i), \, i=k,\cdots,N-1}} \left[g_N(x_N) + \sum_{i=k}^{N-1} g_i\big(x_i, u_i, \tilde{w}_i(x_i, u_i)\big) \right] \tag{2.17}$$

如果 $\{\tilde{u}_k, \cdots, \tilde{u}_{N-1}\}$ 是该问题的最优控制序列，那么就采用其中的第一个控制，并丢弃其余部分：

$$\tilde{\mu}_k(x_k) = \tilde{u}_k$$

另外一种实现方案是通过动态规划算法解决原问题的确定性版本

$$\begin{cases} \text{minimize} \quad g_N(x_N) + \sum_{k=0}^{N-1} g_k\big(x_k, \mu_k(x_k), \tilde{w}_k(x_k, u_k)\big) \\ \text{subject to} \quad x_{k+1} = f_k\big(x_k, \mu_k(x_k), \tilde{w}_k(x_k, u_k)\big), \quad \mu_k(x_k) \in U_k(x_k), \, k \geqslant 0 \end{cases} \tag{2.18}$$

从而离线计算出该问题的最优策略

$$\{\mu_0^d(x_0), \cdots, \mu_N^d(x_N)\}$$

那么确定性等价控制器在 k 时刻对系统的控制输入 $\tilde{\mu}_k(x_k)$ 即为

$$\tilde{\mu}_k(x_k) = \mu_k^d(x_k)$$

---

[1] 在本节中，"确定性等价"这个术语的意思较为笼统。它通常是指通过将一些随机量替换为确定量从而简化值空间近似中涉及的计算。特别是，我们允许只将一部分（而非全部）随机量替换为确定量。此外，时刻 k 的随机到确定性的简化过程可能取决于 k，并且可能取决于已经获得的计算结果和/或直到时刻 k 为止收集的信息。

上述介绍的确定性等价控制的两种变形从性能上讲是等效的。主要区别在于第一种适用于在线重新规划，第二种则适用于离线执行。

此外还值得注意的是，确定性等价控制可拓展应用于部分状态信息问题，即 k 时刻的状态 x_k 未知，取而代之的是基于 k 时刻为止的某些相关测量值得出的对 x_k 的估计值。在此情况下，我们可以通过类似方法获得次优策略 [参见式(2.17)和式(2.18)]，区别在于我们假设对 x_k 的估计值即为其精确值，并采用该精确值来充当 x_k 从而进行相关控制计算。

采用启发式方法的确定性等价控制

尽管采用确定性等价控制可以大幅减少计算量，但在每个阶段仍然需要求解简化得到的确定性尾部子问题 [参见式(2.17)]。这些确定性问题可能并不容易解决，因此采用启发式方法获得这些问题的次优解就成为很好的选择。具体而言，当处于 k 时刻的状态 x_k 时，可以通过某些（易于实现的）启发式方法来求得形如式(2.17)问题的次优控制序列 $\{\tilde{u}_k, \tilde{u}_{k+1}, \cdots, \tilde{u}_{N-1}\}$，然后在当前阶段 k 采用 $\tilde{u}_k$。

上述办法的一种重要的改进形式是针对第一个控制 u_k 执行最小化运算，而对后续阶段 $k+1, \cdots, N-1$ 采用启发式方法。为了实施相应的确定性等效控制，我们在 k 时刻选择控制 $\tilde{u}_k$，从而最小化 $u_k \in U_k(x_k)$ 对应的表达式

$$g_k\big(x_k, u_k, \tilde{w}_k(x_k, u_k)\big) + H_{k+1}(x_{k+1}) \tag{2.19}$$

其中，

$$x_{k+1} = f_k\big(x_k, u_k, \tilde{w}_k(x_k, u_k)\big)$$

而 H_{k+1} 是对应于启发式方法的展望费用函数，即 $H_{k+1}(x_{k+1})$ 是从状态 x_{k+1} 出发，在余下阶段 $k+1, \cdots, N-1$ 采用启发式方法产生的总费用。这种方法可被视为将两种不同方法结合起来得到的：一方面它类似于前瞻函数为 H_{k+1} 的一步前瞻方法，另一方面它也类似采用典型值代替不确定量的确定性等价方法。

应当注意到，对于任何后继状态 x_{k+1}，我们并不需要启发式展望函数 $H_{k+1}(x_{k+1})$ 的解析表达式。取而代之的是从状态 x_{k+1} 出发，按照启发式方法给出的控制进行仿真并计算相应的费用。因此，对应于所有可能的控制值 u_k 的所有后继状态 x_{k+1} 都需要考虑在内，即从这些 x_{k+1} 出发，采用启发式方法进行仿真并计算 $H_{k+1}(x_{k+1})$，从而能够执行式(2.19)对应的最小化运算。

例 2.3.4（采用概率估计的停车） 现考虑例 1.3.3介绍的一维停车问题，其中，司机在某一路线的 N 个车位和路尾的车库（位置 N）中寻找停车位。司机从位置 0 出发，按顺序横穿所有车位，即一直不断地前往后续车位，直到在车位 k 可用的前提下，决定停车并支付费用 $c(k)$，或抵达强制停车的车库并支付费用 C。在例 1.3.3中，我们假设车位 k 可用的概率为 $p(k)$，且其值与其他车位的空闲与否无关。

与上述问题不同，现在我们假设 $p(k)$ 是基于司机观测到的先前车位状况的置信估计。例如，通过利用不同车位闲置/占用状态间可能存在的概率关系从而估算得到。具体而言，假设司机在抵达车位 k 时，根据已经观察到的车位 $0, \cdots, k$ 的占用情况，可以估算出后续车位的置信状态。

现在对于这个新问题，我们很难通过精确动态规划求解，这是因为状态空间中含有无穷多的状态：时刻 k 的状态由当前位置 k 的闲置/占用情况和后续车位的置信状态构成。但是，基于确定性

等价，我们可以得到一种简单的次优解法：在时刻 k，将后续车位的闲置/占用概率值固定为当前的置信值，并假设这些概率值不会改变。那么在到达车位 k 时，例 1.3.3 中介绍的高效的动态规划算法即可用于在线求解相应的后续概率值不变的问题，并求出相应的次优决策。

作为说明，我们假设 $p(k)$ 可以通过使用到达车位 k 之前遇到的空闲车位数量除以总数 $k+1$ 的比率 $R(k)$ 来估计。那么在算出 $R(k)$ 后，司机将后续车位 $m > k$ 的概率值 $p(m)$ 调整到

$$\hat{p}\big(m, R(k)\big) = \gamma p(m) + (1-\gamma)R(k)$$

其中，γ 是介于 $0 \sim 1$ 的已知常数。通过将 k 时刻车位 k 的闲置/占用情况和比率 $R(k)$ 一起作为状态，该问题便可以通过精确动态规划求解 [以 1.3 节术语来描述的话，$R(k)$ 即为充分统计量，它包含了与控制相关的所有有用信息]。鉴于 $R(k)$ 可以取值的数量随着 k 呈指数增长，对于阶段数目 N 大的问题，精确动态规划也许很难求解。但是，通过采用本例中介绍的概率近似方法，相应的次优策略可以很容易地求出并在线执行。

部分确定性等价控制——部分可观状态

在上述关于确定性等价控制器的介绍中，所有未来与当前阶段的不确定量均被设定为其相应的典型值。这种方法的一种很重要的变形即仅将部分不确定量固定在其相应的典型值。例如，在将状态 x_k 的估计值 $\tilde{x}_k$ 视为其真实值并同时充分考虑问题中涉及的随机扰动的情况下，部分状态信息问题可以被视为完整状态信息问题。那么，如果通过动态规划算法求解相应的随机完整信息问题

$$\text{minimize} \quad E\left\{ g_N(x_N) + \sum_{k=0}^{N-1} g_k\big(x_k, \mu_k(x_k), w_k\big) \right\}$$

$$\text{subject to} \quad x_{k+1} = f_k\big(x_k, \mu_k(x_k), w_k\big), \quad \mu_k(x_k) \in U_k(x_k), \ k = 0, \cdots, N-1$$

得到了最优策略 $\{\mu_0^p(x_0), \cdots, \mu_{N-1}^p(x_{N-1})\}$，在时刻 k 该确定性等价控制器的变形所采用的控制即为 $\mu_k^p(\tilde{x}_k)$，其中 $\tilde{x}_k$ 是基于直到 k 时刻为止的所有可用信息对状态 x_k 的估计。下面通过一个例子加以说明。

例 2.3.5（不择手段的店主） 现有一旅店老板，为了最大化一天的预期收益，根据空房数量随时间的变化，从 m 种价格 $r_1, \cdots, r_m$ 中选取房屋定价。其中，报价 r_i 有 p_i 的概率被房客接受，有 $1-p_i$ 的概率被拒绝，且在此情况下该顾客将不会在当天再次光顾。如果我们（有些不切实际地）假设店主知道当天余下时间内将会光顾问价的房客数量 y（包含当前时刻的顾客），以及空房数目 x，那么该店主的最优展望收入 $\tilde{J}(x,y)$ 可以通过动态规划算法

$$\tilde{J}(x,y) = \max_{i=1,\cdots,m} \big[p_i\big(r_i + \tilde{J}(x-1, y-1)\big) + (1-p_i)\tilde{J}(x, y-1)\big] \tag{2.20}$$

求出，其中 $x \geqslant 1$，$y \geqslant 1$，其初始条件为

$$\tilde{J}(x, 0) = \tilde{J}(0, y) = 0, \quad \text{对所有 } x \text{ 和 } y$$

这一算法可用于计算所有 (x,y) 对所对应的 $\tilde{J}(x,y)$ 的取值。

现在我们考虑另一种情况，即店主在做决策时并不知道 y 的值，但却有关于 y 分布的置信状态。那么可以看出此时问题就成了困难的部分状态信息问题。采用精确动态规划求解该问题需要对

所有的 x 与 y 的置信状态的组合执行计算。作为一种合理的部分随机的确定性等价控制，我们可以通过采用 $\tilde{J}(x-1, \tilde{y}-1)$ 或 $\tilde{J}(x, \tilde{y}-1)$ 来近似后续决策的最优展望费用，其中函数 $\tilde{J}$ 为上述递归式(2.20)计算得到，$\tilde{y}$ 是 y 的估值，例如取距离 y 的期望值最近的整数。特别是，根据一步前瞻策略，当有 $x \geqslant 1$ 间空房时，店主对当前顾客给出的报价应最大化

$$p_i\big(r_i + \tilde{J}(x-1, \tilde{y}-1) - \tilde{J}(x, \tilde{y}-1)\big)$$

的取值。因此在该次优方案中，店主做决定时就像把估值 $(x, \tilde{y})$ 当成精确值一样。

接下来我们介绍上述部分状态信息问题解法的一种变形。此时采用置信状态 b_k（根据时刻 k 为止获得的信息计算出的 x_k 的条件概率分布），而非采用 x_k 的估计值并将其用作真值。具体而言，可以通过最小化

$$E_{x_k, w_k}\Big\{ g_k(x_k, u_k, w_k) + J^p_{k+1}\big(f_k(x_k, u_k, w_k)\big) \Big\} \tag{2.21}$$

来得到 u_k，其中 J^p_{k+1} 是相应完整状态信息问题的最优展望费用函数，并且假设将可获得 $x_{k+1}, \cdots,$ x_{N+1} 的精确值。式(2.21)中的期望运算是针对 x_k 的置信分布 b_k，以及给定 (x_k, u_k) 后的扰动 w_k 来进行的。采用这种方法的前提条件是控制约束集合不随 x_k 而变化，因为只有这样才能确保针对式(2.21)的最小化运算得以执行。[①]

上述方法一个更为简单的变形是将未来的扰动 $w_{k+1}, \cdots, w_{N-1}$ 都固定在相应的标称值 $\tilde{w}_m(x_m, u_m)$，$m = k+1, \cdots, N-1$，并且通过最小化

$$E_{x_k, w_k}\Big\{ g_k(x_k, u_k, w_k) + J^d_{k+1}\big(f_k(x_k, u_k, w_k)\big) \Big\} \tag{2.22}$$

来得到 u_k。其中 J^d_{k+1} 是相应的 $w_{k+1}, \cdots, w_{N-1}$ 都固定在标称值且状态 $x_{k+1}, \cdots, x_{N-1}$ 完全可知的确定性（deterministic）问题的最优展望费用函数。除此以外的另一种可能是将式(2.22)中的 w_k 用其标称值 $\tilde{w}_k(x_k, u_k)$ 来代替。

确定性等价控制的其他变体

除上述介绍的方法外，我们还可以通过简化问题概率模型这种更一般的方法来实现一步前瞻控制。本质上，这些方法是否可行很大程度上取决于所求问题的特点。但我们将通过下面的例子展现并对比几种适用范围较广的方法。

例 2.3.6（解耦扰动分布）　当子系统只通过扰动耦合时，我们在强制解耦（参见 2.3.1 节）的框架下考虑一种确定性等价方法。具体而言，考虑形如

$$x^i_{k+1} = f^i(x^i_k, u^i_k, w^i_k), \quad i = 1, \cdots, n$$

的 n 个子系统。其中，第 i 个子系统有它自己的状态 x^i_k、控制 u^i_k 及每阶段费用 $g^i(x^i_k, u^i_k, w^i_k)$，但 w^i_k 的概率分布却依赖于整个状态 $x_k = (x^1_k, \cdots, x^n_k)$。

[①] 一般来说，就本节所考虑的部分状态信息问题中，无论是采用何种近似方法来获得次策略，都需要保存并更新置信状态 b_k。具体而言，给定 b_k，一旦得到了新的有关 x_{k+1} 的信息，那么在计算并采用控制 u_{k+1} 之前，我们需要先计算 b_{k+1}。根据问题的类型，有多种不同的状态估计算法可供选择。例如，基于卡尔曼滤波（Kalman filtering）的方法广泛应用于连续状态问题（参见文献 [AM79]、[KV86]、[Kri16]、[CC17]）。另一类重要的状态估计方法是粒子滤波（particle filtering）（参见文献 [DJ$^+$09]、[Can16]、[Kri16]）。该类方法非常适用于执行蒙特卡洛仿真，且可用于离散状态问题。

针对该类问题，一种可行的次优控制方法是在每个阶段 k 及对每个 i，求解对应于第 i 个子系统的一个简化的优化问题。在该简化问题中，未来扰动 $w_{k+1}^i, \cdots, w_{N-1}^i$ 的分布被"解耦"，即这些分布只依赖于"局部"状态 $x_{k+1}^i, \cdots, x_{N-1}^i$。这种分布可通过使用其他子系统未来状态的某些标称值

$$\tilde{x}_{k+1}^j, \cdots, \tilde{x}_{N-1}^j, \quad j \neq i$$

得到，而这些标称值反过来可能依照当前的整个状态 x_k 来决定。通过该方法得到的最优策略的第一个控制 $\overline{u}_k^i$ 在阶段 k 用于第 i 个子系统，而该策略的剩余部分则被丢弃。

例 2.3.7（通过加权场景的近似） 前面介绍了采用确定性等价来近似最优展望费用的方法，即对时刻 $k+1$ 的任意给定状态 x_{k+1}，将剩余阶段的扰动固定在某些标称值 $\tilde{w}_{k+1}, \cdots, \tilde{w}_{N-1}$，然后计算相应的最优控制或求出从 $k+1$ 时刻的状态 x_{k+1} 出发的基于启发式策略的轨迹。

上述确定性等价方法只涉及剩余随机扰动的一条标称值轨迹。为增强该方法的性能，很自然的方法就是考虑随机扰动的多条轨迹，即所谓场景（scenarios），然后就可以构造出最优展望费用的一种"加权场景"的近似。其中，针对每个场景，可采用其最优策略或某启发式策略的费用。

用数学语言表述，假设通过某种方式，可以在任意给定状态 x_{k+1} 生成 q 个随机序列

$$w^s(x_{k+1}) = (w_{k+1}^s, \cdots, w_{N-1}^s), \quad s = 1, \cdots, q$$

这些即为处于状态 x_{k+1} 时考虑的场景。那么最优费用 $J_{k+1}^*(x_{k+1})$ 就用

$$\tilde{J}_{k+1}(x_{k+1}) = \sum_{s=1}^{q} r_s C_s(x_{k+1})$$

来近似，其中 $r = (r_1, \cdots, r_q)$ 是一个概率分布，即各组分和为 1 的非负向量，而 $C_s(x_{k+1})$ 则对应于 $w^s(x_{k+1})$ 中一个场景的、从状态 x_{k+1} 出发并采用最优策略或某给定启发式方法所产生的费用。

根据问题的不同，有多种不同的方法可用于生成场景，其中可能包括使用随机化和/或仿真。参数 $r_1, \cdots, r_q$ 可以随时刻变化，且可以被理解为"聚集概率"，即表示与场景 $w^s(x_{k+1})$ 类似的随机序列对展望费用的聚集作用。它们的值可以通过某些特定的方法，或更加系统化的方法来计算。此处介绍的简化系统中的概率模型的方法，例如通过采用无模型的蒙特卡洛类的过程，也与策略前展方法相关，而这也将是下一节的主题。

2.4 策略前展与策略改进原则

策略前展的主要目标是策略改进（policy improvement），即从一个被称为基本策略（base policy）[有时也称为默认策略（default policy）或基本启发式方法（base heuristic）] 的次优/启发式策略开始，通过有限的前瞻最小化，并在其后使用启发式方法来得到一个性能更好的策略。这个新的策略即前展策略（rollout policy），[①]后续在多种不同条件下，我们将证明该策略确实是性能"改进的"策略；参见本节后续讲解，以及 5.1.2 节在无穷阶段问题中该方法的讨论。

精确形式的、含有 ℓ 步前瞻的策略前展方法可以简单地定义如下：它是一种值空间近似的方法，通过从每个可能的后续状态 $x_{k+\ell}$ 出发，执行基本策略，从而计算出相应的近似展望费用的值

---

① 在本书中，"rollout" 译为"策略前展"。但在 "rollout policy" 情境中，我们将其简化译为"前展"。因此，"rollout policy" 就是"前展策略"。——译者注

$\tilde{J}_{k+\ell}(x_{k+\ell})$。对于涉及很多阶段的问题，除上述形式外，还有"截短"的策略前展变体，该变体只在少于问题阶段数目的有限多的阶段执行基本策略并计算相应费用，然后在此基础加上某费用函数近似的值来代表剩余阶段的费用（参见图 2.4.1）。此处的费用函数近似通常很简单（如取值恒为 0），尤其适用于基本策略执行了相当多的步数（或者一直执行到时域末）的情况。但该近似也可以非常复杂，可以是通过非常复杂的离线训练过程得到的，并可能还涉及神经网络（见第 3 章）。

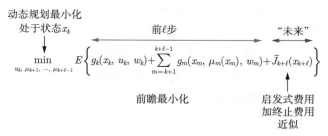

图 2.4.1　处于状态 x_k 的 ℓ 步前瞻策略前展方法的结构。该方法涉及
（a）针对 ℓ 个阶段的多步前瞻（允许 $\ell=1$）；
（b）从状态 $x_{k+\ell}$ 出发，执行若干步，例如 m 步，某一启发式算法/基本策略；
（c）在上述 $\ell+m$ 步的末尾加上费用近似函数。
近似费用 $\tilde{J}_{k+1}(x_{k+1})$ 即为 m 个阶段采用基本策略所花费用之和，加上终止费用函数近似在状态 $x_{k+\ell+m}$ 的值。

　　基本策略的选择当然对策略前展方法的性能表现很重要。然而，经验表明，策略前展方法在使用一个相对较差的基本策略时都可能有惊人的良好表现，尤其是当使用较长的多步前瞻时。一般来说，任何策略或启发式方法都可以用作基本策略。该策略可以通过多种不同的方法获得，包括采用基于值空间或策略空间近似的复杂离线方法得到。无论以何种方式得到，当应用于策略前展时，重要的是从任意状态出发，基本策略的展望费用可通过仿真的某种方法在线计算。

　　此外，策略前展与适用于无穷阶段问题的策略迭代方法间存在重要的联系，第 4 章将对此加以说明。我们将看到，精确形式的策略前展（即不使用截短和费用函数近似的方法）所得的策略可被视为一步策略迭代（a single policy iteration）的结果。相反，策略迭代也可以被视为一种永续的策略前展算法（perpetual rollout algorithm），该算法生成一系列的策略，且每个都是以前一个策略作为其基本策略而得到的前展策略（见 5.7.3 节的相关讨论）。

　　最后，值得注意的是，在 $(\ell+m)$ 步后采用终止费用函数近似 $\tilde{J}(x_{k+\ell+m})$ 的策略前展方法（参见图 2.4.1）可被视为近似的 $(\ell+m)$ 步前瞻方法。称它为近似的原因即在于 $(\ell+m)$ 步前瞻最小化的后 m 个阶段，我们采用了基本策略来取代最优策略。

　　2.4.1 节和 2.4.2 节将分别介绍策略前展方法的一步前瞻形式及如何将其应用于有限状态的确定性问题与随机问题。2.4.3 节将引入涉及人类或软件专家执行费用函数计算的策略前展算法。2.5 节将讨论针对无穷状态空间问题的策略前展方法，而模型预测控制即为该类方法的重要代表。此外，在 5.1.2 节，我们将在无穷阶段问题的背景下再次讨论策略前展方法。

2.4.1　针对确定性离散优化问题的在线策略前展

　　现在让我们考虑具有有限多控制及一个给定初始状态（因此状态总数为有限多）的确定性最优控制问题，参见 1.3.2 节。首先聚焦采用一步前瞻且不涉及终止费用近似的策略前展算法的精确形式。给定 k 时刻的状态 x_k，该算法考虑以每个可能的后续状态 x_{k+1} 为起点的尾部子问题，并采用某种算法来次优地求解这些子问题。此处的次优方法我们称之为基本启发式方法[①]。

因此，当处于状态 x_k 时，策略前展算法在线生成对应于所有控制 $u_k \in U_k(x_k)$ 的下一阶段状态 x_{k+1}，并且采用基本启发式方法求得相应的后续状态序列 $\{x_{k+1}, \cdots, x_N\}$ 和控制序列 $\{u_{k+1}, \cdots, u_{N-1}\}$，从而满足

$$x_{i+1} = f_i(x_i, u_i), \quad i = k, \cdots, N-1$$

然后，基于上述序列，可以计算出对应于每个控制 $u_k \in U_k(x_k)$ 的从第 k 阶段到 N 阶段累计的尾部费用函数

$$g_k(x_k, u_k) + g_{k+1}(x_{k+1}, u_{k+1}) + \cdots + g_{N-1}(x_{N-1}, u_{N-1}) + g_N(x_N) \tag{2.23}$$

策略前展算法即从 $u_k \in U_k(x_k)$ 中选取并采用将该费用最小化的控制。

我们还可以给出一种等价的且更为简练的定义，即策略前展算法在状态 x_k 所采用的控制 $\tilde{\mu}_k(x_k)$ 是通过最小化运算

$$\tilde{\mu}_k(x_k) \in \arg \min_{u_k \in U_k(x)_k} \tilde{Q}_k(x_k, u_k)$$

得到的。其中 $\tilde{Q}_k(x_k, u_k)$ 是定义为

$$\tilde{Q}_k(x_k, u_k) = g_k(x_k, u_k) + H_{k+1}\big(f_k(x_k, u_k)\big) \tag{2.24}$$

的近似 Q 因子。上述定义中的 $H_{k+1}(x_{k+1})$ 表示从状态 x_{k+1} 出发并采用基本启发式方法所花费用 [即 $H_{k+1}(x_{k+1})$ 是式(2.23)中除第一项外其余项的和]，参见图 2.4.2。通过上述策略前展的方法，我们就得到了一个次优策略 $\tilde{\pi} = \{\tilde{\mu}_0, \cdots, \tilde{\mu}_{N-1}\}$，我们称之为前展策略（rollout policy）。

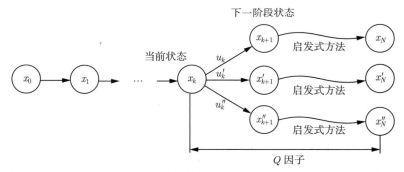

图 2.4.2 采用一步前瞻的策略前展算法求解确定性问题图示。当处于状态 x_k 时，针对其与每个控制 $u_k \in U_k(x_k)$ 构成的状态控制对 (x_k, u_k)，基本启发式方法生成相应的 Q 因子 [参见式(2.24)]，策略前展算法则从中选出具有最小 Q 因子的控制 $\tilde{\mu}_k(x_k)$。

例 2.4.1（旅行商问题） 现在让我们考虑旅行商问题。给定 N 座城市 $c = 0, \cdots, N-1$，一位商人想要找出途经所有城市一次后返回出发城市的最短/花费最少的路径（参见例 1.3.1）。对于每对不同的城市 c、c'，我们给定旅行费用 $g(c, c')$。注意到此处我们假设从任意城市出发都可以直接到达另一城市。该假设并不使问题失去一般性，这是因为我们可以将实际没有道路直接相连的城市对

[①] 针对确定性问题，我们倾向于将这些次优求解方法称为"基本启发式方法"，而非"基本策略"，具体原因将在介绍顺序一致性这一概念时加以说明。

(c, c') 的费用 $g(c, c')$ 设得极高。问题即为找出到访各城市的顺序，从而保证每个城市均被访问一次且总费用最小。

有许多启发式方法可用于求解旅行商问题。为了便于讲解，我们着眼于简单的最近邻（nearest neighbor）启发式方法。给定一个部分旅程，即由几座不同城市构成的序列，该启发式方法在序列的末尾添加一座城市，同时确保新加的城市不与已有的城市序列构成环，且使访问新城市的成本最低。具体而言，给定由不同城市构成的序列 $\{c_0, c_1, \cdots, c_k\}$，最近邻方法在所有 $c_{k+1} \neq c_0, c_1, \cdots, c_k$ 中，选取最小化 $g(x_k, x_{k+1})$ 的城市 c_{k+1}，从而得到序列 $\{c_0, c_1, \cdots, c_k, c_{k+1}\}$。以此类推，该方法最终将构造出由 N 座城市 $\{c_0, c_1, \cdots, c_{N-1}\}$，从而获得一个完整旅程，且总费用为

$$g(c_0, c_1) + \cdots + g(c_{N-2}, c_{N-1}) + g(c_{N-1}, c_0) \tag{2.25}$$

正如例 1.3.1 中所述，我们可以将旅行商问题表述为动态规划问题。首先选取出发城市，即 c_0，作为初始状态 x_0。每个状态 x_k 对应于由不同的城市构成的部分旅程 $(c_0, c_1, \cdots, c_k)$。那么 x_k 的后续状态 x_{k+1} 就是形如 $(c_0, c_1, \cdots, c_k, c_{k+1})$ 的序列。这些序列是在已有的部分旅程的最后添加未访问的城市 $c_{k+1} \neq c_0, c_1, \cdots, c_k$ 而得到的（因此这些尚未访问的城市就构成了给定部分旅程/状态的可行控制集）。终止状态是形如 $(c_0, c_1, \cdots, c_{N-1}, c_0)$ 的完整旅程，且沿途选择后续城市所花费用的总和就是式(2.25)给出的完整旅程费用。

现在让我们用最近邻方法作为基本启发式方法。相应的策略前展方法由以下步骤组成：在 $k < N - 1$ 次迭代之后，我们处于状态 x_k，即由不同城市构成的序列 $\{c_0, c_1, \cdots, c_k\}$。在下一步迭代中，以所有形如 $\{c_0, c_1, \cdots, c_k, c\}$，且 $c \neq c_0, c_1, \cdots, c_k$ 的序列为起点，运行最近邻启发式方法来得到完整旅程。然后选择通过最近邻启发式方法所花费用最小的城市 c 作为下一个城市 c_{k+1}，参见图 2.4.3。

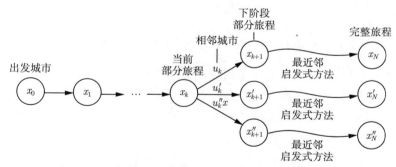

图 2.4.3 采用策略前展求解旅行商问题图示。其中的基本启发式方法为最近邻启发式方法。初始状态 x_0 仅含有一座城市，而最后的状态 x_N 则对应于含有 N 座城市的完整旅程，其中每座城市的访问次数有且仅有一次。

策略前展算法的费用改善——顺序一致性

策略前展算法的定义并未对基本启发式方法的选择作任何限制。实际中有多种次优解法可用作基本启发式方法，如贪心算法、局部搜索和禁忌搜索等。显然，我们希望所选的基本启发式方法能很好地平衡相应策略前展的质量与计算的便利性。

直观而言，我们会预计前展策略的性能不会比基本启发式的差，因为前展策略是在采用启发式之前优化了第一个控制得到的，因此我们自然会推测它比没有对第一个控制进行优化的情况下直接采用启发式要好。事实上，只有在满足一些特殊条件时，上述的费用改进特性才成立。在此我们介

绍两种这样的条件，即*顺序一致性*（sequential consistency）和*顺序改进*（sequential improvement），然后说明在不满足这些条件时如何修改算法。

我们称基本启发式方法是顺序一致的，如果它具有如下性质：当从状态 x_k 出发时，其生成的状态序列为

$$\{x_k, x_{k+1}, \cdots, x_N\}$$

那么从下一阶段的状态 x_{k+1} 出发，其生成的状态序列就是

$$\{x_{k+1}, \cdots, x_N\}$$

换言之，如果基本启发式会"保持原样"，那么它就是顺序一致的：当起始状态从 x_k 向前移动到其生成的状态轨迹的下一个状态 x_{k+1} 时，顺序一致的启发式方法新生成的状态轨迹不会偏离原来轨迹的剩余部分。

例如，读者可以验证旅行商问题例 2.4.1中描述的最近邻启发式方法是顺序一致的。类似的例子还包括多种不同的贪心启发式方法（参见文献 [Ber17] 6.4 节）。通常在实践中，我们所采用的大多数启发式方法在"大多数"状态 x_k 都满足顺序一致性的条件。但是，我们感兴趣的某些启发式方法在某些状态可能会违反该条件。

值得注意的是，满足顺序一致性的启发式方法定义了一个合理的动态规划策略。如果从状态 x_k 出发，该启发式方法生成的状态轨迹为 $\{x_k, x_{k+1}, \cdots, x_N\}$，那么其定义的策略在 x_k 时会选择控制从而使下一时刻的状态为 x_{k+1}。

现在我们说明当采用的基本启发式方法具有顺序一致性时，相应前展策略所产生的费用不多于基本启发式方法。具体而言，记前展策略为 $\tilde{\pi} = \{\tilde{\mu}_0, \cdots, \tilde{\mu}_{N-1}\}$，并且用 $J_{k,\tilde{\pi}}(x_k)$ 表示从状态 x_k 出发、采用前展策略所花的费用，那么，有如下不等式成立：

$$J_{k,\tilde{\pi}}(x_k) \leqslant H_k(x_k), \quad \text{对所有的 } x_k \text{ 和 } k \tag{2.26}$$

其中，$H_k(x_k)$ 表示从状态 x_k 开始采用基本启发式方法的费用。

我们通过归纳法证明上述不等式。显然它在 $k = N$ 时成立，这是因为 $J_{N,\tilde{\pi}} = H_N = g_N$。假设该不等式在 $k+1$ 时成立。对于任意状态 x_k，记基本启发式方法在 x_k 时所用的控制为 $\bar{u}_k$，那么有如下不等式成立：

$$
\begin{aligned}
J_{k,\tilde{\pi}}(x_k) &= g_k\big(x_k, \tilde{\mu}_k(x_k)\big) + J_{k+1,\tilde{\pi}}\big(f_k\big(x_k, \tilde{\mu}_k(x_k)\big)\big) \\
&\leqslant g_k\big(x_k, \tilde{\mu}_k(x_k)\big) + H_{k+1}\big(f_k\big(x_k, \tilde{\mu}_k(x_k)\big)\big) \\
&= \min_{u \in U_k(x_k)} \big[g_k(x_k, u_k) + H_{k+1}\big(f_k(x_k, u_k)\big)\big] \\
&\leqslant g_k(x_k, \bar{u}_k) + H_{k+1}\big(f_k(x_k, \bar{u}_k)\big) \\
&= H_k(x_k)
\end{aligned}
\tag{2.27}
$$

其中：

（a）第一个等式是前展策略 $\tilde{\pi}$ 的动态规划等式；

（b）第一个不等式由归纳假设得到；

（c）第二个等式根据策略前展算法的定义得到；

（d）第三个等式是基本启发式方法所对应策略的动态规划等式（正是在这一步中我们使用了顺序一致性）。

至此，我们完成了费用改进性质式(2.26)的归纳证明。

顺序改进

现在我们采用一个弱于顺序一致性的条件来证明前展策略的性能不差于它的基本启发式方法。根据先前讲解，前展策略 $\tilde{\pi} = \{\tilde{\mu}_0, \cdots, \tilde{\mu}_{N-1}\}$ 是通过最小化运算

$$\tilde{\mu}_k(x_k) \in \arg \min_{u_k \in U_k(x_k)} \tilde{Q}_k(x_k, u_k)$$

定义的，其中 $\tilde{Q}_k(x_k, u_k)$ 是定义为

$$\tilde{Q}_k(x_k, u_k) = g_k(x_k, u_k) + H_{k+1}\big(f_k(x_k, u_k)\big)$$

的近似 Q 因子 [参见式 (2.24)]，而 $H_{k+1}\big(f_k(x_k, u_k)\big)$ 则表示从状态 $f_k(x_k, u_k)$ 出发、采用基本启发式方法所花费用。

我们称一个基本启发式是顺序改进的，如果对所有的 x_k 和 k，有如下不等式成立：

$$\min_{u_k \in U_k(x_k)} \tilde{Q}_k(x_k, u_k) \leqslant H_k(x_k) \tag{2.28}$$

用语言表述，顺序改进特性式(2.28)说的是

$$\text{启发式 } Q \text{ 因子在 } x_k \text{ 的最小值} \leqslant \text{启发式费用函数在 } x_k \text{ 的值} \tag{2.29}$$

要证明具有顺序改进特性的基本启发式方法能够生成改进的前展策略，只需在式 (2.27)的运算中，将最后两步（即依赖于顺序一致性的步骤）用式 (2.28)取代，那么就得到

$$J_{k,\tilde{\pi}}(x_k) \leqslant H_k(x_k), \quad \text{对所有的 } x_k \text{ 和 } k$$

因此，从任意状态 x_k 出发基于具有顺序改进性质的基本启发式的策略前展算法将改进或至少不差于基本启发式方法。注意，如果启发式方法是顺序一致的，那么它也是顺序改进的，此时不等式(2.29)成立。因为对于顺序一致的启发式，启发式费用在 x_k 的值等于在 x_k 时该启发式使用的控制 $\overline{u}_k$ 所对应的 Q 因子

$$\tilde{Q}_k(x_k, \overline{u}_k) = g_k(x_k, \overline{u}_k) + H_{k+1}\big(f_k(x_k, \overline{u}_k)\big)$$

其值大于或等于状态 x_k 的最小 Q 因子，故不等式(2.28)成立。

经验表明，采用顺序改进的基本启发式时，相应的策略前展算法得到的费用改进通常是相当可观的，有时甚至是巨大的。有一些案例研究的结论与上述经验观察的结论一致，即策略前展方法能一再地提供很好的性能（至少在采用上述的纯粹形式时），见章节末的参考文献。文献 [Ber17] 6.4 节提供了一些详细的示例。性能改进的代价是额外的计算，这些计算量通常等于基本启发式的计算时间乘以关于问题大小的低阶多项式因子。

然而，某些基本启发式可能不具备顺序改进的性质。以下便是一个例子。

例 2.4.2（顺序改进不成立）   现考虑某一策略前展算法，其中的基本启发式算法在初始状态 x_0 时碰巧生成了完整的最优序列，并采用该（最优）序列的第一个控制 u_0 使后续状态更新为最优的 x_1。假设从任意后续状态 $x_2 = f_1(x_1, u_1)$，$u_1 \in U_1(x_1)$ 出发，该启发式都生成严格次优的控制序列（当启发式不具有顺序一致性时，这种情况就可能会发生）。此时，前展策略选择的控制 u_1 就一定不是最优的。那么从初始状态 x_0 出发、通过策略前展生成的轨迹严格差于直接采用基本启发式生成的轨迹。同时可以看出，顺序改进性质不成立。

前面的示例表明，我们可以对现有的策略前展算法做出简单的改善。其主要思路是在检测到顺序改进不成立时放弃前展策略选择的控制。下面就对这种变形加以介绍。

增强型策略前展算法

现引入策略前展算法的变体，它能隐性地强制保证顺序改进性质成立。我们称其为增强型策略前展算法（fortified rollout algorithm）。从状态 x_0 出发，该算法逐步地生成状态序列 $\{x_0, x_1, \cdots, x_N\}$ 及其相应的控制。当抵达状态 x_k 时，它保存直到当前阶段 k 为止的轨迹

$$\overline{P}_k = \{x_0, u_0, \cdots, u_{k-1}, x_k\}$$

即所谓的永久（permanent）轨迹，并且存储了一个临时（tentative）轨迹

$$\overline{T}_k = \{x_k, \overline{u}_k, \overline{x}_{k+1}, \overline{u}_{k+1}, \cdots, \overline{u}_{N-1}, \overline{x}_N\}$$

且其相应费用为

$$C(\overline{T}_k) = g_k(x_k, \overline{u}_k) + g_{k+1}(\overline{x}_{k+1}, \overline{u}_{k+1}) + \cdots + g_{N-1}(\overline{x}_{N-1}, \overline{u}_{N-1}) + g_N(\overline{x}_N)$$

该临时轨迹与永久轨迹结合而得到 $\overline{P}_k \cup \overline{T}_k$ 即为该算法到阶段 k 为止所得的最优完整轨迹。在初始阶段，$\overline{T}_0$ 是基本启发式从 x_0 出发生成的完整轨迹。新算法的改变就在于，每当从状态 x_k 开始，通过策略前展与后续的基本启发式得到的轨迹比 $\overline{T}_k$ 差时，新算法就遵照 $\overline{T}_k$ 而无视最小化运算得到的结果，参见图 2.4.4。

具体而言，当抵达状态 x_k 时，正如之前的介绍，我们还是执行策略前展算法，即针对每一个 $u_k \in U_k(x_k)$ 及相应后续状态 $x_{k+1} = f_k(x_k, u_k)$，从 x_{k+1} 开始执行基本启发式，并找到给出最优轨迹的控制 $\tilde{u}_k$。其相应的轨迹为

$$\tilde{T}_k = \{x_k, \tilde{u}_k, \tilde{x}_{k+1}, \tilde{u}_{k+1}, \cdots, \tilde{u}_{N-1}, \tilde{x}_N\}$$

且相应的费用为

$$C(\tilde{T}_k) = g_k(x_k, \tilde{u}_k) + g_{k+1}(\tilde{x}_{k+1}, \tilde{u}_{k+1}) + \cdots + g_{N-1}(\tilde{x}_{N-1}, \tilde{u}_{N-1}) + g_N(\tilde{x}_N)$$

此时，普通的策略前展算法就会直接选择控制 $\tilde{u}_k$ 并移动到后续状态 $\tilde{x}_{k+1}$，而增强型算法则会比较 $C(\overline{T}_k)$ 和 $C(\tilde{T}_k)$，并根据其大小关系选择 $\overline{u}_k$ 和 $\tilde{u}_k$，进而移动到后续的 $\overline{x}_{k+1}$ 或 $\tilde{x}_{k+1}$。具体而言，如果 $C(\overline{T}_k) \leqslant C(\tilde{T}_k)$，那么算法会将后续状态及相应的临时轨迹设为

$$x_{k+1} = \overline{x}_{k+1}, \quad \overline{T}_{k+1} = \{\overline{x}_{k+1}, \overline{u}_{k+1}, \cdots, \overline{u}_{N-1}, \overline{x}_N\}$$

而如果 $C(\overline{T}_k) > C(\tilde{T}_k)$，则它将后续状态与临时轨迹设为

$$x_{k+1} = \tilde{x}_{k+1}, \quad \overline{T}_{k+1} = \{\tilde{x}_{k+1}, \tilde{u}_{k+1}, \cdots, \tilde{u}_{N-1}, \tilde{x}_N\}$$

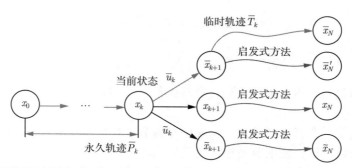

图 2.4.4　增强版策略前展算法示意图。经过 k 步之后，构造了永久轨迹

$$\overline{P}_k = \{x_0, u_0, \cdots, u_{k-1}, x_k\}$$

和临时轨迹

$$\overline{T}_k = \{x_k, \overline{u}_k, \overline{x}_{k+1}, \overline{u}_{k+1}, \cdots, \overline{u}_{N-1}, \overline{x}_N\}$$

从而使 $\overline{P}_k \cup \overline{T}_k$ 为目前为止所得的最好的完整轨迹。然后在状态 x_k 处执行策略前展算法，即在所有的控制 u_k 中，找出能最小化 $g_k(x_k, u_k)$ 与对应于状态 $x_{k+1} = f_k(x_k, u_k)$ 的启发式费用之和的控制 $\tilde{u}_k$，以及相应的轨迹

$$\tilde{T}_k = \{x_k, \tilde{u}_k, \tilde{x}_{k+1}, \tilde{u}_{k+1}, \cdots, \tilde{u}_{N-1}, \tilde{x}_N\}$$

如果完整轨迹 $\overline{P}_k \cup \tilde{T}_k$ 的费用低于 $\overline{P}_k \cup \overline{T}_k$ 的费用，就把 $(\tilde{u}_k, \tilde{x}_{k+1})$ 添加到永久轨迹中，并把临时轨迹设为

$$\overline{T}_{k+1} = \{\tilde{x}_{k+1}, \tilde{u}_{k+1}, \cdots, \tilde{u}_{N-1}, \tilde{x}_N\}$$

否则，将 $(\overline{u}_k, \overline{x}_{k+1})$ 添加到永久轨迹中，并把临时轨迹设为

$$\overline{T}_{k+1} = \{\overline{x}_{k+1}, \overline{u}_{k+1}, \cdots, \overline{u}_{N-1}, \overline{x}_N\}$$

值得注意的是，如果基本启发式从 $\overline{x}_{k+1}$ 开始生成的轨迹不同于临时轨迹中从 $\overline{x}_{k+1}$ 开始的剩余部分，那么增强型策略前展算法将给出与一般策略前展不同的结果。

　　换言之，在当前状态 x_k，除非从所有后续状态 x_{k+1} 出发执行基本启发式时找到了一个费用更低的轨迹 $\tilde{T}_k$，增强型策略前展将遵循当前的临时轨迹。那么可以看出，在任意状态下，由永久轨迹与临时轨迹拼接成的完整轨迹，其费用一定不高于最初的临时轨迹。后者正是基本启发式从 x_0 出发生成的轨迹。此外，可以看出如果基本启发式是顺序改进的，那么普通的策略前展算法和它的增强型是完全一样的。实验证据表明，如果基本启发式不具有顺序改进的性质，则使用其增强版本通常是必要的。

　　最后注意到，增强版的策略前展算法可以被看作普通的策略前展算法应用于新的问题，且使用了具有顺序改进特性的新的基本启发式。这里的新问题和基本启发式都是由原问题和启发式改进得到，但相关构造较为烦琐，此处不给出；读者请参阅 Bertsekas、Tsitsiklis 和 Wu 的文献 [BTW97] 和 [Ber17] 的 6.4.2 节。

使用多个启发式方法

在许多问题中，可能有多个有潜力的基本启发式。策略前展算法的框架允许我们同时运用所有这些启发式方法。此处的思路是构造一个 *超级启发式方法*（superheuristic），即从所有的基本启发式方法生成的轨迹集合中挑选出最佳的轨迹。该超级启发式方法就可以作为策略前展算法中的基本启发式。

具体而言，假设共有 M 个基本启发式方法，其中的第 m 个启发式，在给定状态 x_{k+1} 后，会生成轨迹

$$\tilde{T}_{k+1}^m = \{x_{k+1}, \tilde{u}_{k+1}^m, \cdots, \tilde{u}_{N-1}^m, \tilde{x}_N^m\}$$

且其相应费用为 $C(\tilde{T}_{k+1}^m)$。那么超级启发式会在状态 x_{k+1} 时生成对应于最小费用 $C(\tilde{T}_{k+1}^m)$ 的轨迹 $\tilde{T}_{k+1}^m$。

上述超级启发式的一个有趣性质是，如果所有的基本启发式都是顺序改进的，那么相应的超级启发式也是顺序改进的。该性质很容易通过定义加以验证。此外，使用多个启发式方法时，也有相应的增强版策略前展算法。从初始状态 x_0 出发，该增强版生成的轨迹保证不差于 M 个基本启发式生成的所有轨迹。

采用多步前瞻和终止费用函数近似的截短策略前展算法

我们可以将多步前瞻植入到确定性策略前展的框架中。其中，采用了两步前瞻的前展算法的最直接的执行方式如下。假设在 k 步以后，我们抵达了状态 x_k。然后考虑所有可能的两步后的状态 x_{k+2}。从所有这些状态出发，执行基本启发式方法，并且计算 x_k 到 x_{k+2} 的费用，加上从 x_{k+2} 起的基本启发式费用。假设 $\tilde{x}_{k+2}$ 对应于上述和的最小值，那么我们就计算相应的将 x_k 导向 $\tilde{x}_{k+2}$ 的控制 $\tilde{u}_k$ 和 $\tilde{u}_{k+1}$，并且选取 $\tilde{u}_k$ 作为前展控制，且后续状态为 $x_{k+1} = f_k(x_k, \tilde{u}_k)$，见图 2.4.5。很容易将该算法拓展到具有多于两步前瞻的形式：从所有可能的 ℓ 步之后的状态 $x_{k+\ell}$ 开始运行基本启发式算法，而不是从两步之后的状态 x_{k+2} 开始。

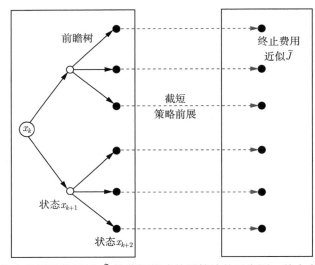

图 2.4.5 采用两步前瞻及终止费用函数近似 $\tilde{J}$ 的截短策略前展算法的示意图。基本启发式只用于生成有限多步的状态，其后续状态的费用通过添加一个终止费用来弥补。

针对具有很多阶段的问题，该算法的一个重要的变体是使用终止费用近似的截短策略前展算法。此时，前展轨迹是通过从前瞻树的所有叶节点开始运行基本启发式得到，并且在指定步数后，这些轨迹就被截断。同时，在启发式费用上添加终止费用近似值，用以补偿由此产生的误差，见图 2.4.5。一种适用于许多问题的终止费用近似就是简单地将其值设置为 0。我们也可以通过问题近似或使用一些复杂的离线训练过程来获得终止费用函数近似，这里的训练过程就可能涉及神经网络等近似架构（见第 3 章）。

确定性多步策略前展算法有诸多变体，在此我们提及它的增强版本。正如一步前瞻时的增强版本，该变体会保存一个临时轨迹。在另一类 ℓ 步前瞻的策略前展算法中，我们可以考虑"修剪"前瞻树。确切地说，根据某些指标（例如一步前瞻后的启发式费用），在执行启发式时忽略掉一些不太有希望的 ℓ 步或少于 ℓ 步以后的状态，见图 2.4.6。该方法可视为选择性深度前瞻（selective depth lookahead），其目的是减少运用基本启发式的次数。我们在讲解随机策略前展及蒙特卡洛树搜索时将再次提到选择性深度前瞻的思路（见下一节）。在这些情境下，不仅前瞻的长度，甚至用于评估基本启发式费用的仿真的准确程度也会根据前序计算的结果而作出调整。

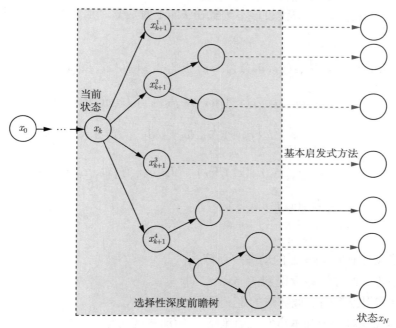

图 2.4.6 采用选择性深度前瞻树的一种策略前展算法。在执行 k 步以后，我们得到了一条始于初始状态 x_0、终于当前状态 x_k 的轨迹。接着生成所有的下一阶段的状态（即图中的状态 x_{k+1}^1、x_{k+1}^2、x_{k+1}^3 和 x_{k+1}^4）。先用基本启发式方法"评估"这些状态，然后选出其中的一些状态进行"拓展"，即生成这些选中状态的后续状态 x_{k+2}，用基本启发式再评估这些状态，以此类推。这样我们就得到了由一些后续状态构成的选择性深度树，以及叶节点上状态的基本启发式费用。基于此选择性深度前瞻的策略前展算法最终将选择最小费用对应的状态 x_{k+1}。对于具有大量截短的问题，还可以截断策略前展的轨迹，并通过添加一个终止费用函数近似来补偿由截断带来的误差，参见图 2.4.5。

最后，我们再提及策略前展算法的另一个变体。给定状态 x_k，它保存从多个后续状态 x_{k+1} 出发生成的轨迹。根据基本启发式现有的计算结果，这些后续状态都是"最有潜力的"（类似"ϵ 最优"），但它们在后续运算中仍可能被丢弃。策略前展算法的这一变体只适用于确定性问题，且其性能的优劣往往依问题而不同，因此在本书中不对其作进一步讲解。

2.4.2 随机策略前展与蒙特卡洛树搜索

本节介绍适用于随机有限状态动态规划问题的策略前展算法。我们将注意力局限在基本启发式方法是一个策略 $\pi = \{\mu_0, \cdots, \mu_{N-1}\}$ 的情况（即确定性问题中所谓的顺序一致的启发式方法）。至于更为一般的、基本启发式具有顺序改进性质的策略前展算法，其分析依然是可行的，不过鉴于迄今为止该类方法并未被用于求解我们感兴趣的随机问题，在此将不对其加以介绍。

上一节对确定性策略前展算法的介绍中，我们证明了顺序一致的基本启发式就意味着前展策略的费用改进。同样的结论对用于随机问题的前展算法也成立。具体而言，记 $J_{k,\pi}(x_k)$ 为基本策略从状态 x_k 出发的费用函数值，而 $J_{k,\tilde\pi}(x_k)$ 为策略前展算法从 x_k 出发的费用。那么，有如下不等式成立：

$$J_{k,\tilde\pi}(x_k) \leqslant J_{k,\pi}(x_k), \quad \text{对所有的 } x_k \text{ 和 } k$$

类似于确定性问题时 [参见式(2.27)]，我们通过归纳法证明上述不等式。显然它在 $k = N$ 时成立，这是因为 $J_{N,\tilde\pi} = J_{N,\pi} = g_N$。假设该不等式在 $k+1$ 时成立。那么对于任意状态 x_k，有如下不等式成立：

$$
\begin{aligned}
J_{k,\tilde\pi}(x_k) &= E\Big\{ g_k\big(x_k, \tilde\mu_k(x_k), w_k\big) + J_{k+1,\tilde\pi}\big(f_k\big(x_k, \tilde\mu_k(x_k), w_k\big)\big) \Big\} \\
&\leqslant E\Big\{ g_k\big(x_k, \tilde\mu_k(x_k), w_k\big) + J_{k+1,\pi}\big(f_k\big(x_k, \tilde\mu_k(x_k), w_k\big)\big) \Big\} \\
&= \min_{u \in U_k(x_k)} E\Big\{ g_k\big(x_k, u_k, w_k\big) + J_{k+1,\pi}\big(f_k(x_k, u_k, w_k)\big) \Big\} \\
&\leqslant E\Big\{ g_k\big(x_k, \mu_k(x_k), w_k\big) + J_{k+1,\pi}\big(f_k\big(x_k, \mu_k(x_k), w_k\big)\big) \Big\} \\
&= J_{k,\pi}(x_k)
\end{aligned}
$$

其中：

（a）第一个等式是前展策略 $\tilde\pi$ 的动态规划等式；

（b）第一个不等式由归纳假设得到；

（c）第二个等式根据策略前展算法的定义得到；

（d）第三个等式是对应于基本启发式的策略 π 的动态规划等式。

至此，我们完成了费用改进性质的归纳证明。

与确定性问题类似，经验表明，对于随机问题前展策略不仅不会差于基本策略，而且通常会产生显著的费用改进；见本章末引用的案例研究。

基于仿真的策略前展算法实现

在给定状态 x_k 和时刻 k 后，一种直观地计算前展控制的方法就是考虑每个控制 $u_k \in U_k(x_k)$，并从 (x_k, u_k) 出发生成"大量"该系统的仿真轨迹。因此，每条轨迹都通过

$$x_{i+1} = f_i\big(x_i, \mu_i(x_i), w_i\big), \quad i = k+1, \cdots, N-1$$

得到，其中 $\{\mu_{k+1}, \cdots, \mu_{N-1}\}$ 是基本策略的尾部。相应轨迹的初始状态为

$$x_{k+1} = f_k(x_k, \mu_k, w_k)$$

且扰动序列 $\{w_k, \cdots, w_{N-1}\}$ 通过随机采样得到。对应于同一状态控制对 (x_k, u_k) 的多条轨迹的费用即可被视为相应 Q 因子

$$E\Big\{g_k(x_k, u_k, w_k) + J_{k+1, \pi}\big(f_k(x_k, u_k, w_k)\big)\Big\}$$

的样本。其中 $J_{k+1, \pi}$ 是基本策略的展望费用函数，即 $J_{k+1, \pi}(x_{k+1})$ 表示从 x_{k+1} 出发、使用基本启发式策略所花费用。对于涉及许多阶段的问题，一种常见的处理方法是在一定步数后截断前展轨迹，并在其后添加终止费用函数用以补偿误差。

通过对样本轨迹的费用与终止费用之和执行蒙特卡洛平均（如果没有采用终止费用函数近似，则仅对样本轨迹费用执行平均计算），那么我们就得到对应于每个控制 $u_k \in U_k(x_k)$ 的 Q 因子 $Q_k(x_k, u_k)$ 的近似，并记为 $\tilde{Q}_k(x_k, u_k)$。然后通过最小化运算

$$\tilde{\mu}_k(x_k) \in \arg \min_{u_k \in U_k(x_k)} \tilde{Q}_k(x_k, u_k) \tag{2.30}$$

就得到（近似）前展控制 $\tilde{\mu}_k(x_k)$。

例 2.4.3（双陆棋） 策略前展算法在实践中第一次大获成功是用于求解古老的双人游戏双陆棋。这一方案由 Tesauro 和 Galperin 在文献 [TG96] 中给出，见图 2.4.7。通过实施一种策略前展算法，他们研发的程序得以打败所有双陆棋程序，并最终战胜了最强的人类棋手。在此之前，Tesauro 已经提出了采用神经网络作为后续费用函数近似的一步前瞻与两步前瞻的方法。所得的双陆棋程序被称为 TD-Gammon，参见文献 [Tes89b]、[Tes89a]、[Tes92]、[Tes94]、[Tes95] 和 [Tes02]。TD-Gammon 是通过 TD(λ) 算法训练得到（5.5 节将介绍该算法），且被用作（对弈双方的）基本启发式方法来得到游戏仿真轨迹。此外，这里的策略前展算法还将很长的仿真轨迹截断，并在其后添加了基于 TD-Gammon 的费用函数近似。这里的游戏轨迹显然是随机的，这是因为轮到每个玩家走时，都要先掷骰子。因此，评估一个位置的取胜概率必须通过生成许多轨迹并进行蒙特卡洛平均来完成。

这里需要考虑的一个重要问题是双陆棋是一种两人游戏，而非涉及单个决策者的最优控制问题。虽然有用于顺序零和博弈的动态规划理论，但本书并未涵盖这些理论。因此，我们该如何在双人游戏中解释策略前展算法呢？答案是不平等地对待两个玩家：一个玩家仅使用启发式策略（在本例中为 TD-Gammon）；另一个玩家则扮演了优化器的角色，并尝试通过策略前展来改进启发式策略（TD-Gammon）。因此，在本例中，"策略改进"意味着与 TD-Gammon 这一对手比赛时，采用前展策略的玩家平均而言比用 TD-Gammon 的玩家获得更高的分数。具体而言，如果我们以 TD-Gammon 作为对弈双方基本策略得到一个前展策略玩家，那么当与一个非 TD-Gammon 对手对弈时，理论上我们不能保证该前展策略的表现会比 TD-Gammon 好。虽然在此情况下我们倾向于认为前展策略还是更好的，但这一推测只能通过经验来检验。

目前存在的大多数计算机双陆棋程序都源自 TD-Gammon。基于策略前展的双陆棋程序在性能方面是最强大的，这与前展算法的性能优于其基本启发式的原理一致。然而，对于实时游戏而言前展算法执行起来实在太过耗时，因为每一步都需要大量的在线仿真（该问题因为双陆棋的高分枝

因数而加剧，即对于给定位置，相较其他棋类如国际象棋，双陆棋的后继位置相当多）。因此，基于策略前展的程序仅在有限场合用于评估基于神经网络的双陆棋程序的质量（网络上有许多关于双陆棋的文章和实证工作，参见 https://bkgm.com/articles/page07.html）。

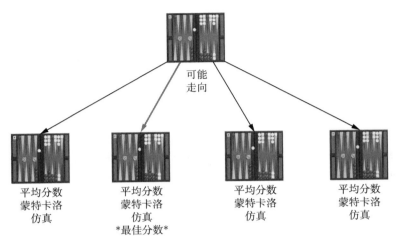

图 2.4.7 针对双陆棋的策略前展图示。在给定位置和骰子点数时，前展算法首先生成所有可能的下一步走向。通过使用某优/启发式双陆棋程序（文献 [TG96] 中此处采用的是 TD-Gammon 程序）"向前展开"（即对对弈进行仿真直到一局结束）许多局游戏，并采用蒙特卡洛平均各局游戏分数，就可以对不同的走向进行评估。其中给出最佳平均分的走向就被选中作为前展控制。

蒙特卡洛树搜索

在刚刚介绍的策略前展的实现方式中，一个隐含的假设是一旦我们到达状态 x_k，那么从每个 $u_k \in U_k(x_k)$ 对应的 (x_k, u_k) 开始，生成相同数量的大量轨迹。这样做有如下三个缺点：

(a) 因为阶段数 N 很大，轨迹可能过长（在无穷阶段问题中将是无穷大）；

(b) 有些控制 u_k 可能明显不如其他控制，故而不值得收集关于它的很多样本；

(c) 有些看起来很有潜力的控制 u_k 可能值得通过执行多步前瞻来更好地探索它们的潜质。

鉴于这些问题，研究者提出了前展算法的一类变体，统称为蒙特卡洛树搜索（Monte Carlo tree search，MCTS），其目的是在减小计算量的同时尽可能使性能损失较小。这类变体涉及许多改变，其中包括在仿真早期丢弃掉初步计算结果较差的控制，以及执行有限规模的仿真（仿真规模小可能是因为仿真样本数量减少，或者缩短的仿真步数，或两种兼而有之）。

具体而言，针对上述问题（a）的一个简单的补救措施是使用有限的、合理长度的前展仿真轨迹，并在其后使用一些终止费用近似值（在极端情况下，对某些状态的相应前展仿真可能会完全跳过，即前展轨迹的长度为零）。终止费用函数可能很简单（比如零），也可能通过一些辅助计算得到。事实上，与例 2.4.3 中基于策略前展的双陆棋程序类似，用于策略前展的基本策略也可以用于提供终止费用函数近似。特别是，我们可以通过训练例如神经网络等近似架构来获得基本策略费用函数的近似（参见第 3 章），并将其用作终止费用函数。

针对问题（b），一种简单但不那么直接的补救措施是针对早期仿真结果使用一些启发式或统计测试来评估各个控制 u_k，并在后续仿真中丢弃不具潜力的控制。类似地，为了实现问题（c），可以使用一些启发式方法来选择性地增加某些控制 u_k 的前瞻长度，具体操作方式类似于我们在图 2.4.6 中说明的用于确定性策略前展的选择性深度前瞻的过程。

蒙特卡洛树搜索可以通过复杂的流程实施并整合上述想法。其具体的实施方式通常因问题不同而变化，但基本原则都是根据计算和统计测试的临时结果，从而将后续的仿真计算集中于最有潜力的方向。因此，为了实施蒙特卡洛树搜索，我们需要维系一个前瞻树。随着仿真过程的进行，我们将获得新的 Q 因子值，前瞻树的相关分枝也随之拓展。前瞻树应当平衡开发与探索这两个相互冲突的需求（即生成和评估那些似乎在性能上更有潜力的控制，还是评估那些未充分探索的控制的潜力）。在研究多臂老虎机的问题中提出的观念对于构建上述蒙特卡洛树搜索程序发挥了重要作用（参见章节末的参考文献）。

例 2.4.4（适用于一步前瞻中自适应采样的统计测试） 考虑一个典型的基于自适应采样的一步前瞻策略。当处于状态 x_k 时，我们试图从 $u_k \in U_k(x_k)$ 中选出控制 $\tilde{u}_k$ 从而最小化近似 Q 因子

$$\tilde{Q}_k(x_k, u_k) = E\Big\{ g_k(x_k, u_k, w_k) + \tilde{J}_{k+1}\big(f_k(x_k, u_k, w_k)\big) \Big\}$$

上述公式花括号中的表达式代表 $\tilde{Q}_k(x_k, u_k)$ 的样本，而 $\tilde{Q}_k(x_k, u_k)$ 是通过将这些样本进行平均计算得到的。假设 $U_k(x_k)$ 中含有 m 个元素，并记为 $1, \cdots, m$。在第 ℓ 次采样的过程中，已知先前采样的结果，我们从 m 个控制中选出一个，记为 i_ℓ，然后得到 $\tilde{Q}_k(x_k, i_\ell)$ 的一个样本，并记其值为 S_{i_ℓ}。那么，在 n 次采样后，若所有控制 $i = 1, \cdots, m$ 都被采样至少一次，就得到了对应于每个控制 Q 因子的估计值 $Q_{i,n}$，其值为

$$Q_{i,n} = \frac{\sum\limits_{\ell=1}^{n} \delta(i_\ell = i) S_{i_\ell}}{\sum\limits_{\ell=1}^{n} \delta(i_\ell = i)}$$

其中，

$$\delta(i_\ell = i) = \begin{cases} 1, & i_\ell = i \\ 0, & i_\ell \neq i \end{cases}$$

因此，假设 i 至少被采样一次，那么 $Q_{i,n}$ 是控制 i 对应的 Q 因子的经验平均值（empirical mean）（总样本值除以样本个数）。

在收集了 n 个样本且每个控制至少被采样一次之后，我们可以认为对应于最小 $Q_{i,n}$ 的控制 i 是"最优的"，即所选控制 i 的真实 Q 因子 $Q_k(x_k, i)$ 确实是最小的。然而，上述结论错误的概率并不为零：所选的控制并没有最小化真实的 Q 因子。在自适应采样中，粗略地说，我们希望设计样本选择策略和停止采样的标准，从而在保持错误概率较小的情况下（通过将一些采样运算分配给所有的控制）限制样本的数量（根据经验平均值 $Q_{i,n}$，限制针对较差的控制 i 的采样数量）。

直观地说，一个好的采样策略在任意采样时刻 n 都会平衡开发和探索这两个对立的愿望（到底是选择那些最有希望的，即具有小的经验平均值 $Q_{i,n}$ 的控制 i 进行采样，还是评估未充分探索的，即采样次数少的 i 的潜力）。因此，我们接下来有理由选择最小化两个指数之和

$$T_{i,n} + R_{i,n}$$

的控制 i 进行采样:这里 $T_{i,n}$ 是开发指数(exploitation index),$R_{i,n}$ 是探索指数(exploration index)。其中,经验平均值 $Q_{i,n}$ 常被用作开发指数,见图 2.4.8。探索指数则往往基于置信区间公式,并取决于控制 i 的样本数

$$s_i = \sum_{\ell=1}^{n} \delta(i_\ell = i)$$

一个常见的选择是置信上界(upper confidence bound,UCB)规则,其将探索指数取值定为

$$R_{i,n} = -c\sqrt{\frac{\log n}{s_i}}$$

其中,c 是根据经验选择的正的常数(当假设 $Q_{i,n}$ 被归一化到从 $[-1,0]$ 区间中取值时,一些分析研究建议 c 取 $\sqrt{2}$ 附近的值)。自从由 Auer、Cesa-Bianchi 和 Fischer 在 [ACBF02] 中首次提出置信上界规则以来,许多文献已经研究了它在一步前瞻和多步前瞻中的应用 [当用于后者时,则被称作置信上界树(UCT,即用于树 [tree] 的 UCB 规则;见 Kocsis 和 Szepesvari 所著的 [KS06])]。①

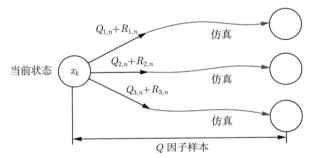

图 2.4.8   处于状态 x_k 时,一步前瞻蒙特卡洛树搜索算法图示。下一个采样的 Q 因子所对应的控制 i 具有最小的开发指数(此处为现阶段的平均值 $Q_{i,n}$)与探索指数(记作 $R_{i,n}$,可能由置信上界规定给出)之和。

置信上界规则的合理性源自基于多臂老虎机问题的相关概率分析,而这些内容不在本书的讲解范围内。相关文献中已经给出了与上述的置信上界树不同的公式。此外,AlphaZero 程序中的探索项也与上述公式不同,且取值受到前瞻深度的影响(见 Silver 等的 [SHS+17])。

用于多步前瞻的蒙特卡洛树搜索的采样策略与一步前瞻时的采样思路类似。首先在前瞻树的节点 i 中找出最小化开发指数与探索指数之和 $T_{i,n} + R_{i,n}$ 的节点,然后从该节点开始获得仿真轨迹。这种类型的方法有多种,其具体细节超出了本书的范围(见章节末的参考文献)。

蒙特卡洛树搜索在实践中的一个巨大的成功是在双人游戏中实现的。例如 AlphaGo 程序(见 Silver 的 [SHM+16]),它在围棋中展现了优于最强人类棋手的棋力。该程序整合了本章及第 3 章和第 4 章中讨论的多种计算,包括蒙特卡洛树搜索和策略前展算法。其中,策略前展中所用的基本策略是通过对深度神经网络进行离线训练得到的。相关的训练技术我们将在第 3 章加以说明。相较人类和其他程序,AlphaZero(见 Silver 等的 [SHS+17])在围棋和国际象棋中的表现都极其出色。它与 AlphaGo 程序有一些相似性,并且非常依赖蒙特卡洛树搜索,但其并未使用策略前展算法。

───────────────────────

① [ACBF02] 中将此处介绍的规则称为 UCB1,并将设计该规则的动因归功于 Agrawal 所著的 [Agr95]。

通过蒙特卡洛树搜索实现随机策略的改进

至此，我们介绍了策略前展和蒙特卡洛树搜索这些方案如何实现策略改进：以基本策略为出发点，基于一步或多步前瞻，以及之后的对基本策略的仿真结果，计算得到一个改进的策略。此处隐含的假设是，基本策略和前展策略都是确定性的，即它们将每个状态 x_k 映射到唯一的控制 $\tilde{\mu}_k(x_k)$ [参见式 (2.30)]。在某些问题中随机策略（randomized policies）取得了成功。与确定性策略将每个状态映射到单个控制不同，随机策略将状态 x_k 映射到一个关于控制集 $U_k(x_k)$ 的概率分布。特别是，AlphaGo 和 AlphaZero 程序都使用了蒙特卡洛树搜索来生成随机策略并将其用于训练。根据棋盘的不同状况，这些策略给出选择各种走法的概率。

随机策略可以作为基本策略用于策略前展算法中，其方式与确定性策略完全相同。对于给定状态 x_k，我们只需从以 x_k 为根的前瞻树的叶节点状态开始，生成样本轨迹和相关的 Q 因子，然后对 Q 因子样本取平均值。然而，正如前文所述，此时的前展/改进策略是一种确定性策略，即在 x_k 时根据前展结果，选出"最好的"控制 $\tilde{\mu}_k(x_k)$ [参见式 (2.30)]。如果我们希望得到的改进策略是随机策略，则可以朝着前述确定性前展策略的方向，对不同控制的概率进行调整。这可以通过在基本策略的基础上，增大"最好"控制的概率，同时按比例减小其他控制的概率来实现。

蒙特卡洛树搜索也提供了一种相关的"改进"随机策略的方法。在执行蒙特卡洛树搜索的自适应仿真的过程中，生成了不同控制的频率计数（frequency counts），即对应于每个控制 $u_k \in U_k(x_k)$ 的前展轨迹所有仿真的比例。通过将基本策略中各控制的概率向着频率计数的方向调整，即增大高计数控制的概率，并降低其他控制的概率，就得到前展随机概率。这种类型的改进方式与梯度法有一定的相似性，并在一些应用中取得了成功；相关的进一步的讨论参见 5.7 节，以及章节末的参考文献提到的该方法在 AlphaGo、AlphaZero 和其他问题中的应用。

在策略前展中减小方差——比较优势

当使用仿真时，通常会有组织地收集样本，从而减小方差（variance reduction）。具体来说，对于给定问题，在仿真工作量相同的前提下，我们希望通过合理安排样本的收集和使用过程从而减小仿真误差的方差。此类方法有许多种，感兴趣的读者可参阅相关文献（如 Ross 的 [Ros12] 及 Rubinstein 和 Kroese 的 [RK13]）。

本节介绍一种在策略前展算法中生成 Q 因子样本的方法，其目的是减小仿真误差对 Q 因子计算的影响。该方法的关键思路是，根据计算所有不同的控制 $(u_k, \hat{u}_k)$ 的 Q 因子差值

$$\tilde{Q}_k(x_k, u_k) - \tilde{Q}_k(x_k, \hat{u}_k)$$

来选择前展控制。我们需要准确地计算这些差值，以便准确比较 u_k 和 $\hat{u}_k$。然而，计算每个 Q 因子 $\tilde{Q}_k(x_k, u_k)$ 时的仿真/近似误差在上述的差值运算中可能进一步放大。

相较于一般的分别计算各个 Q 因子的方法，一种替代方案是通过采样差值

$$C_k(x_k, u_k, \boldsymbol{w}_k) - C_k(x_k, \hat{u}_k, \boldsymbol{w}_k) \tag{2.31}$$

来近似 Q 因子之差 $\tilde{Q}_k(x_k, u_k) - \tilde{Q}_k(x_k, \hat{u}_k)$。其中，$\boldsymbol{w}_k = (w_k, w_{k+1}, \cdots, w_{N-1})$ 是用于控制 u_k 和 $\hat{u}_k$ 仿真轨迹的同一扰动序列，且

$$C_k(x_k, u_k, \boldsymbol{w}_k) = g_N(x_N) + g_k(x_k, u_k, w_k) + \sum_{i=k+1}^{N-1} g_i(x_i, \mu_i(x_i), w_i)$$

此处的 $\{\mu_{k+1}, \cdots, \mu_{N-1}\}$ 是基本策略的尾部。为了使上述方法有定义，需要扰动 w_i 的分布不依赖于 x_i 和 u_i。

当比较 u_k 和 $\hat{u}_k$ 时，先前介绍的方法直接对 $C_k(x_k, u_k, \boldsymbol{w}_k)$ 和 $C_k(x_k, \hat{u}_k, \hat{\boldsymbol{w}}_k)$ 作差。该过程涉及了两个不同的扰动序列 $\boldsymbol{w}_k$ 和 $\hat{\boldsymbol{w}}_k$。与之相比，基于差值式(2.31)的近似只涉及了同一个误差序列，因此近似的结果可能准确得多。事实上，通过引入一个零均值的样本误差量

$$D_k(x_k, u_k, \boldsymbol{w}_k) = C_k(x_k, u_k, \boldsymbol{w}_k) - \tilde{Q}_k(x_k, u_k)$$

可知前者（使用两个不同的扰动序列）在估计 $\tilde{Q}_k(x_k, u_k) - \tilde{Q}_k(x_k, \hat{u}_k)$ 时误差的方差不小于后者当且仅当

$$E_{\boldsymbol{w}_k, \hat{\boldsymbol{w}}_k}\left\{\left|D_k(x_k, u_k, \boldsymbol{w}_k) - D_k(x_k, \hat{u}_k, \hat{\boldsymbol{w}}_k)\right|^2\right\} \geqslant E_{\boldsymbol{w}_k}\left\{\left|D_k(x_k, u_k, \boldsymbol{w}_k) - D_k(x_k, \hat{u}_k, \boldsymbol{w}_k)\right|^2\right\}$$

通过将上式中的二次项展开，并且利用 $E\{D_k(x_k, u_k, \boldsymbol{w}_k)\} = 0$，可以看出上述不等式等价于

$$E\{D_k(x_k, u_k, \boldsymbol{w}_k) D_k(x_k, \hat{u}_k, \boldsymbol{w}_k)\} \geqslant 0 \tag{2.32}$$

即误差 $D_k(x_k, u_k, \boldsymbol{w}_k)$ 和 $D_k(x_k, \hat{u}_k, \boldsymbol{w}_k)$ 是非负相关的。读者只需稍作思考就会相信，很多问题中这一属性都成立。

大致来说，相较于 $\boldsymbol{w}_k$ 的随机性带来的影响，如果改变（仿真第一阶段的）u_k 的取值对样本误差 $D_k(x_k, u_k, \boldsymbol{w}_k)$ 影响很小，那么式(2.32)就成立。为说明这一关系，我们假设存在标量 $\gamma < 1$，从而对所有 x_k、u_k 和 $\hat{u}_k$ 满足

$$E\left\{\left|D_k(x_k, u_k, \boldsymbol{w}_k) - D_k(x_k, \hat{u}_k, \boldsymbol{w}_k)\right|^2\right\} \leqslant \gamma E\left\{\left|D_k(x_k, u_k, \boldsymbol{w}_k)\right|^2\right\} \tag{2.33}$$

那么，通过运用对一般标量 a 和 b 都成立的不等式关系 $ab \geqslant a^2 - |a| \cdot |b - a|$，可知

$$D_k(x_k, u_k, \boldsymbol{w}_k) D_k(x_k, \hat{u}_k, \boldsymbol{w}_k)$$
$$\geqslant \left|D_k(x_k, u_k, \boldsymbol{w}_k)\right|^2 - \left|D_k(x_k, u_k, \boldsymbol{w}_k)\right| \cdot \left|D_k(x_k, u_k, \boldsymbol{w}_k) - D_k(x_k, \hat{u}_k, \boldsymbol{w}_k)\right|$$

由上述关系，可以进一步得到

$$E\{D_k(x_k, u_k, \boldsymbol{w}_k) D_k(x_k, \hat{u}_k, \boldsymbol{w}_k)\}$$
$$\geqslant E\left\{\left|D_k(x_k, u_k, \boldsymbol{w}_k)\right|^2\right\} - E\left\{\left|D_k(x_k, u_k, \boldsymbol{w}_k)\right| \cdot \left|D_k(x_k, u_k, \boldsymbol{w}_k) - D_k(x_k, \hat{u}_k, \boldsymbol{w}_k)\right|\right\}$$
$$\geqslant E\left\{\left|D_k(x_k, u_k, \boldsymbol{w}_k)\right|^2\right\} - \frac{1}{2}E\left\{\left|D_k(x_k, u_k, \boldsymbol{w}_k)\right|^2\right\} - \frac{1}{2}E\left\{\left|D_k(x_k, \hat{u}_k, \boldsymbol{w}_k) - D_k(x_k, u_k, \boldsymbol{w}_k)\right|^2\right\}$$
$$\geqslant \frac{1-\gamma}{2}E\left\{\left|D_k(x_k, u_k, \boldsymbol{w}_k)\right|^2\right\}$$

其中，在第二个不等式中，我们用了对一般标量 a 和 b 都成立的不等式关系 $-|a| \cdot |b| \geqslant -\frac{1}{2}(a^2 + b^2)$，而第三个不等式则由于式(2.33)成立。

因此，在假设式(2.33)成立时，式(2.32)即成立，而这意味着相较于对（相互独立获得的）费用样本的均值作差，求费用差样本的均值能确保仿真误差的方差不增大。

在策略前展之外的其他情况下，使用 Q 因子差值也具有潜在优点。具体而言，当使用参数化结构来近似 Q 因子 $Q_k(x_k, u_k)$ 时（见 3.4 节），近似并比较差值

$$A_k(x_k, u_k) = Q_k(x_k, u_k) - \min_{v_k \in U_k(x_k)} Q_k(x_k, v_k)$$

可能会是取得良好性能的重要因素。函数 $A_k(x_k, u_k)$ 也被称为状态控制对 (x_k, u_k) 的优势函数，且可以与 $Q_k(x_k, u_k)$ 一样用于比较控制的优劣。但是，当存在近似误差时，优势函数用起来可能比 Q 因子更好。关于这一问题将在 3.4 节进一步讨论。

2.4.3　基于专家的策略前展

本节介绍一种适用于一般离散确定性优化问题的策略前展算法。我们关注的问题与 1.3.2 节中讨论的类似。然而，与先前不同的是我们并不知道问题的费用函数。取而代之的是，我们可以咨询人工或"软件"专家，而它们可以对任何两个解进行排名而无须给出这些解的数值分数。

更具体地，此处的问题是选择一个序列 $u = (u_1, \cdots, u_N)$，其中每个 u_k 都属于给定的有限集合 U_k，以便在满足约束 $u \in U_1 \times \cdots \times U_N$ 的前提下最小化函数 $G(u)$ 的值。[①]我们假设如下：

（a）函数 G 未知。但是，我们可以使用会比较任意两个可行序列 u 和 $\overline{u}$ 的"专家"，即该专家能判定

$$G(u) > G(\overline{u}) \quad \text{还是} \quad G(u) \leqslant G(\overline{u})$$

（b）我们可用的启发式算法具有如下性质：给定任意阶段 $k = 1, \cdots, N-1$ 和一个部分解 $(u_1, \cdots, u_k)$，它能将某序列 $(\tilde{u}_{k+1}, \cdots, \tilde{u}_N)$ 衔接到给定的 $(u_1, \cdots, u_k)$ 之后而得到一个完整解。这个完整的可行解记为

$$S_k(u_1, \cdots, u_k) = (u_1, \cdots, u_k, \tilde{u}_{k+1}, \cdots, \tilde{u}_N)$$

这里需要注意的是，尽管费用函数 G 是未知的，2.4.1 节介绍的确定性策略前展算法仍然可用。原因是策略前展算法需要对不同的完整解进行排名比较，而根据费用函数给出的费用值进行比较只是方法之一。因此，可以揭示任何两个解的排名的专家就足以满足我们的需要。[②]具体而言，2.4.1 节的策略前展算法可以描述如下：

从一个人工添加的空解开始，在任意一步 $k < N$，给定部分解 $(u_1, \cdots, u_k)$，生成所有可能的单步扩展解

$$(u_1, \cdots, u_k, u_{k+1}), \quad u_{k+1} \in U_{k+1}$$

并使用专家对有限多的完整解

$$S_{k+1}(u_1, \cdots, u_k, u_{k+1}), \quad u_{k+1} \in U_{k+1}$$

进行排名。然后选择专家排名最好的控制 u_{k+1}，通过把 u_{k+1} 添加到 $(u_1, \cdots, u_k)$ 之后得到新的部分解，并以新的部分解 $(u_1, \cdots, u_k, u_{k+1})$ 重复上述步骤。

---

① 为简单起见，我们假设 u 的各组分间的约束是相互独立的，但此处介绍的方法可以处理对 u 更一般的约束。

② 请注意，为了使专家排名可用，重要的是问题为确定性，而且专家要使用一些潜在的（尽管是未知的）费用函数来对解进行排名。特别是，专家的排名应具有传递性：如果 u 的排名优于 u'，而 u' 的排名优于 u''，则 u 的排名优于 u''。

除了（在数学上无关紧要的）使用专家而非费用函数之外，此处的策略前展算法可以看作 2.4.1 节算法的特例。因此，我们在之前介绍的几个变体（强化型策略前展、具有多个启发式的策略前展和保持多个轨迹的前展）也能应用到本节的方法中。

学习模仿专家

接下来我们考虑不能实时咨询专家，但可以通过基于数据的训练来模仿专家的情况。特别是，假设给定一个集合的控制对数据 $(u^s, \overline{u}^s)$，$s = 1, \cdots, q$，并且已知

$$G(u^s) > G(\overline{u}^s), \quad s = 1, \cdots, q \tag{2.34}$$

这样的集合可以通过多种方式获得，包括询问专家。然后可以利用这些数据训练一个例如神经网络的参数化近似架构，从而得到以 r 为参数向量的函数 $\tilde{G}(u, r)$，该函数就可以用来替代未知的 $G(u)$ 来执行前述的策略前展算法。

为此，研究者提出了一种专门的训练方法，即所谓比较训练（comparison training），并且已经被应用于多种游戏环境中，包括 Tesauro 的文献 [Tes89a] 和 [Tes01] 中设计的双陆棋和国际象棋程序。简而言之，给定一个由满足式(2.34)的控制对 $(u^s, \overline{u}^s)$，$s = 1, \cdots, q$ 构成的训练集，为每个 $(u^s, \overline{u}^s)$ 生成两个解-费用对

$$(u^s, 1), \ (\overline{u}^s, -1), \quad s = 1, \cdots, q$$

然后针对一个涉及参数向量 r 的参数架构 $\tilde{G}(\bullet, r)$，例如神经网络，利用这些生成的解-费用对通过正则化回归进行训练，从而得到近似函数 $\tilde{G}(\bullet, \overline{r})$ 用以在策略前展算法中代替 $G(\bullet)$。关于回归过程的实施细节，感兴趣的读者可参见第 3 章和 Tesauro 的上述文献。另外，3.5 节介绍了通过使用分类方法对策略空间进行参数化近似的方法。

2.5 针对确定性无穷空间问题的在线策略前展——优化类启发式方法

到目前为止，我们考虑了策略前展算法在离散空间的应用，其中在每个状态 x_k 处都有有限数量的相关 Q 因子。我们可以通过仿真得到这些 Q 因子的值，并对其一一比较。当控制约束集有无穷多元素时，为实现上述算法，必须首先对约束集进行离散化，但通常这种离散化并不是方便有效的方法。本节将讨论适用于确定性问题的另一类方法，该方法可在 x_k 处有效处理无穷多的控制和相应的 Q 因子而无须离散化。这种方法的思路是使用涉及连续优化的基本启发式算法，并依靠非线性规划方法来解决相应的前瞻优化问题。

为了了解基本思想，读者可以考虑含一步前瞻的策略前展最小化

$$\tilde{\mu}_k(x_k) \in \arg \min_{u_k \in U_k(x_k)} \tilde{Q}_k(x_k, u_k) \tag{2.35}$$

其中，$\tilde{Q}_k(x_k, u_k)$ 是定义为

$$\tilde{Q}_k(x_k, u_k) = g_k(x_k, u_k) + H_{k+1}\big(f_k(x_k, u_k)\big) \tag{2.36}$$

的近似 Q 因子，$H_{k+1}(x_{k+1})$ 表示从状态 x_{k+1} 出发的基本启发式费用 [参见式(2.24)]。假设有 H_{k+1} 的可微的解析表达式，并且函数 f_k 和 g_k 都已知且相对 u_k 可微。那么式(2.36)中的近似 Q 因子

$\tilde{Q}_k(x_k, u_k)$ 也相对 u_k 可微且最小化运算式(2.35)可以通过许多适用于可微无约束或有约束的优化梯度方法来解决。

上述方法需要启发式费用 $H_{k+1}(x_{k+1})$ 的表达式，而这一要求在很多问题中都无法满足。但是我们可以通过使用基于多步优化的基本启发式来规避需要解析表达式这一困难。具体来说，假设 $H_{k+1}(x_{k+1})$ 是与原始问题相关的、含 $(\ell-1)$ 阶段的确定性最优控制问题的最优费用。基于此，策略前展算法式(2.35)、式(2.36)可以通过解决 ℓ 阶段确定性最优控制问题来实现，该问题将第一阶段的关于 u_k 的最小化运算 [见式(2.35)] 与基本启发式的 $(\ell-1)$ 阶段最小化无缝衔接，见图 2.5.1。该 ℓ 阶段问题可以通过标准的连续空间非线性规划或最优控制方法在线解决。[①]该类方法的一个重要例子出现在控制系统设计中，我们接下来就介绍这一方法。

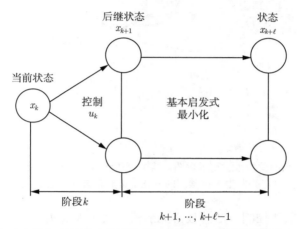

图 2.5.1　适用于无穷控制空间确定性问题的策略前展算法示意图。此处的基本策略是求解一个 $(\ell-1)$ 阶段的确定性最优控制问题。它与针对 k 阶段控制 $u_k \in U_k(x_k)$ 的优化运算一起，无缝衔接成一个始于 x_k 的 ℓ 阶段连续空间最优控制/非线性规划问题。

2.5.1　模型预测控制

本节考虑一个经典的控制问题，其目标是保持控制系统的状态接近状态空间的原点或接近给定的轨迹。这个问题由来已久，并已通过多种方法得到解决。从 20 世纪 50 年代末和 60 年代初开始，基于状态变量系统表示和最优控制的方法开始流行起来。我们在 1.3.7 节中通过例子说明的线性二次型方法就是在此期间发展起来的，并且仍然被广泛使用。但是，线性二次型模型可能并不能给出令人满意的方案，这主要源于以下两个原因：

（a）系统可能是非线性的。因此，对系统在目标点或轨迹上进行线性化并将所得模型用于控制可能并不合适。

（b）可能存在控制和/或状态约束，这些约束并没有通过阶段费用函数中的二次惩罚项得到充分处理。例如，机器人的运动可能会受到障碍物和硬件条件的限制（见图 2.5.2）。因为二次惩罚项只是"软"处理这些约束，因此可能会生成违反约束的轨迹，导致线性二次型给出的解不适用此类问题。

线性二次型的这些不足之处催生了一种方法，称为模型预测控制（model predictive control，MPC）。该方法整合了多个我们讨论过的思想：多步前瞻、无限控制空间的策略前展，以及确定

---

① 但是请注意，要使该方法可行，必须有一个系统的数学模型；只有模拟器是不够的。

性等价。除了能在有效处理状态 x_k 处无穷多的 Q 因子的同时保证满足状态和控制约束，和策略前展一样，模型预测控制也非常适用于在线重新规划。

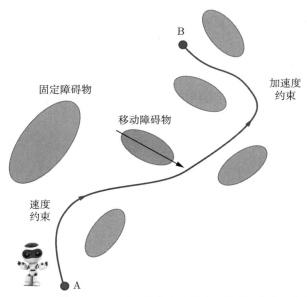

图 2.5.2　机器人从 A 点到 B 点的受约束运动示意图。其中存在状态（位置/速度）约束和控制（加速度）约束。当存在移动的障碍物时，状态约束可能会发生不可预测的变化，因此需要在线重新规划。

　　我们将主要关注模型预测控制方法的最常见形式，其中涉及确定性的系统方程。如果系统本身是随机的，我们也可以采用类似于确定性等价控制的方法，通过用典型值取代不确定量本身，或者用状态估计量来代表状态的精确值等方法得到一个确定性系统，用以代替原系统。此外，问题的目标是将系统状态维持在原点附近 [或者更一般地说，我们感兴趣的点，称为设定点（set point）]；此类问题被称为调节问题（regulation problem）。此外，研究者也提出了使时变系统的状态沿给定轨迹变化的类似方法。经过适当调整，相关方法也可用于涉及扰动的控制问题。特别是在某些情况下，轨迹可以被视为一串设定点，针对不同的设定点，重复采用我们后续介绍的算法，即可实现轨迹追踪。

　　考虑形如

$$x_{k+1} = f_k(x_k, u_k)$$

的确定性系统，其中状态 x_k 和控制 u_k 都是有限维的向量。假设每阶段费用为非负

$$g(x_k, u_k) \geqslant 0, \quad \text{对所有 } (x_k, u_k)$$

（例如二次型费用。）问题中存在状态与控制约束

$$x_k \in X_k, \quad u_k \in U_k(x_k), \quad k = 0, 1, \cdots$$

此外，假设能够以零费用将系统状态维持在原点，即

$$f_k(0, \overline{u}_k) = 0, \quad g_k(0, \overline{u}_k) = 0, \quad \text{对某些控制 } \overline{u}_k \in U_k(0)$$

给定状态 $x_0 \in X_0$，我们希望得到控制序列 $\{u_0, u_1, \cdots\}$，在保证相应状态和控制满足约束的同时，使得费用较小。在后续对模型预测控制的介绍中，为简单起见，假设问题中有无穷多阶段且不含终止费用。但经过适当调整，本节介绍的方法也适用于有限阶段问题。

模型预测控制算法

现在我们给出适用于确定性问题的模型预测控制算法。在当前状态 x_k:

（a）模型预测控制算法求解原问题的 ℓ 步前瞻版本，其中要求 $x_{k+\ell} = 0$；

（b）如果 $\{\tilde{u}_k, \cdots, \tilde{u}_{k+\ell-1}\}$ 是所求问题的最优控制序列，那么模型预测控制采用 $\tilde{u}_{k+1}$，并抛弃其余控制 $\tilde{u}_{k+1}, \cdots, \tilde{u}_{k+\ell-1}$；

（c）在下一阶段，一旦后续状态 x_{k+1} 已知，模型预测控制算法重复上述步骤。

具体来说，在任意阶段 k 和状态 $x_k \in X_k$，模型预测控制算法求解一个涉及与原问题阶段费用相同且要求 $x_{k+\ell} = 0$ 的 ℓ 阶段最优控制问题。该问题求解

$$\min_{u_i, \, i=k,\cdots,k+\ell-1} \sum_{i=k}^{k+\ell-1} g_i(x_i, u_i) \tag{2.37}$$

并受系统方程约束

$$x_{i+1} = f_i(x_i, u_i), \quad i = k, \cdots, k+\ell-1$$

状态与控制约束

$$x_i \in X_i, \quad u_i \in U_i(x_i), \quad i = k, \cdots, k+\ell-1$$

以及终止状态约束

$$x_{k+\ell} = 0$$

如果用 $\{\tilde{u}_k, \tilde{u}_{k+1} \cdots, \tilde{u}_{k+\ell-1}\}$ 表示所得的相应最优控制序列，那么模型预测控制算法在 k 阶段采用其中的第一个组分 $\tilde{u}_k$，并抛弃剩余部分，见图 2.5.3。[①]

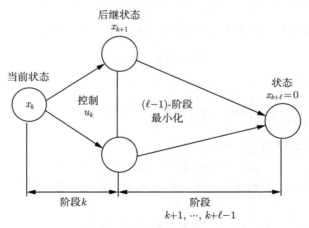

图 2.5.3 在状态 x_k 时模型预测控制算法所求问题示意图。我们最小化接下来的 ℓ 阶段费用，并要求 $x_{k+\ell} = 0$。然后我们只用所得最优序列的第一个控制。

---

① 如果我们的目标是使系统状态遵循给定的标称轨迹，而非靠近原点，那么我们需要将模型预测控制的优化问题中的终止约束修改为 $x_{k+\ell}$ 等于标称轨迹上的某一点（而不是 $x_{k+\ell} = 0$）。此外，也需要修改阶段费用函数从而惩罚偏离标称轨迹的状态。

为了保证存在使上述算法可行的整数 ℓ，我们给出如下假设。

约束可控性条件　　存在某整数 $\ell > 1$，从而对任意初始状态 $x_k \in X_k$，我们能找出控制序列 $u_k, \cdots, u_{k+\ell-1}$，从而使 $k+\ell$ 时刻的系统状态为 0，并满足轨迹中途的所有状态与控制约束

$$u_k \in U_k(x_k), \ x_{k+1} \in X_{k+1}, \cdots, x_{k+\ell-1} \in X_{k+\ell-1}, u_{k+\ell-1} \in U_{k+\ell-1}(x_{k+\ell-1})$$

如何找到满足上述约束可控性条件的整数 ℓ 是一个很重要的问题，后续章节中会加以讨论。[①]一般来说，如果控制约束不是太过苛刻，且状态约束不允许状态偏离原点太多，那么约束可控性条件就可能满足。在此情况下，我们不但可以执行上述的模型预测控制，而且所得闭环系统还可能具有稳定性；见后续关于稳定性的说明，以及例 2.5.2。

注意到，模型预测控制生成的实际状态轨迹可能永远无法精确抵达原点（见例 2.5.1）。这是因为尽管生成的控制序列 $\{\tilde{u}_k, \tilde{u}_{k+1}, \cdots, \tilde{u}_{k+\ell-1}\}$ 的目标是使 $x_{k+\ell} = 0$ 成立，但我们只用了其中的第一个控制。在下一阶段 $k+1$，模型预测控制生成的控制可能会与 $\tilde{u}_{k+1}$ 不同，因为此时其目标是使系统在延后的一个阶段实现 $x_{k+\ell+1} = 0$。

模型预测控制与策略前展算法相关，这是因为模型预测控制中隐性使用的一步前瞻费用函数 $\tilde{J}$ [参见式 (2.37)] 是某基本启发式的展望费用。类似之前的描述，这个启发式方法试图使状态在 $(\ell-1)$ 步（而不是 ℓ 步）之后变为 0，并将之后的状态保持在 0 点，同时保证满足状态与控制约束，并最小化相应的 $(\ell-1)$ 阶段费用，参见图 2.5.1。

顺序改进性质与稳定性分析

事实上，我们刚刚描述的基本启发式是顺序改进的，因此相应的模型预测控制具有 2.4.1 节所述的费用改进特性。为了说明该性质，我们将模型预测控制在状态 $x_k \in X_k$ 求解的 ℓ 阶段问题的最优费用记为 $\hat{J}_k(x_k)$。用 $H_k(x_k)$ 和 $H_{k+1}(x_{k+1})$ 分别表示从 x_k 和 x_{k+1} 出发、经过 $(\ell-1)$ 阶段后使相应状态 $x_{k+\ell-1}$ 和 $x_{k+\ell}$ 到达 0 的 $(\ell-1)$ 阶段优化问题的最优启发式费用。因此，根据最优性原理，可知动态规划等式

$$\hat{J}_k(x_k) = \min_{u_k \in U_k(x_k)} \left[g_k(x_k, u_k) + H_{k+1}\big(f_k(x_k, u_k)\big) \right]$$

成立。鉴于基本启发式需要早一步使状态变为 0，因此最优费用不可能更少，所以有

$$\hat{J}_k(x_k) \leqslant H_k(x_k)$$

通过将上述两个关系相结合，得到

$$\min_{u_k \in U_k(x_k)} \left[g_k(x_k, u_k) + H_{k+1}\big(f_k(x_k, u_k)\big) \right] \leqslant H_k(x_k) \tag{2.38}$$

即基本启发式满足顺序改进性质 [参见式(2.28)]。[②]

除了满足状态与控制约束，模型预测控制的主要目标通常还包括获得稳定的闭环系统，即自然倾向于使状态保持在原点附近的系统。这种特性通常可以表示为无穷阶段积累有限的费用：

$$\sum_{k=0}^{\infty} g_k(x_k, u_k) < \infty \tag{2.39}$$

---

① 如果我们希望状态遵循某给定的标称轨迹而非靠近原点，那么可以考虑使用时变的前瞻长度 ℓ_k，从而对标称轨迹的关键部分执行更严格的控制。

② 注意到此处的基本启发式不是顺序一致的，因为它不满足 2.4.1 节中给出的相关定义（见例 2.5.1）。

其中，$\{x_0, u_0, x_1, u_1, \cdots\}$ 是模型预测控制生成的状态与控制轨迹。

下面说明模型预测控制算法满足稳定性条件(2.39)。首先，从顺序改进特性，有

$$g_k(x_k, u_k) + H_{k+1}\big(f_k(x_k, u_k)\big) \leqslant H_k(x_k), \quad k = 1, 2, \cdots$$

将对应于 $[1, K]$，$K \geqslant 1$ 范围内所有 k 的上述表达式加起来，得到

$$H_{K+1}(x_{K+1}) + \sum_{k=0}^{K} g(x_k, u_k) \leqslant g_0(x_0, u_0) + H_1(x_1)$$

因为（鉴于每阶段费用非负）不等式

$$0 \leqslant H_{K+1}(x_{K+1})$$

成立，所以有

$$\sum_{k=0}^{K} g(x_k, u_k) \leqslant g_0(x_0, u_0) + H_1(x_1), \quad K \geqslant 1$$

将上述不等式取极限 $K \to \infty$，得到

$$\sum_{k=0}^{\infty} g_k(x_k, u_k) \leqslant g_0(x_0, u_0) + H_1(x_1) \tag{2.40}$$

上述不等式的右侧表达式

$$g_0(x_0, u_0) + H_1(x_1)$$

是从 x_0 到 $x_\ell = 0$ 的状态转移的最优费用（即模型预测控制求解的第一个 ℓ 阶段问题）。根据约束可控性条件，该转移可行，因此该表达式的值小于无穷，从而说明模型预测控制满足稳定性条件式(2.39)。

例 2.5.1 考虑一维线性系统与二次型阶段费用

$$x_{k+1} = x_k + u_k, \quad g_k(x_k, u_k) = x_k^2 + u_k^2$$

其中，状态与控制约束为

$$x_k \in X_k = \{x \mid |x| \leqslant 1.5\}, \quad u_k \in U_k(x_k) = \{u \mid |u| \leqslant 1\}$$

采用 $\ell = 2$ 的模型预测控制算法。对这一取值的 ℓ，约束可控性条件成立。因此对任意满足 $|x_0| \leqslant 1.5$ 的 x_0，两步控制序列

$$u_0 = -\mathrm{sgn}(x_0), \quad u_1 = -x_1 = -x_0 + \mathrm{sgn}(x_0)$$

可以使状态 x_2 为 0。

对任意状态 $x_k \in X_k$，模型预测控制试图最小化两阶段费用

$$x_k^2 + u_k^2 + (x_k + u_k)^2 + u_{k+1}^2$$

同时满足控制约束

$$|u_k| \leqslant 1, \quad |u_{k+1}| \leqslant 1$$

与状态约束

$$|x_{k+1}| \leqslant 1.5, \quad x_{k+2} = x_k + u_k + u_{k+1} = 0$$

相应的优化问题是二次规划问题。该类问题可通过现有软件求解。由于本例很简单，我们可以得到解析解。具体来说，读者可以验证，最优解是

$$\tilde{u}_k = -\frac{2}{3}x_k, \quad \tilde{u}_{k+1} = -(x_k + \tilde{u}_k)$$

因此，模型预测控制算法选择 $\tilde{u}_k = -\frac{2}{3}x_k$，从而得到闭环系统

$$x_{k+1} = \frac{1}{3}x_k, \quad k = 0, 1, \cdots$$

注意到，尽管闭环系统稳定，但如果 $x_0 \neq 0$，则它的状态永远不会达到 0。此外，很容易验证，当 $\ell > 2$ 时基本启发式不是顺序一致的。例如，当 $\ell = 3$ 时，从 $x_k = 1$ 开始，基本启发式生成序列

$$\left\{ x_k = 1, u_k = -\frac{2}{3}, x_{k+1} = \frac{1}{3}, u_{k+1} = -\frac{1}{3}, x_{k+2} = 0, u_{k+2} = 0, \cdots \right\}$$

然而，从下一个状态 $x_{k+1} = \frac{1}{3}$ 开始，则生成序列

$$\left\{ x_{k+1} = \frac{1}{3}, u_{k+1} = -\frac{2}{9}, x_{k+2} = \frac{1}{9}, u_{k+2} = -\frac{1}{9}, x_{k+3} = 0, u_{k+3} = 0, \cdots \right\}$$

因此，2.4.1 节中的顺序一致性并不成立。

关于模型预测控制运算中的视界长度 ℓ，注意到如果某个 ℓ 值满足约束可控性，那么所有大于该值的 ℓ 也满足。鉴于此，我们可能倾向于将 ℓ 取较大的值。但是，模型预测控制每阶段求解的优化问题随着 ℓ 的增大而增大，且更难求解。因此，视界长度 ℓ 的取值通常要基于某些实验过程。首先，取足够大的 ℓ 从而使约束可控性条件成立。然后，通过进一步的实验从而保证良好的全局表现。

2.5.2 目标管道与约束可控性条件

现在让我们再次讨论约束可控性条件。该性质要求约束集 X_k 满足如下性质：从 X_k 中任意点出发，都可以在某 ℓ 步之内，使系统状态抵达 0，同时保证中途状态均满足相应约束 X_m，$m = k+1, \cdots, m = k+\ell-1$。然而，该假设带来一些很大的问题。特别是，控制集合可能过于苛刻而导致其不能阻止系统天然的不稳定性。在此情况下，可能无法使状态在足够长的时间内保持在 X_k 中，而这种状况可以被视为一种不稳定的形式。以下就是一个例子。

例 2.5.2 考虑不稳定的一维线性系统

$$x_{k+1} = 2x_k + u_k$$

其控制约束为

$$|u_k| \leqslant 1$$

如果 $0 \leqslant x_0 < 1$，令 $u_0 = -1$，则下一个状态满足

$$x_1 = 2x_0 - 1 < x_0$$

即相比先前状态 x_0 更接近 0。类似地，通过在后续阶段使用 $u_k = -1$，每个后续 x_{k+1} 都比 x_k 更靠近 0。最后，经过采用 $u_k = -1$，$k < \bar{k}$ 足够多步 $\bar{k}$ 后，状态将满足

$$0 \leqslant x_{\bar{k}} \leqslant \frac{1}{2}$$

一旦上述不等式成立，采用可行控制 $u_{\bar{k}} = -2x_{\bar{k}}$ 使状态 $x_{\bar{k}+1}$ 变为 0。

类似地，当 $-1 < x_0 \leqslant 0$，只要 $\bar{k}$ 足够大，经过 $u_k = 1$，$k < \bar{k}$ 控制后，状态 $x_{\bar{k}}$ 将处于 $[-1/2, 0]$ 区间。那么，可行控制 $u_{\bar{k}} = -2x_{\bar{k}}$ 将使状态 $x_{\bar{k}+1}$ 变为 0。

假定对于所有 k，状态约束都形如 $X_k = [-\beta, \beta]$，那么让我们看看 β 取不同的值会发生什么。前述讨论表明，如果 $0 < \beta < 1$，那么约束可控性假设成立，且对所有初始状态 $x_0 \in X_0$，状态 x_k 都可以维持在约束 X_k 中，并经过有限多步之后可变为 0。步数 ℓ 的值依 β 取值不同而变化。作为特例，当 $0 < \beta < 1/2$ 时，ℓ 可取值为 1。

另外，如果 $\beta \geqslant 1$，则对于任意初始状态 $x_0 \in [1, \beta]$ 都不可能在不违反控制约束 $|u_k| \leqslant 1$ 的前提下使状态变为 0。事实上，如果初始状态满足 $|x_0| > 1$，则对于任意满足约束 $|u_k| \leqslant 1$ 的控制序列，相应状态轨迹都会发散，即 $|x_k| \to \infty$；见图 2.5.4。因此，如果 $\beta \geqslant 1$，我们需要有更大的控制约束集，或更靠近 0 的初始状态，或者兼具两者，才能满足约束可控性条件。

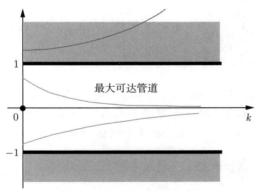

图 2.5.4 例 2.5.2中受模型预测控制的状态轨迹图。如果初始状态位于集合 $(-1, 1)$ 中，采用足够大的 ℓ 可以使系统状态成为 0，且通过模型预测控制我们得到一个稳定的控制器。如果初始状态处于该集合之外，则约束可控性条件不成立，此时，模型预测控制不能执行。此外，从该类初始状态出发，系统轨迹将发散。在本例中，最大的可达管道是 $\{X_0, X_1, \cdots\}$，其中 $X = \{x \mid |x| \leqslant 1\}$。

前面示例中的关键是找出状态集 $\overline{X}_k \subset X_k$。这些集合能够确保一旦状态从 $\overline{X}_k$ 出发，只要选择了合适的控制，后续所有时刻的状态都能维持在"管道"$\{\overline{X}_{k+1}, \overline{X}_{k+2}, \cdots, \overline{X}_N\}$ 中。该类管道可以用作模型预测控制中的状态约束集。此外，当所有集合 $\overline{X}_k$ 都有界时，保证状态维持在管道内可被认为是闭环稳定性的一种形式。在本节后续部分，我们将说明如何构造这类管道。

从数学上讲，管道 $\{\overline{X}_0, \overline{X}_1, \cdots, \overline{X}_N\}$ 是对所有 $k = 0, \cdots, N$ 满足 $\overline{X}_k \subset X_k$ 的由子集构成的序列。我们称一个管道是可达的（reachable）如果对每个 k 和 $x_k \in \overline{X}_k$，存在 $u_k \in U_k(x_k)$ 使 $f_k(x_k, u_k) \in \overline{X}_{k+1}$。在文献 [Ber71] 中，可达管道也被称为有效目标管道（effective target tube），为了简单起见，在本节中称之为目标管道（target tube）。该名称目前广泛用于文献中①。如果原有的状态约束管道 $\{X_0, X_1, \cdots, X_N\}$ 不是可达的，则约束可控性条件不成立。在这种情况下，有必要求出一个可达管道，用于代替原有管道 $\{X_0, X_1, \cdots, X_N\}$ 来作状态约束。因此，获得目标管道是满足约束可控性假设的前提条件，也是对含有状态约束的模型预测控制进行分析与设计的第一步。

给定具有状态约束 $x_k \in X_k$，$k = 0, \cdots, N$ 的 N 阶段确定性问题，可以通过如下的递归算法得到可达管道 $\{\overline{X}_0, \overline{X}_1, \cdots, \overline{X}_N\}$：以

$$\overline{X}_N = X_N$$

为起点，从后向前，通过计算

$$\overline{X}_k = \{x_k \in X_k \,|\, \text{对于某控制 } u_k \in U_k(x_k), \ f_k(x_k, u_k) \in \overline{X}_{k+1} \text{ 成立}\}$$

得到 $\overline{X}_k$，$k = 0, \cdots, N - 1$。一般来说，我们很难精确计算可达管道中的集合 $\overline{X}_k$。但是，文献中给出了其内近似的算法。作者的博士论文 [Ber71] 及后续文章 [BR71]、[Ber72] 和 [Ber73] 给出了一类计算内椭球近似的方法。该方法适用于设计线性系统和椭球约束的具有完整或部分状态的、有限或无穷阶段问题。其他作者提出了多面体近似的方法；请参阅 Borelli、Bemporad 和 Morari 的教材 [BBM17]。

例 2.5.2（续）   本例中，如果状态约束是

$$X_k = \{x_k \,|\, |x_k| \leqslant 1\}, \quad k = 0, 1, \cdots, N \tag{2.41}$$

则对任意 N，管道 $\{X_k \,|\, k = 0, \cdots, N\}$ 都是可达的。然而，这一结论对约束集

$$X_k = \{x_k \,|\, |x_k| \leqslant 2\}, \quad k = 0, 1, \cdots, N$$

则不成立。例如，对于 $x_0 = 2$，后接状态 $x_1 = 2x_0 + u_0 = 4 + u_0$。可见对于任意满足 $|u_0| \leqslant 1$ 的可行控制 u_0，x_1 都不满足 $|x_1| \leqslant 2$。因此，有必要采用一个可达的管道 $\{\overline{X}_k \,|\, k = 0, \cdots, N\}$ 来代替原有的状态约束管道 $\{X_k \,|\, k = 0, \cdots, N\}$。读者可以自行验证，对于任意 N，最大的可达管道为

$$\overline{X}_k = \{x_k \,|\, |x_k| \leqslant 1\}, \quad k = 0, 1, \cdots, N$$

对于一维问题，计算可达管道相对容易。但多维问题的相关计算则比较复杂。此时我们需要对可达管道进行近似。另外，为了使当前问题对应的模型预测控制在 $\ell = 2$ 时可行，初始状态需满足 $|x_0| \leqslant 3/4$。

管道 $\{X_k \,|\, k = 0, \cdots, N\}$ 的可达性与满足约束可控性之间还有一个微小的（相对不那么重要的）区别。后者意味着前者，反之则不成立。具体来说，式 (2.41) 中给出的 X_k 构成的管道可达，但

---

① 离散时间系统的目标管道与可达性概念由作者于 1971 年的博士论文（[Ber71]，可从网上下载）以及相关文章 [BR71]、[Ber72] 和 [Ber73] 中提出。这些文献还给出了适用于确定性问题和极小极大/博弈问题的构造目标管道的方法，其中包括了涉及线性系统的椭圆管道这种特例。可达性概念既适用于有限阶段问题，也适用于无穷阶段问题。在作者工作发表很久后，有多位学者对这一概念做了进一步的研究，尤其是在模型预测控制及相关问题中的应用，并将该概念拓展应用于连续时间系统（参见章节末的索引文献）。

此时约束可控性并不成立。因为如果从 X_k 的边界出发，采用任何满足 $|u_k| \leqslant 1$ 的可行控制 u_k 都无法使状态到达 0。一般来说，除去上述这类边界效应，管道可达性成立通常意味着约束可控性成立。

另外，需要注意到，约束可控性只是意味着存在某阈值 $\bar{\ell} > 1$，使得采用 $\ell \geqslant \bar{\ell}$ 的模型预测控制能保证系统轨迹满足状态约束。但是，如果 ℓ 低于该阈值，正如前面例子所示，相应的模型预测控制可能无法正常工作。

2.5.3 模型预测控制的变形

我们至此介绍的模型预测控制算法只是具有许多变体的一大类方法的一个基本形式。该类方法与本章中介绍的次优控制方法相关。例如，在模型预测控制每阶段求解的问题中，我们可以给 ℓ 步之后的非零状态一个很大的惩罚项，而不是要求它等于 0。那么，只要选择的终止惩罚满足顺序改进性质式(2.38)，前述的稳定性分析在此情况下同样适用且不等式(2.40)可以被证明成立。我们可以将此时的终止惩罚项看作策略前展中的终止费用近似。

在另一种变体中，模型预测控制的目标不再是使状态在 ℓ 步后变为 0，而是使其到达与原点距离充分小的邻域，并在此后使用通过其他方法得到的、可用于该邻域的给定控制器。

最后，我们提及将策略前展和终止费用函数近似相结合的一类变形，它们可用于处理涉及不确定性与系统扰动的问题，见章节末的索引。作为说明，接下来我们给出一个将模型预测控制与确定性等价控制思路相结合的方案示例（参见 2.3.2 节）。

例 2.5.3（适用于随机系统的模型预测控制和确定性等价近似） 考虑涉及随机系统

$$x_{k+1} = f_k(x_k, u_k, w_k)$$

的问题。从 x_0 出发，策略 $\pi = \{\mu_0, \cdots, \mu_{N-1}\}$ 的期望费用是

$$J_\pi(x_0) = E\left\{ g_N(x_N) + \sum_{k=0}^{N-1} g_k\big(x_k, \mu_k(x_k), w_k\big) \right\}$$

参见 1.2 节的理论框架。假设在所有阶段 k 都存在形如

$$x_k \in X_k, \quad u_k \in U_k(x_k)$$

的状态和控制约束，且随机扰动 w_k 从某已知集合中取值。

这个问题的一个重要特点是策略必须保证管道 $\{X_0, X_1, \cdots\}$ 的可达性，即使在干扰值取值最差的情况下也是如此。为此，对于每个状态 $x_k \in X_k$，控制有必要从定义为

$$\tilde{U}_k(x_k) = \{u_k \in U_k(x_k) \,|\, \text{对所有 } w_k \in W_k, \text{ 满足 } f_k(x_k, u_k, w_k) \in X_{k+1}\}$$

的控制子集 $\tilde{U}_k(x_k)$ 中选取。我们假设 $\tilde{U}_k(x_k)$ 对所有 $x_k \in X_k$ 非空，且通过某种方式已知。但是，该假设并不一定总成立；类似于前述的确定性问题，必须通过可达性方法构造出目标管道 $\{X_0, X_1, \cdots\}$，约束集 $U_k(x_k)$ 必须足够"丰富"以便有可能实现可达性，且 $\tilde{U}_k(x_k)$ 也需计算得出。

现在我们给出一种新的策略前展/模型预测控制方法，它拓展了前面介绍的用于确定性问题的算法。该方法使所得轨迹满足状态与控制约束，并通过假设确定性等价成立来定义 $\ell - 1$ 步的基本策

略，其中 $\ell > 1$ 是某整数。具体来说，在给定状态 $x_k \in X_k$，该方法首先将扰动 $w_{k+1}, \cdots, w_{k+\ell-1}$ 固定在某些典型值上。然后从所有 $u_k \in \tilde{U}_k(x_k)$ 中选出控制 $\tilde{u}_k$ 从而最小化 Q 因子

$$\tilde{Q}_k(x_k, u_k) = E\Big\{ g_k(x_k, u_k, w_k) + H_{k+1}\big(f_k(x_k, u_k, w_k)\big) \Big\} \tag{2.42}$$

其中，$H_{k+1}(x_{k+1})$ 表示从 x_{k+1} 出发，经过 $(\ell-1)$ 步确定性转移后到达 0 的最优费用。该过程中的控制 $\tilde{u}_m$ 只能从集合 $\tilde{U}_m(x_m)$，$m = k+1, \cdots, k+\ell-1$ 中取值，而原系统中的随机扰动则固定在前面选定的典型值。此处我们要求约束可控性成立，从而使上述状态转移可行。

注意到，上述关于 $u_k \in \tilde{U}_k(x_k)$ 的针对 Q 因子式(2.42)的最小化运算可以通过执行关于序列 $\{u_k, u_{k+1}, \cdots, u_{k+\ell-1}\}$ 和确定性系统的 ℓ 阶段轨迹的优化运算来实现。该优化问题是把针对 u_k 的最小化运算 [参见式(2.42)] 与基本启发式的 $(\ell-1)$ 阶段最小化无缝衔接得到的。与本节介绍的一般策略前展方法类似，我们可以通过基于梯度的优化方法来解决问题。

上述例子中介绍的模型预测控制方法的缺点之一是在任意状态 x_k 都需要极大的计算量，故不适用于在线执行。应对该困难的方法之一是引入基于值空间近似的策略空间近似，参见 2.1.5 节。为此，我们可以生成大量的样本状态 x_k^s，$s = 1, \cdots, q$，并通过 Q 因子最小化

$$u_k^s \in \arg \min_{u_k \in \tilde{U}_k(x_k^s)} E\Big\{ g_k(x_k^s, u_k, w_k) + H_{k+1}\big(f_k(x_k^s, u_k, w_k)\big) \Big\}$$

[参见式(2.42)] 得到相应控制 u_k^s。然后，利用所得的状态控制对 (x_k^s, u_k^s)，$s = 1, \cdots, q$ 及某种形式的回归运算去训练 Q 因子的参数化架构 $\tilde{Q}_k(x_k, u_k, \bar{r}_k)$，例如神经网络 [参见式(2.5)的策略空间近似方法]。一旦完成训练，模型预测控制可以通过在线执行最小化运算

$$\tilde{\mu}_k(x_k) \in \arg \min_{u_k \in \tilde{U}_k(x_k)} \tilde{Q}_k(x_k, u_k, \bar{r}_k)$$

来实现；见式(2.6)。这种类型的策略空间近似的方法可以更广泛地应用于在线计算量过大的模型预测控制方法中。

2.6 注释与资源

当针对大规模且具有挑战性的问题进行近似时，一个重要的问题是近似的对象是什么。在本章以及本书中，我们的观点是在强化学习中，近似的关键目标是价值（费用）和策略。根据这一观点，我们将强化学习方法归为值空间近似和策略空间近似这两大类。

值空间近似方法的结构涉及有限前瞻最小化，图 2.1.1和图 2.2.1中对此给出了说明。此外，在这些图中，已提到潜在的三个近似选项：

（a）展望费用函数近似（cost-to-go function approximation），即对于给定状态定义相应近似 Q 因子。

（b）简化期望值计算（simplification of expected values），即简化近似 Q 因子中涉及的期望值计算。

（c）简化 Q 因子最小化运算（simplification of the Q-factor minimization），即简化关于所有可行控制的 Q 因子的最小化运算。

这三种近似方法中的每一种都有几种候选方法。事实上，我们随后的大部分论述都围绕着以下两方面展开：其一是相关算法机制的发展；其二是如何对给定问题进行深入分析，从而就上述三方面的近似作出合理的选择。值得注意的是，以上三方面的近似在很大程度上彼此解耦，因此允许各个方面不同的近似算法彼此混合。

值空间近似的另一个选择也很重要，即使用一步还是多步前瞻最小化（以及是否尝试蒙特卡洛树搜索）。一个简单的实用指南是使用算力允许的最长前瞻。原因是，除了极个别特例，更长的前瞻通常会带来一些性能改进。然而，有选择地使用长前瞻可能也很重要。在执行在线前瞻最小化运算时，有选择地执行可能有助于合理分配计算资源。对国际象棋的相关分析有助于我们对这一方面的理解。国际象棋程序中使用长前瞻很有帮助；通常人们普遍认为，在处理高度动态的以及涉及主要路线的状况时需要较长的前瞻。这种现象与蒙特卡洛树搜索一致。它还表明，拓展某些重要状态的前瞻树可能是合理的选择。这些状态可能是最有潜力的（即根据中间计算结果，这些状态可能在执行最优控制时出现），或者涉及关键决定（需要作出后果"重大的"和/或"不可逆的"决定）。假设通过某些方式我们可以辨别这些状态（具体识别方法依问题而定），那么我们可以有选择地拓展这些状态的前瞻树和/或提高相应费用函数近似的质量[①]。

策略空间近似则是基于与值空间近似不同的思路：在限定的某一类参数化策略中进行优化。理解该类方法所需数学视角与动态规划的联系不那么紧密，因此本书对该类方法的讲解相对较少。然而，策略空间近似仍是一类重要方法，并在某些情况下更为适用，5.7 节中将给出相关说明。此外，正如我们在 2.1.5 节中提及的，策略空间近似还可以与值空间近似相结合，5.7 节将进一步探讨此类方法。

在 1.5 节中我们罗列了许多精确动态规划和近似动态规划/强化学习的教材与综述文章。在本节后续部分和其他类似的章末小节，我们将罗列更有指向性的、尽管可能不全面的特定主题的文献。

2.1 节、2.2 节：自动态规划研究早期以来，鉴于维数灾问题，研究者针对不同问题已采用了不同的值空间近似方法。相关思想之后经过重新表述，与源于 20 世纪 80 年代的人工智能领域的无模型仿真方法相结合。

2.3 节：问题近似方法在最优控制与运筹学研究中有悠久历史。作者所著的 [Ber17] 中 6.2.1 节就给出了在柔性制造与多臂老虎机问题中执行强制解耦的示例；参见 Kimemia 的论文 [Kim82]，Kimemia、Gershwin 和 Bertsekas 的文章 [KGB82]，以及 Whittle 的 [Whi88]。作者在 [Ber07] 中描述了另外几种基于约束松弛的方法。

2.4 节：获得比某个次优策略更好的策略是策略前展算法的主要思路。该想法已出现在多个动态规划应用场景中。策略前展所对应英文"rollout"（滚动）由 Tesauro 在文献 [TG96] 提出，指的是双陆棋中滚动筛子。在 Tesauro 提出的方法中，给定位置的好坏是根据其相应的"分数"来决定。通过使用仿真器，从当前位置出发"滚动出"（rolling：滚动；out：出来）许多盘对弈，并平均各局结果就可以得到该分数；参见例 2.4.3。对"rollout"这一术语的应用已逐渐超出其原有的释义；例如，某些作者把轨迹仿真中收集的样本称为"rollouts"。本书中，我们还是用 rollout（策略前展）这

---

① 作者的后续研究揭示了值空间近似方案之所以有效的原因，以及多步前瞻中较长的前瞻步数的优势。相关内容可查阅作者后续写的书籍《策略前展、策略迭代与分布式强化学习》《阿尔法零对最优模型预测自适应控制的启示》，以及论文 *Newton's Method for Reinforcement Learning and Model Predictive Control*。这些研究表明，一步前瞻策略的费用函数 $J_{k,\tilde{\pi}}$ 是以费用函数近似 $\tilde{J}_{k+1}$ 为初始条件（当采用 ℓ-步前瞻时，该函数还经过 $\ell-1$ 步动态规划迭代从而得到更好的初始条件），经过牛顿法的一步迭代得到的。该解读同样适用于第 4~6 章讲解的无穷阶段问题，同时表明截短策略前展具有类似的优势，即只需付出较小的计算量就可以增大前瞻的长度。

一术语来代表其最初的意思：给定某基本策略，通过蒙特卡洛仿真对其进行评价，并在此基础上实现策略改进。①

策略前展算法对确定性离散优化问题的应用、顺序一致性和顺序改进的概念、增强版策略前展，以及使用多个启发式（也称为"并行策略前展"）最早由 Bertsekas、Tsitsiklis 和 Wu 的文章 [BTW97]、Bertsekas 和 Tsitsiklis 所著的 [BT96]，以及 Bertsekas 的 [Ber98] 中提出。Bertsekas 的文章 [Ber97a]、[Ber05a]、[Ber05b]，以及 Bertsekas 和 Castanon 的文章 [BC99] 给出了适用于随机问题的策略前展算法的理论框架。作者的文章 [Ber19d] 介绍了一种策略前展算法变体。它适用于控制 u 中包含 m 个约束独立组分的情况，即控制为 $u = (u^1, \cdots, u^m)$。多智能体问题就是此类问题的代表。相较于类似规模的一般问题，当求解问题具有上述特定结构时，采用相应的策略前展算法变体能极大减小计算量。

2.4.3 节中介绍的基于专家的策略前展形式可能是本书最先给出的。但是，作者是受到所谓比较训练（comparison training）方法的启发提出这一形式。比较训练最先由 Tesauro 在文献 [Tes89b]、[Tes89a] 和 [Tes01] 中提出，并在后来被多位学者所应用（近期的相关综述见 [DNW16] 和 [CTWW19]）。比较训练的应用并不局限于策略前展。通过使用由专家选择的而非费用函数构成的数据集，该方法可用于训练近似架构，以便从两个备选项中做出选择。

现已有许多关于策略前展算法的研究与应用，参见 Secomandi 的 [Sec00]、[Sec01] 和 [Sec03]，Ferris 和 Voelker 的 [FV02] 和 [FV04]，McGovern、Moss 和 Barto 的 [MMB02]，Savagaonkar、Givan 和 Chong 的 [SCG02]，Bertsimas 和 Popescu 的 [BP03]，Guerriero 和 Mancini 的 [GM03]，Tu 和 Pattipati 的 [TP03]，Wu、Chong 和 Givan 的 [WCG03]，Chang、Givan 和 Chong 的 [CGC04]，Meloni、Pacciarelli 和 Pranzo 的 [MPP04]，Yan、Diaconis、Rusmevichientong 和 Roy 的 [YDRR04]，Besse 和 Chaib-draa 的 [BCd08]，Sun 等的 [SZLT08]，Bertazzi 等的 [BBGL13]，Sun 等的 [SLJ+12]，Tesauro 等的 [BL14]，Goodson、Thomas 和 Ohlmann 的 [GTO16]，Li 和 Womer 的 [LW15]，Mastin 和 Jaillet 的 [MJ15]，Huang、Jia 和 Guan 的 [HJG16]，Simroth、Holfeld 和 Brunsch 的 [SHB15]，Lan、Guan 和 Wu 的 [LGW16]，Ulmer 所著 [Ulm17]，Bertazzi 和 Secomandi 的 [BS18]，Guerriero、Di Puglia 和 Macrina 的 [GDPPM19]，Ulmer 等的 [UGMH19]，Chu、Xu 和 Li 的 [CXL19]。作者最近的综述文章 [Ber13] 罗列了策略前展在离散优化中的应用。这些文章讨论了策略前展算法的各种变体，以及针对大量实际问题而做出的各种调整。它们给出的结果一再表明策略前展算法在实际应用中的良好表现。

Tesauro 和 Galperin 在文献 [TG96] 中采用策略前展来解决双陆棋问题，其方法包含了采用有限策略前瞻、对前瞻树的自适应修剪、截短策略前展并在其后采用费用函数近似等元素。在此之前，Abramson 在关于游戏的文章 [Abr90] 中已提出了类似想法。

由 Chang、Hu、Fu 和 Marcus 的文章 [CFHM05]，以及 2007 年出版的专著 [CHFM13] 的第 1 版中首次提出并分析了与动态规划相关的自适应采样，以及包含了对控制和采样进行统计测试的蒙特卡洛树搜索的雏形。当前，"蒙特卡洛树搜索"（参见 2.4.2 节）这一术语已非常流行，且其现有形式涉及多种元素，包括自适应采样、策略前展、顺序博弈的拓展和对各种统计测试的应用与分析。关于相关方法，我们推荐 Coulom 的文章 [Cou07]，由 Browne 等所写的综述 [BPW+12]，以及 Chang 等的 [CFHM16] 和 Fu 的 [Fu17] 中的相关讨论。自适应采样的统计测试的发展受到多臂老虎机问题

---

① 在译本中，我们把 "rollout" 这一方法翻译为"策略前展"，意指其将基本策略作用下的系统轨迹以仿真的形式"向前展开"。相应的 "rollout policy" 我们则称为"前展策略"。——译者注

研究的影响；见 Lai 与 Robbins 的 [LR85]，Agrawal 的 [Agr95]，Burnetas 和 Katehakis 的 [BK97]，Meuleau 与 Bourgine 的 [MB99]，Auer、Cesa-Bianchi 和 Fischer 的 [ACBF02]，Peret 与 Garcia 的 [PG04]，Kocsis 和 Szepesvari 的 [KS06]，Dimitrakakis 和 Lagoudakis 的 [DL08]，Audibert、Munos 和 Szepesvari 的 [AMS09] 等相关文章，以及由 Munos 所著的专著 [Mun14]。计算 Q 因子差值时减小方差的技术（2.4.2 节）由作者在 [Ber97a] 中提出。

当遇到不完整状态信息问题时，在将其转化为关于置信空间的完整状态信息问题后，策略前展算法同样适用。尽管与用于一般完整信息问题相比，此时的算法所需的计算量要大得多，但至少依旧是可行的。后续的 5.7.3 节将在无穷阶段问题及策略迭代的情境下讨论其他一些可能，包括使用截短前展、费用函数近似和并行运算。

2.5 节：模型预测控制在许多控制系统设计问题中都很流行，尤其是针对化学反应过程和机器人的控制，因为在这些情境中，满足状态与控制约束很重要。然而，该方法需要使用数学模型，且相较于随机问题，它更适用于确定性问题。

关于模型预测控制的文献极多。Morari 和 Lee 的综述 [ML99] 提及了许多相关早期文献，近期的综述可见 Mayne 的 [May14]。相关教材包括 Maciejowski 的 [Mac02]，以及 Camacho 和 Bordons 所著的 [CA04]。近期教材包括 Kouvaritakis 和 Cannon 的 [KC16]，Borelli、Bemporad 和 Morari 所著的 [BBM17]，以及由 Rawlings、Mayne 和 Diehl 所著 [RMD17]，它们一起提供了关于该领域广泛而全面的讲解。

作者在 [Ber05a] 中第一次将模型预测控制解读为策略前展算法，从而提供了一种关于模型预测控制的次优控制的视角，及其与强化学习方法的联系。本书中的稳定性分析基于 Keerthi 和 Gilbert 的文章 [KG88]。Krener 最近的文章 [Kre19] 讨论了估计最优费用函数并将其用作终止费用函数近似的方法，以期在保证稳定性的前提下，使模型预测控制的前瞻尽可能小。一般来说，任何通过问题近似方法得到的"好的"最优展望费用的估计都可能用在模型预测控制和策略前展中作为终止费用函数近似。然而，要证明由此得到的闭环系统的稳定性则需要相应费用函数近似具有顺序改进性质（在控制文献中，该条件也被称作"李雅普诺夫条件"）。

我们对模型预测控制的讲解主要着眼于涉及状态与控制约束的确定性问题。同时涉及随机不确定性和状态约束的问题更困难，这主要由于在此情况下保证满足状态约束并不容易；见 Mayne 的综述 [May14] 中提及的此情况下所用的多种方法。教材 [Ber17] 的 6.4 节介绍了模型预测控制用于处理存在不确定量和状态约束的问题，其中的不确定量属于已知集合。该方法所采用的目标管道和可达性等概念源于作者的博士论文 [Ber71]，以及相关文章 [Ber72]、[BR71] 和 [BR73]。目标管道的概念后来被多位学者用于模型预测控制及其他情境中，见 Blanchini 的 [Bla99] 和 Mayne 的 [May14]。Mitchell、Bayen 和 Tomlin 在 [MBT05] 中研究了连续时间博弈问题的可达性。Chapman 等在近期的文章 [CLT$^+$19] 中给出了基于所谓条件风险价值（conditional value-at-risk，CVaR）的研究可达性的另一种方法。

部分状态信息问题对模型预测控制提出了相当大的挑战。如果问题涉及连续控制空间，一种处理方式是将模型预测控制与确定性等价相结合，即如 2.3.2 节所述，在计算过程中用状态的估计值来代替其精确值。对于涉及有限状态与控制空间的部分可观测马尔可夫问题（POMDP），本书中给出的模型预测控制算法并不直接适用。然而，策略前展一般适用于此类问题并会给出一个至少是可行的次优解，5.7.3 节将讨论该方法。

第 3 章 参数化近似

显然，要使值空间近似方法取得成功，选择适用于当前问题的一族前瞻函数 $\tilde{J}_k$ 很重要。在前一章中，我们介绍的选取 $\tilde{J}_k$ 的方法主要是基于问题近似和策略前展。本章将讲解一类不同的方法，即从一族参数化的函数（比如神经网络）中选取 $\tilde{J}_k$，其参数取值则是通过“优化”或“训练”而得到。这些用于值空间参数化近似的训练方法还可用于策略空间近似的相关训练中，3.5 节将会介绍相关内容。

3.1 近似架构

为介绍本章内容，首先需要引入一族函数 $\tilde{J}_k(x_k, r_k)$。对于每个 k，该函数的取值取决于当前状态 x_k 以及向量 r_k。其中 $r_k = (r_{1,k}, \cdots, r_{m_k,k})$ 由 m_k 个“可调的”标量参数构成，而这些参数也被称为权重（weights）。通过调整这些权重，我们就可以调整 $\tilde{J}_k(x_k, r_k)$ 的“形状”，从而使它较好地近似真实的最优展望费用函数 J^*。我们称一族函数 $\tilde{J}_k(x_k, r_k)$ 为一个近似架构（approximation architecture），而选择参数向量 r_k 的过程则通常被称为对该架构的训练（training）或调参（tuning）。

最简单的训练方法是在参数向量空间中进行某种形式的半穷举和半随机搜索，将所得不同参数对应的函数作为终止费用近似，从而得到相应的一步前瞻控制器。最后（根据某些标准）选出性能最好的控制器，其相应参数即为训练所得。更系统的训练方法则是基于数值优化，例如，最小二乘拟合，旨在将架构产生的费用近似值与“训练集”相匹配。在此过程中，所需的训练集可以是通过某种采样方式获得的大量的状态费用对。本章将重点关注后一类方法。

3.1.1 基于特征的线性与非线性参数架构

文献中有多种不同的近似架构，例如基于多项式、小波、径向基函数、离散化/插值方案、神经网络等不同类型。其中特别值得关注的费用函数近似涉及特征提取（feature extraction），即将状态 x_k 映射到某向量 $\phi_k(x_k)$ 的过程。该向量被称为 k 时刻关于状态 x_k 的特征向量（feature vector），其由标量组分

$$\phi_{1,k}(x_k), \cdots, \phi_{m_k,k}(x_k)$$

构成，其中每个组分则被称为特征（features）。基于特征的费用函数近似可表示为

$$\tilde{J}_k(x_k, r_k) = \hat{J}_k\big(\phi_k(x_k), r_k\big)$$

其中，r_k 是参数向量，$\hat{J}_k$ 是某函数。因此，费用函数近似的值通过特征 $\phi_k(x_k)$ 而间接依赖于状态 x_k。

注意到，我们允许每个阶段 k 都有其独立的特征 $\phi_k(x_k)$ 和参数向量 r_k，这对于处理非稳态问题（例如状态空间随时间变化的问题）是很有必要的，且能够有效处理靠近视界末端时带来的影响。另外，在处理状态空间不随阶段变化且有很多或无穷阶段的稳态问题时，所有阶段共用同样的特征与参数也是常见做法。后续介绍的方法经过简单调整就可用于此类无穷阶段问题。

特征通常是基于现有的人类智慧、洞察和经验而人工制作的，旨在捕捉当前状态的最重要的特性。我们将在稍后讨论一些系统的构建特征的方法，其中包括如何运用数据和神经网络。本节有选择地对多种架构作简要讨论，更详细的讲解可见专门文献（例如，Bertsekas 和 Tsitsiklis 的 [BT96]，Bishop 的 [Bis95]，Haykin 的 [Hay08]，Sutton 和 Barto 的 [SB18]），以及作者所著 [Ber12a] 的 6.1.1 节。

使用特征背后的一个想法是最优展望费用函数 J_k^* 可能是复杂的非线性映射，因此一种明智的选择是将其复杂性分解为一些更小、更简单的部分。具体来说，如果特征包含了 J_k^* 的大部分非线性信息，那么我们就可以使用相对简单的架构 $\hat{J}_k$ 来近似函数 J_k^*。例如，对于高质量的特征向量 $\phi_k(x_k)$，线性 (linearly) 加权通常就能得到好的展望费用近似，即

$$\tilde{J}_k(x_k, r_k) = \hat{J}_k\big(\phi_k(x_k), r_k\big) = \sum_{\ell=1}^{m_k} r_{\ell,k} \phi_{\ell,k}(x_k) = r_k' \phi_k(x_k) \tag{3.1}$$

其中，$r_{\ell,k}$ 和 $\phi_{\ell,k}(x_k)$ 分别表示 r_k 和 $\phi_k(x_k)$ 的第 ℓ 个组分，$r_k'\phi_k(x_k)$ 则表示两个 $\Re^{m_k}$ 维列向量的内积（角分符号表示转置，因此 r_k' 是行向量），见图 3.1.1。

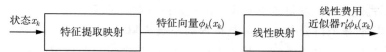

图 3.1.1　基于特征的线性架构的图示。特征提取映射生成的 $\phi_k(x_k)$ 被用作线性映射的输入，而线性映射则由权重向量 r_k 定义。

这就是基于特征的线性架构（linear feature-based architecture），而标量参数 $r_{\ell,k}$ 则被称为权重（weight）。相较与之对应的非线性架构，线性架构的优点之一是其训练算法更简单。从数学上讲，我们可以认为近似函数属于由特征函数 $\phi_{\ell,k}$，$\ell = 1, \cdots, m_k$ 张成的子空间。鉴于此，特征也被称为基函数（basis functions）。以下我们给出几个例子。为了表述方便，其中符号将省去角标 k。

例 3.1.1（分段常数近似）　假设状态空间被分割为若干子集 $S_1, \cdots, S_m$，从而使任意状态都属于其中唯一的子集。我们定义第 ℓ 个特征为关于集合 S_ℓ 的从属关系，即

$$\phi_\ell(x) = \begin{cases} 1, & x \in S_\ell \\ 0, & x \notin S_\ell \end{cases}$$

现考虑架构

$$\tilde{J}(x, r) = \sum_{\ell=1}^{m} r_\ell \phi_\ell(x)$$

其中，r 是由 m 个标量 $r_1, \cdots, r_m$ 构成的向量。那么可以看出，$\tilde{J}(x, r)$ 是在集合 S_ℓ 内取值均为 r_ℓ 的分段常数函数，见图 3.1.2。

上述分段常数近似属于仅涉及局部特征（local features）的基于特征的近似架构。局部特征只在状态空间的一个相对小的子集上取非零值。因此改变单一权重的取值只会影响少数状态 x 的 $\tilde{J}(x, r)$。与之相对的另一类基于特征的近似架构则仅涉及全局特征（global features）。对于该类特征，大量状态的相应特征值都非零。以下便是一例。

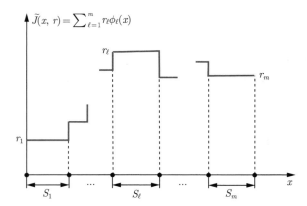

图 3.1.2　分段常数函数图示。状态空间被分为子集 $S_1, \cdots, S_m$，其中，每一个子集都定义特征

$$\phi_\ell(x) = \begin{cases} 1, & x \in S_\ell \\ 0, & x \notin S_\ell \end{cases}$$

且其对应权重为 r_ℓ。

　　例 3.1.2（多项式近似）　采用多项式作基函数是线性架构中重要的一类。假定状态中含有 n 个组分 $x^1, \cdots, x^n$，其中每个组分都从一定范围内的整数中取值。例如，在排队系统中，x^i 可代表第 i 队中等候的顾客数量。假设我们想用关于组分 x^i 的二次型作为近似函数。那么对于状态 $x = (x^1, \cdots, x^n)$，可以通过

$$\phi_0(x) = 1, \quad \phi_i(x) = x^i, \quad \phi_{ij}(x) = x^i x^j, \ i, j = 1, \cdots, n$$

得到 $1 + n + n^2$ 个基函数。基于这些函数的一个线性架构即为

$$\tilde{J}(x, r) = r_0 + \sum_{i=1}^n r_i x^i + \sum_{i=1}^n \sum_{j=1}^n r_{ij} x^i x^j$$

其中，参数向量 r 包含组分 r_0、r_i 和 r_{ij}，$i, j = 1, \cdots, n$。事实上，任何由关于组分 $x^1, \cdots, x^n$ 的多项式构成的近似函数都可以通过上述方式构造出来。

　　更一般的多项式近似则可基于其他已知的状态特征。例如，以特征向量

$$\phi(x) = \big(\phi_1(x), \cdots, \phi_m(x)\big)'$$

作为出发点，然后将其转换为二次型多项式映射。通过这种方式，就得到了形如

$$\tilde{J}(x, r) = r_0 + \sum_{i=1}^m r_i \phi_i(x) + \sum_{i=1}^m \sum_{j=1}^m r_{ij} \phi_i(x) \phi_j(x)$$

的近似函数，其中参数向量 r 含有组分 r_0、r_i 和 r_{ij}，$i, j = 1, \cdots, m$。当然，上述近似也可被视为采用基函数

$$w_0(x) = 1, \quad w_i(x) = \phi_i(x), \quad w_{ij}(x) = \phi_i(x) \phi_j(x), \ i, j = 1, \cdots, m$$

的线性架构。

前面示例给出的是通用架构，因为它们可用于多种不同类型的问题。其他的架构则依赖于人们对特定问题的洞察来构建特征，然后将其组合成一个相对简单的架构。下面是两个涉及游戏的例子。

例 3.1.3（俄罗斯方块） 让我们重温一下在例 1.3.4 中讨论过的俄罗斯方块游戏。我们可以将寻找最优游戏策略的问题建模为具有非常多阶段的有限阶段问题。

在例 1.3.4 中，游戏区域的布局 x 和当前下落块 y 的形状一起构成了状态，而应用于下落板块的水平定位和旋转则被视为控制。可是，动态规划算法只能在 x 的空间上执行，因为 y 是一个不可控的状态组分，参见 1.3.5 节。该问题的最优费用函数是一个维数巨大的向量（宽度为 10 和高度为 20 的"标准"俄罗斯方块界面有 2^{200} 个界面布局）。但是，实践中人们已经成功地通过低维线性架构来近似最优费用函数。

具体来说，文献 [BI96] 中提出了如下特征：列的高度、相邻列的高度差、墙高（列高度的最大值）、板块中的孔数以及常数 1（在费用函数近似架构中常常把单位值作为一个特征，以便对近似费用函数进行整体平移）。俄罗斯方块的玩家很容易看出，上述特征捕捉到了板块布局的重要特定。[①]对于具有 10 列的标准界面，该方法采用了 22 个特征。当然，对应于这些特征的、规模为 $2^{200} \times 22$ 的矩阵并不能直接保存在计算机中。但是，给定任意布局，可以很容易生成其特征行，而这对于实施相应的动态规划算法就足够了。关于近期涉及近似动态规划的方法和前述 22 个特征的相关工作，读者可参阅文献 [Sch13]、[GGS13] 和 [SGG⁺15]，以及其中索引的相关文献。

例 3.1.4（国际象棋程序） 采用了基于特征架构的国际象棋程序已经问世多年，并且仍被广泛使用（它们在 21 世纪初被另一类国际象棋程序抢了风头，后者采用的神经网络技术我们将在后续加以说明）。这些程序采用了针对极小极大问题的近似动态规划、[②]基于特征的参数化近似架构以及多步前瞻等技术。然而在很大程度上，国际象棋程序的训练方法与本书中考虑的参数化近似方法有质的区别。

具体来说，除了极个别例外，国际象棋程序的训练多采用特定的手工调参方式（而非某种形式的优化）。此外，这些特征传统上是基于国际象棋特定知识人工设计的（而非通过神经网络或其他方法自动生成）。事实上，长期以来人们一直认为，国际象棋程序能打败最强的人类棋手主要归功于它们使用的长前瞻和现代计算机所具有的极强的运算蛮力，而不是通过算法学到了人类难以构思或执行的强大游戏策略。因此，当采用近似动态规划求解国际象棋问题时，人们通常假设有充足的计算资源，但创新或复杂的算法却并不适用。然而，随着 AlphaZero 国际象棋程序取得令人瞩目的成功（Silver 等的 [SHS⁺17]），这种评估发生了根本性的变化。

现在所有国际象棋程序所基于的根本原则都源自 Shannon 的 [Sha50]。他提出了有限前瞻以及通过"评分函数"（在我们的术语中，这个函数扮演了费用函数近似的角色）来对前瞻末的棋局进行评估的方法。这样的评分函数可以通过多种方式构造。例如，我们可以先找出一组容易识别的棋局的主要特征（如子力平衡、机动性、兵形，以及其他影响棋局的因素）。给定棋局位置后，评分函数能给出与之对应的所有特征的数值分数，并通过某种方式将这些值结合起来从而得到一个分数。Shannon 接着还描述了针对不同走法的多步前瞻树进行的穷举或选择性搜索的方法。

---

① [TVR96b] 一文首次采用了基于特征的近似动态规划方法来求解俄罗斯方块问题，其中只采用了两个特征（除常数 1 以外）：墙高和板块中的孔数。大多数相关研究都采用了此处罗列的 [BI96] 中的特征。但有些研究也采用了不同的特征；见 [TS09]，以及 [GGS13] 中的相关讨论。

② 到目前为止，我们并未探讨用于极小极大问题和双人游戏的动态规划算法，但是值空间近似的相关思想也适用于此类问题；参见 [Ber17] 中针对国际象棋程序的讨论。

我们可以将评分函数视为评估国际象棋位置/状态的基于特征的架构（参见图 3.1.3）。在大多数计算机国际象棋程序中，特征是线性加权的，即用于有限前瞻的架构 $\tilde{J}(x,r)$ 是线性的 [参见式 (3.1)]。在许多情况下，这些权重是手动确定的，即通过反复试验来得到。然而，在某些程序中，权重是基于大师下棋的示例利用监督学习技术确定的，即通过调整权重使程序尽可能模仿国际象棋大师。这种技术在人工智能领域应用更为广泛，参见 Tesauro 的 [Tes89a]、[Tes01]。

图 3.1.3 适用于国际象棋程序的基于特征的架构

最近的国际象棋程序的重大突破完全抛弃了通过人类专业知识提取棋局特征的思路，转而通过自我对弈和使用神经网络来发现特征。此类程序中，超越人类棋手且能打败基于人工构造特征的国际象棋程序的第一例就是 AlphaZero（Silver 等的 [SHS+17]）。该程序基于策略迭代的动态规划原理和蒙特卡洛树搜索。稍后我们将进一步讨论这些技术。

下一个示例涉及特征构建的方法，其中特征的数量可能会随着收集到更多数据而增加。作为这种情况的一个简单例子，读者可以考虑例 3.1.1 的分段常数近似，此时我们要求随着数据的增多而逐渐添加新的分段。

例 3.1.5（从数据中提取特征） 特征 $\phi(x)$ 作为关于 x 的函数，可以基于与目标费用函数相关的先验知识构造出来。这是到目前为止我们对特征的认识。但另外，特征也可以从数据中提取。例如，经过基于数据的初步运算，我们先辨别出一些合适的状态 $x(\ell)$，$\ell = 1, \cdots, m$。然后，以这些状态作"锚"，就可以构造出形如

$$\phi_\ell(x) = \mathrm{e}^{-\frac{\|x-x(\ell)\|^2}{2\sigma^2}}, \quad \ell = 1, \cdots, m \tag{3.2}$$

的高斯基函数。其中，σ 是标量的"方差"参数。这种类型的函数也被称为径向基函数核（radial basis function kernel）。它的取值聚集在 $x(\ell)$ 附近，并通过标量权重 r_ℓ 结合起来，构成参数化的、基于特征的线性结构。相关权重可利用额外数据经过训练得到。在机器学习领域中，还有多种基于数据的基函数，例如支持向量机。它们在机器学习中被统称为核（kernels）。

采用上述基函数的一种近似方案是先通过初步计算来得到式(3.2)中的锚 $x(\ell)$，然后利用额外的数据进行训练。另一种方案则是在训练的同时增多基函数的量。此时，基函数的数量伴随收集数据的过程而增加。采用该方案的原因是近似质量可能随着基函数的增多而提高。这一思想奠定了机器学习中一类方案的基础。此类方法就是核方法(kernel methods)，有时也被称为非参数方法(nonparametric methods)。

对该类方法更进一步的讨论超出了我们的讲解范围。感兴趣的读者可以参阅 Cristianini 和 Shawe-Tylor 的 [CST+00] 和 [ShC04]，Scholkopf 和 Smola 的 [STC+04]，Bishop 的 [Bis06] 以及 Kung 的 [Kun14] 等书籍。相关综述文章包括 Hofmann、Scholkopf 和 Smola 的 [HSS08]，还有 Pillonetto 等的 [PDC+14]。与强化学习相关的讨论可见 Dieterich 和 Wang 的 [DW01]，Ormoneit

和 Sen 的 [OS02]，Engel、Mannor 和 Meir 的 [EMM05]，Jung 和 Polani 的 [JP07]，Reisinger、Stone 和 Miikkulainen 的 [RSM08]，Busoniu 等的 [BBDSE17] 以及 Bethke 的 [Bet10]。在下文中，我们将专注于给定特征向量且特征向量固定的参数化架构。

下面例子中介绍的特征提取方法特别适用于部分状态信息问题。

例 3.1.6（从充分统计量中提取特征）　充分统计量这一概念源于推理方法，并在动态规划中扮演重要角色。正如 1.3 节所述，充分统计量指的是能把状态 x_k 中关于 k 时刻控制选择的所有重要信息都总结在内的量。

具体来说，假设求解某部分信息问题。在 k 时刻，我们收集到信息（information）记录 [也称为过往历史（past history）] 如下：

$$I_k = (z_0, \cdots, z_k, u_0, \cdots, u_{k-1})$$

其中包括了以往的控制 $u_0, \cdots, u_{k-1}$ 和从时刻 $0, \cdots, k$ 得到的与状态相关的观测值 $z_0, \cdots, z_k$。控制 u_k 的选择只能依赖于 I_k，且最优策略是形如 $\{\mu_0^*(I_0), \cdots, \mu_{N-1}^*(I_{N-1})\}$ 的序列。那么，如果存在函数 $S_k(I_k)$ 使得策略 μ_k^* 完全通过 $S_k(I_k)$ 而间接依赖于 I_k，即存在另一函数 $\hat{\mu}_k$，满足

$$\mu_k^*(I_k) = \hat{\mu}_k\big(S_k(I_k)\big)$$

那么我们称 $S_k(I_k)$ 为 k 时刻的充分统计量。

文献中有多种充分统计量，其具体形式依问题而定。最简单的例子就是直接把 I_k 作为充分统计量，而更复杂的一个例子则是置信状态 b_k（即给定 I_k 后 x_k 的条件概率分布）。对 b_k 作为充分统计量的数学证明以及其他相关的进一步讨论，读者可见 [Ber17] 的第 4 章。相关问题更高等的数学理论可见 [BS78] 的第 10 章。

鉴于充分统计量中蕴含了与控制选择有关的所有信息，一个显然的近似方法即引入与充分统计量相关的特征，并训练得到相应的近似架构。相关的好特征可能包括 I_k 的特殊信息（如是否发生了类似"警报"的特殊事件），或部分历史（I_k 中最近 m 个观测和控制，或者基于所谓的"有限状态控制"的、更为复杂的版本。后者的形式最早在 White 的 [Whi91] 以及 White 和 Scherer 的 [WIS94] 中提出，后续相关研究还包括 Hansen 的 [Han98]，Kaelbling、Littman 和 Cassandra 的 [KLC98]，Meuleau 等的 [MPKK99]，Poupart 和 Boutilier 的 [PB03]，Yu 和 Bertsekas 的 [YB08]，Saldi、Yuksel 和 Linder 的 [SYL17]）。当置信状态 b_k 被用作充分统计量时，好的特征可能包括基于 b_k 的点估计、相应的方差以及其他的容易从 b_k 中提取的量（如简化版和确定性等价版的 b_k）。

令人遗憾的是，在许多情况下已知的特征并不足以解决问题。此时拥有能够自动构造特征的方法，从而对现有特征形成补充就尤为重要。事实上，有一些架构并不依赖于人们对好的特征的知识，我们在例 3.1.5 中提到的核方法就属于此类。另一个非常流行的此类架构是神经网络（neural networks），我们将在 3.2 节中讲解。一些此类架构的训练过程能在构造特征 $\phi_k(x_k)$ 的同时获得对特征加权的参数向量 r_k。

3.1.2　训练线性与非线性架构

本节将讨论如何选择参数架构 $\tilde{J}(x, r)$ 的参数向量 r。该过程通常被称为训练（training）。最常见的训练方法是基于最小二乘优化，也称为最小二乘回归（least squares regression）。该方法首先

得到由许多状态费用对 (x^s, β^s)，$s = 1, \cdots, q$，构成的集合就是训练集（training set）。然后通过求解

$$\min_r \sum_{s=1}^{q} \left(\tilde{J}(x^s, r) - \beta^s \right)^2 \tag{3.3}$$

来得到 r。因此，所选的 r 能最小化样本费用 β^s 与架构预测费用 $\tilde{J}(x^s, r)$ 之差的平方和。在此过程中，我们期望用 $\tilde{J}(\cdot, r)$ 来近似某个 "目标" 费用函数 J，而样本费用 β^s 就是 $J(x^s)$ 与可能存在的误差或 "噪声" 的和。

训练问题式(3.3)的费用函数通常是非凸的，这给求解带来了挑战，因为此时可能有多个局部最小值点。然而，对于线性架构，其训练问题的费用函数则是凸的二次型，且该问题有解析解。具体来说，对于线性架构 $\tilde{J}(x, r) = r'\phi(x)$，上述训练问题就变成

$$\min_r \sum_{s=1}^{q} \left(r'\phi(x^s) - \beta^s \right)^2$$

通过将该二次型的梯度设为 0，得到

$$\sum_{s=1}^{q} \phi(x^s) \left(r'\phi(x^s) - \beta^s \right) = 0$$

即

$$\sum_{s=1}^{q} \phi(x^s)\phi(x^s)'r = \sum_{s=1}^{q} \phi(x^s)\beta^s$$

然后对相关矩阵取逆，得到最优参数向量

$$\hat{r} = \left(\sum_{s=1}^{q} \phi(x^s)\phi(x^s)' \right)^{-1} \sum_{s=1}^{q} \phi(x^s)\beta^s \tag{3.4}$$

如果上述矩阵的逆不存在，那么我们可以在目标函数中加入一个关于 r 的二次型，即所谓正则（regularization）函数。它除了能处理上述逆不存在的问题，还有助于解决我们后续提到的其他一些困难。我们也可以采用一种奇异值分解的方法来处理矩阵逆的相关问题，见文献 [BT96] 的 3.2.2 节。

因此，线性架构的重要优点是可以通过式(3.4)准确方便地解决训练问题（当然它也可以通过任何其他适用于线性最小二乘问题的算法来解决）。相比之下，如果我们使用非线性架构，例如神经网络，则相关的最小二乘问题不是二次型的，是非凸的。尽管如此，通过将特殊梯度算法 [即增量（incremental）算法] 的精巧实现和强大的计算资源相结合，神经网络方法在实践中取得了成功，3.2 节将讨论相关技术。

3.1.3 增量梯度与牛顿法

本节暂不考虑特征选择的问题，而是在假设参数化架构对参数向量可微的前提下，探讨求解最小二乘训练问题式(3.3)的特殊方法。该类方法可被看作非线性规划和迭代算法领域的一个课题，因此

可独立于本书的近似动态规划学习此类算法。已经对该主题有所了解的读者可以跳到下一部分，稍后根据需要再返回本节查阅。

　　增量方法具有丰富的理论，本节中只给出简短的介绍，主要侧重于实现方法和直观解读。本章末罗列的综述和参考文献中有关于该方法的更详细的介绍。特别是，神经元动态规划专著 [BT96] 包含了对确定性和随机训练问题的收敛性分析，而作者的非线性规划专著 [Ber16a] 则包含了对增量方法的详细说明。由于我们想要涵盖比特定最小二乘训练问题式(3.3)更普遍的问题，因此我们将采用非线性规划中标准的、更一般的公式和符号。

增量梯度法

　　现考虑最小化一些组分函数之和

$$f(y) = \sum_{i=1}^{m} f_i(y) \tag{3.5}$$

其中每个 f_i 都是关于 n 维向量 y 的可微标量函数。显然，训练问题式(3.3)是上述问题的一个特例。式(3.5)中的 y 就对应于训练问题中的参数向量 r，m 则对应于样本数 q。训练问题中的二次型 $\left(\tilde{J}(x^s, r) - \beta^s\right)^2$ 则是 $f_i(y)$ 的特例。

　　针对问题式(3.5)，（普通）梯度法从函数式(3.5)最小值点的一个初始猜测 y^0 开始，生成迭代序列 $\{y^k\}$，从而最小化目标函数 f。迭代公式为[1]

$$y^{k+1} = y^k - \gamma^k \nabla f(y^k) = y^k - \gamma^k \sum_{i=1}^{m} \nabla f_i(y^k) \tag{3.6}$$

其中，γ^k 是正的步长参数。增量梯度法与普通梯度法类似，区别在于增量梯度法在每一步迭代时只使用 f 中一个组分的梯度。增量梯度法的一般迭代公式为

$$y^{k+1} = y^k - \gamma^k \nabla f_{i_k}(y^k) \tag{3.7}$$

其中，i_k 是根据某确定性或随机规则从集合 $\{1, \cdots, m\}$ 中选出的组分函数索引。因此，在第 k 步迭代中，只用了单一组分函数 f_{i_k}。相比普通的梯度法式(3.6)，该方法能极大地减小梯度相关的计算量，且在 m 很大时效果尤为显著。

　　选取第 k 步时的组分索引 i_k 的方法对增量梯度法表现的好坏非常重要。常见的三种选择方式为

　　（1）循环顺序（cyclic order）：最简单的规则，即根据固定的确定性顺序 $1, \cdots, m$ 来选择索引。因此，i_k 就等于（k 模除 m）加 1。m 个迭代

$$f_1, \cdots, f_m$$

按编号顺序依次出现一次，其构成的连续迭代块就是一个循环（cycle）。

　　（2）均匀随机顺序（uniform random order）：其中索引 i_k 从关于所有编号的均匀分布中随机采样生成，且每步采样都独立于过往采样历史。在某些情况下，采用这一规则可能比用循环规则好。

---

[1] 我们采用微积分中标准的梯度符号；见 [Ber16a] 的附录 A。具体来说，$\nabla f(y)$ 表示一个 n 维向量，其组分是 f 对向量 y 中各组分 $y_1, \cdots, y_n$ 的一阶偏导 $\partial f(y)/\partial y_i$。

（3）含随机再排序的循环顺序（cyclic order with random reshuffling）：在其中每个循环中，依次选择组分。但是，各组分顺序在不同循环中随机生成（且独立于过往历史）。该规则在实践中应用广泛，特别是当组分数目不大不小的时候。我们在后续会说明相关原因。

值得注意的是，在采用循环规则时，保证每个循环中包括所有组分是很关键的，否则有些组分比另一些组分出现次数多，从而在收敛过程中引入偏差。类似地，在采用随机规则时，依照关于所有组分的均匀分布也很必要。

我们暂时只关注循环规则的情况（是否存在随机再排序不影响后续讨论），不难发现，采用增量梯度法的主要动因是为了更快的收敛性：我们希望在远离最优点时，执行一个循环的增量迭代与执行几步（或多达 m 步）普通梯度法一样有效（例如当组分函数 f_i 结构类似时）。然而当靠近解时，增量方法就不如普通方法有效了。

更具体地说，在比较增量与非增量方法时，有两方面互为补充的性能指标需要考虑：

（a）远离收敛区的进度。此时增量法可能快得多。作为此种情况的特例，读者可考虑 m 取很大的值而所有组分 f_i 都相同的情况。那么此时相较于经典的梯度迭代，增量法只需要 m 分之一的计算量，且通过将普通梯度法的步长增大 m 倍，就能给出与普通方法完全一致的结果。尽管这只是个极端情况，但它反映了增量法可能远优于普通方法的根本机制：当远离最小值点时，单一组分的梯度在大多数情况下都会"或多或少"指向正确的方向，见后续例子。

（b）靠近收敛区的进度。此时增量法可能比普通方法差。具体来说，我们可以证明在合理的假设下，采用常数步长的普通梯度法(3.6)会收敛，见文献 [Ber16a] 的第 1 章。然而，增量法收敛则需要递减步长，且最终收敛速度也可能慢得多。

我们通过下面的例子来说明此类情况。

例 3.1.7 *假设上述的 y 是标量，而相应问题是*[①]

$$\text{minimize} \quad f(y) = \frac{1}{2}\sum_{i=1}^{m}(c_i y - b_i)^2$$

$$\text{subject to} \quad y \in \Re$$

其中，c_i 和 b_i 是给定标量，且对所有 i 都有 $c_i \neq 0$。对于单个组分 $f_i(y) = \frac{1}{2}(c_i y - b_i)^2$，取得最小值的点是

$$y_i^* = \frac{b_i}{c_i}$$

而二次型费用函数 f 的最小值点则是

$$y^* = \frac{\sum\limits_{i=1}^{m} c_i b_i}{\sum\limits_{i=1}^{m} c_i^2}$$

可以看出，y^* 处于组分最小值点构成的区域

$$R = \left[\min_i y_i^*, \max_i y_i^*\right]$$

───────────────────

① 下列问题中，"minimize" 表示"最小化"，"subject to" 则表示"约束条件为"。——译者注

之内，且对于所有在区域 R 之外的 y，梯度

$$\nabla f_i(y) = c_i(c_i y - b_i)$$

与 $\nabla f(y)$ 的正负号相同（见图 3.1.4）。因此，当处于区域 R 之外时，在步长 γ^k 足够小的前提下，增量梯度法

$$y^{k+1} = y^k - \gamma^k c_{i_k}(c_{i_k} y^k - b_{i_k})$$

生成的序列逐步靠近 y^*。事实上，可以证明，我们只需要求步长满足

$$\gamma^k \leqslant \min_i \frac{1}{c_i^2}$$

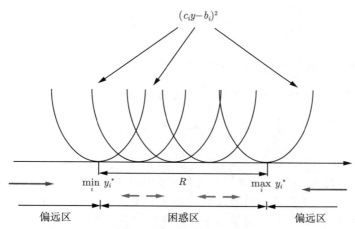

图 3.1.4　当远离最优点时增量法的优势。图中组分最小值所在的区域

$$R = \left[\min_i y_i^*, \max_i y_i^* \right]$$

标注为"困惑区"。当处于这一区域时，增量法找不到明确的指向最优点的方向。在增量梯度的一个循环中，第 i 步的梯度方向是为了最小化 $(c_i y - b_i)^2$。因此，如果 y 处于组分最小区域 $R = \left[\min_i y_i^*, \max_i y_i^* \right]$ 之外（即图中标注的"偏远区"），且步长足够小，那么迭代变量便会朝着最优点 y^* 移动。

　　然而，当 y 处于区域 R 之内时，增量梯度法的第 i 步也许并不能带来任何进展。只有在当前点 y^k 不处于连接 y_i^* 和 y^* 的区间内（且步长 γ^k 足够小）时，通过迭代才能更靠近 y^*，这就造成了增量法在区域 R 内振荡的现象。因此，除非 $\gamma^k \to 0$，否则增量梯度法通常不会收敛到 y^*。与之相比，我们可以证明采用迭代公式

$$y^{k+1} = y^k - \gamma^k \sum_{i=1}^{m} c_i(c_i y^k - b_i)$$

的普通梯度法，对于任意满足

$$0 < \gamma \leqslant \frac{1}{\sum_{i=1}^{m} c_i^2}$$

的常数步长 γ 都会收敛到 y^*。然而，当 y 处于区域 R 之外时，普通梯度法一步迭代不一定比增量梯度法的一步带来更多的进展。换句话说，当采用适当放缩的步长时，从远离解的区域（R 之外）出发，对所有组分函数执行一步增量梯度迭代与执行 m 步普通梯度法大致一样有效。

前面例子中假设每个组分函数都有最小值点，从而定义了组分最小值区域。当组分函数没有最小值时，仍然可能发生类似情况。下面我们给出一个例子（此处的思路是，我们可以把多个组分结合在一起，看作具有最小值点的单个组分）。

例 3.1.8　假设 f 是递增或递减的凸的指数函数之和，即组分函数为

$$f_i(y) = a_i \mathrm{e}^{b_i y}, \quad y \in \Re$$

其中，a_i 和 b_i 为标量，且 $a_i > 0$，$b_i \neq 0$。令

$$I^+ = \{i \,|\, b_i > 0\}, \quad I^- = \{i \,|\, b_i < 0\}$$

并假设 I^+ 和 I^- 中组分个数大致相同。函数 $\sum_{i=1}^{m} f_i$ 的最优点记为 y^*。

若采用增量梯度法，那么给定当前点 y^k，并选好组分 f_{i_k} 后，下一步的点为

$$y^{k+1} = y^k - \gamma^k \nabla f_{i_k}(y^k)$$

可以看出，假定 $y^k \gg y^*$，那么当 $i_k \in I^+$ 时，y^{k+1} 离 y^* 的距离就近得多。当 $i_k \in I^-$ 时，则会离 y^* 更远，但此影响可忽略不计。多次增量迭代的平均净效果是，如果 $y^k \gg y^*$，增量梯度迭代大约是完整梯度迭代进度的一半，但针对梯度的计算量却变为原来的 $1/m$。如果 $y^k \ll y^*$ 也是如此。另外，当 y^k 越来越接近 y^* 时，正如前面例子所表现的那样，增量方法的优势会逐渐消失。事实上，为了使增量方法收敛，需要减小步长，这最终会使收敛速度慢于具有恒定步长的非增量梯度方法。

尽管前面讨论的例子是 y 为一维的情况，但在许多高维问题中，增量算法也会有类似特点。具体来说，如果 y^k 点的第 i_k 个组分函数 f_{i_k} 的梯度 $\nabla f_{i_k}(y^k)$ 与目标函数梯度 $\nabla f(y^k)$ 间的夹角小于 $90°$，那么此时采用组分 f_{i_k} 执行增量梯度算法就能朝着解迈进。如果组分函数 f_i 间不是“很不像”，那么在远离最优点集合的区域，上述情况就很有可能发生。此类表现已在许多实际环境中得到验证，包括训练神经网络（见下一节）。增量梯度法被广泛用于神经网络的训练中。在此情况下，它被称为反向传播法（backpropagation methods）。

步长选择与对角放缩

步长 γ^k 的选择对增量梯度方法的性能起着重要作用。相关分析表明，该方法的迭代更新方向与真实梯度方向的误差与步长成正比。因此，要想收敛到 f 的局部最小值（鉴于 f 可能是非凸的，我们能得到的最好的结果就是局部最小值），采用递减的步长很必要。

然而，当采用不含再排序的循环规则且步长设为足够小的常数时，会产生一种特殊的收敛形式。具体来说，迭代生成的序列将收敛到一个“极限环”，即对于 i 和 j 且 $i \neq j$，所有循环中第 i 步迭代构成序列的极限点与第 j 步的不同。每个循环的最后一步迭代构成的序列 $\{y^k\}$ 有极限，但即使 f 是凸函数，其极限也可能不是 f 的最小值点。当常数步长很小时，该极限点趋于最小值点（见文献

[Ber16a]2.4 节中的分析和例子）。实践中一种常见做法是，在某个（可能预先指定）步数范围内的迭代中使用恒定步长，然后按照某因子缩小步长，再重复之前步骤，直到步长达到预先指定的下限值。

另一种方法是采用形如

$$\gamma^k = \min\left\{\gamma, \frac{\beta_1}{k+\beta_2}\right\}$$

的递减步长，其中 γ、β_1 和 β_2 是某些正的常数。此类方法的一些变体会从始至终都使用恒定步长，且在合理的假设下，可以证明其生成的序列会收敛到 f 的驻点。在增量方法的另一种变形中，随着算法的执行，增量程度会逐渐减小（见文献 [Ber97c]）。具有相同目标的另一类增量算法则是我们后续将介绍的聚集增量梯度法。

不管最终采用恒定步长还是递减步长，为了维持远离解时更快的收敛速度，增量方法必须使用比相应非增量方法大得多的步长（可能多达 m 倍，从而保证增量梯度更新的幅度与非增量法类似）。

设置步长的一种方法是根据自适应步长规划，即粗略地说，当执行情况表明算法正在（或没有）振荡时，减小（或增大）步长。文献中有关于此类方法的严谨的数学表述，并且给出了收敛性的数学证明（见 [Tse98]、[MYF03]）。

步长选择的困难也可以通过对角放缩（diagonal scaling）来处理，即针对 y 中的不同组分 y_j 采用不同步长 γ_j^k。二阶导数很适合用于此。在针对函数 f 的无约束最小化的一般非线性规划问题中，通常使用经对角缩放的步长

$$\gamma_k^j = \gamma\left(\frac{\partial^2 f(y^k)}{\partial y_j}\right)^{-1}, \quad j = 1, \cdots, n$$

其中，γ 是几乎等于 1 的常数（二阶导数也可以通过梯度差值来近似）。然而，在最小二乘训练问题中，鉴于 f 是大量的组分函数之和，即

$$f(y) = \sum_{i=1}^{m} f_i(y)$$

见式(3.5)，因此采用该类放缩并不方便。神经网络文献包含了许多实用的缩放方案，其中一些已被纳入公开和商业可用的软件中。此外，在本节后面，当讨论增量牛顿方法时，我们将介绍另一种类型的对角缩放，它使用二阶导数且非常适合用于费用函数 f 是许多函数之和的情况。

随机梯度下降

在与增量梯度法相关的一类方法中，最小化的目标函数是期望值

$$f(y) = E\{F(y, w)\}$$

其中，w 是随机变量，且对任意固定的 w 值，$F(\cdot, w): \Re^n \mapsto \Re$ 关于 y 可微的函数。用于最小化 f 的随机梯度法（stochastic gradient method）通过

$$y^{k+1} = y^k - \gamma^k \nabla_y F(y^k, w^k) \tag{3.8}$$

进行迭代运算，其中 w^k 是 w 的样本，$\nabla_y F$ 则表示 F 关于 y 的梯度。该方法理论丰富，历史悠久，与随机近似（stochastic approximation）的经典算法领域密切相关；参见文献 [BT96]、[KY03]、[Spa05]、

[Mey08]、[Bor09b]、[BPP13]。该方法通常也称为随机梯度下降（stochastic gradient descent），特别是在机器学习应用的文献中，多采用此名称。

如果我们将期望费用值 $E\{F(y,w)\}$ 视为费用函数组分的加权和，那么不难发现随机梯度法式(3.8)与用于最小化有限多个组分和 $\sum_{i=1}^{m} f_i$ 并且随机选择组分的增量梯度法

$$y^{k+1} = y^k - \gamma^k \nabla f_{i_k}(y^k) \tag{3.9}$$

有关。一个重要的区别是，前一种方法在某些概率假设下，可能从无穷多的群体中随机采样样本组分 $F(y,w)$；而在后一种方法中，费用组分 f_i 构成的集合是预先确定的，且含有有限多组分。然而，如果根据均匀随机分布选择组分 f_i（即索引 $1,\cdots,m$ 被选为 i_k 的概率均为 $1/m$，且独立于之前选择），那么增量梯度法式(3.9)仍可被视为一种随机梯度法。

尽管增量与随机梯度法之间具有明显的相似性，把问题

$$\begin{cases} \text{minimize} & f(y) = \sum_{i=1}^{m} f_i(y) \\ \text{subject to} & y \in \Re \end{cases} \tag{3.10}$$

当作

$$\text{minimize} \quad f(y) = E\{F(y,w)\}$$
$$\text{subject to} \quad y \in \Re$$

的特例未必是正确的选择。

原因之一是，一旦把有限个组分之和的问题转化为随机问题，我们就不能再使用能够利用有限组分加和特点的方法，比如在下一小节讨论的增量聚集梯度法。另一个原因是有限组分问题式(3.10)通常本质上是确定性问题，故一开始就将其视为随机问题可能会掩盖其一些重要特点，例如组分的数目 m，或者依次处理各组分所按照的序列。专门设计的算法可能能够利用这些特点来更好地解决问题。例如，通过深入了解问题的结构，我们有可能发现某种特殊的确定性或部分随机序列来处理组分函数，从而得到优于均匀随机序列的性能。另外，分析表明，在缺乏可用于选择有利确定性序列的特定问题知识的情况下，均匀的随机序列（在每次迭代中以相等的概率 $1/m$ 选择每个组分 f_i，且独立于先前的选择）有时具有出色的最坏情况复杂度；参见文献 [NB01a]、[NB01b]、[BNO03]、[Ber15a]、[WB16]。

最后，我们介绍当下很流行的混合技术，即在每个循环之后，对各组分函数进行随机再排序。实践经验表明，当 m 值大时，相较于按均匀分布随机选择组分，该方法的表现稍好。一个可能的原因是，随机再排序方法在每个由 m 个槽构成的循环中，给每个组分都分配了一个槽用于计算，而均匀采样的方法则是平均（on the average）给每个组分安排了一个计算槽。对每个固定的组分函数而言，其在一个循环中所获得的计算槽的数目可能有非零的方差，从而对计算性能造成伤害。尽管似乎很难从理论上说明这一推断，但通过将增量梯度法视为在计算梯度时存在误差的梯度法，我们还是能得到支持该结论的佐证。均匀采样方法误差的方差明显比采用随机再排序时大。而从经验上讲，如果误差的方差大，那么所得下降方向的准确度也会变差，进而意味着更慢的收敛速度。

增量聚集梯度法

另一类适用于最小二乘训练问题的算法是增量聚集梯度法（incremental aggregated gradient method），其迭代公式为

$$y^{k+1} = y^k - \gamma^k \sum_{\ell=0}^{m-1} \nabla f_{i_{k-\ell}}(y^{k-\ell}) \tag{3.11}$$

其中，f_{i_k} 是在 k 次迭代中选出的新的组分函数。[①]在该方法最常见的形式中，组分索引 i_k 是根据循环规则 $[i_k = (k \bmod m) + 1]$。文献中也有采用随机选取 i_k 的算法。

从式(3.11)可以看出，该方法以增量的方式计算梯度，即在每步迭代中只计算一个组分的梯度。然而，与增量梯度法式(3.7)只使用单个组分梯度 $\nabla f_{i_k}(y^k)$ 不同的是，该方法用过去 m 步迭代中算出的单个组分梯度之和作为总梯度的近似。

该方法的想法是，通过将增量计算得到的组分梯度聚集起来，我们也许能减小式 (3.11)中所用的梯度近似与真实梯度 $\nabla f(y^k)$ 之差，从而获得更快的渐近收敛速度。事实上，在某些条件下，该方法能实现线性收敛速率。这与非增量方法收敛速率一样，却不需要在每一步迭代时都计算所有组分的梯度（当目标函数为强凸函数且步长为足够小的恒定常数时，上述结论成立；见文献 [Ber16a]2.4.2 节以及其中所引的文献），这与增量梯度法式(3.7)形成鲜明的对比。后者在实现线性收敛速率的同时，必定带来一个渐近误差。

聚集梯度法式(3.11)的一个缺点是它需要将最近计算得到的组分梯度都保存在内存中。文献中已有其他的实施方案，通过周期性地计算完整梯度，并用新的组分梯度代替旧的，以便缓解内存问题；感兴趣的读者可查阅该课题的专门文献。聚集梯度法的另一个潜在缺点是，当组分数目 m 很大时，人们希望在对各组分 f_i 作第一次循环时就能收敛，而此时聚集更多的组分梯度则会减缓收敛。

增量牛顿法

现在我们介绍一种增量版的牛顿法，用于求解无约束最小化问题，其中费用函数是形如

$$f(y) = \sum_{i=1}^{m} f_i(y)$$

的多个函数之和，而各组分 f_i 均为二次连续可微的凸函数。[②]

普通牛顿法在当前迭代点为 y^k 时，通过最小化函数 f 在 y^k 点的二次型近似/二阶展开式

$$\tilde{f}(y; y^k) = \nabla f(y^k)'(y - y^k) + \frac{1}{2}(y - y^k)'\nabla^2 f(y^k)(y - y^k)$$

从而得到下一个迭代值 y^{k+1}。类似地，牛顿法的增量形式最小化形如

$$\tilde{f}_i(y; \psi) = \nabla f_i(\psi)'(y - \psi) + \frac{1}{2}(y - \psi)'\nabla^2 f_i(\psi)(y - \psi) \tag{3.12}$$

---

① 当 $k < m$ 时，式(3.11)的求和应当只加到 $\ell = k$ 项，且步长也应适当增大。

② 我们用 $\nabla^2 f(y)$ 表示 f 在 y 点的 $n \times n$ 的海瑟矩阵，即它的第 (i, j) 个组分是二阶导数 $\partial^2 f(y)/\partial y_i y_j$。假设 f_i 为凸的好处之一是其海瑟矩阵 $\nabla^2 f_i(y)$ 是半正定的，而这有益于后续介绍的算法的实现。但另外，本节所述的算法思想，经过调整后也适用于 f_i 为非凸的情况。

的组分函数的二次型近似之和，如后续所述。

与增量梯度法的情况相同，我们将含有 m 个子迭代的一个循环视为一步迭代，每个子迭代都涉及一个新的组分函数 f_i 以及它在循环中当前点的梯度和海瑟矩阵。具体来说，如果 y^k 是在 k 个循环后得到的向量，那么在一个新的循环完成后得到的新向量 y^{k+1} 就是

$$y^{k+1} = \psi_{m,k}$$

其中，$\psi_{m,k}$ 是以 $\psi_{0,k} = y^k$ 作为起点，通过 m 步运算

$$\psi_{i,k} \in \arg\min_{y \in \Re^n} \sum_{\ell=1}^{i} \tilde{f}_\ell(y; \psi_{\ell-1,k}), \quad i = 1, \cdots, m \tag{3.13}$$

得到，$\tilde{f}_\ell$ 则是式 (3.12) 定义的二次型近似。如果所有的 f_i 均为二次型，那么可以看出，该方法通过一个循环就会找到解。[①]原因是当 f_i 是二次型时，$f_i(y)$ 与 $\tilde{f}_i(y;\psi)$ 之间只差某一常数，且其值与 y 无关。因此，两函数之差

$$\sum_{i=1}^{m} f_i(y) - \sum_{i=1}^{m} \tilde{f}_i(y; \psi_{i-1,k})$$

为常数且与 y 无关，故对上式中任何一个加和项求最小值都会给出相同的结果。

此外需要强调的是，我们可以高效地执行式 (3.13) 中的运算。为简单起见，假设 $\tilde{f}_i$ 是正定的二次型，从而保证对所有 i，$\psi_{i,k}$ 都是式 (3.13) 中最小化问题的唯一解。我们将说明增量牛顿法式 (3.13) 可以通过增量更新公式

$$\psi_{i,k} = \psi_{i-1,k} - D_{i,k} \nabla f_i(\psi_{i-1,k}) \tag{3.14}$$

来实现，其中 $D_{i,k}$ 是

$$D_{i,k} = \left(\sum_{\ell=1}^{i} \nabla^2 f_\ell(\psi_{\ell-1,k}) \right)^{-1} \tag{3.15}$$

而且（在假设所需的矩阵逆存在的前提下）可以通过迭代运算

$$D_{i,k} = \left(D_{i-1,k}^{-1} + \nabla^2 f_i(\psi_{i-1,k}) \right)^{-1} \tag{3.16}$$

得到。事实上，从式 (3.13) 的定义可知，二次型函数 $\sum_{\ell=1}^{i-1} \tilde{f}_\ell(y; \psi_{\ell-1,k})$ 的最小值点为 $\psi_{i-1,k}$ 且其海瑟矩阵为 $D_{i-1,k}^{-1}$，故

$$\sum_{\ell=1}^{i-1} \tilde{f}_\ell(y; \psi_{\ell-1,k}) = \frac{1}{2}(y - \psi_{i-1,k})' D_{i-1,k}^{-1}(y - \psi_{i-1,k}) + 常数$$

---

① 此处我们假设了 m 步生成 $\psi_{m,k}$ 的二次最小化运算式 (3.13) 均有解。保证该假设成立的一个充分条件是海瑟矩阵 $\nabla^2 f_1(y^0)$ 为正定。在此情况下，每个迭代均有唯一解。为保证此条件成立，一个简单的方法是在 f_1 上添加一个小的且为正的正则项，例如 $\frac{\epsilon}{2}\|y - y^0\|^2$。一种更为合理的处理方式是将多个组分函数集合起来（以保证它们在 y^0 点二次型近似的和是正定的），把集合得到的函数当作 f_1。通常来说，因为这样做保证了算法在初始阶段的迭代中具有相对稳定的行为，所以得到的效果都不错，且能使初始化更平滑。

因此，在该表达式两侧均加上 $\tilde{f}_i(y;\psi_{i-1,k})$，就得到

$$\sum_{\ell=1}^{i} \tilde{f}_\ell(y;\psi_{\ell-1,k}) = \frac{1}{2}(y-\psi_{i-1,k})'D_{i-1,k}^{-1}(y-\psi_{i-1,k}) + 常数$$
$$+ \frac{1}{2}(y-\psi_{i-1,k})'\nabla^2 f_i(\psi_{i-1,k})(y-\psi_{i-1,k}) + \nabla f_i(\psi_{i-1,k})'(y-\psi_{i-1,k})$$

根据定义，$\psi_{i,k}$ 最小化上式，因此可知式(3.14)~ 式(3.16)成立。

针对矩阵 $D_{i,k}$ 的递归运算式(3.16)可通过采用求矩阵和之逆的一些便捷公式来高效执行。特别是，如果 f_i 定义为

$$f_i(y) = h_i(a_i'y - b_i)$$

其中，$h_i : \Re \mapsto \Re$ 是二次可微的凸函数，a_i 为向量，b_i 为标量。那么有

$$\nabla^2 f_i(y;\psi_{i-1,k}) = \nabla^2 h_i(a_i'\psi_{i-1,k} - b_i)a_i a_i'$$

成立，且递归式(3.16)可写作

$$D_{i,k} = D_{i-1,k} - \frac{D_{i-1,k}a_i a_i' D_{i-1,k}}{\nabla^2 h_i(a_i'\psi_{i-1,k} - b_i)^{-1} + a_i' D_{i-1,k}a_i}$$

这就是著名的 Sherman-Morrison 公式，它用于求一个可逆矩阵与一个一阶矩阵和的逆。

到目前为止，我们只考虑了增量牛顿法的一个循环。与增量梯度法类似，我们可以对组分函数循环多次。具体来说，可以针对组分函数构成的扩展集合

$$f_1, f_2, \cdots, f_m, f_1, f_2, \cdots, f_m, f_1, f_2, \cdots \tag{3.17}$$

采用增量牛顿法。由此得到的方法渐近地类似于之前所述的采用递减步长的增量梯度法。事实上，从式(3.15)可以看出，矩阵 $D_{i,k}$ 大致与 $1/k$ 成比例地减小。由此可知，该方法的渐近收敛特性与采用了 $O(1/k)$ 阶递减步长的增量梯度法类似。因此，它的收敛速度比线性的慢。

为了加速该方法的收敛速度，可以采用某种形式的重启，以保证 $D_{i,k}$ 不收敛到 0。例如，$D_{i,k}$ 可以在每个循环的开头重新初始化并增大它的值。对于 f 具有唯一的非奇异最小值点 y^* 的问题（即 $\nabla^2 f(y^*)$ 非奇异的问题），我们可以设计出带重启的增量牛顿法，它能按线性速率收敛到 y^* 的邻域（而且当 y^* 是所有组分 f_i 的最小值点、不存在困惑区的情况下，甚至能达到超线性速度）；见文献[BT96]。或者，通过引入参数 $\beta_k \in (0,1)$，迭代式(3.16)也可以被改为

$$D_{i,k} = \left(\beta_k D_{i-1,k}^{-1} + \nabla^2 f_i(\psi_{i-1,k})\right)^{-1} \tag{3.18}$$

从而加速该方法的实际收敛速度。

采用对角近似的增量牛顿法

一般来说，就迭代次数而言，如果实施得当，增量牛顿法通常比增量梯度法快得多（有理论结果表明这两种方法的随机版本也具有此属性，参见章节末尾的参考资料）。然而，除了计算二阶导数

之外，增量牛顿法在每次迭代中需要更大的计算量，这是因为式(3.14)、式(3.16)和式(3.18)中涉及了许多的矩阵向量运算。因此，增量牛顿法只适用于 y 的维度 n 相对较小的问题。

一种可以在一定程度上缓解该问题的方法是采用 $\nabla^2 f_i(\psi_{i-1,k})$ 的对角矩阵近似，并根据式(3.16)或式(3.18)递归地更新关于 $D_{i,k}$ 的对角近似。特别是，我们可以将 $\nabla^2 f_i(\psi_{i-1,k})$ 的非对角线组分设为 0。在此情况下，迭代运算式(3.14)就变成对角放缩版本的增量梯度法，且（在假设所需的对角二阶导数很容易计算或近似的前提下）与增量梯度法相比，计算量相当。除此之外，另一个缩放选项是将对角组分乘以接近 1 的步长参数并加上一个小的正常数（从而使其下界大于 0）。通常这种方法很容易实现，并且只需要很少的步长选择试验。

例 3.1.9（用于线性最小二乘的对角牛顿法） 现考虑最小化一些标量函数的平方之和：

$$\text{minimize} \quad f(y) = \frac{1}{2}\sum_{i=1}^{m}(c_i'y - b_i)^2$$

$$\text{subject to} \quad y \in \Re^n$$

其中，对所有 i，c_i 都是给定的 $\Re^n$ 中非零向量，b_i 是给定标量。本例中，我们针对由组分

$$f_1, f_2, \cdots, f_m, f_1, f_2, \cdots, f_m, f_1, f_2, \cdots$$

构成的扩展集合采用增量牛顿法，参见式(3.17)。

在 k 次循环中，海瑟矩阵的逆是

$$D_{i,k} = \left((k-1)\sum_{\ell=1}^{m}c_\ell c_\ell' + \sum_{\ell=1}^{i}c_\ell c_\ell'\right)^{-1}, \quad i = 1, \cdots, m$$

它的第 j 个对角项（即在第 $k+1$ 个循环中与偏导 $\partial f_i/\partial y_j$ 相乘的项）是

$$\gamma_{i,j}^k = \frac{1}{(k-1)\sum_{\ell=1}^{m}(c_\ell^j)^2 + \sum_{\ell=1}^{i}(c_\ell^j)^2} \tag{3.19}$$

因此，更新 n 维向量 $\psi_{i,k}$ 每个组分的对角牛顿法是

$$\psi_{i,k}^j = \psi_{i-1,k}^j - \gamma_{i,j}^k c_i^j(c_i'\psi_{i-1,k} - b_i), \quad j = 1, \cdots, n$$

其中，$\psi_{i,k}^j$ 和 c_i^j 分别表示向量 $\psi_{i,k}$ 和 c_i 的第 j 个组分。与增量牛顿法不同的是，上面的计算中并未涉及矩阵取逆。值得注意的是，对每个 j，随着 k 的增大，式(3.19)中对角放缩项都趋于 0。如之前所述，为了得到更好的渐近收敛性，这些对角项也可以与某小于或等于 1 的常数相乘。

在对角海瑟近似的另一种实现方式中，我们可以在每个循环的开始将海瑟的逆设为 0（或极小值与单位矩阵之积）。那么，与式(3.19)中的标量 $\gamma_{i,j}^k$ 不同，海瑟逆的对角线第 j 项将是

$$\frac{1}{\sum_{\ell=1}^{i}(c_\ell^j)^2}$$

且不会收敛到 0。为了实际需要，我们可以将其与递减的标量相乘。

3.2 神经网络

现在已有多种不同类型的神经网络用于各种不同类型的任务，例如模式识别、分类、图像和语音识别等。本节专注于求解有限阶段动态规划问题，以及神经网络在近似最优展望费用函数 J_k^* 时能够扮演的角色。作为此类应用的一个实例，我们可以先用神经网络构造关于函数 J_{N-1}^* 的近似。在此基础上，可以再用神经网络构造 J_{N-2}^* 的近似，依此类推，从后往前，进而得到所有最优展望费用函数 J_k^*，$k = 1, \cdots, N-1$ 的近似。3.3 节将会介绍这一方法。

为了描述神经网络在求解有限阶段动态规划中的应用，让我们考虑典型阶段 k，并且为了表述方便，隐去之后符号中的角标 k；后续的相关讨论适用于任何单独的阶段 k。考虑形如

$$\tilde{J}(x, v, r) = r'\phi(x, v) \tag{3.20}$$

的参数化架构 $\tilde{J}(x, v, r)$，其取值依赖于两个参数向量 v 和 r。我们的目标是挑选 v 和 r 从而使 $\tilde{J}(x, v, r)$ 近似某个可以采样的（但样本中可能含有误差的）费用函数。其实现过程是首先收集大量的状态费用对 (x^s, β^s)，$s = 1, \cdots, q$，由此构成训练集。然后找到一个形如式(3.20)的函数 $\tilde{J}(x, v, r)$，使其与训练集在最小二乘意义上匹配，即 (v, r) 最小化

$$\sum_{s=1}^{q} \left(\tilde{J}(x^s, v, r) - \beta^s \right)^2$$

我们稍后将讨论如何生成用于训练的 (x^s, β^s)，以及如何求解训练问题。[1]读者应留意两个参数向量在此扮演的不同角色：v 参数化 $\phi(x, v)$，后者在某些情境下可被认为是特征向量。而 r 是由对 $\phi(x, v)$ 各组分做线性加权的参数构成的向量。

一个神经网络架构就对应于一个形如式(3.20)的参数类函数，并且可用在上述的优化框架中。最简单的神经网络即单层感知器，见图 3.2.1。该神经网络首先将状态 x 编码为由数值组分 $y_1(x), \cdots, y_n(x)$ 构成的向量 $y(x)$，然后将其线性转换为

$$Ay(x) + b$$

其中，A 是 $m \times n$ 的矩阵，b 是 $\Re^m$ 的向量。[2]该线性变换构成了神经网络的线性层。A 和 b 中的组分就是需要挑选的参数，把它们聚在一起就构成了参数向量 $v = (A, b)$。

线性层共有 m 个标量输出，它们每个都单独输入到一个相应的一元非线性可微函数 σ 中。通常，σ 是可微且单调递增的。一种简易且流行的选择就是线性整流函数（rectified linear unit, ReLU），即可微函数 σ 是通过某种平滑操作后得到的对函数 $\max\{0, \xi\}$ 的近似；例如，图 3.2.2中所示的 $\sigma(\xi) = \ln(1 + e^\xi)$。自从神经网络研究的早期就已使用的另一些函数具有如下属性：

$$-\infty < \lim_{\xi \to -\infty} \sigma(\xi) < \lim_{\xi \to \infty} \sigma(\xi) < \infty$$

---

[1] 此处所用的最小二乘训练问题基于非线性回归（nonlinear regression）。这是一种采用参数化架构近似某函数期望值的经典方法。在通过仿真生成相应期望值的样本后，该方法采用最小二乘的方式拟合架构与所得样本值。感兴趣的读者可查阅机器学习和统计学教材。

[2] 将 x 编码为数值向量 $y(x)$ 的方法依具体问题而定，但需要注意的是，$y(x)$ 中的组分可以包括 x 的某些已知的、基于问题相关知识设计的有用特征。

见图 3.2.3。这些函数被称为 S 函数（sigmoid），它们的一些常见代表是双曲正弦（hyperbolic tangent）函数

$$\sigma(\xi) = \tanh(\xi) = \frac{e^{\xi} - e^{-\xi}}{e^{\xi} + e^{-\xi}}$$

和逻辑（logistic）函数

$$\sigma(\xi) = \frac{1}{1 + e^{-\xi}}$$

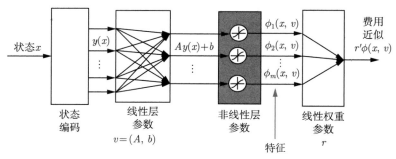

图 3.2.1　每个感知器中都含有一个线性层和一个非线性层。它提供了一种计算状态特征的方法，所得特征进而可用于近似费用函数。状态 x 首先被编码为由一些数值构成的向量 $y(x)$，该向量此后通过线性层并被线性转换为 $Ay(x)+b$。线性层输出端的 m 个标量值之后作为相同数目的非线性函数的输入，从而得到 m 个标量值 $\phi_{\ell}(x,v) = \sigma((Ay(x) + b)_{\ell})$。这些值即可被视为特征，最后通过加权求和就得到了费用近似，相应权重参数即为 r_{ℓ}。

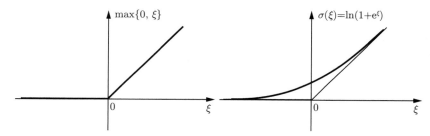

图 3.2.2　线性整流函数 $\sigma(\xi) = \ln(1 + e^{\xi})$。它是通过将 $\max\{0, \xi\}$ 的拐角"平滑"后得到的。其导数为 $\sigma'(\xi) = e^{\xi}/(1 + e^{\xi})$，且其取值在 $\xi \to -\infty$ 和 $\xi \to \infty$ 时分别趋于 0 和 1。

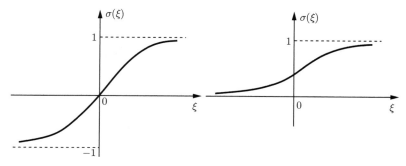

图 3.2.3　S 函数的一些例子。左边为双曲正弦函数，右边为逻辑函数。

在后续讲解中，我们将忽略数 σ 的具体特点（除了其可微性），而是简单地称其为"非线性单元"，并将神经网络中的相应层称为"非线性层"。

在非线性层的输出端，我们得到标量值

$$\phi_\ell(x,v) = \sigma\big((Ay(x)+b)_\ell\big), \quad \ell = 1, \cdots, m$$

这些值可以被认为是 x 的特征。它们先与相应权重 r_ℓ, $\ell = 1, \cdots, m$ 相乘，再求和得到最终输出

$$\tilde{J}(x,v,r) = \sum_{\ell=1}^{m} r_\ell \phi_\ell(x,v) = \sum_{\ell=1}^{m} r_\ell \sigma\big((Ay(x)+b)_\ell\big)$$

需要注意的是，每个 $\phi_\ell(x,v)$ 的值都只依赖于 A 的第 ℓ 行和 b 的第 ℓ 个组分，而非整个参数 v。在某些情况下，这会促使我们对 A 和 b 的各个组分施加一些约束，从而实现特殊的、与问题相关的"手工打造"的效果。

状态编码与直接特征提取

将 x 转换为神经网络输入 $y(x)$ 的状态编码操作对近似方案的成功发挥着重要作用。可能的状态编码的例子包括状态 x 的分量、x 的定性特征的数值表示，以及 x 的更一般的特征，即旨在包含最优展望费用函数的"重要非线性"的、关于 x 的函数。如果采纳对状态编码的最后一种认知，那么我们可以认为近似过程由两部分构成：首先是特征提取映射，紧接着的是神经网络。神经网络以提取到的 x 的特征为输入，而输出则是展望费用近似，参见图 3.2.4。

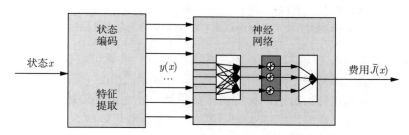

图 3.2.4　非线性架构，其中状态编码过程被视为处于神经网络之前的特征提取映射。

此处的想法是，通过良好的特征提取映射，神经网络就不需要非常复杂（可能涉及很少的非线性单元和相应的参数），并且相关训练也可以更容易。这种直觉已经通过简单的例子和实践经验得到证实。然而，就像很多涉及神经网络的情况一样，我们很难通过定量分析证明这一观点。

3.2.1　训练神经网络

给定由许多状态费用训练对 (x^s, β^s), $s = 1, \cdots, q$ 构成的集合，神经网络中的参数 A、b 和 r 是通过求解训练问题

$$\min_{A,b,r} \sum_{s=1}^{q} \left(\sum_{\ell=1}^{m} r_\ell \sigma\big((Ay(x^s)+b)_\ell\big) - \beta^s \right)^2 \tag{3.21}$$

而得到的。需要注意的是，该问题的费用函数一般是非凸的，因此可能存在多个局部最小值点。事实上，上述训练问题的费用函数图可能相当复杂，图3.2.5中给出了一个非常简单的特殊情况。

在实践中，一种常见的做法是在该问题的费用函数上添加一个正则（regularization）函数，例如关于参数 A、b 和 r 的二次型。这是处理最小二乘问题的常见操作，其目的是使问题更容易通过算法求解。然而，在神经网络训练问题中，人们添加正则函数却是出于不同的原因：它有助于避免神经网络参数数目相对较大（与训练集相比规模相当甚至更大）时出现的过拟合（overfitting）问题。在此情况下，神经网络模型与训练所用数据拟合得非常好，但在预测新数据时则可能表现不佳。这是机器学习领域一个众所周知的难点，因此也是当下许多研究的主题，尤其常见于围绕深度神经网络的研究中。

图 3.2.5 一个二维神经网络训练问题的费用函数图示。该函数是非凸的，且对于大的权重，它的图像变得平起来。特别是，当权重向量沿着一些从原点散发的射线趋于 ∞ 时，相应费用也渐近地趋于一个常数。该图对应于一个极其简单的训练问题：单个输入、单个非线性单元、两个权重，以及五个输入输出数据对（对应于图中的五个"花瓣"）。

关于正则函数和训练过程的具体实现等算法相关的问题，读者可以在机器学习和神经网络的教材中找到相关讲解。不论采用何种具体的实施方案，训练问题式(3.21)都是无约束的、非凸且可微的优化问题，因此原则上可通过任何标准的梯度类方法求解。尤为重要的是，3.1.3 节中讨论的增量方法很适合于此类问题（读者可通过比照图 3.2.5 和图 3.1.4 来直观地理解这一点，其中，前者表明了费用函数的结构，后者则阐明了增量类方法的优势）。

现在让我们考虑关于上述的神经网络构造和训练过程的一些问题：

（a）第一个问题是选择什么方法来解决训练问题式(3.21)。虽然我们可以使用任何基于梯度的无约束优化方法，但在实践中，问题式(3.21)的费用函数结构是需要考虑的重要因素。此类问题费用函数的显著特征是它们可能由非常大数量的 q 个组分函数求和得到，这使得训练问题的费用函数值和/或其梯度的计算成本非常昂贵。出于这个原因，训练中普遍采用了 3.1.3 节介绍的增量方法。[①]经验表明，在神经网络训练的问题中，这些方法大大优于其对应的非增量方法。

现有的训练过程的实施方法受益于长期实践积累的经验，并由此形成了关于放缩、正则、初始参数选择以及其他一系列实际问题的指南；感兴趣的读者可从神经网络的相关文献，例如 Bishop 的 [Bis95]，Goodfellow、Bengio 和 Courville 的 [GBC16]，以及 Haykin 的 [Hay08] 找到相应讲解。尽

---

① 无论在循环中根据何种顺序选择组分，增量方法都同样适用。但通常我们会在每个循环的开始随机化组分顺序。此外，在基本方法的一类变体中，我们可以在每次迭代时，将多个组分结合起来构成一个批量进行操作，而不是每步针对一个组分函数。这些批量即所谓小批量（minibatch）。这种方式具有平均效果，可减小增量方法振荡的倾向，进而使大步长成为可能。

管如此，增量方法执行起来可能会很慢，而且训练可能是一个耗时的过程。幸运的是，训练通常是离线完成的。在这种情况下，计算时间长可能不是一个严重的问题。此外，在实践中，神经网络训练问题通常不需要非常精确地解决。

（b）另一个重要的问题是，假设我们可以选用任意多的 m 个非线性单元，那么，能在多大程度上用神经网络架构近似最优展望费用函数 J_k^*。这个问题由所谓的通用近似定理（universal approximation theorem）给出解答，且答案是相当正面的。简单地说，该定理是指，若 x 是欧几里得空间 X 的一个元素且 $y(x) \equiv x$，那么在非线性单元的数量 m 足够大的前提下，上述形式的神经网络可以在一个闭且有界的子集 $S \subset X$ 上任意地（在适当的数学意义上）接近任何分段连续函数 $J : S \mapsto \Re$。该定理有多种不同的证明方法，如 Cybenko 的 [Cyb89]，Funahashi 的 [Fun89]，Hornik、Stinchcombe 和 White 的 [HSW89]，以及 Leshno 等的 [LLPS93]。这些证明的适用范围有所区别。而对该定理成立的直观解释，读者可参考 Bishop（[Bis95]，第 129～130 页）和 Jones 的 [Jon90]。

（c）虽然通用近似定理为神经网络结构的充分性提供了一些保证，但它并不能预测我们可能需要多少非线性单元才能在给定问题中获得"良好"的性能。这是一个很难准确表述的问题，更不用说充分回答了。在实践中，人们只需要尝试越来越大的 m 值，直到确信手头的任务已经获得了令人满意的性能。经验表明，在许多情况下，所需的非线性单元的数量和 A 的相应维数可能非常大，而这大大增加了解决训练问题的难度。鉴于此，人们给出了许多修改神经网络结构的建议。其中一种提议是将多个单层感知器互相连接起来，即一个感知器的非线性层的输出成为下一个感知器的线性层的输入，从而产生深度神经网络。3.2.2 节将讨论此类神经网络。

神经网络可以生成哪些特征？

简短的回答是，几乎任何可能具有实际意义的特征都可以通过神经网络生成或近似。根据通用近似定理，要实现这一目的，我们只需要由足够多的非线性单元构成单一层，并在其前后各自添加一个线性层。特别是，我们并不需要使用多个非线性层（尽管涉及多个非线性层的神经网络可能需要更少的非线性单元）。

为了说明上述结论，我们考虑标量状态 x 的特征，以及采用整流函数

$$\sigma(\xi) = \max\{0, \xi\}$$

作为基本非线性单元的神经网络。因此，单个整流器之前就连接了一个线性函数

$$L(x) = \gamma(x - \beta)$$

其中，β 和 γ 是标量，从而生成特征

$$\phi_{\beta,\gamma}(x) = \max\left\{0, \gamma(x - \beta)\right\} \tag{3.22}$$

如图 3.2.6所示。

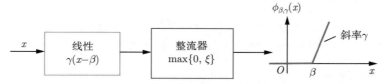

图 3.2.6　通过线性函数 $L(x) = \gamma(x - \beta)$ 和之后连接的整流器而得到的特征

$$\phi_{\beta,\gamma}(x) = \max\left\{0, \gamma(x - \beta)\right\}$$

现在，我们可以通过加或减形如式(3.22)的单个整流器来构造更为复杂的特征。具体来说，两个具有相同斜率和不同截距 β_1、β_2 的整流函数相减，就得到了特征

$$\phi_{\beta_1,\beta_2,\gamma}(x) = \phi_{\beta_1,\gamma}(x) - \phi_{\beta_2,\gamma}(x)$$

如图 3.2.7（a）所示。如果前述的两个特征相减，就得到"脉冲"特征

$$\phi_{\beta_1,\beta_2,\beta_3,\beta_4\gamma}(x) = \phi_{\beta_1,\beta_2,\gamma}(x) - \phi_{\beta_3,\beta_4,\gamma}(x)$$

如图 3.2.7（b）所示。这些"脉冲"可以作为基本模块，通过将它们线性组合就能近似任何所需特征。这就解释了，至少在 x 是标量的情况下，为什么在非线性层前后各连接一个线性层得到的神经网络就能生成任意形状的特征。此处描述的特征构造机制可以扩展到多维 x 的情况，并且是通用近似定理及其证明的核心（参见 Cybenko 的 [Cyb89]）。

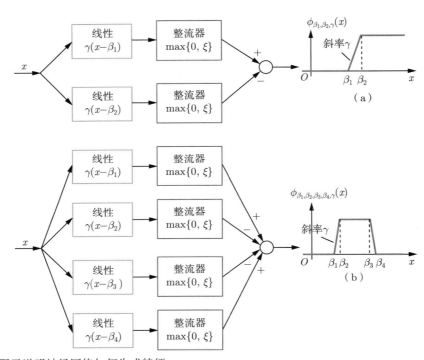

图 3.2.7　（a）图示说明神经网络如何生成特征

$$\phi_{\beta_1,\beta_2,\gamma}(x) = \phi_{\beta_1,\gamma}(x) - \phi_{\beta_2,\gamma}(x)$$

该神经网络含有一个线性层，其后紧接一个由两个整流器构成的非线性层。
（b）图示说明神经网络如何生成"脉冲"特征

$$\phi_{\beta_1,\beta_2,\beta_3,\beta_4\gamma}(x) = \phi_{\beta_1,\beta_2,\gamma}(x) - \phi_{\beta_3,\beta_4,\gamma}(x)$$

该神经网络含有一个线性层，其后紧接一个由四个整流器构成的非线性层。

3.2.2　多层与深度神经网络

单层感知器架构的一种重要扩展形式就是将多个线性与非线性层依次连接起来，参见图 3.2.8。在此情况下，每个非线性层的输出成为下一个线性层的输入。在某些情况下，将状态 x 或状态编码

$y(x)$ 的某些组分用作额外的输入也是好的选择。

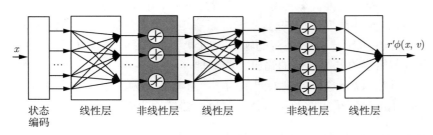

图 3.2.8 含有多层的深度神经网络。每一个非线性层的输出就是下一个线性层的输入。

在此我们需要考虑几个问题。首先，既然单层神经网络就足以保证通用近似特性，使用含有多个非线性层的神经网络的原因是什么。我们给出一些定性的（而且某种程度上是猜测性质的）解释：

（a）如果将每个非线性层的输出看作特征，那么多层的神经网络就构造了特征的层次架构，其中的每一组特征都是前一组特征的函数 [第一层特征除外，因为它们是状态 x 的编码 $y(x)$ 的函数]。在一些特定应用中，我们可以利用这种层次化的结构，从而给某些层赋予特殊的角色，以及突出状态的某些特征。

（b）鉴于存在多个线性层，其中涉及的矩阵 A 可以具有某些特殊结构，譬如，具有特定稀疏模式，或者其他包含特殊线性运算（如卷积）的结构。当采用此类结构时，线性层中的参数数量会急剧减少，相应的训练问题也因此更加容易。

（c）多层神经网络中的过度参数化（权重数目多于训练数据）可能有助于减轻过拟合的不利影响，以及随之而来的归一化需求。当前有许多研究工作都在试图解释这一迷人的现象，其中的一些代表性成果包括文献 [ZBH+21]、[BMM18]、[BRT19]、[SJL18]、[BLLT20]、[HMRT19] 和 [MVSS20]。

需要注意的是，虽然早期的神经网络从业者倾向于使用很少的非线性层（比如 1～3 层），近期在一些研究领域（包括图像和语音处理，以及近似动态规划）取得的许多成果都采用了涉及相当多层的所谓深度神经网络（deep neural networks）。特别是，AlphaGo 和 AlphaZero 程序分别在围棋和国际象棋中取得了成果，而其中深度神经网络都发挥了重要作用，见文献 [SHM+16] 和 [SHS+17]。相比之下，Tesauro 的双陆棋程序及其后续变体（参见 2.4.2 节）目前并不需要多个非线性层就能获得良好的性能。

训练与反向传播法

现在让我们考虑多层网络的训练问题。该问题形如

$$\min_{v,r} \sum_{s=1}^{q} \left(\sum_{\ell=1}^{m} r_\ell \phi_\ell(x^s, v) - \beta^s \right)^2$$

其中，v 是所有线性层参数的集合，$\phi_\ell(x, v)$ 是最后一个非线性层生成的第 ℓ 个特征。各种不同的增量梯度法都可以用于求解该问题，其原理都是朝着单一样本

$$\left(\sum_{\ell=1}^{m} r_\ell \phi_\ell(x^s, v) - \beta^s \right)^2$$

的梯度的反方向调整权重向量。增量梯度法也是实践中最普遍采用的方法。接下来，我们将说明该问题的一个重要特性，即我们能高效地算出每个特征 $\phi_\ell(x,v)$ 相对 v 的梯度。

通过引入描述线性与非线性层的映射,我们能紧凑地表述多层感知器。具体来说,令 $L_1,\cdots,L_{m+1}$ 表示构造线性层的矩阵；即第一个线性层的输出为向量 L_1x，第 k 个线性层（$k>1$）的输出为 $L_k\xi$，其中 ξ 是前一个与之相连的非线性层的输出。类似地，令 $\Sigma_1,\cdots,\Sigma_{m+1}$ 表示非线性层对应的映射；即若记第 k 个非线性层（$k>1$）的输入向量为 y，且其组分为 $y(j)$，那么该非线性层输出向量为 $\Sigma_k y$，且其组分为 $\sigma(y(j))$。采用此类符号，多层感知器的输出就是

$$F(L_1,\cdots,L_{m+1},x) = L_{m+1}\Sigma_m L_m \cdots \Sigma_1 L_1 x$$

该公式的独特结构非常有助于计算求解：针对神经网络输出和理想输出 y 之间的平方差

$$E(L_1,\cdots,L_{m+1}) = \frac{1}{2}\big\|y - F(L_1,\cdots,L_{m+1},x)\big\|^2$$

其（相对于权重的）梯度可以通过一种特殊的流程高效地计算出来，该计算方法就是所谓的反向传播法（backpropagation），其本质上是对链式法则的巧妙应用。[①]具体来说，若记矩阵 L_k 的第 ij 个组分为 $L_k(i,j)$，那么训练问题的费用函数 $E(L_1,\cdots,L_{m+1})$ 相对其的偏导就是

$$\frac{\partial E(L_1,\cdots,L_{m+1})}{\partial L_k(i,j)} = -e'L_{m+1}\overline{\Sigma}_m L_m \cdots L_{k+1}\overline{\Sigma}_k I_{ij}\Sigma_{k-1}L_{k-1}\cdots\Sigma_1 L_1 x \tag{3.23}$$

其中，e 是偏差向量

$$e = y - F(L_1,\cdots,L_{m+1},x)$$

$\overline{\Sigma}_n$，$n=1,\cdots,m$ 都是对角矩阵，其对角线的值是第 n 个隐藏层的非线性函数 σ 的导数在某些适当点的值，I_{ij} 则是通过将 L_k 的第 ij 个组分设为 1，而其他所用组分均设为 0 得到的。当计算 E 的偏导时，以下的两步运算过程能够高效地求出式(3.23)中涉及的各项值：

（a）从前向后穿越网络各层，从而依次算出各线性层的输出

$$L_1x, L_2\Sigma_1 L_1 x,\cdots, L_{m+1}\Sigma_m L_m \cdots \Sigma_1 L_1 x$$

它们是矩阵 $\overline{\Sigma}_n$ 中求导的点，同时也用于计算误差向量 $e = y - F(L_1,\cdots,L_{m+1},x)$。

（b）从后向前穿越网络各层，从而依次算出导数公式(3.23)中形如

$$e'L_{m+1}\overline{\Sigma}_m L_m \cdots L_{k+1}\overline{\Sigma}_k$$

的各项，即先算出 $e'L_{m+1}\overline{\Sigma}_m$，接着求出 $e'L_{m+1}\overline{\Sigma}_m L_m \overline{\Sigma}_{m-1}$，一直到求出最后一项 $e'L_{m+1}\overline{\Sigma}_m \cdots L_2\overline{\Sigma}_1$ 为止。

最后需要指明的是，在提取特征的同时优化其线性组合并非神经网络所独有的能力。文献中已给出了采用多层架构的其他类似方法（参见 Schmidhuber 的 [Sch15]），并且它们的训练过程也是基于类似的反向传播法，只是具体实施细节需要稍作改动。分组数据处理方法（Group Method for

---

① 在关于神经网络的文献中，术语反向传播（backpropagation）有多种不同的用途。例如，有时，图 3.2.8中给出的这类前馈神经网络也被称为反向传播网络（backpropagation networks）。本节给出的反向传播公式的推导过程稍显抽象，其来自 [BT96] 的 3.1.1 节。

Data Handling，GMDH）就是此类方法的一个例子。自 20 世纪 60 年代末 Ivakhnenko 提出分组数据处理方法以来，苏联学者对此开展了广泛的研究；参见文献 [Iva68]。该方法已被用于多种不同的实际应用中，并且人们已经注意到它与神经网络方法的相似性（参见 Ivakhnenko 的 [Iva71]，以及网站 http://www.gmdh.net 给出的文献总结）。大多数针对分组数据处理方法的研究都与推理类型的问题有关，而且显然，迄今为止，它还未被用在近似动态规划的架构中解决实际问题。然而，相关研究可能会是一个富有成果的领域，因为在某些应用中，相比 S 函数或线性整流函数，多项式作为非线性单元可能更合适。

3.3　连续动态规划近似

本节介绍一种训练近似架构 $\tilde{J}_k(x_k, r_k)$ 的方法。该方法适用于解决有限阶段动态规划问题，并且在当前很流行。它通过所谓的拟合值迭代（fitted value iteration）算法，依次确定参数向量 r_k 的取值，即从视界的末端出发，正如动态规划算法一般，从后向前：先确定 r_{N-1}，再求 r_{N-2}，以此类推。在每个阶段 k，该方法从状态空间中采样大量的状态样本 x_k^s，$s = 1, \cdots, q$。然后，通过选取 r_k 的值，从而得到针对动态规划算法的好的"最小二次拟合"。

具体来说，每个 r_k 都是通过生成大量的样本状态并求解一个最小二乘问题确定的。该最小二乘问题旨在最小化所得 k 阶段的样本状态在满足动态规划等式时的误差。在任意阶段 k，假设已经确定了 r_{k+1} 的取值，该方法通过求解最小二乘问题

$$r_k \in \arg\min_r \sum_{s=1}^q \left(\tilde{J}_k(x_k^s, r) - \min_{u \in U_k(x_k^s)} E\left\{ g(x_k^s, u, w_k) + \tilde{J}_{k+1}\big(f_k(x_k^s, u, w_k), r_{k+1}\big) \right\} \right)^2$$

来确定 r_k，其中 x_k^s，$s = 1, \cdots, q$ 就是 k 阶段生成的状态样本。因为 r_{k+1} 假设已知，所以上式右侧的最小化的项就是一个已知标量

$$\beta_k^s = \min_{u \in U_k(x_k^s)} E\left\{ g(x_k^s, u, w_k) + \tilde{J}_{k+1}\big(f_k(x_k^s, u, w_k), r_{k+1}\big) \right\} \tag{3.24}$$

相应地，参数向量 r_k 可表示为

$$r_k \in \arg\min_r \sum_{s=1}^q \left(\tilde{J}_k(x_k^s, r) - \beta_k^s \right)^2 \tag{3.25}$$

该算法始于 $N - 1$ 阶段的最小化运算

$$r_{N-1} \in \arg\min_r \sum_{s=1}^q \Bigg(\tilde{J}_{N-1}(x_{N-1}^s, r)$$
$$- \min_{u \in U_{N-1}(x_{N-1}^s)} E\left\{ g(x_{N-1}^s, u, w_{N-1}) + g_N\big(f_{N-1}(x_{N-1}^s, u, w_{N-1})\big) \right\} \Bigg)^2$$

在求出 $k = 0$ 时的参数 r_0 后终止。

当近似展望费用函数是形如

$$\tilde{J}_k(x_k, r_k) = r_k' \phi_k(x_k), \quad k = 0, \cdots, N-1$$

的线性架构时，最小二次问题式(3.25)能得到极大的简化，且具有解析解

$$r_k = \left(\sum_{s=1}^{q} \phi_k(x_k^s)\phi_k(x_k^s)' \right)^{-1} \sum_{s=1}^{q} \beta_k^s \phi_k(x_k^s)$$

参见式 (3.4)。对于包括神经网络在内的非线性架构，我们可以采用增量梯度法来训练。

在实施该方法时，一个很重要的问题是如何选择各个阶段 $k = 0, \cdots, N-1$ 的样本状态 x_k^s，$s = 1, \cdots, q$。在实践中，这些样本通常是通过某种形式的蒙特卡洛仿真法生成的，但生成它们所依据的概率分布却需要由我们决定，且该分布对于该方法的成功很重要。具体来说，我们需要保证样本状态具有"代表性"，即所选状态应当是采用接近最优的策略时经常访问的状态。更确切地说，各状态在样本中出现的频率应该与它们在最优策略下出现的概率大致成正比。我们在后续介绍无穷阶段问题时将再次探讨这一点，并且会通过概率论术语更好地量化表述"代表性"这一概念。

除了上述的选择样本分布的问题，过长的视界还会给拟合值迭代算法带来另一个问题，此时参数的数目将会变得过大。然而，在此情况下，问题通常是时不变的，即系统和每阶段费用不随时间变化。那么我们就可以把它当作无穷阶段问题来处理，并采用其他方法来训练近似架构，见第 5 章和第 6 章的相关讨论。

3.4 Q 因子参数化近似

本节介绍值空间近似和拟合值迭代的另一种近似形式。该方法直接近似 k 阶段状态控制对 (x_k, u_k) 的最优 Q 因子，而不涉及最优展望费用函数的近似。最优 Q 因子即定义为

$$Q^*(x_k, u_k) = E\Big\{ g_k(x_k, u_k, w_k) + J_{k+1}^*\big(f_k(x_k, u_k, w_k)\big) \Big\}, \quad k = 0, \cdots, N-1 \tag{3.26}$$

其中，J_{k+1}^* 是 $k+1$ 阶段的最优展望费用函数。因此，$Q^*(x_k, u_k)$ 表示在状态 x_k 使用 u_k，并在此后采用最优策略所花费用。

正如 1.2 节所述，动态归划算法还可以表示为

$$J_k^*(x_k) = \min_{u_k \in U_k(x_k)} Q_k^*(x_k, u_k)$$

通过使用该式，可以将式(3.26)写作把 Q_k^* 和 Q_{k+1}^* 关联起来的如下等价形式：

$$Q_k^*(x_k, u_k) = E\Big\{ g_k(x_k, u_k, w_k) + \min_{u \in U_{k+1}(f_k(x_k, u_k, w_k))} Q_{k+1}^*\big(f_k(x_k, u_k, w_k), u\big) \Big\} \tag{3.27}$$

这意味着，我们可以通过在式(3.27)中使用 Q 因子近似来代替 $Q_k^*(x_k, u_k)$，进而得到次优控制。

上述提到的近似可通过迄今为止介绍过的类似方法得到（参数化近似、强制解耦、确定性等价等）。参数化的 Q 因子近似 $\tilde{Q}_k(x_k, u_k, r_k)$ 可通过神经网络，或者基于特征的线性架构来实现。其中，特征向量可以只与状态相关，也可能是由状态和控制一起决定。前者的架构形式为

$$\tilde{Q}_k(x_k, u_k, r_k) = r_k(u_k)' \phi_k(x_k) \tag{3.28}$$

其中，$r_k(u_k)$ 是针对每个控制 u_k 单独的权重向量。后者的架构形式为

$$\tilde{Q}_k(x_k, u_k, r_k) = r'_k \phi_k(x_k, u_k) \tag{3.29}$$

其中，r_k 是独立于控制 u_k 的权重向量。架构式(3.28)适用于每阶段控制数目相对较小的问题。本节后续部分主要看眼于架构式(3.29)，但只需要稍作修改，此处介绍的方法也同样适用于架构式(3.28)以及非线性架构。

此外，我们还可以修改上一节的拟合值迭代算法，从 $k = n - 1$ 开始，依次计算 Q 因子参数化近似中的参数向量 r_k。该算法基于式(3.27)，其中参数 r_k 是通过解决一个与近似费用函数时类似的最小二乘问题得到的 [参见式(3.25)]。例如，为求解架构式(3.29)中的 r_k，我们需先收集状态控制对样本 (x_k^s, u_k^s)，$s = 1, \cdots, q$。然后求解线性最小二乘问题

$$r_k \in \arg\min_r \sum_{s=1}^q \left(r' \phi_k(x_k^s, u_k^s) - \beta_k^s \right)^2 \tag{3.30}$$

其中，

$$\beta_k^s = E\left\{ g_k(x_k^s, u_k^s, w_k) + \min_{u \in U_{k+1}(f_k(x_k^s, u_k^s, w_k))} r'_{k+1} \phi_{k+1}\left(f_k(x_k^s, u_k^s, w_k), u\right) \right\} \tag{3.31}$$

因此，在已确定 r_{k+1} 值的前提下，通过求解最小二乘拟合来确定 r_k 值，从而最小化与式(3.27)的偏差的平方和。需注意的是，最小二乘问题式(3.30)具有解析解

$$r_k = \left(\sum_{s=1}^q \phi_k(x_k^s, u_k^s) \phi_k(x_k^s, u_k^s)' \right)^{-1} \sum_{s=1}^q \beta_k^s \phi_k(x_k^s, u_k^s)$$

参见式 (3.4)。一旦求出 r_k 的值，相应的一步前瞻控制 $\tilde{\mu}_k(x_k)$ 就可以通过在线求解

$$\tilde{\mu}_k(x_k) \in \arg\min_{u \in U_k(x_k)} \tilde{Q}_k(x_k, u, r_k) \tag{3.32}$$

得到，而不需要计算任何的期望值。这一属性正是人们在近似动态规划中使用 Q 因子的主要动因，特别当给定的实际问题中存在在线计算量的严格限制时更是如此。

式 (3.31)中的样本 β_k^s 是通过求期望值得到的。为避免期望值运算，可以根据 w_k 的概率分布，获得随机变量

$$g_k(x_k^s, u_k^s, w_k) + \min_{u \in U_{k+1}(f_k(x_k^s, u_k^s, w_k))} r'_{k+1} \phi_{k+1}\left(f_k(x_k^s, u_k^s, w_k), u\right) \tag{3.33}$$

的几个样本 (甚至是单一样本)，然后用其平均值代替期望值。其中所需的 w_k 的概率分布可以是表达式的形式，也可以像无模型的情况下，通过计算机仿真得到，参见 2.1.4 节的讨论。具体来说，给定任意 (x_k, u_k) 后，如果仿真器能够根据 w_k 的分布生成阶段费用 $g_k(x_k, u_k, w_k)$ 和后续状态 $f_k(x_k, u_k, w_k)$ 的样本，那么就可以实施上述方案了。

需要注意的是，与前一章中介绍的费用近似方法涉及的采样式(3.24)相比，对于随机变量式(3.33)采样并不需要求期望值。而且，相较于获得样本式(3.24)，对式(3.33)进行采样所涉及的最小化运算也更简单。鉴于这一重要优势，人们可能会采用 Q 因子相关方法，而非涉及状态费用的方法。

在获得权重向量 $r_0, \cdots, r_{N-1}$，并通过式 (3.32) 得到一步前瞻策略 $\tilde{\pi} = \{\tilde{\mu}_0, \cdots, \tilde{\mu}_{N-1}\}$ 之后，还可以利用参数化架构来近似该策略，这就是在值空间近似基础上的策略空间近似，参见 2.1.5 节。该方法的思路是通过避免式 (3.32) 中的最小化运算，进一步简化针对次优控制的在线计算。

优势更新

最后介绍计算 Q 因子近似的另一个替代方案。采用该方法的原因在于，近似 Q 因子之差可能比近似 Q 因子本身的值更好，这就是所谓的优势更新（advantage updating）。与 Q 因子相关方法计算并比较对应于所有 $x_k \in U_k(x_k)$ 的 $Q_k^*(x_k, u_k)$ 相比，该方法计算

$$A_k(x_k, u_k) = Q_k^*(x_k, u_k) - \min_{u \in U_k(x_k)} Q_k^*(x_k, u)$$

就比较各个控制的优劣而言，函数 $A_k(x_k, u_k)$ 和 $Q_k^*(x_k, u_k)$ 是等效的，但是其取值范围可能比 $Q_k^*(x_k, u_k)$ 要小得多。

当不涉及近似时，通过优势更新选取控制显然等价于通过比较相应的 Q 因子大小来选择。然而，当涉及近似时，采用 A_k 可能是取得成功的重要因素。这是因为 Q_k^* 中可能含有独立于 u 的较大的量，而这些量可能对譬如拟合值迭代式(3.30)、式(3.31)等算法构成干扰。具体来说，当训练用以近似 Q_k^* 的架构时，训练算法可能会试图捕捉 Q_k^* 函数大尺度的形状。但这种大尺度的特点可能并不能反映 Q 因子之差 A_k，故而与控制选择无关。但是，通过优势更新，训练过程可能就集中在 Q_k^* 变化的更精细尺度上，而这可能正是我们所需的。神经元动态规划文献 [BT96] 的 6.6.2 节对该问题做了进一步的阐述，并给出了一个示例。

若某一数量是通过仿真估计到的，那么在其中减去某个合适的常数 [相应常数被称为基线（baseline）] 可能是个有用的办法，见图 3.4.1（在优势更新的情况下，相应常数的取值依赖于 x_k，但类似的一般方法同样适用）。该方法可用在 3.3 节介绍的顺序动态规划近似方法中，也可以与强化学习中其他的基于仿真的方法相结合。

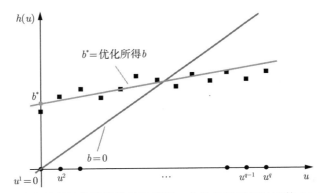

图 3.4.1　从费用或 Q 因子中减去某基线常数的效果示意图。此处收集了标量函数 $h(u)$ 在样本点 $u^1, \cdots, u^q$ 的样本值 $h(u^1), \cdots, h(u^q)$，并希望通过线性函数 $\tilde{h}(u, r)$ 来近似 $h(u)$，其中 r 表示可调的标量权重。首先用样本函数值减去基线常数 b，再求解最小化问题

$$\bar{r} \in \arg\min_r \sum_{s=1}^{q} \left(\big(h(u^s) - b \big) - r u^s \right)^2$$

在将样本值减去 b 之后，近似架构实际上变成 $\tilde{h}(u, b, r) = b + ru$。通过选取合适的 b，就能提高近似的质量。从概念上讲，可以把 b 看作额外的权重（与之相乘的基函数是常数 1），从而丰富了近似架构。

3.5 基于分类的策略空间参数化近似

迄今为止，我们着重讲解了采用参数化架构的值空间近似方法。本节简要介绍如何调整本章的费用函数近似的方法，从而使其适用于策略空间的近似。所谓策略空间的近似方法，指的是针对某种形式的参数族进行优化，从而选出理想策略。

具体而言，假定在某一给定阶段 k，我们获得了某一数据集，它由"好的"状态控制对样本 (x_k^s, u_k^s)，$s = 1, \cdots, q$ 构成。获得该数据集的方法并不固定，可以是策略前展或问题近似等。那么在此基础上，可以通过最小二乘最小化/回归

$$\bar{r}_k \in \arg\min_{r_k} \sum_{s=1}^{q} \left\| u_k^s - \tilde{\mu}_k(x_k^s, r_k) \right\|^2 \tag{3.34}$$

来训练形如 $\tilde{\mu}_k(x_k^s, r_k)$ 的参数族的权重 r_k，从而"学习"相应控制，参见 2.1.5 节中策略空间近似的讨论。

值得注意的是，上述的分类方法与机器学习中一类重要的问题相关，这就是所谓的分类（classification）。此类问题的目标是构造某一算法，即所谓分类器（classifier），从而根据给定"对象"的"特征"，将其归类于有限多的"类别"之一。此处"对象"一词指代很宽泛。在某些情况下，该分类可能与人或场景有关。在另一些情况下，"对象"则可以指代一个假设，而相应问题则是基于某些数据，判断该猜想是否为真。在策略空间近似的情境下，对象对应于状态，而类别则对应于不同状态可用的控制。故在此情况下，我们可用将每个样本 (x_k^s, u_k^s) 看作一个对象类别对。

通常，分类问题中含有一群对象，每个都属于 m 个类别 $c = 1, \cdots, m$ 中的某一个。我们的目标是能够对给定的任意对象进行归类。从数学上讲，每个对象都由一个向量 x（例如，对象原本含有的数值，或者其特征向量）来表示，而我们的目标就是构建某一规则，从而据此给每个可能的对象 x 分配唯一的类别 c。

下面我们介绍一种流行的分类方法。假设我们从这群对象中随机选取 x 时，其属于类别 c 的条件概率为 $p(c \mid x)$。如果概率 $p(c \mid x)$ 已知，那么我们就可以使用一种经典的统计方法，其将 x 归类为具有最大后验概率的类别 $c^*(x)$，即

$$c^*(x) \in \arg\min_{c = 1, \cdots, m} p(c \mid x) \tag{3.35}$$

这就是所谓的最大后验概率（Maximum a Posteriori，MAP）规则（参见文献 [BT08]8.2 节中的相关讨论）。

当概率 $p(c \mid x)$ 未知时，我们可以根据下列特性，采用最小二乘优化来估计其取值。

命题 3.5.1（条件概率的最小二乘特性） 令 $\xi(x)$ 表示关于 x 的任意先验概率，则关于 (c, x) 的联合概率分布为

$$\zeta(c, x) = \xi(x)(c \mid x)$$

给定类别对 (c, c')，定义函数 $z(c, c')$ 为

$$z(c, c') = \begin{cases} 1, & c = c' \\ 0, & \text{其他} \end{cases}$$

给定类别 c，对于任意关于 (c,x) 的函数 $h(c,x)$，考虑随机变量 $(z(c,c') - h(c,x))^2$ 相对概率分布 $\zeta(c',x)$ 的均值

$$E\left\{\left(z(c,c') - h(c,x)\right)^2\right\}$$

那么在所有函数 $h(c,x)$ 中，$p(c\,|\,x)$ 最小化上述均值，即对所有函数 h，不等式

$$E\left\{\left(z(c,c') - p(c\,|\,x)\right)^2\right\} \leqslant E\left\{\left(z(c,c') - h(c,x)\right)^2\right\} \tag{3.36}$$

成立。

该命题的证明可在涵盖贝叶斯最小二乘估计的教材中找到（参见文献 [BT08] 的 8.3 节）。①

该命题指出，不论 x 的先验分布和类别 c 的取值是什么，在所有关于 (c,x) 的函数 h 中，$p(c\,|\,x)$ 最小化

$$E\left\{\left(z(c,c') - h(c,x)\right)^2\right\} \tag{3.37}$$

这意味着我们可以通过最小化基于经验/仿真的期望值(3.37)近似来获得概率 $p(c\,|\,x)$，$c = 1,\cdots,m$ 的近似值。

更确切地说，假设给定某一训练集，其中含有 q 个对象分类对 (x^s, c^s)，$s = 1,\cdots,q$，以及相应的向量

$$z^s(c) = \begin{cases} 1, & c^s = c \\ 0, & \text{其他} \end{cases} \qquad c = 1,\cdots,m$$

我们采用参数化架构来利用这些数据。具体来说，针对每个类别 $c = 1,\cdots,m$，都采用一个以向量 r 为参数的函数 $\tilde{h}(c,x,r)$ 来近似概率 $p(c\,|\,x)$。针对式(3.37)中的期望均方差，可以通过上述样本构造一个经验近似，通过最小化该经验近似来得到最优的 r。因此，通过求解最小二乘回归

$$\bar{r} \in \arg\min_r \sum_{s=1}^q \sum_{c=1}^m \left(z^s(c) - \tilde{h}(c,x^s,r)\right)^2 \tag{3.38}$$

---

① 在此我们给出该特性的简要证明。固定 c 的取值，对于任意标量 y，考虑给定 x 后的条件期望值 $E\left\{\left(z(c,c') - y\right)^2\,|\,x\right\}$。此外的随机变量 $z(c,c')$ 取值为 1 的概率是 $p(c\,|\,x)$，而取值为 0 的概率是 $1 - p(c\,|\,x)$。由此可知，

$$E\left\{\left(z(c,c') - y\right)^2\,|\,x\right\} = p(c\,|\,x)(y-1)^2 + (1 - p(c\,|\,x))y^2$$

针对 y 最小化该期望值，通过将其导数设为 0，即

$$0 = 2p(c\,|\,x)(y-1) + 2(1 - p(c\,|\,x))y$$

得到最小化该期望的 y，即 $y^* = p(c\,|\,x)$。因此，不等式

$$E\left\{\left(z(c,c') - p(c\,|\,x)\right)^2\,|\,x\right\} \leqslant E\left\{\left(z(c,c') - y\right)^2\,|\,x\right\}$$

对所有标量 y 成立。对于任意关于 (c,x) 的函数 $h(c,x)$，将上式中的 y 设为 $h(c,x)$，从而得到

$$E\left\{\left(z(c,c') - p(c\,|\,x)\right)^2\,|\,x\right\} \leqslant E\left\{\left(z(c,c') - h(c,x)\right)^2\,|\,x\right\}$$

因为该不等式对所有 x 都成立，由此可知，对任意函数 h 和所有类别 c，满足

$$\sum_x \zeta(x) E\left\{\left(z(c') - p(c\,|\,x)\right)^2\,|\,x\right\} \leqslant \sum_x \zeta(x) E\left\{\left(z(c,c') - h(c,x)\right)^2\,|\,x\right\}$$

即不等式 (3.36)成立。

就可以得到所需的 r。前面小节中介绍的基于特征的近似架构和神经网络都能用作函数 $\tilde{h}(c, x, r)$。

需要注意的是，每个训练对 (x^s, c^s) 都可生成 m 个可用于回归问题式(3.38)的样本，其中 $m-1$ 个是形如 $(x^s, 0)$ 的"阴性"样本，对应于 $m-1$ 个类别 $c \neq c^s$，以及一个形如 $(x^s, 1)$ 的"阳性"样本，对应于类别 $c = c^s$。此外，3.1.3 节和 3.2.1 节中介绍的增量训练方法也可以用在求解该问题中。

鉴于回归问题式(3.38)是对最小化期望值(3.37)的近似，回归问题的解 $\tilde{h}(c, x, \bar{r})$，$c = 1, \cdots, m$，就是对概率 $p(c \,|\, x)$ 的近似。一旦取得了该问题的解，对于任意新的对象 x，都可以根据如下规则

$$\text{估计对象类别} = \tilde{c}(x, \bar{r}) \in \arg \max_{c=1,\cdots,m} \tilde{h}(c, x, \bar{r}) \tag{3.39}$$

来分类。该规则正是对最大后验概率规则式(3.35)的近似，参见图 3.5.1。

现在我们回到策略空间近似的问题。对于一个给定的训练集 (x_k^s, u_k^s)，$s = 1, \cdots, q$，上述的分类器给出了在状态 x_k 时采用控制 $u_k \in U_k(x_k)$ 的"概率"（的近似），从而得到阶段 k 的"随机"策略 $\tilde{h}(u, x_k, r_k)$ [前提是 $\tilde{h}(u, x_k, r_k)$ 的取值需进行归一化，即给定任意 x_k，其对应于不同控制 u 的取值之和应为 1]，参见图 3.5.2。在该策略的基础上，我们可以定义相应的确定性策略 $\tilde{\mu}_k(x_k, r_k)$，即在状态 x_k 采用上述"随机"策略中具有最大概率值的控制，参见式(3.39)。确定性策略 $\tilde{\mu}_k(x_k, r_k)$ 可以被视为上述策略的近似。实践中，人们通常采用确定性策略 $\tilde{\mu}_k(x_k, r_k)$。

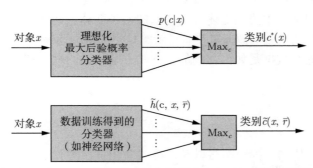

图 3.5.1　当概率 $p(c \,|\, x)$ 已知时 [见式(3.35)] 最大后验概率分类器，以及相应的通过数据训练得到的近似版本 $\tilde{c}(x, \bar{r})$ [见式(3.39)]。该分类器可通过利用数据集 (x^s, c^s)，$s = 1, \cdots, q$，训练基于特征的近似架构或神经网络来获得。

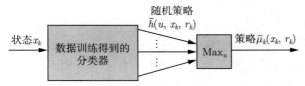

图 3.5.2　基于分类的策略空间近似图示。通过使用训练集 (x_k^s, u_k^s)，$s = 1, \cdots, q$，就可以构造由参数 r_k 定义的分类器，进而得到对应于状态 x_k 的所有控制 $u \in U(x_k)$ 的概率 $\tilde{h}(u, x_k, r_k)$，并由此组成一个随机策略。实践中，人们常用确定性策略 $\tilde{\mu}_k(x_k, r_k)$ 来近似该策略，其在 x_k 处对应的控制能在所有的 $u \in U_k(x_k)$ 中取得概率 $\tilde{h}(u, x_k, r_k)$ 的最大值 [参见式(3.39)]。

当分类问题只有两个类别时，譬如 A 和 B，与上面的表述类似，我们还可以假设对象 x 与其类别间有如下关系：

$$\text{对象类别} = \begin{cases} A, & \tilde{h}(x, r) = 1 \\ B, & \tilde{h}(x, r) = -1 \end{cases}$$

其中，$\tilde{h}$ 是某给定函数，r 是未知的参数变量。如果我们有 q 组对象–类别对 $(x^1, z^1), \cdots, (x^q, z^q)$，且满足

$$z^s = \begin{cases} 1, & x^s \text{ 属于类别 } A \\ -1, & x^s \text{ 属于类别 } B \end{cases}$$

那么就可以通过最小二乘回归

$$\bar{r} \in \arg\min_r \sum_{s=1}^{q} \left(z^s - \tilde{h}(x^s, r) \right)^2$$

求解参数 r。一旦得到最优参数向量 $\bar{r}$，对于新对象 x，可以通过如下规则

$$\text{估计对象类别} = \begin{cases} A, & \tilde{h}(x, r) \geqslant 0 \\ B, & \tilde{h}(x, r) < 0 \end{cases}$$

对其进行归类。在动态规划情境中，上述分类器可用在多种问题中，其中就包括停止问题，即每个状态可选的控制都只有两个：停止（譬如前往终止状态）和继续（例如前往某个非终止状态）。

读者可以在相关专门文献中找到上述分类方法的多种变体。此外，市面上还有多种商用或公开的软件包可用于求解相关的回归问题及其变体。就策略空间近似而言，一旦我们得到了由状态–控制对构成的训练集，不论这些数据是如何得到的，回归方法相关的软件和方法都可以用于求解相应的训练问题。

3.6 注释与资源

3.1 节：我们对近似架构、神经网络以及训练的介绍都相对有限，其目的是指明它们与近似动态规划的连续，并为读者后续的进一步学习提供合适的起点。涉及这些内容的文献非常多，而第 1 章参考文献中提及的教材就包含了许多 3.1.3 节和 3.2.1 节之外的内容与文献。

现在学界对参数化架构的研究有两大方向：

（1）近似架构的设计。所涉及的架构可以是普适的，也可以是针对特定问题的。

（2）对于神经网络和线性架构的训练。

近年来，上述两个方向的研究都很火热，且不时有新成果涌现。还有一个我们并没有讨论的方向就是如何利用分布式计算，尤其是在与分区架构相结合的情况下（参见文献 [BT96] 的 3.1.3 节，以及 [BY10b]、[BY12] 和 [Ber19d]）。

近来，基函数的选取方法也受到了很多关注，尤其是在神经网络和深度强化学习研究中（参见 [GBC16]）。其他一些文献则聚焦于如何在神经网络以外的其他情况下选取基函数，例如 Bertsekas 和 Tsitsiklis 的 [BT96]，Keller、Mannor 和 Precup 的 [KMP06]，Jung 和 Polani 的 [JP07]，Bertsekas 和 Yu 的 [BY09]，以及 Bhatnagar、Borkar 和 Prashanth 的 [BBP12]。此外，给定参数类型的前提下，如何优化特征提取也是个热点问题，并且已有不少成果（参见 Menache、Mannor 和 Shimkin 的 [MMS05]，Yu 和 Bertsekas 的 [YB09a]，Busoniu 等的 [BBDSE17]，以及 Di Castro 和 Mannor 的 [CM10]）。

文献中有大量的针对增量算法的理论分析，其中涉及收敛问题、收敛速率、步长选择和组分顺序的选择。此外，通过采用增量的形式处理约束，增量梯度法也已被扩展应用于含约束的优化问题。该类方法最早见于 Nedić 的 [Ned11]，后续相关工作包括 Bertsekas 的 [Ber11b]，Wang 和 Bertsekas 的 [WB15] 和 [WB16]，Bianchi 的 [Bia16]，以及 Iusem、Jofre 和 Thompson 的 [IJT19]。相关理论分析已经超出了本书的讲解范围。作者的综述文章 [Ber11b] 和 [Ber15b]，以及凸优化和非线性规划的教材 [Ber15a] 和 [Ber16a] 对增量方法进行了详细说明，其中包括了 Kaczmarz 方法、增量梯度方法、次梯度方法、聚集梯度方法、牛顿方法、高斯–牛顿方法，以及扩展卡尔曼滤波方法等，并在其中罗列了大量参考文献。此外，关于上述问题的相关理论分析，读者还可参阅 Bertsekas 和 Tsitsiklis 的 [BI96] 和文章 [BT00]，以及 Bottou、Curtis 和 Nocedal 的综述 [BCN18]。

3.2 节：现有的用于训练神经网络的公开和商用软件中已采用了不同的启发式方法，用于放缩或预处理数据、选取步长和初始化等。这些方法在特定问题中可能非常有效。感兴趣的读者可以在 Bishop 的 [Bis95]，Goodfellow、Bengio 和 Courville 的 [GBC16]，以及 Haykin 的 [Hay08] 中找到相关内容。

鉴于深度神经网络在图像与语音识别以及在强化学习领域的 AlphaGo 和 AlphaZero 程序中取得的巨大成功，很多机器学习领域的学者对相关研究产生了浓厚的兴趣。热点研究问题包括在保持权重数量不变的前提下，能否可以通过增加网络层数来获得更强的近似能力，以及相关结论对哪一类目标函数成立。就这一问题的分析与探讨，读者可参阅 Bengio 的 [Ben09]，Liang 和 Srikant 的 [LS16]，Yarotsky 的 [Yar17]，Daubechies 等的 [DDF$^+$19]，以及其中罗列的参考文献。另一个研究问题则试图研究过参数化在深度神经网络所取得的成功中扮演什么样的角色。具体而言，在过参数化的情况下，训练问题有无穷多个解，故此时的问题是如何从中选出针对测试数据（譬如训练集以外的其他数据）也表现良好的解；相关研究参见 [ZBH$^+$21]、[BMM18]、[BRT19]、[SJL18]、[BLLT20]、[BLLT20] 和 [MVSS20]。

3.3 节：拟合值迭代具有悠久的历史，包括贝尔曼在内的多人都提及了这一方法。该方法具有有趣的特性，但有时也会有病态的表现，譬如用在长视界和无穷阶段问题时可能会不稳定。5.2 节将探讨这类行为。

3.4 节：优势更新方法由 Baird 在 [Bai93] 和 [Bai94] 中提出，[BT96] 的 6.6 节也探讨了该方法。

3.5 节：分类（有时也称作"模式分类"或"模式识别"）是机器学习领域的一类重要课题。针对分类问题现有许多不同的方法，以及大量的文献；例如，相关教材包括 Bishop 的 [Bis95] 和 [Bis06]，以及 Duda、Hart 和 Stork 的 [HSD00]。Lagoudakis 和 Parr 在 [LP03] 中首次提出将动态规划问题中的策略空间近似表述为分类问题，后续多个学者跟进了相关研究；参见我们后续针对用在无穷阶段问题中的、基于策略前展的策略迭代方法的讨论（参见 5.7.3 节）。尽管在本节中我们着眼于采用最小二乘回归和某一参数化架构的分类方法，还有其他的分类方法可用于求解该问题。例如，[LP03] 中就探讨了采用最近邻方法、支持向量机以及神经网络求解该问题。

第 4 章　无穷阶段动态规划

本章介绍无穷阶段问题的理论。我们着重考虑能够获得精确解的动态规划方法，后续章节将探讨涉及近似的其他方法。与有限阶段问题相比，无穷阶段问题有以下两个重要区别：

（a）问题中有无穷多个阶段；

（b）系统是稳态的，即系统方程、每阶段费用以及扰动的概率分布不随阶段变化。

实际问题并没有无穷多个阶段，但当问题中涉及的阶段数目非常大时，用无穷阶段来近似就是个合理的选择。稳态系统这一假设在实际中常常成立。即使系统并非稳态，只要系统参数随时间的变化相对较慢，那么我们也可以认为它是稳态的。此外，对于非稳态的（包括周期性的）问题，我们还可以通过一种直观的方式将其转变为稳态问题，参见 [Ber12a] 的 4.6 节。

针对无穷阶段问题的理论分析从数学上讲更加优雅，且能给人以启发。相较于有限阶段问题，无穷阶段问题的最优策略也更加简单。例如，最优策略通常是稳态的，即选取控制的最优规则不随时间发生变化。

然而，分析无穷阶段问题通常也需要更复杂的数学工具。本书中的讲解将主要着眼于相对简单的有限状态问题（针对无穷状态问题的理论则要复杂得多，参见 [BS78]、[Ber12a] 和 [Ber18a]）。尽管如此，本章还是需要引入一些理论分析。我们会对这些内容做尽可能直观的阐述，而针对它们的数学分析则在章末附录中给出。

4.1　无穷阶段问题概论

我们将着眼于两类无穷阶段问题。这些问题的目标都是最小化无穷阶段累积的总费用，即

$$J_\pi(x_0) = \lim_{N \to \infty} \mathop{E}_{\substack{w_k \\ k=0,1,\cdots}} \left\{ \sum_{k=0}^{N-1} \alpha^k g\big(x_k, \mu_k(x_k), w_k\big) \right\}$$

参见图 4.1.1。其中，$J_\pi(x_0)$ 表示对应于初始状态 x_0 和策略 $\pi = \{\mu_0, \mu_1, \cdots\}$ 的费用，α 则是处于 $[0,1]$ 区间的标量常数。如果 α 小于 1，那么它就具有折扣因子（discount factor）的含义。在此情况下，由于折扣因子的影响，未来花费的费用比当前支出相同的费用影响小。

因此，某一策略的无穷阶段费用是其有限阶段费用随着阶段数趋于无穷的极限（我们暂且假设该极限存在且为有限值，后续小节中我们再研究此问题）。在后续的 4.2 节和 4.3 节中，我们将研究如下两类问题：

（a）随机最短路径问题（stochastic shortest path problems，SSP）。此时，$\alpha = 1$，但问题中有一个特殊的无费用的终止状态；一旦系统抵达终止状态，那么状态将不再发生改变，且后续费用均为零。我们将引入一些假设，从而使终止状态不可避免。因此，问题中的有效视界是有限长的，但其具体的取值是随机的，且可能受到所用策略的影响。

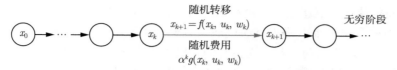

图 4.1.1　无穷阶段问题图示。抛开所采用的折扣因子 α，系统和每阶段费用都是稳态的。如果 $\alpha = 1$，则问题中还会有一个我们希望达到的特殊的无费用终止状态。

（b）折扣问题（discounted problems）。此时，$\alpha < 1$，且问题中不需要存在终止状态。然而，我们可以很容易地将折扣问题转化为随机最短路径问题。通过引入一个虚拟的终止状态，并认为每阶段的系统状态都有 $1 - \alpha$ 的概率转移到该虚拟状态，从而使状态终止不可避免。鉴于此，关于随机最短路径问题的算法和分析经过简单调整就可以适用于折扣问题。

关于无穷阶段问题相关理论预览

针对上述的无穷阶段问题，有不少分析和计算方面的课题需要加以关注。其中的多个课题都是围绕该无穷阶段问题的最优费用函数 J^* 与相应的 N 阶段问题最优费用函数的关系来展开。

具体来说，针对随机最短路径问题，我们可以引入涉及 N 个阶段的、阶段费用为 $g(x, u, w)$（与随机最短路径问题相同）且终止费用为零的问题，并用 $J_N(x)$ 表示初始状态为 x 时该问题的最优费用。那么，该费用可以通过以 $J_0(x) \equiv 0$ 为初始条件的 N 步动态规划算法

$$J_{k+1}(x) = \min_{u \in U(x)} E_w \Big\{ g(x, u, w) + J_k\big(f(x, u, w)\big) \Big\}, \quad k = 0, 1, \cdots \tag{4.1}$$

求出。[①]算法(4.1)就是所谓的值迭代（value iteration, VI）算法。在无穷阶段问题中，任一给定策略的费用函数都被定义为相应 N 阶段费用随着 $N \to \infty$ 而取得的极限。因此，我们很自然地做出下列推断：

（1）无穷阶段问题的最优费用是相应 N 阶段最优费用在 $N \to \infty$ 时所取得的极限；即对于所有的状态 x，

$$J^*(x) = \lim_{N \to \infty} J_N(x) \tag{4.2}$$

成立。

（2）对于所有状态 x，$J^*(x)$ 应满足方程

$$J^*(x) = \min_{u \in U(x)} E_w \Big\{ g(x, u, w) + J^*\big(f(x, u, w)\big) \Big\} \tag{4.3}$$

该方程是根据式(4.2)并在值迭代算法中取 $N \to \infty$ 时的极限得到的。事实上，式(4.3)表示一组方程（即对于每个状态 x 都有一个方程），而它的解正是对应于所有状态最优展望费用函数。该方程也可被视为刻画最优费用函数 J^* 的函数方程（functional equation），并且被称为贝尔曼方程（Bellman's equation）。

（3）如果对于所有状态 x，$\mu(x)$ 都能取得贝尔曼方程(4.3)右侧的最小值，那么策略 $\{\mu, \mu, \cdots\}$ 应当是最优的。我们称此类策略为稳态（stationary）策略。直观地讲，此类策略中应该有最优策略，这是因为从同一状态出发，不论所处的时刻是什么，要解决的优化问题都是一样的。

---

① 该算法正是第 1 章介绍的有限阶段动态规划算法。区别在于为了便于说明，我们将角标顺序颠倒了。因此，随着角标数值的增大，通过该算法得到的函数值随之增大，而在有限阶段问题中则正好相反。

在本章假设的条件下，上述三个结论对于随机最短路径问题都成立。4.2 节将给出严格的数学表述，相应证明则在章末附录中给出。通过适当调整，类似结论对于含折扣因子的折扣问题也成立。事实上，本章中针对折扣问题和（满足我们给出的假设条件的）随机最短路径问题的算法和分析非常相似，因此我们可以默认对于两者之中任意一类问题的解法经过简单调整就适用于另外一类问题。

适用于有限状态无穷阶段问题的转移概率符号

本章讨论的问题都涉及有限状态的离散时间系统。为了便于描述此类问题，我们将采用一种特殊的转移概率符号。通常，我们用符号 i 表示当前状态，符号 j 则表示后继状态。假设问题中共有 n 个状态（随机最短路径问题在此基础上还有一个终止状态），这些状态用 $1, \cdots, n$ 来表示，终止状态则记为 t。控制 u 属于给定的有限集合 $U(i)$，且该集合可能会随着当前状态 i 的变化而变化。在状态 i 时，采用控制 u 会使下一阶段状态变为 j 的概率是 $p_{ij}(u)$，并产生 $g(i, u, j)$ 的费用。[①]

如果给定了某一可行策略 $\pi = \{\mu_0, \mu_1, \cdots\}$ [即对所有的 i 和 k 满足 $\mu_k(i) \in U(i)$] 以及一个初始状态 i_0，那么系统就变成一个马尔可夫链。此时，在策略 π 的作用下，产生的系统轨迹的概率分布具有完备的数学定义。将生成的任意一条系统轨迹记为 $\{i_0, i_1, \cdots\}$。初始状态为 i 时，总的期望费用定义为

$$J_\pi(i) = \lim_{N \to \infty} E\left\{ \sum_{k=0}^{N-1} \alpha^k g\big(i_k, \mu_k(i_k), i_{k+1}\big) \,\bigg|\, i_0 = i, \pi \right\}$$

其中，α 可以等于 1（对应于随机最短路径问题）或小于 1（对应于折扣问题）。期望值运算所对应的概率分布是初始状态为 $i_0 = i$ 和使用策略 π 的条件下，状态 $i_1, i_2, \cdots$ 的联合概率分布。从状态 i 出发的最优费用，即所有策略 π 的费用函数 $J_\pi(i)$ 的最小值，记为 $J^*(i)$。[②]

我们将稳态策略 $\pi = \{\mu, \mu, \cdots\}$ 的费用函数记为 $J_\mu(i)$。此时为了便于描述，当 π 为稳态策略 $\{\mu, \mu, \cdots\}$ 时，我们将其记为 μ。如果 μ 满足

$$J_\mu(i) = J^*(i) = \min_\pi J_\pi(i), \quad \text{对所有状态 } i$$

那么我们称 μ 为最优。正如前面提到的，在本章的假设条件下，总存在一个稳态的最优策略。

4.2   随机最短路径问题

本节考虑随机最短路径问题。该类问题的阶段费用无折扣（$\alpha = 1$），并且存在一个特殊的零费用终止状态 t。一旦系统状态变为终止状态，此后将一直保持在该状态且不产生费用，即

$$p_{tt}(u) = 1, \ g(t, u, t) = 0, \quad \text{对所有 } u \in U(t)$$

我们用 $1, \cdots, n$ 表示除终止状态 t 之外的其余状态，见图 4.2.1。

---

① 如果定义系统方程 $x_{k+1} = w_k$，并规定扰动 w_k 依照转移概率 $p_{x_k w_k}(u_k)$ 取值，那么这里介绍的转移概率形式就转换为前面章节中所用的系统方程的形式。

② 鉴于此处的问题是基于马尔可夫链，随机动态规划问题被包括贝尔曼在内的许多学者称作马尔可夫决策问题（Markovian decision problems）。本书中，我们将采用术语"动态规划问题"来指代确定性问题以及随机问题。

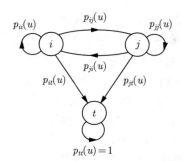

图 4.2.1　某一随机最短路径问题的状态转移图。问题中有 n 个状态，以及一个终止状态 t，相应转移概率记为 $p_{ij}(u)$。终止状态为零费用且为吸附态。

通过采用这些符号，贝尔曼方程(4.3)和值迭代算法(4.1)具有如下形式。

随机最短路径问题的贝尔曼方程和值迭代　　对所有 $i = 1, \cdots, n$，有

$$J^*(i) = \min_{u \in U(i)} \left[p_{it}(u)g(i, u, t) + \sum_{j=1}^{n} p_{ij}(u)\big(g(i, u, j) + J^*(j)\big) \right] \tag{4.4}$$

对所有 $i = 1, \cdots, n$ 以及任意初始条件 $J_0(1), \cdots, J_0(n)$，值迭代算法根据公式

$$J_{k+1}(i) = \min_{u \in U(i)} \left[p_{it}(u)g(i, u, t) + \sum_{j=1}^{n} p_{ij}(u)\big(g(i, u, j) + J_k(j)\big) \right]$$

生成序列 $\{J_k\}$。

贝尔曼方程(4.4)中右侧方括号里的部分代表了一个期望值。这与我们之前给出的动态规划表达式中所出现的形式类似。该期望值是以下三项之和：

（a）第一项

$$p_{it}(u)g(i, u, t)$$

代表期望值当中由于当前阶段发生 i 到 t 的终止转移所产生费用的部分。

（b）第二项

$$\sum_{j=1}^{n} p_{ij}(u)g(i, u, j)$$

代表期望值当中由于当前阶段发生 i 到 j 的非终止转移所产生费用的部分。

（c）第三项

$$\sum_{j=1}^{n} p_{ij}(u)J^*(j)$$

代表下阶段状态 j 的最优展望费用的期望值 [状态 t 的最优费用是 $J^*(t) = 0$，因此该项并未出现在上述加和中]。

需要注意的是，1.3.1 节中介绍的确定性最短路径问题可视为随机最短路径问题的特例，即在每个状态控制对 (i, u) 中，如果存在唯一的后继状态 j 满足 $p_{ij} = 1$，那么我们就得到了确定性最短路

径问题。此外，任何确定性或随机的有限状态、有限阶段且含有终止状态的问题（参见 1.3.3 节）都可以转换为随机最短路径问题。具体来说，针对 1.2 节介绍的有限状态 N 阶段随机动态规划问题，通过将状态视为 (x_k, k) 的形式，并对每个状态 (x_N, N) 引入虚拟的无费用转移，使之抵达虚拟的终止状态 t，那么问题就变成随机最短路径问题的一种特殊形式。

在此处涉及的随机最短路径问题中，我们假设抵达终止状态都不可避免。因此，问题的关键是如何最小化抵达 t 所花的费用的期望值。在本章涉及随机最短路径的讲解中，我们都认为以下假设成立。后续将证明，该假设保证无论采用任何策略，系统都最终会抵达终止状态。[①]

假设 4.2.1（采用任何策略都最终会终止） 存在整数 m，对于任意策略和初始状态，经过 m 阶段后到达终止状态的概率均为正；即对所有可行策略 π，不等式

$$\rho_\pi = \max_{i=1,\cdots,n} P\{x_m \neq t \,|\, x_0 = i, \pi\} < 1$$

都成立。

我们用 ρ 表示从任意状态出发，在任意策略下经过 m 阶段后仍未到达 t 的最大概率，即

$$\rho = \max_\pi \rho_\pi$$

需要注意的是，ρ_π 只依赖于策略 π 的前 m 个组分。此外，由于在每个状态下可选的控制数目有限，故只有有限多种不同的 m 阶段策略组合。因此，只存在有限多不同的 ρ_π 值，即 $\rho < 1$。这意味着无论从任何状态出发，采用何种策略，随着阶段数的增大，系统在有限多的阶段内未达到终止状态的概率趋于 0。

具体来说，对任意 π 和任意初始状态 i，可知

$$P\{x_{2m} \neq t \,|\, x_0 = i, \pi\} = P\{x_{2m} \neq t \,|\, x_m \neq t, x_0 = i, \pi\} \cdot P\{x_m \neq t \,|\, x_0 = i, \pi\} \leqslant \rho^2$$

由此推广，无论采用何种策略，从任意状态出发，经过 km 阶段后系统仍未到达终止状态的概率都会以 ρ^k 的形式递减，即

$$P\{x_{km} \neq t \,|\, x_0 = i, \pi\} \leqslant \rho^k, \quad i = 1, \cdots, n \tag{4.5}$$

由此可知，用于定义总费用向量 J_π 的极限存在且有限，且该费用向量在后续结论的证明中发挥了核心作用。

[①] 事实上，我们可以在比此处的假设更弱的假设下证明关于随机最短路径问题的主要分析与算法的结论。这一弱化的假设涉及所谓的恰当策略（见本章末提及的参考文献）。具体来说，如果采用某稳态策略时，从任何状态出发，最终都确保抵达终止状态，则该稳态策略是恰当的（proper）。不满足上述条件的稳态策略则是不恰当的（improper）。

相较于本章的假设，我们还可以在一个弱化的假设下证明后续的四个命题。该假设是存在至少一个恰当策略，且每个不恰当策略都是"差的"，即采用不恰当策略时，至少有一个状态的无穷阶段费用的期望为无穷（参见 [BT89] 和 [BT91]，或 [Ber12a] 的第 3 章）。当把这些假设用于确定性问题时，它们与 1.3.1 节的假设类似。该假设成立意味着从每个状态出发，至少有一条通向终止状态的路径，且每个环的费用均为正。当这些假设不成立时，有可能出现非常复杂的问题。具体来说，贝尔曼方程可能无解，也可能有无穷多解。此外，贝尔曼方程也可能有唯一解，但却不等于 J^*；参见 [BY16] 和 [Ber18a] 的 3.1.2 节。[Ber18a] 的 3.1.1 节用一个简例对此加以说明。例中除 t 之外，只涉及一个状态 1。当处于 1 时，我们可以选择留下并花费 a，或前往 t 并花费 b。当 $a = 0$ 或 $a < 0$ 时，就可能出现异常情况。关于随机最短路径问题的其他的或者适用性更广的分析与扩展，可参阅 [DR79]、[Pat01]、[Pat07]、[Ber19a]、[Ber18a]、[Ber18c]、[GS20] 和 [Ber19e]。

下面我们给出随机最短路径问题的主要理论结果，相应的证明在本章附录中给出。第一个结论是无穷阶段版本的动态规划算法，即值迭代算法 [参见式(4.1)]，收敛到最优费用函数 J^*。显然，终止状态 t 的最优费用 $J^*(t)$ 是 0。故在后续讲解中，如不引起误解，我们会省略该项。一般而言，我们需要经过无限多步迭代后，在极限处得到 J^*。但是，在某些重要的问题中，迭代生成的序列会在有限多步后收敛（见 [Ber12a] 的第 3 章；如果通过在视界末引入一个虚拟终止状态，从而将有限阶段问题转化为随机最短路径问题，那么用于该问题的值迭代算法会在有限多步后收敛）。

命题 4.2.1（值迭代的收敛性）　对所有状态 i，最优费用 $J^*(i)$ 都有限。而且，给定任意初始条件 $J_0(1), \cdots, J_0(n)$，对每个 $i = 1, \cdots, n$，根据值迭代公式

$$J_{k+1}(i) = \min_{u \in U(i)} \left[p_{it}(u)g(i, u, t) + \sum_{j=1}^{n} p_{ij}(u)\big(g(i, u, j) + J_k(j)\big) \right]$$

生成的序列 $\{J_k(i)\}$ 都收敛到 $J^*(i)$。

下一个命题表明，动态规划等式的极限形式，即贝尔曼方程存在唯一解 J^*。

命题 4.2.2（贝尔曼方程）　最优费用函数

$$J^* = \big(J^*(1), \cdots, J^*(n)\big)$$

对所有 $i = 1, \cdots, n$ 都满足方程

$$J^*(i) = \min_{u \in U(i)} \left[p_{it}(u)g(i, u, t) + \sum_{j=1}^{n} p_{ij}(u)\big(g(i, u, j) + J^*(j)\big) \right] \tag{4.6}$$

且为该方程的唯一解。

接下来的命题是前面两个命题的特殊形式。它指出，通过将注意力集中在某一策略 μ，我们就得到了针对该策略 μ 的值迭代算法和贝尔曼方程。

命题 4.2.3（针对策略的值迭代和贝尔曼方程）　对任何稳态策略 μ，相应的费用函数

$$J_\mu = \big(J_\mu(1), \cdots, J_\mu(n)\big)$$

对所有 $i = 1, \cdots, n$ 都满足方程

$$J_\mu(i) = p_{it}\big(\mu(i)\big)g\big(i, \mu(i), t\big) + \sum_{j=1}^{n} p_{ij}\big(\mu(i)\big)\Big(g\big(i, \mu(i), j\big) + J_\mu(j)\Big)$$

且为上述方程的唯一解。此外，给定任意初始条件 $J_0(1), \cdots, J_0(n)$，对每个 $i = 1, \cdots, n$，根据限定于策略 μ 的值迭代公式

$$J_{k+1}(i) = p_{it}\big(\mu(i)\big)g\big(i, \mu(i), t\big) + \sum_{j=1}^{n} p_{ij}\big(\mu(i)\big)\Big(g\big(i, \mu(i), j\big) + J_k(j)\Big)$$

生成的序列 $\{J_k(i)\}$ 都收敛到 $J_\mu(i)$。

本节最后一个命题给出了某一稳态策略具有最优性的必要和充分条件。

命题 4.2.4（最优条件）　　稳态策略 μ 是最优策略的充要条件是，对于所有状态 i，$\mu(i)$ 都取得贝尔曼方程(4.6)中的最小值。

下面通过一个例子来形象化地说明贝尔曼方程。

例 4.2.1（终止所需最大期望时间）　　如果将阶段费用定义为

$$g(i, u, j) = -1, \quad \text{对所有 } i \text{、} u \in U(i) \text{ 和 } j$$

那么此时问题的目标就是使系统尽可能晚地抵达终止状态，且最优费用的相反数，即 $-J^*(i)$，代表了从状态 i 出发到达终止状态的最大期望时间。在本章给出的假设下，最优费用 $J^*(i)$ 是贝尔曼方程的唯一解，即满足

$$J^*(i) = \min_{u \in U(i)} \left[-1 + \sum_{j=1}^{n} p_{ij}(u) J^*(j) \right], \quad i = 1, \cdots, n$$

当考虑某一给定策略 μ 时，即每个状态只有唯一可选的控制时，$-J_\mu(i)$ 就代表从 i 出发到达 t 所需时间的期望。在概率论文献中，这一时间被称为平均首访时间，且其值为对应于策略 μ 的贝尔曼方程的唯一解，即满足

$$J_\mu(i) = -1 + \sum_{j=1}^{n} p_{ij}\big(\mu(i)\big) J_\mu(j), \quad i = 1, \cdots, n$$

贝尔曼算子与压缩属性

下面介绍关于随机最短路径问题的另一命题，它指出此类问题很重要的一个数学特性。在附录中，我们会借助于前面的例子来证明该命题。为便于说明，对于给定任意向量 $J = \big(J(1), \cdots, J(n)\big)$，针对所有的状态 i，引入符号

$$(TJ)(i) = \min_{u \in U(i)} \left[p_{it}(u) g(i, u, t) + \sum_{j=1}^{n} p_{ij}(u)\big(g(i, u, j) + J(j)\big) \right] \tag{4.7}$$

并针对所有的 μ 和 i，引入

$$(T_\mu J)(i) = p_{it}\big(\mu(i)\big) g\big(i, \mu(i), t\big) + \sum_{j=1}^{n} p_{ij}\big(\mu(i)\big) \Big(g\big(i, \mu(i), j\big) + J(j)\Big) \tag{4.8}$$

此处的 T 和 T_μ 即所谓的动态规划算子 [后续我们也称其为贝尔曼算子（Bellman operators）]，它们将向量 J 分别映射到向量

$$TJ = \big((TJ)(1), \cdots, (TJ)(n)\big), \quad T_\mu J = \big((T_\mu J)(1), \cdots, (T_\mu J)(n)\big)$$

这两个简写符号极大地简化了分析与计算结果的表述。例如，通过使用这些符号，我们可以将贝尔曼方程写为不动点方程 $J^* = TJ^*$ 和 $J_\mu = T_\mu J_\mu$。

接下来的命题说的是 T 和 T_μ 是压缩映射。因此，根据关于压缩映射的一般数学理论，就可以得出这些映射具有唯一不动点的结论（参见 [Ber12a] 和 [Ber18a]）。此外，压缩性质还提供了值迭代算法收敛速度的估计，也是进一步分析随机最短路径问题的精确和近似解法的基础（作者的专著 [Ber18a] 基于不动点理论并从抽象贝尔曼算子的视角介绍了动态规划理论）。

命题 4.2.5（贝尔曼算子的压缩属性） 式(4.7)中定义的贝尔曼算子是关于某加权范数

$$\|J\| = \max_{i=1,\cdots,n} \frac{|J(i)|}{v(i)}$$

的压缩映射，其中 $v = (v(1),\cdots,v(n))$ 是组分均为正的某向量。换句话说，存在某正标量 $\rho < 1$，对所有的 n 维向量 J 和 J'，使得不等式

$$\|TJ - TJ'\| \leqslant \rho\|J - J'\|$$

都成立。对于任何策略 μ，根据式(4.8)定义的贝尔曼算子 T_μ 也具有上述属性。

本章附录中给出了上述命题的证明。其中指出此处的权重 $v(i)$ 等于从 i 出发到达 t 的期望步数的最大值（见例 4.2.1）。此外，压缩映射的模为

$$\rho = \max_{i=1,\cdots,n} \frac{v(i)-1}{v(i)}$$

因此，如果问题中存在需要许多步才能到达 t 的状态，那么它的压缩模会非常接近 1。另外需要注意的是，T_μ 和 T 的权向量 v 和相应的加权范数可能并不相同，这是因为在采用某策略 μ 和最优策略时，从 i 到 t 所需步数的期望值可能不同。

基于前述的压缩性质，我们能得到许多进一步的结论，其中就包括了值迭代收敛速率的估计，即该算法生成的序列 $\{J_k\}$ 满足

$$\|J_k - J^*\| \leqslant \rho^k\|J_0 - J^*\|$$

这是因为分别对 J_0 和 J^* 连续采用 k 次映射 T 后就得到了 J_k 和 J^*。

针对 Q 因子的贝尔曼方程和值迭代

上述命题涉及的是费用函数，针对 Q 因子也有对应于上述命题的结论成立。对所有 $i = 1,\cdots,n$ 和 $u \in U(i)$，定义最优 Q 因子为

$$Q^*(i,u) = p_{it}(u)g(i,u,t) + \sum_{j=1}^{n} p_{ij}(u)\big(g(i,u,j) + J^*(j)\big)$$

与有限阶段的情况类似，$Q^*(i,u)$ 代表在状态 i 时采用控制 u，并在此后采用最优策略所花的费用。一旦通过某种方式得到了 Q^*，那么就可以通过最小化运算

$$\mu^*(i) \in \arg\min_{u \in U(i)} Q^*(i,u), \quad i = 1,\cdots,n$$

求得一个最优策略 μ^*。类似地，如果通过某种（基于模型的或无模型的）方法求得了近似最优的 Q 因子 $\tilde{Q}(i,u)$，那么通过最小化运算

$$\tilde{\mu}(i) \in \arg\min_{u \in U(i)} \tilde{Q}(i,u), \quad i = 1,\cdots,n$$

就能得到一个次优策略 $\tilde{\mu}$。

下面的命题给出了涉及 Q 因子的贝尔曼方程和值迭代算法的基本结论。

随机最短路径问题中 Q 因子的贝尔曼方程和值迭代　　对所有 $i = 1, \cdots, n$ 和 $u \in U(i)$，满足

$$Q^*(i,u) = p_{it}(u)g(i,u,t) + \sum_{j=1}^{n} p_{ij}(u)\left(g(i,u,j) + \min_{v \in U(j)} Q^*(j,v) \right)$$

对所有 $i = 1, \cdots, n$ 和 $u \in U(i)$，以及任意初始条件 $Q_0(i,u)$，值迭代算法根据公式

$$Q_{k+1}(i,u) = p_{it}(u)g(i,u,t) + \sum_{j=1}^{n} p_{ij}(u)\left(g(i,u,j) + \min_{v \in U(j)} Q_k(j,v) \right)$$

生成序列 $\{Q_k\}$。

实际上，如果在给定的随机最短路径问题的基础上，对应于每个状态–控制对 (i,u) 都引入一个新的状态，并将其转移到状态 $j = 1, \cdots, n, t$ 的概率定义为 $p_{ij}(u)$，那么原问题的最优 Q 因子 $Q^*(i,u)$ 就是这个新问题的最优费用函数，参见图 4.2.2。鉴于此，上述命题中关于最优 Q 因子的贝尔曼方程以及关于最优费用 $J^*(j)$ 的贝尔曼方程(4.6)一起构成了修改后新问题的贝尔曼方程。

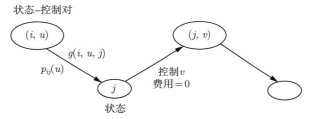

图 4.2.2　修改后的随机最短路径问题的状态、转移概率以及阶段费用。求解该问题将生成原问题的最优 Q 因子以及最优费用。它的状态是原问题的每个状态–控制对 (i,u)，$u \in U(i)$，以及原问题的状态 $i = 1, \cdots, n$ 和终止状态 t。在新问题中，只有处于原有状态 j 时才能选择控制 $v \in U(j)$，并使系统状态变为 (j,v) 且花费为 0。修改后新问题的贝尔曼方程对应于状态 (i,u)，$u \in U(i)$ 的表达式为

$$Q^*(i,u) = p_{it}(u)g(i,u,t) + \sum_{j=1}^{n} p_{ij}(u)\left(g(i,u,j) + \min_{v \in U(j)} Q^*(j,v) \right)$$

对应于状态 $j = 1, \cdots, n$ 的表达式为

$$J^*(j) = \min_{v \in U(j)} Q^*(j,v)$$

需要注意的是，当采用策略 μ 时从状态 j 出发只会前往状态 $(j, \mu(j))$。因此在任意系统轨迹中，除第一次转移外，只存在形如 $(j, \mu(j))$ 的状态对。

时序差分和费用整形

贝尔曼方程还可以写作另一种等价形式，其中涉及差分

$$\hat{J} = J^* - V$$

这里的 $V = \big(V(1), \cdots, V(n)\big)$ 是任意的 n 维向量且 $V(t) = 0$。具体来说，通过在贝尔曼方程(4.6)的等号两边同时减去 $V(i)$ 并在右侧求和项中加上并减去 $V(j)$，就得到

$$\hat{J}(i) = \min_{u \in U(i)} \left[p_{it}(u)\hat{g}(i, u, t) + \sum_{j=1}^{n} p_{ij}(u)\big(\hat{g}(i, u, j) + \hat{J}(j)\big) \right] \tag{4.9}$$

对所有状态 $i = 1, \cdots, n$ 都成立，其中，

$$\hat{g}(i, u, j) = \begin{cases} g(i, u, j) + V(j) - V(i), & i, j = 1, \cdots, n \\ g(i, u, j) - V(i), & i = 1, \cdots, n, \ j = t \end{cases} \tag{4.10}$$

我们将式(4.9)称为贝尔曼方程的变分形式，并将修改后所得的每阶段费用 $\hat{g}$ 称为对应于 V 的时序差分（temporal difference）。时序差分在多个强化学习算法中都扮演了重要角色，参见 5.5 节，以及前面提到的近似动态规划/强化学习书籍。

需要注意的是，通过用时序差分 $\hat{g}$ 代替每阶段费用 g，我们得到了一个新问题，而式(4.9)正是该问题的贝尔曼方程。那么根据命题 4.2.2可知，$\hat{J} = J^* - V$ 是该方程的唯一解。因此，无论是求解原问题还是求解修改后得到的新问题都能得到 J^*。此外，在费用修改后的问题中，任意给定策略 μ 的费用为 $\hat{J}_\mu = J_\mu - V$。因此，原问题与修改后的问题本质上是等价的，且在采用精确动态规划方法求解时，向量 V 的选取不影响求得的原问题的最优费用。但是，如果通过近似方法求解，选取合适的 V 可能使得求解变分问题给出更好的结果。

具体来说，相较于选取近似架构直接近似 J^*，通过选取合适的 V 可能使得所选的近似架构更好地拟合差值 $\hat{J} = J^* - V$。例如，我们可以通过某些问题近似方法得到 V，并将其作为对 J^* 的粗略估计，然后采用另一种不同的值空间近似方法来求解费用修改后的问题。我们将这一方法称为费用整形（cost shaping）（在强化学习文献中，当涉及最大化收益时，该方法被称为"收益整形"）。尽管费用整形不会改变原动态规划问题的最优策略，但它可能极大地改善近似动态规划方法所得的次优策略的质量。这些近似方法有些已经在前面章节中介绍过，有些则在后续两章给出，例如 3.4 节中介绍的基线与优势更新、5.7.1 节将要介绍的策略梯度方法以及 6.5 节给出的偏心聚集。一个重要的特性是当所选的 V 接近于 J^* 时，$\hat{J}$ 的取值范围将会减小，这可能有助于提高近似方法对于 J^* 刻画的精细程度，从而提高所得解的性能。

4.3 折扣问题

本节考虑涉及折扣因子 $\alpha < 1$ 的折扣问题，通过采用前面引入的转移概率符号，该问题的贝尔曼方程和值迭代算法具有如下形式。

折扣问题的贝尔曼方程和值迭代 对所有 $i = 1, \cdots, n$，有

$$J^*(i) = \min_{u \in U(i)} \sum_{j=1}^{n} p_{ij}(u)\big(g(i, u, j) + \alpha J^*(j)\big)$$

对所有 $i = 1, \cdots, n$ 以及任意初始条件 $J_0(1), \cdots, J_0(n)$，值迭代算法根据公式

$$J_{k+1}(i) = \min_{u \in U(i)} \sum_{j=1}^{n} p_{ij}(u)\big(g(i, u, j) + \alpha J_k(j)\big)$$

生成序列 $\{J_k\}$。

接下来，我们将说明折扣问题可以转化为随机最短路径问题，且前面给出的关于随机最短路径问题的分析同样适用于该问题。若折扣问题中的状态为 $i = 1, \cdots, n$，那么我们可以考虑涉及状态 $i = 1, \cdots, n$ 和一个虚拟状态 t 的随机最短路径问题。其中的状态转移概率和相应费用定义如下：当处于状态 $i \neq t$ 并采用控制 u 时，下一阶段状态为 j 的概率为 $\alpha p_{ij}(u)$，而状态为 t 的概率为 $1 - \alpha$。对应于状态控制对 (i, u) 的转移费用的期望值定义为 $E\{g(i, u, j)\} = \sum_{j=1}^{n} p_{ij}(u)g(i, u, j)$，参见图 4.3.1。值得注意的是，该随机最短路径问题满足前一节中的假设 4.2.1，因为从任意状态出发，经过一步后抵达 t 的概率都是 $1 - \alpha$。

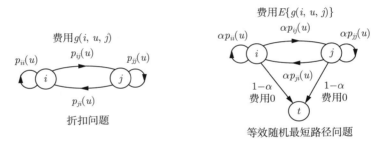

图 4.3.1　某个 α 折扣问题及其相应的等价随机最短路径问题的转移概率图示。在后者中，经过 k 个阶段后系统状态仍非 t 的概率为 α^k。在第 k 个阶段时，状态–控制对 (i, u) 在这两个问题中的期望费用均为 $E\{g(i, u, j)\}$，但是由于（在折扣问题中）取折扣或（在随机最短路径中）由于 $x \neq t$ 发生的概率为 α^k，该费用需要与 α^k 相乘。

现假设在折扣问题和相应的随机最短路径问题中采用相同的策略。那么只要系统还未到达终止状态，在这两个问题中系统轨迹的演化所依据的转移概率就是相同的。而且，该随机最短路径问题中第 k 阶段费用的期望值是 $g(i_k, \mu_k(i_k), i_{k+1})$ 在折扣问题中的期望值与 $i_k \neq t$ 的概率的乘积，后者的值为 α^k。所得的积与折扣问题中 k 阶段费用的期望相同。因此，从任意给定状态出发，在折扣问题和相应的随机最短路径问题中采用任意相同策略（包括最优策略）所产生的费用都是相同的。

鉴于此，我们可以针对等价的随机最短路径问题采用前一节中介绍的命题 4.2.1∼命题 4.2.5，从而得到适用于折扣问题的相应结论。这些结论中的折扣因子与上述讨论的折扣–随机最短路径问题等价关系相一致。

命题 4.3.1（值迭代的收敛性）　对所有状态 i，最优费用 $J^*(i)$ 都有限。而且，给定任意初始条件 $J_0(1), \cdots, J_0(n)$，对每个 i，根据值迭代公式

$$J_{k+1}(i) = \min_{u \in U(i)} \sum_{j=1}^{n} p_{ij}(u)\big(g(i, u, j) + \alpha J_k(j)\big), \quad i = 1, \cdots, n$$

生成的序列 $\{J_k(i)\}$ 都收敛到 $J^*(i)$。

命题 4.3.2（贝尔曼方程） 最优费用函数

$$J^* = \big(J^*(1), \cdots, J^*(n)\big)$$

对所有 $i = 1, \cdots, n$ 都满足

$$J^*(i) = \min_{u \in U(i)} \sum_{j=1}^{n} p_{ij}(u)\big(g(i, u, j) + \alpha J^*(j)\big) \tag{4.11}$$

且为上述该等式的唯一解。

命题 4.3.3（针对策略的值迭代和贝尔曼方程） 对任何稳态策略 μ，相应的费用函数 $J_\mu = \big(J_\mu(1), \cdots, J_\mu(n)\big)$ 都满足

$$J_\mu(i) = \sum_{j=1}^{n} p_{ij}\big(\mu(i)\big)\Big(g\big(i, \mu(i), j\big) + \alpha J_\mu(j)\Big), \quad i = 1, \cdots, n$$

且为上述等式的唯一解。此外，给定任意初始条件 $J_0(1), \cdots, J_0(n)$，对每个 i，根据限定于策略 μ 的值迭代公式

$$J_{k+1}(i) = \sum_{j=1}^{n} p_{ij}\big(\mu(i)\big)\Big(g\big(i, \mu(i), j\big) + \alpha J_k(j)\Big), \quad i = 1, \cdots, n$$

生成的序列 $\{J_k(i)\}$ 都收敛到 $J_\mu(i)$。

命题 4.3.4（最优条件） 稳态策略 μ 是最优策略的充要条件是，对于所有状态 i，$\mu(i)$ 都取得贝尔曼方程(4.11)中的最小值。

与前面一节类似，我们可以用相仿的动态规划原理来解释贝尔曼方程(4.11)。当处于状态 i 时，给定一个当前可选的控制就得到了由当前阶段费用期望值和未来所有阶段最优费用的期望值之和。那么此时的最优费用正是上述和中的最小值。加和的前一项为 $g(i, u, j)$，后者为 $J^*(j)$。但由于后者费用是从当前阶段的后继时刻开始积累的，故需要通过乘以 α 以体现折扣作用。

此外，我们在折扣问题中也可以证明类似于命题 4.2.5的压缩属性和相应值迭代算法的收敛速率。为此，引入贝尔曼算子

$$(TJ)(i) = \min_{u \in U(i)} \sum_{j=1}^{n} p_{ij}(u)\big(g(i, u, j) + \alpha J(j)\big), \quad i = 1, \cdots, n \tag{4.12}$$

以及

$$(T_\mu J)(i) = \sum_{j=1}^{n} p_{ij}\big(\mu(i)\big)\Big(g\big(i, \mu(i), j\big) + \alpha J(j)\Big), \quad i = 1, \cdots, n \tag{4.13}$$

显然，它们与随机最短路径问题中由式(4.7)和式(4.8)定义的相应算子相仿。类似地，我们也可以用这些算子将贝尔曼方程写作不动点方程 $J^* = TJ^*$ 和 $J_\mu = T_\mu J_\mu$。以下给出的压缩属性的结论可以用于分析折扣问题的精确或近似解法，本章末的附录中给出了它的证明。

命题 4.3.5（贝尔曼算子的压缩属性）   式(4.12)和式(4.13)中定义的贝尔曼算子 T 和 T_μ 是关于最大范数

$$\|J\| = \max_{i=1,\cdots,n} |J(i)|$$

的模量为 α 的压缩映射。具体来说，对所有的 n 维向量 J 和 J'，不等式

$$\|TJ - TJ'\| \leqslant \alpha\|J - J'\|, \quad \|T_\mu J - T_\mu J'\| \leqslant \alpha\|J - J'\|$$

都成立。

例 4.3.1（出售资产）   考虑一个在无穷多的阶段内出售资产的问题。假设在每阶段均有关于该资产的一个报价，它按照 $p(1),\cdots,p(n)$ 的概率从 $v_1,\cdots,v_n$ 这 n 个值中随机取值，且不同阶段的值相互独立。一旦 k 阶段的报价 i_k 被接受，该资金将用于利润率为 r 的投资。通过将该阶段的资金折价到阶段 0 的币值，我们可以将 $(1+r)^{-k}i_k$ 视为在 k 阶段以 i_k 的价格出售该资产所得的收益，其中 $r > 0$ 是利率。由此我们就得到一个折扣 $\alpha = 1/(1+r)$ 的折扣问题。因此本节给出的分析适用于此问题，且最优收益函数 J^* 是贝尔曼方程

$$J^*(i) = \max\left[v_i, \frac{1}{1+r}\sum_{j=1}^n p_j J^*(j)\right]$$

的唯一解。由此可知，最优收益函数可以通过临界值

$$c = \frac{1}{1+r}\sum_{j=1}^n p_j J^*(j)$$

来刻画。通过选择两个选项中收益大的控制，就可以得到最优策略。当且仅当现阶段报价 i 高于 c，我们才应选择出售。上述的临界值 c 可以通过值迭代算法的一种简单形式算出（参见 [Ber17] 的 3.4 节）。

如果不同阶段的报价相关而非独立，那么问题就变得困难得多。此时每阶段报价可以用作观测值，用以提供关于未来报价的一些信息。与此相关的另一个较为困难的变形是报价的概率分布 $p = (p(1),\cdots,p(n))$ 未知的销售问题。在此情况下，我们只能通过不断收到的新报价来估计这些概率值。这两个困难的问题变形都可以被描述为部分状态信息问题，其中涉及置信状态：根据过去报价求出的关于分布 p 的估计（当然我们需要合适的条件来保证原则上可以精确求出或在实际中可以近似求出 p）。第 2 章和第 3 章中的一些有限阶段近似方法经过适当修改就能适用于估计 p 的值。然而此时精确求解该问题已不再现实，这是因为相应的动态规划涉及的置信状态的空间是无穷维的。

针对折扣问题的费用整形

随机最短路径问题中介绍的费用整形也同样可以拓展到折扣问题。具体来说，对任意给定的 V，贝尔曼方程的变体是

$$\hat{J}(i) = \min_{u\in U(i)} \sum_{j=1}^n p_{ij}(u)\big(\hat{g}(i,u,j) + \alpha\hat{J}(j)\big), \quad i=1,\cdots,n$$

其中，

$$\hat{g}(i,u,j) = g(i,u,j) + \alpha V(j) - V(i), \quad i = 1, \cdots, n$$

是对应于 V 的时序差分，参见式(4.9)和式(4.10)。

针对 Q 因子的贝尔曼方程和值迭代

与随机最短路径问题的情况类似，关于 Q 因子也有对应于上述命题的结论成立。我们将最优 Q 因子定义为

$$Q^*(i,u) = \sum_{j=1}^{n} p_{ij}(u)\big(g(i,u,j) + \alpha J^*(j)\big), \quad i = 1, \cdots, n, u \in U(i)$$

鉴于折扣问题视可被视为特殊的随机最短路径问题，我们可以从随机最短路径问题相关算法中求出 Q 因子。一旦通过某种（基于模型的或无模型的）方式得到了 Q^* 或其近似 $\tilde{Q}$，那么就可以通过最小化运算

$$\mu^*(i) \in \arg\min_{u \in U(i)} Q^*(i,u), \quad i = 1, \cdots, n$$

求得一个最优策略 μ^*，或通过最小化近似 Q 因子

$$\tilde{\mu}(i) \in \arg\min_{u \in U(i)} \tilde{Q}(i,u), \quad i = 1, \cdots, n$$

就能得到一个次优策略 $\tilde{\mu}$。

涉及 Q 因子的贝尔曼方程和值迭代算法的基本结论如下。

折扣问题中 Q 因子的贝尔曼方程和值迭代　对所有 $i = 1, \cdots, n$ 和 $u \in U(i)$，有

$$Q^*(i,u) = \sum_{j=1}^{n} p_{ij}(u)\bigg(g(i,u,j) + \alpha \min_{v \in U(j)} Q^*(j,v)\bigg) \tag{4.14}$$

对所有 $i = 1, \cdots, n$ 和 $u \in U(i)$，以及任意初始条件 $Q_0(i,u)$，值迭代算法根据公式

$$Q_{k+1}(i,u) = \sum_{j=1}^{n} p_{ij}(u)\bigg(g(i,u,j) + \alpha \min_{v \in U(j)} Q_k(j,v)\bigg) \tag{4.15}$$

生成序列 $\{Q_k\}$。

值迭代算法式(4.15)构成了多种不同的 Q 学习算法的理论基础，5.4 节将讲解这些算法。

4.4　半马尔可夫折扣问题

本节简要介绍折扣问题的一种变形，即半马尔可夫（semi-Markov）问题。在此类问题中，不同状态之间发生转移所需的时间是随机的，因此每阶段费用以及后续状态的展望费用所乘的因子会受到影响。本节将会说明，前述折扣问题的分析方法只需经过简单直接的拓展就适用于此类问题。具体来说，仅仅通过将折扣问题的动态规划/贝尔曼算子定义中的折扣转移概率 $\alpha p_{ij}(u)$ 替换为随控制

u 和转移 (i,j) 变化的标量 $m_{ij}(u) < 1$，折扣问题的所有分析成果（参见命题 4.3.1～ 命题 4.3.5）就能拓展适用于半马尔可夫问题。此外，后续两节介绍的值迭代和策略迭代算法以及下一章讲解的这些算法的近似版本都可以直接拓展到半马尔可夫问题。[①]

与前面一致，我们假设有 n 个状态，记为 $1,\cdots,n$，且状态转移与控制选择发生在离散的时刻。然而，从一个状态转移到后继状态的时长是随机的。在任意时刻 t 的状态与控制分别记为 $x(t)$ 和 $u(t)$，且在转移发生之间的时域内它们保持不变。我们采用下列符号：

t_k：第 k 次转移发生的时刻。按照惯例，记 $t_0 = 0$。

$x_k = x(t_k)$：当 $t_k \leqslant t < t_{k+1}$ 时有 $x(t) = x_k$。

$u_k = u(t_k)$：当 $t_k \leqslant t < t_{k+1}$ 时有 $u(t) = u_k$。

半马尔可夫问题采用转移分布（transition distributions）$\xi_{ij}(\tau, u)$ 代替之前的转移概率。对任意给定的 (i, u)，转移分布给出了转移所需时间和转移到的状态的联合概率分布：

$$\xi_{ij}(\tau, u) = P\{t_{k+1} - t_k \leqslant \tau,\ x_{k+1} = j \mid x_k = i,\ u_k = u\}$$

需要注意的是，通过对转移分布求关于时间的极限，我们就得到了转移概率，即

$$p_{ij}(u) = P\{x_{k+1} = j \mid x_k = i,\ u_k = u\} = \lim_{\tau \to \infty} \xi_{ij}(\tau, u) \tag{4.16}$$

而且，给定 i、j 和 u 后，关于 τ 的条件累积分布函数（cumulative distribution function，CDF）是

$$P\{t_{k+1} - t_k \leqslant \tau \mid x_k = i,\ x_{k+1} = j,\ u_k = u\} = \frac{\xi_{ij}(\tau, u)}{p_{ij}(u)}$$

（此处需假设 $p_{ij}(u) > 0$。）因此，$\xi_{ij}(\tau, u)$ 可视为"放缩的累积分布函数"，即某一累积分布函数与 $p_{ij}(u)$ 的乘积（参见图 4.4.1）。

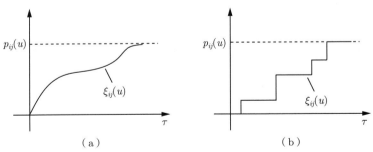

图 4.4.1　关于 τ 的转移分布 $\xi_{ij}(\tau, u)$ 和相应的条件累积分布函数图示。图（a）和（b）分别对应于 τ 是连续和离散变量的情况。

引入转移分布 $\xi_{ij}(\tau, u)$ 的一大优势是它可以用于表示离散、连续以及混合的随机变量 τ。一般来说，τ 的函数期望值可以通过对 ξ_{ij} 的关于 τ 的微分作积分得到。涉及的微分记为 $\mathrm{d}\xi_{ij}(\tau, u)$。例

───────────

[①] 半马尔可夫问题在实践中非常常见。本节的目的是说明我们可以把此类问题归属于 4.3 节中介绍的一般折扣问题。在实际中，当一段时间内所选的多个控制可以用一个合起来的控制近似时，就可以用半马尔可夫问题来建模（参见 [PSS98] 和 [CS15]）。除此之外，半马尔可夫问题与本书讲解的其余部分关联不大。因此，读者在第一遍阅读本书时可跳过本节，在需要时再返回查阅相关部分。

如，在 i、j 和 u 给定的前提下，τ 的条件期望可以通过式(4.16)中给出的条件累积分布函数写作

$$E\{\tau \mid i, j, u\} = \int_0^\infty \tau \frac{\mathrm{d}\xi_{ij}(\tau, u)}{p_{ij}(u)} \tag{4.17}$$

如果 $\xi_{ij}(\tau, u)$ 是连续且关于 τ 分段可微，则可以将偏导

$$\zeta_{ij}(\tau, u) = \frac{\mathrm{d}\xi_{ij}(\tau, u)}{p_{ij}(u)}$$

视为关于 τ 的"放缩版的"概率密度函数。那么 $\zeta_{ij}(\tau, u)\mathrm{d}\tau$ 可用于代替 $\mathrm{d}\xi_{ij}(\tau, u)$，且关于 τ 的函数的期望值可以用关于 $\zeta_{ij}(\tau, u)$ 的积分表示。例如，式(4.17)可写作

$$E\{\tau \mid i, j, u\} = \int_0^\infty \tau \frac{\zeta_{ij}(\tau, u)}{p_{ij}(u)} \mathrm{d}\tau$$

如果 $\xi_{ij}(\tau, u)$ 是不连续且为"阶梯状的"，那么 τ 就是离散随机变量，且关于 τ 的函数的期望值可通过求和得到。

对应于每个状态 i 和控制 $u \in U(i)$，我们引入期望转移时间 $\overline{\tau}_i(u)$，并通过式(4.17)将其定义为

$$\overline{\tau}_i(u) = \sum_{j=1}^n p_{ij}(u) E\{\tau \mid i, j, u\} = \sum_{j=1}^n \int_0^\infty \tau \mathrm{d}\xi_{ij}(\tau, u)$$

为保证后续相关概念定义良好，我们要求 $\overline{\tau}_i(u)$ 非零且有限：

$$0 < \overline{\tau}_i(u) < \infty \tag{4.18}$$

对于给定状态 i 和控制 $u \in U(i)$，假设在很小的时间段 $\mathrm{d}t$ 内所产生的费用为 $g(i, u)\mathrm{d}t$。那么，$g(i, u)$ 可被视为单位时间的费用（cost per unit time）（为简单起见，我们假设该费用不依赖于 j）。此时，费用函数可定义为

$$\lim_{T \to \infty} E\left\{ \int_0^T \mathrm{e}^{-\beta t} g\big(x(t), u(t)\big) \mathrm{d}t \right\}$$

其中，β 是给定的正的折扣参数。鉴于单位时间费用，即 $g\big(x(t), u(t)\big)$，在不同转移之间保持不变，那么在状态 i 时采用控制 u 发生单次状态转移所花费用的期望值为

$$\begin{aligned}
G(i, u) &= E\left\{ \int_0^T \mathrm{e}^{-\beta t} g(x, u) \mathrm{d}t \right\} \\
&= g(i, u) E\left\{ \int_0^T \mathrm{e}^{-\beta t} \mathrm{d}t \right\} \\
&= g(i, u) E_j\left\{ E_\tau\left\{ \int_0^T \mathrm{e}^{-\beta t} \mathrm{d}t \,\Big|\, j \right\} \right\} \\
&= g(i, u) \sum_{j=1}^n p_{ij}(u) \int_0^\infty \left(\int_0^\tau \mathrm{e}^{-\beta t} \mathrm{d}t \right) \frac{\mathrm{d}\xi_{ij}(\tau, u)}{p_{ij}(u)}
\end{aligned}$$

且由于 $\int_0^\tau \mathrm{e}^{-\beta t}\mathrm{d}t = (1 - \mathrm{e}^{-\beta\tau})/\beta$，上式等价于

$$G(i,u) = g(i,u) \sum_{j=1}^n \int_0^\infty \frac{1 - \mathrm{e}^{-\beta\tau}}{\beta} \mathrm{d}\xi_{ij}(\tau, u) \tag{4.19}$$

从状态 i 出发，策略 $\pi = \{\mu_0, \mu_1, \cdots\}$ 的费用为

$$J_\pi(i) = \lim_{N\to\infty} \sum_{k=0}^{N-1} E\left\{ \int_{t_k}^{t_{k+1}} \mathrm{e}^{-\beta t} g\big(x_k, \mu_k(x_k)\big)\mathrm{d}t \,\Big|\, x_0 = x \right\}$$

该费用可以分成以下两部分之和：第一步转移的期望费用，即 $G(i, \mu_0(i))$，加上下一个状态的展望费用与折扣因子 $\mathrm{e}^{-\beta\tau}$ 的乘积，且此处的 τ 为第一次转移发生的（随机）时间。由此得到

$$J_\pi(i) = G\big(i, \mu_0(i)\big) + E\big\{\mathrm{e}^{-\beta\tau} J_{\pi_1}(j) \,\big|\, x_0 = i, u_0 = \mu_0(i)\big\} \tag{4.20}$$

对上式最后一项进行进一步计算可得

$$\begin{aligned}
E\big\{\mathrm{e}^{-\beta\tau} J_{\pi_1}(j) \,\big|\, x_0 = i, u_0 = \mu_0(i)\big\} &= E\big\{E\{\mathrm{e}^{-\beta\tau} \,|\, j\} J_{\pi_1}(j) \,\big|\, x_0 = i, u_0 = \mu_0(i)\big\} \\
&= \sum_{j=1}^n p_{ij}\big(\mu_0(i)\big)\left(\int_0^\infty \mathrm{e}^{-\beta\tau} \frac{\mathrm{d}\xi_{ij}\big(\tau, \mu_0(i)\big)}{p_{ij}\big(\mu_0(i)\big)} \right) J_{\pi_1}(j) \\
&= \sum_{j=1}^n m_{ij}\big(\mu_0(i)\big) J_{\pi_1}(j)
\end{aligned}$$

其中，对任意 $u \in U(i)$，$m_{ij}(u)$ 是

$$m_{ij}(u) = \int_0^\infty \mathrm{e}^{-\beta\tau}\mathrm{d}\xi_{ij}(\tau, u) \tag{4.21}$$

因此，通过将式(4.19)~ 式(4.21)联立，$J_\pi(i)$ 可写作

$$J_\pi(i) = G\big(i, \mu_0(i)\big) + \sum_{j=1}^n m_{ij}\big(\mu_0(i)\big) J_{\pi_1}(j) \tag{4.22}$$

上式显然类似于离散时间折扣问题的相应等式 [区别只是此时 $m_{ij}\big(\mu_0(i)\big)$ 代替了 $\alpha p_{ij}\big(\mu_0(i)\big)$]。

与离散时间折扣问题类似，我们还可以针对式(4.22)引入一个涉及虚拟状态 t 的随机最短路径问题。在此问题中，当处于状态 i 且采用控制 u 时，下一阶段前往状态 j 的概率为 $m_{ij}(u)$，而转移到终止状态的概率为

$$1 - \sum_{j=1}^n m_{ij}(u)$$

我们假设期望转移时间为正 [参见式(4.18)]，这就意味着

$$\sum_{j=1}^n m_{ij}(u) < 1, \quad \text{对所有 } i \text{ 和 } u \in U(i)$$

故假设 4.2.1成立，因此，4.2 节中关于随机最短路径问题的分析适用于此处。通过采用与 4.3 节中完全相同的方法，我们可以证明折扣问题的所有结论在半马尔可夫问题中对应的变体都成立。具体来说，最优费用函数 J^* 满足

$$J^*(i) = \min_{u \in U(i)} \left[G(i,u) + \sum_{j=1}^{n} m_{ij}(u) J^*(j) \right], \quad i = 1, \cdots, n$$

且为上式的唯一解。此外，值迭代算法写作

$$J_{k+1}(i) = \min_{u \in U(i)} \left[G(i,u) + \sum_{j=1}^{n} m_{ij}(u) J_k(j) \right], \quad i = 1, \cdots, n$$

本质上，此时我们得到了一个等效的离散时间折扣问题，该问题的（有效）折扣因子为 $1 - \sum_{j=1}^{n} m_{ij}(u)$ 且依赖于 i 和 u。

上述问题还有一些变形。例如在每阶段费用的 $G(i,u)$ 的基础上，当处于状态 i 并选用控制 u 时还会有额外的（瞬时）单阶段费用 $H(i,u)$，且其值独立于状态转移所需时长。在此情况下，贝尔曼方程可写作

$$J^*(i) = \min_{u \in U(i)} \left[H(i,u) + G(i,u) + \sum_{j=1}^{n} m_{ij}(u) J^*(j) \right]$$

另一类变形则是每阶段费用 g 随后继状态 j 而变化。在此类问题中，一旦抵达状态 i 并选用控制 $u \in U(i)$，则后继状态为 j 的概率就是 $p_{ij}(u)$。此时，$G(i,u)$ 可定义为

$$G(i,u) = \sum_{j=1}^{n} \int_0^\infty g(i,u,j) \frac{1 - e^{-\beta\tau}}{\beta} d\xi_{ij}(\tau, u)$$

[参见式(4.19)] 且前述分析无须改动就可适用于此问题。

此外，我们还可以将上述介绍的方法相结合从而得到新的变体。作为一个简单示例，接下来介绍 4.3 节中的 α 折扣问题的一个变体。与 4.3 节中的问题相同，当处于状态 i 并选择控制 u 时，后继状态为 j 的概率为 $p_{ij}(u)$ 并花费 $g(i,u,j)$。区别在于，相应转移将在（确定的）整数 $d(i,u,j)$ 个阶段后发生。那么此时，贝尔曼方程就有如下直观形式：

$$J^*(i) = \min_{u \in U(i)} \sum_{j=1}^{n} p_{ij}(u) \big(g(i,u,j) + \alpha^{d(i,u,j)} J^*(j) \big), \quad i = 1, \cdots, n$$

由此可见，该问题本质上就是一个折扣问题，但它的折扣因子 $\alpha^{d(i,u,j)}$ 却随着状态和控制而变化。

4.5 异步分布式值迭代

目前为止，我们介绍了用于随机最短路径问题的值迭代算法

$$J_{k+1}(i) = \min_{u \in U(i)} \left[p_{it}(u) g(i,u,t) + \sum_{j=1}^{n} p_{ij}(u) \big(g(i,u,j) + J_k(j) \big) \right] \tag{4.23}$$

以及适用于折扣问题的版本

$$J_{k+1}(i) = \min_{u \in U(i)} \sum_{j=1}^{n} p_{ij}(u)\big(g(i,u,j) + \alpha J_k(j)\big) \tag{4.24}$$

该算法是计算费用函数的主要方法之一。

前面介绍的值迭代算法在每步迭代中同时对所有状态执行运算。当采用更一般的值迭代算法时，每一步迭代中可能只有状态空间的子集对应的 $J(i)$ 得到更新。高斯–赛德尔方法（Gauss-Seidel method）就是此类方法的一个例子。当采用此法时，每步迭代中只更新某个单一选定状态 $\bar{i}$ 对应的 $J(i)$ 值，而其余所有 $i \neq \bar{i}$ 状态的费用值则保持不变。在标准形式的高斯–赛德尔方法中，不同状态对应费用按照固定顺序依次轮流更新，但也可以采用更为一般的确定性或随机的顺序。接下来我们将讨论顺序选择这一问题。

相较而言，值迭代算法更为复杂的变体可能使用先前几步迭代得到的值，即已经过期的迭代值。此类的方法被称为异步值迭代算法（asynchronous VI algorithms），采用此类算法的动因可能包括：

（a）更快的收敛速度（faster convergence）。一般而言，关于动态规划算法的实践经验和理论分析都表明，将值迭代更新的某些状态的费用值尽早运用于其他状态的后续值迭代更新时，算法收敛的速度更快。这就是所谓的高斯–赛德尔效应（Gauss-Seidel effect）。分布式算法文献 [BT89] 对此类问题给出了详细说明。

（b）并行与分布式的异步计算（parallel and distributed asynchronous computation）。在此情况下，我们假设存在多个处理器作为计算单元，每个处理器都采用值迭代算法来更新状态空间的某一子集中状态的费用值，并相互沟通计算结果（通信中可能含有延迟）。采用此类结构的目标可能是通过利用并行机制来得到更快的计算速度。此外，如果问题中有用的信息是在地域上分布的不同点产生并处理的，那么采用相应的分布计算会更为方便。数据或传感器网络中的计算就是该情况的一个例子。此时，多个节点、网关、传感器以及数据采集中心相互配合，通过执行动态规划或最短路径类的相关运算从而路由和控制数据流。

（c）基于仿真的算法实现（simulation-based implementations）。此时我们假设对应于不同状态的各步迭代是通过某种形式的仿真依次生成的。一般来说，在此情况下，每步值迭代算法不可能按照式(4.23)和式(4.24)的形式同时更新所有的状态 i 所对应的值。

鉴于上述情况，研究异步值迭代算法的多种模型应运而生。在此我们简要介绍其中的一类模型。该模型将状态空间 $\{1, \cdots, n\}$ 分为互不相交的非空子集 $I_1, \cdots, I_m$，并假设有 m 个处理器构成了计算网络，且每个处理器负责更新一个子集状态的费用值 J。具体来说，将 J 表示为 $J = (J_1, \cdots, J_m)$，其中 J_ℓ 代表 J 在子集 I_ℓ 上的取值。那么当采用（同步的）分布式值迭代算法求解折扣问题时，每个处理器 $\ell = 1, \cdots, m$ 在第 t 步迭代都只更新 J_ℓ 这一部分，且迭代公式为

$$J_\ell^{t+1}(i) = \min_{u \in U(i)} \sum_{s=1}^{m} \sum_{j \in I_s} p_{ij}(u)\big(g(i,u,j) + \alpha J_s^t(j)\big), \quad \text{对所有 } i \in I_\ell$$

此处，为了便于描述分布式算法架构和其中众多的符号，我们采用上标 t 来表示迭代步数/时间，即每一步迭代中，一部分（不一定全部）处理器会更新它们对应的费用值。下标 ℓ 则用于表示组分/处理器索引。

不论采用何种异步值迭代算法，处理器 ℓ 都只会在某些迭代步 t 更新其对应的值。这些迭代步构成了所有迭代步数的子集 $\mathcal{R}_\ell$，而迭代运算所需的其他组分 J_j，$j \neq \ell$，则由其他处理器传输得到。鉴于此，对所有 $i \in I_\ell$，各组分信息由于通信可能会有 $t - \tau_{\ell j}(t)$ 的"延迟"，相应迭代公式为

$$
J_\ell^{t+1}(i) = \begin{cases} \min\limits_{u \in U(i)} \sum\limits_{s=1}^{m} \sum\limits_{j \in I_s} p_{ij}(u)\big(g(i,u,j) + \alpha J_s^{\tau_{\ell j}(t)}(j)\big), & t \in \mathcal{R}_\ell \\ J_\ell^t(i), & t \notin \mathcal{R}_\ell \end{cases} \tag{4.25}
$$

[若 $\tau_{\ell j}(t) = t$ 则意味着从处理器 j 传输信息到 ℓ "没有延迟"。] 对于在许多文献都介绍过的一类典型异步分布式计算系统（专著 [BT89] 对此给出了大量讲解），通信延迟都难以避免。因为分布式计算架构天然适用于执行基于仿真的算法，而一些大规模动态规划问题的求解方法又是基于仿真实现的，所以对这些计算系统的学习有益于求解动态规划问题。另外，如果整个算法都是在某个单一的处理器上集中完成的，那么算法式(4.25)自然不会涉及任何的通信延迟，即对所有 ℓ、j 和 t 都有 $\tau_{\ell j}(t) = t$ 成立。

作为上述架构的一类特例，每个 I_ℓ 中只含有一个元素的情况在实践中经常出现，尤其是在涉及仿真的情况下。[①] 在此情况下，我们可以将迭代公式(4.25)中的标量组分 $J_\ell^t(\ell)$ 用 J_ℓ^t 来代替，从而简化符号。下面的例子就采用了这一简化符号。

例 4.5.1（一步一状态迭代）   接下来介绍的算法适用于折扣问题，并且是对高斯–赛德尔方法的扩展。我们认为每个状态都有其对应的专一处理器，因此 $I_\ell = \{\ell\}$，$\ell = 1, \cdots, n$。此外，值迭代算法根据某个状态序列 $\{i^0, i^1, \cdots\}$，以一步一个状态的方式执行。具体的状态序列可以是通过包括仿真在内的某种方式生成。由此，从某一给定的初始向量值 J^0 开始，该算法将生成序列 $\{J^t\}$，其中各组分 $J^t = (J_1^t, \cdots, J_n^t)$ 根据如下公式迭代更新：

$$
J_\ell^{t+1} = \begin{cases} T(J_1^t, \cdots, J_n^t)(\ell), & \ell = i^t \\ J_t^\ell, & \ell \neq i^t \end{cases}
$$

在上述表达式中为了表述简便，我们将 $J_\ell^t(\ell)$ 写作 J_ℓ^t。该算法可视为迭代算法式(4.25)的特例。这是因为如果将式(4.25)中 J_ℓ 更新的迭代步数设为 $\mathcal{R}_\ell = \{t \,|\, i^t = \ell\}$，并且认为通信延迟不存在（正如整个计算过程都是由同一个处理器执行一般），那么就得到了上述算法。

异步算法式(4.25)有一些极其优越的收敛性质。具体来说，假设如下条件成立：

（1）对于每个状态子集 $\ell = 1, \cdots, m$，相应处理器 ℓ 将更新 J_ℓ 值无穷多次。等价地，$\mathcal{R}_\ell$ 含有无穷多个元素。

（2）对所有 $\ell, j = 1, \cdots, m$，满足 $\lim\limits_{t \to \infty} \tau_{\ell j}(t) = \infty$。

这些假设很符合实际情况，也是收敛性证明所必需的条件。具体来说，条件 $\tau_{\ell j}(t) \to \infty$ 保证了处理器作迭代运算时过期的信息最终将被新信息所取代。实际上，假设 $\tau_{\ell j}(t)$ 单调递增也很自然。不过对于收敛性证明而言，$\tau_{\ell j}(t)$ 单调递增并非必要，条件（2）就足够了。

在上述假设下，我们可以证明异步算法式(4.25)生成的迭代值将收敛到 J^*（即 $J_\ell^t \to J^*$ 对所有 ℓ 都成立）。它的证明是基于完全异步算法的一般收敛性定理得到的。该定理由作者在 [Ber83] 中给

---

① 当某个处理器负责更新一组状态时，我们可以认为存在与这组状态数目相同的假想的处理器，每个负责一个状态，并且同时更新相应的 J。因此在不失一般性的前提下，我们可以假设每个状态都有单独的处理器负责更新其值。

出，此文也为 [BT96]（第 6 章）中完全异步迭代算法的讲解，其在动态规划算法中的应用（如值迭代和策略迭代），以及异步的基于梯度的优化算法奠定了基础。本书不对相关内容作更进一步探讨，感兴趣的读者可参阅作者所著的其他教材 [BT89, Ber12a, Ber18a]。

4.6 策略迭代

值迭代算法之外另一类主要方法就是策略迭代（policy iteration，PI）。该算法以某一给定稳态策略 μ^0 作为出发点，迭代生成一系列新的策略 $\mu^1, \mu^2, \cdots$，当所有相关运算中都不涉及近似时，该算法具有良好的收敛性，稍后将对此展开讲解。

到目前为止我们所接触的算法中，最接近策略迭代的算法就是 2.4 节介绍的策略前展算法。在策略前展算法中，以某一给定策略作为出发点，通过执行费用函数评价和一步或多步最小化，得到一个更好的策略。策略迭代则是对该思路的进一步扩展，包含了一系列连续的策略评价和策略改进，即一种永续的策略前展（perpetual rollout）。

4.6.1 精确策略迭代

首先考虑随机最短路径问题。在此情境下，每步策略迭代包含了两个阶段：策略评价（policy evaluation）和策略改进（policy improvement），参见图 4.6.1。该算法具有如下形式。

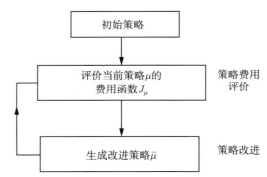

图 4.6.1 精确策略迭代算法图示。每一步迭代中，首先对当前策略 μ 执行策略评价，然后在此基础上得到一个改进的策略 $\overline{\mu}$。

随机最短路径问题的策略迭代 当给定策略 μ^k 时：
策略评价 通过求解（线性）贝尔曼方程组

$$J_{\mu^k}(i) = p_{it}\big(\mu^k(i)\big)g\big(i, \mu^k(i), t\big) + \sum_{j=1}^{n} p_{ij}\big(\mu^k(i)\big)\Big(g\big(i, \mu^k(i), j\big) + J_{\mu^k}(j)\Big)$$

得到 $J_{\mu^k}(i)$，$i = 1, \cdots, n$（参见命题 4.2.3）。
策略改进 对于所有状态 $i = 1, \cdots, n$，将新策略 μ^{k+1} 定义为

$$\mu^{k+1}(i) \in \arg \min_{u \in U(i)} \left[p_{it}(u)g(i, u, t) + \sum_{j=1}^{n} p_{ij}(u)\big(g(i, u, j) + J_{\mu^k}(j)\big) \right]$$

通过用 μ^{k+1} 取代 μ^k，上述运算可以一直重复下去，直到

$$J_{\mu^{k+1}}(i) = J_{\mu^k}(i)$$

对所有 i 都成立。此时算法终止并输出 μ^k。

适用于折扣问题的策略迭代算法如下。

折扣问题的策略迭代　　当给定策略 μ^k 时：

策略评价　通过求解（线性）贝尔曼方程组

$$J_{\mu^k}(i) = \sum_{j=1}^{n} p_{ij}\big(\mu^k(i)\big)\Big(g\big(i,\mu^k(i),j\big) + \alpha J_{\mu^k}(j)\Big) \tag{4.26}$$

从而得到 $J_{\mu^k}(i)$，$i = 1, \cdots, n$（参见命题 4.3.3）。

策略改进　将新策略 μ^{k+1} 定义为

$$\mu^{k+1}(i) \in \arg\min_{u \in U(i)} \sum_{j=1}^{n} p_{ij}(u)\big(g(i,u,j) + \alpha J_{\mu^k}(j)\big), \quad i = 1, \cdots, n \tag{4.27}$$

通过用 μ^{k+1} 取代 μ^k，上述运算可以一直重复下去，直到 $J_{\mu^{k+1}}(i) = J_{\mu^k}(i)$ 对所有 i 都成立。此时算法终止并输出 μ^k。

下述命题给出了策略迭代算法的有效性，并且指出该算法将在有限多步终止，且得到最优策略。其证明见本章附录。

命题 4.6.1（精确策略迭代的收敛性）　　无论是随机最短路径问题还是折扣问题，精确策略迭代算法都会生成依次改进的策略序列，即

$$J_{\mu^{k+1}}(i) \leqslant J_{\mu^k}(i), \quad \text{对所有 } i \text{ 和 } k \tag{4.28}$$

并终止于最优策略。

策略改进性质(4.28)的证明非常直观，我们将适用于折扣问题证明的主要思路总结如下。令 μ 和 $\overline{\mu}$ 分别表示一步策略迭代中涉及的初始策略和后续得到的改进策略。想要证明 $J_{\overline{\mu}} \leqslant J_{\mu}$。为此，用 J_N 表示在初始 N 阶段采用策略 $\overline{\mu}$ 并在后续所有阶段采用策略 μ 而对应的费用函数。将对应于策略 μ 贝尔曼方程

$$J_{\mu}(i) = \sum_{j=1}^{n} p_{ij}\big(\mu(i)\big)\Big(g\big(i,\mu(i),j\big) + \alpha J_{\mu}(j)\Big)$$

与策略改进公式(4.27)相结合，得到

$$J_1(i) = \sum_{j=1}^{n} p_{ij}\big(\overline{\mu}(i)\big)\Big(g\big(i,\overline{\mu}(i),j\big) + \alpha J_{\mu}(j)\Big) \leqslant J_{\mu}(i) \tag{4.29}$$

根据 J_2 和 J_1 的定义可知

$$J_2(i) = \sum_{j=1}^{n} p_{ij}\big(\overline{\mu}(i)\big)\Big(g\big(i,\overline{\mu}(i),j\big) + \alpha J_1(j)\Big) \tag{4.30}$$

因此，前述两个不等式就意味着

$$J_2(i) \leqslant J_1(i) \leqslant J_\mu(i), \quad \text{对所有} i \tag{4.31}$$

以此类推，得到

$$J_{N+1}(i) \leqslant J_N(i) \leqslant J_\mu(i), \quad \text{对所有} i \text{ 和 } N \tag{4.32}$$

鉴于 $J_N \to J_{\bar\mu}$（参见命题 4.3.3），可知 $J_{\bar\mu} \leqslant J_\mu$。

在实践中，策略迭代算法中前几步生成的策略就可以带来巨大的费用改进。即使当策略迭代终止所需的步数极大，这种现象依然可能发生。在下面的例子中，仅仅两步之后，策略迭代算法就达到了终止条件。

例 4.6.1（寻宝） 一位寻宝者获得了搜索某个含有 n 个宝藏地点的任务。他希望找到一个搜索策略，从而让自己在无穷多天内的预期收益最大化。在已知当前尚未找到的宝藏数量的前提下，他每天可以选择是否以一天 c 的费用继续寻找更多的宝藏，或者选择永久停止寻找。如果当前该地有 i 个宝藏，那么他找到 $m \in [0, i]$ 个宝藏的概率是 $p(m \mid i)$，此处我们假设对所有 $i \geqslant 1$，均有 $p(0 \mid i) < 1$，并且所找到宝藏数量的期望，即

$$r(i) = \sum_{m=0}^{i} mp(m \mid i)$$

随着 i 单调递增。所寻得的每个宝物的价值都是 1。

我们将问题建模为随机最短路径问题，其中状态就是尚未找到的宝藏的数量。终止状态即为状态 0（所有宝藏均被找到），此时寻宝人停止搜索。当处于状态 $i \geqslant 1$ 且寻宝人决定继续寻宝时，状态变为 $i-m$ 的概率是 $p(m \mid i)$。鉴于不等式 $p(0 \mid i) < 1$ 对所有 i 成立，此问题满足假设 4.2.1所述的终止不可避免条件。该问题的贝尔曼方程为

$$J^*(i) = \max\left[0, r(i) - c + \sum_{m=0}^{i} p(m \mid i)J^*(i-m)\right], \quad i = 1, \cdots, n$$

并且 $J^*(0) = 0$。

采用策略迭代求解该问题，并将从不搜索作为初始策略 μ^0。该策略的费用函数为

$$J_{\mu^0}(i) = 0, \quad \text{对所有} i$$

那么，通过一步策略迭代生成的后续策略 μ^1 为：在状态 i 时当且仅当 $r(i) > c$ 选择搜寻，并且它的贝尔曼方程为

$$J_{\mu^1}(i) = \begin{cases} 0, & r(i) \leqslant c \\ r(i) - c + \sum_{m=0}^{i} p(m \mid i)J_{\mu^1}(i)(i-m), & r(i) > c \end{cases} \tag{4.33}$$

值得注意的是，对所有 i，$J_{\mu^1}(i)$ 都是非负的，这是由于根据命题 4.6.1，有

$$J_{\mu^1}(i) \geqslant J_{\mu^0}(i) = 0$$

接下来根据策略迭代算法，可以通过最大化运算

$$\mu^2(i) \in \arg\max \left[0, r(i) - c + \sum_{m=0}^{i} p(m \mid i) J_{\mu^1}(i-m)\right], \quad i = 1, \cdots, n$$

获得新策略。对于每个满足 $r(i) \leqslant c$ 的状态 i，可知 $r(j) \leqslant c$ 对所有 $j < i$ 都成立，这是因为 $r(i)$ 随 i 单调非减。此外，鉴于式 (4.33)，可知 $J_{\mu^1}(i-m) = 0$ 对所有 $m \geqslant 0$ 都成立。因此对所有满足 $r(i) \leqslant c$ 的状态 i，均有

$$0 \geqslant r(i) - c + \sum_{m=0}^{i} p(m \mid i) J_{\mu^1}(i-m)$$

因此有 $\mu^2(i) = $ 停止寻找。

对于每个满足 $r(i) > c$ 的状态 i，可知 $\mu^2(i) = $ 寻找。这是因为 $J_{\mu^1}(i) \geqslant 0$ 对所有 i 都成立，从而有

$$0 < r(i) - c + \sum_{m=0}^{i} p(m \mid i) J_{\mu^1}(i-m)$$

因此 μ^2 与 μ^1 相同，策略迭代算法终止。根据命题 4.6.1，策略 μ^2（即在存在 i 个宝藏时，当且仅当其期望回报 $r(i)$ 大于寻找费用 c 才会选择寻找的策略）是最优的。

上述例子中策略迭代算法很快就收敛了，而接下来的例子中，无论当前策略远离还是靠近收敛点，策略迭代的收敛速度都很慢。在下述例子中，每一步策略迭代仅仅优化一个状态的控制，策略迭代算法需要经过 n 步才能终止。

例 4.6.2（策略迭代收敛慢示例）　现考虑具有状态 $1, \cdots, n$ 和终点 0 的确定性最短路径问题。当处于状态 $i = 1, \cdots, n-1$ 时，我们能够决定前往状态 $i-1$ 或 $i+1$ 且两者的花费均为 1。当处于状态 n 时则必须选择前往终点并需要花费 n。本问题的最优策略是在处于状态 $i = 1, \cdots, n-1$ 时前往状态 $i-1$，且对于 $i = 1, \cdots, n$，最优费用函数取值 $J^*(i) = i$，并且 $J^*(0) = 0$。

如果我们采用策略迭代求解该问题，并假设初始策略 μ^0 在状态 $i = 1, \cdots, n-1$ 时选择前往状态 $i+1$。该策略的费用函数为

$$J_{\mu^0}(i) = 2n - i, \quad 对所有 i = 1, \cdots, n$$

且 $J_{\mu^0}(0) = 0$。接下来我们将通过策略改进来获得新的策略 μ^1，为此需要比较 $1 + J_{\mu^0}(i-1)$ 和 $1 + J_{\mu^0}(i+1)$。由此可知，对所有 $i \neq 1, i+1$ 都是更好的选择。因此，根据 μ^1，当处于状态 1 和 n 时，我们选择前往 0，而当处于其他状态 $i = 2, \cdots, n-1$ 时则前往 $i+1$。以此类推，第 k 步迭代生成策略 μ^k 会在处于状态 n 时前往 0，在状态 $i = 1, \cdots, k$ 时选择前往 $i-1$，而在 $i = k+1, \cdots, n-1$ 时选择前往 $i+1$。因此，在经过 $n-1$ 步迭代后，所得策略才是最优的。在此基础上还需要额外一步迭代来验证该策略的最优性。因此在该问题中采用策略迭代需要 n 步才能终止。

上述例子表明，尽管策略迭代在实践中通常会在初期就取得快速的进展，但并不能保证该算法在任意给定问题中都能做到这一点。此外还需要注意到，文献中给出了策略迭代算法终止所需的迭代步数的多项式形式估计。然而，对于较大的 n，这些估计值并不是很有帮助，而且它们通常是对算法实际表现非常保守的估计。

4.6.2 乐观与多步前瞻策略迭代

目前为止介绍的策略迭代算法会针对当前策略 μ^k 执行精确策略评价，并通过一步策略前瞻实现策略改进，即精确计算 J_{μ^k}，并通过采用 J_{μ^k} 作为 J^* 的近似来执行一步前瞻最小化得到下一个策略 μ^{k+1}。与之相比，一种更为灵活的方法是采用经有限多步对应于策略 μ^k 的值迭代算法（参见命题 4.3.3）得到的函数近似 J_{μ^k}，以及采用多步前瞻来执行策略改进。

在策略迭代算法中，当采用有限多步（譬如 m_k 步）对应于策略 μ^k 的值迭代算法来执行策略评价时（与之相比，精确策略评价所需的步数为无穷多），我们称该算法是乐观的（optimistic）（文献中也使用其他名称，例如"修改的"或"一般化的"）。该算法可视为是值迭代和策略迭代算法的结合。乐观策略迭代的初始条件是对 J^* 的初始估计，记为 J_0。在执行中，该算法将生成序列 $\{J_k\}$ 以及相应的策略序列 $\{\mu^k\}$，这两个序列会相应地收敛到 J^* 和最优策略。第 k 步策略迭代始于函数 J_k，并且首先生成 μ^k。然后以 J_k 作为初始点，通过 m_k 步对应于 μ^k 的值迭代运算后就得到了 J_{k+1}。该算法的具体步骤如下。

折扣问题的乐观策略迭代   当给定函数 J_k 时：

策略改进   将策略 μ^k 定义为

$$\mu^k(i) \in \arg\min_{u \in U(i)} \sum_{j=1}^{n} p_{ij}(u)\big(g(i,u,j) + \alpha J_k(j)\big), \quad i = 1, \cdots, n \tag{4.34}$$

乐观策略评价   以 $\hat{J}_{k,0} = J_k$ 作为初始条件，针对 $i = 1, \cdots, n$ 和 $m = 0, \cdots, m_k - 1$，根据迭代公式

$$\hat{J}_{k,m+1}(i) = \sum_{j=1}^{n} p_{ij}\big(\mu^k(i)\big)\Big(g\big(i,\mu^k(i),j\big) + \alpha \hat{J}_{k,m}(j)\Big) \tag{4.35}$$

执行 m_k 步对应于策略 μ^k 的值迭代运算，从而得到 $\hat{J}_{k,1}, \cdots, \hat{J}_{k,m_k}$，并且令 $J_{k+1} = \hat{J}_{k,m_k}$。

式 (4.35) 给出了乐观策略迭代算法的一种解读：在乐观策略迭代中用于 J_{μ^k} 的函数由两部分构成，即前 m_k 个阶段执行 μ^k 策略所产生阶段费用，以及当前费用估计 J_k 作为终止费用函数，而不是在额外执行 μ^k 策略无穷多步后产生的费用。相应地，当采用基于仿真的方法来近似乐观策略迭代算法时，对费用函数 J_{μ^k} 的评价可以通过生成 m_k 个阶段的状态轨迹，并在轨迹末端添加费用函数近似 J_k 来实现。

乐观策略迭代生成的序列能收敛到最优解 J^*，尽管有时收敛所需的迭代步数为无穷多步。要了解为什么会出现这种情况，我们只需要假设所有迭代中都只采用一步（single）值迭代运算（即 $m_k \equiv 1$）来执行策略评价。此时该方法就完全等价于值迭代算法，而我们已知值迭代算法一般需要无穷多步才能收敛。

下面的命题给出了乐观策略迭代的有效性，其证明在附录中给出。现有文献中也给出了适用于随机最短路径问题的乐观策略迭代算法的收敛性，但其现有证明相当复杂。该证明在 [Ber12a] 的 3.5.1 节给出。异步的乐观策略迭代算法的收敛性质从理论上讲也具有复杂性，[Ber12a] 的 2.6.2 节和 [Ber18a] 的 2.6.3 节对相关内容给出了讲解。

命题 4.6.2（乐观策略迭代的收敛性）   对于折扣问题，乐观策略迭代算法生成的序列 $\{J_k\}$ 满足 $J_k \to J^*$，而且只要 k 足够大，生成的策略 μ^k 都是最优策略。

上述命题的证明遵循了我们在命题 4.6.1 后面给出的策略改进的思路。具体来说，如果 J_0 满足 $T_{\mu^0} J_0 \leqslant J_0$，那么式 (4.29)∼ 式 (4.32) 给出的关系就可以用于说明 $J^* \leqslant J_{k+1} \leqslant J_k$ 对所有 k 都成立。此外，附录给出的证明将会说明，我们可以在不失一般性的前提下假设 $T_{\mu^0} J_0 \leqslant J_0$ 成立。这是因为我们可以给函数 J_0 增加某一常数，并将其作为新的初始函数来执行该算法。由此生成的策略序列 $\{\mu^k\}$ 将与原来的策略序列完全一致。此外，附录中的证明还将说明在某个 k 步后，所得策略 μ^k 将会是最优策略。然而该属性通常无法在实践中得到利用，因为检验策略 μ^k 为最优需要额外的运算，而这些运算会导致算法更为复杂。

多步策略改进

采用多步策略改进的原因是由此得到的策略 μ^{k+1} 可能会比更常见的一步策略改进所得的策略更好。事实上，当针对 μ^k 的策略评价涉及近似时，多步策略改进更有意义，因为更长的前瞻可能会弥补策略评价中的误差。下面给出了该方法的精确非乐观形式（在其他形式中，该方法可以与乐观策略迭代相结合，即以某个费用函数近似作为初始点，通过执行有限多步值迭代来近似地执行策略评价）。

　　折扣问题的多步前瞻精确策略迭代　　当给定策略 μ^k 时：

　　策略评价　通过求解（线性）贝尔曼方程组

$$J_{\mu^k}(i) = \sum_{j=1}^{n} p_{ij}\big(\mu(i)^k\big)\Big(g\big(i, \mu^k(i), j\big) + \alpha J_{\mu^k}(j)\Big), \quad i = 1, \cdots, n$$

从而得到 $J_{\mu^k}(i)$，$i = 1, \cdots, n$（参见命题 4.3.3）。

　　采用 ℓ 步前瞻的策略改进　求解以 J_{μ^k} 为终止费用函数的 ℓ 阶段问题。如果该问题的最优策略是 $\{\hat{\mu}_0, \cdots, \hat{\mu}_{\ell-1}\}$，那么新策略 μ^{k+1} 就是 $\hat{\mu}_0$。

　　通过用 μ^{k+1} 取代 μ^k，上述运算可以一直重复下去，直到 $J_{\mu^{k+1}}(i) = J_{\mu^k}(i)$ 对所有 i 都成立。此时算法终止并输出 μ^k。

　　与只涉及单步策略前瞻的算法相比，采用多步前瞻的精确策略迭代具有类似的收敛性质：当算法终止时，所得策略为最优策略，且在此过程中得到的策略序列依次改善。其证明与其他策略迭代算法证明类似，因此不再赘述。

4.6.3　针对 Q 因子的策略迭代

　　与值迭代算法类似，我们也可以通过利用 Q 因子来执行策略迭代算法。这种方法可行的原因就在于策略改进这一步可通过选择 $u \in U(i)$ 从而最小化表达式

$$Q_\mu(i, u) = \sum_{j=1}^{n} p_{ij}(u)\big(g(i, u, j) + \alpha J_\mu(j)\big), \quad i = 1, \cdots, n, u \in U(i)$$

来实现。该式可以被视为对应于策略 μ 的状态控制对 (i, u) 的 Q 因子。此外，有

$$J_\mu(i) = Q_\mu(j, \mu(j))$$

成立（参见命题 4.3.3）。

鉴于上述原因，可以得到以下算法，参见图 4.6.2。

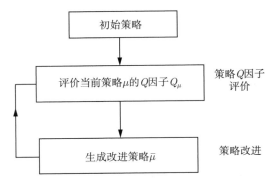

图 4.6.2 针对 Q 因子的精确策略迭代算法图示。每一步迭代中，首先对当前策略 μ 执行策略评价，然后在此基础上得到一个改进的策略 $\bar{\mu}$。

折扣问题中 Q 因子的精确策略迭代　当给定策略 μ^k 时：

策略评价　通过求解（线性）贝尔曼方程组

$$Q_{\mu^k}(i,u) = \sum_{j=1}^{n} p_{ij}\big(\mu(i)^k\big)\Big(g\big(i,\mu^k(i),j\big) + \alpha Q_{\mu^k}\big(j,\mu^k(j)\big)\Big) \tag{4.36}$$

从而得到对应于 $i = 1,\cdots,n$ 以及 $u \in U(i)$ 的值 $Q_{\mu^k}(i,u)$。

策略改进　将新策略 μ^{k+1} 定义为

$$\mu^{k+1}(i) \in \arg\min_{u \in U(i)} Q_{\mu^k}(i,u), \quad i = 1,\cdots,n \tag{4.37}$$

通过用 μ^{k+1} 取代 μ^k，上述运算可以一直重复下去，直到 $Q_{\mu^{k+1}}\big(i,\mu^{k+1}(i)\big) = Q_{\mu^k}\big(i,\mu^k(i)\big)$ 对所有 i 都成立。此时算法终止并输出 μ^k。

需要注意的是，方程组(4.36)具有唯一解，这是因为根据贝尔曼方程解的唯一性，上述方程组的解必须满足

$$Q_{\mu^k}\big(j,\mu^k(j)\big) = J_{\mu^k}(j)$$

因此，所有形如 $Q_{\mu^k}\big(j,\mu^k(j)\big)$ 的 Q 因子都唯一确定。在此基础上，其余 Q 因子 $Q_{\mu^k}(i,u)$ 也根据式 (4.36)唯一确定。

正如前面介绍的，采用 Q 因子执行的策略迭代算法与涉及费用函数的策略迭代算法是等价的。唯一的区别就在于，此时我们需要计算所有的 Q 因子 $Q_{\mu^k}(i,u)$，而非仅仅是费用函数 $J_{\mu^k}(j) = Q_{\mu^k}\big(j,\mu^k(j)\big)$，即控制与当前策略相对应的 Q 因子。然而，其余的 Q 因子 $Q_{\mu^k}(i,u)$ 会在策略改进式(4.37)这一步发挥作用，因此针对 Q 因子的策略迭代算法并没有涉及额外的不必要运算。此外读者还可以自行验证，策略迭代算法式(4.36)、式(4.37)可视为针对图 4.2.2中给出的改进后的等效问题的策略迭代算法。

最后还需指出，针对 Q 因子的异步和乐观策略迭代算法的收敛性的理论论证相当复杂（即使在不涉及 Q 因子近似时也是如此）。相关问题首先由 Williams 和 Baird 在 [WBI93] 中提出，而 Bertsekas 和 Yu 在 [BY12] 和 [YB13b] 中，通过对策略评价式(4.36)进行特定的修改解决了上述问

题。这些修改涉及求解最优停止类型的动态规划问题，并且可以应用于涉及 Q 因子近似的 Q 学习算法中。

4.7 注释和资源

4.1~4.3 节：本章介绍了无穷阶段动态规划问题，并着眼于适合大规模问题的近似求解方法。我们将讲解内容局限在含有有限状态的且具有完整状态信息的折扣和随机最短路径问题。许多教材都对这些问题以及与之对应的半马尔可夫问题给出了讲解，参见 [Ros70, Ber12a, Ber17, Put94]。

与折扣问题相比，涉及最小化每阶段平均费用的有限状态问题的难度更大。教材 [Put94] 以及作者的 [Ber12a] 中对涉及平均费用的有限状态马尔可夫问题给出了详细介绍。专著 [BT96] 的 7.1 节以及近期 Tsitsiklis 和 Van Roy 的 [TVR99a] 及 Yu 和 Bertsekas 的 [YB09a] 则介绍了求解此类问题的近似动态规划方法。含有无穷多状态的此类问题则相当复杂（专著 [Ber12a] 的 5.6 节给出了多个反例）。

一般而言，无穷阶段动态规划问题中会出现比有限阶段问题更为复杂的现象，而且当采用近似动态规划求解时，还有许多悬而未决的问题亟待解决。此类问题的相关理论在一些书籍中给出了讲解，包括作者的 [Ber12a] 和 [Ber18a]。后者包含了不少近期的研究成果，其中涉及了含有无穷多状态的确定性和随机最短路径问题，并且强调了可能阻碍强化学习求解此类方法的一些病态行为。相较而言，Bertsekas 和 Shreve 所著的 [BS78] 在理论上更为深入，并且解决了由于扰动空间为无穷大而带来的复杂的数学问题；近期 Yu 和 Bertsekas 的 [YB15] 和 [Yu15] 则是对相关问题的进一步补充。

对于部分状态信息问题，我们通常采用条件状态分布作为状态，此时状态空间就是相应的置信空间。因此，这类问题可以被视为具有特殊结构的无穷状态问题。此类问题的分析和算法都具有挑战性，当原状态空间无穷大时尤其如此。本书中没有对此类问题进行深入讲解。

自动态规划理论发展的初期，涉及值迭代算法误差界的差分形式的贝尔曼方程就在许多情境下得到了应用，参见 [Ber12a] 的 2.1.1 节。在强化学习文献中，类似的差分方程被用于许多的算法中，并被称为收益整形（reward shaping）或基于潜能的整形（potential-based shaping）（鉴于本书着眼于最小化费用，因此这类方法被称为"费用整形"）；该方法的一些代表作包括 Ng、Harada 和 Russell 的 [NHR99]，Wiewiora 的 [Wie03]，Asmuth、Littman 和 Zinkov 的 [ALZ08]，Devlin 和 Kudenko 的 [DK11]，以及 Grzes 的 [Grz17]。尽管收益整形不会改变原问题的最优策略，但它可能会极大地改变通过值空间近似方法得到的次优策略。一般而言，当采用收益整形和线性的基于特征的架构时，V 函数就成为一个额外的特征。与之相近的一个思路是在近似架构中采用策略的费用函数的近似作为基函数，参见 [BT96] 的 3.1.4 节中的相关讨论。

4.5 节、4.6 节：值迭代与策略迭代算法，以及相应的乐观型变体，是无穷阶段动态规划问题求解的基石，也是值空间近似方法的主要出发点。贝尔曼在他发表的一些报告中，以及在此基础上于后续的 1957 年出版的 [Bel57] 中，首先介绍了这些方法。[1]

---

[1] 贝尔曼在 [Bel57] 中将值迭代和（非乐观型的）策略迭代分别称为"逐次近似"和"策略空间近似"（在早期发表于兰德公司的报告中，贝尔曼也将后者称为"战略空间的近似"）。当然，贝尔曼的著作中只介绍了这些方法的基本形式，并在有限的一些特殊情况下证明了它们的性质和收敛性。后续的工作对这些方法及其变体进行了广泛的讨论、概括和分析。目前我们普遍采用"值迭代"和"策略迭代"来描述这两类方法。

异步分布式值迭代算法由作者在 [Ber82] 中提出，教材 [BT89, Ber12a, Ber18a] 也给出了相关讲解。乐观策略迭代算法似乎由多位学者在同一时间提出。关于该算法的第一篇严谨的数学分析来自 van Nunen 的 [VN93]。Puterman 和 Shin 所著的 [PS78, PS82] 也广为人知。近期发表的 Feinberg、Huang 和 Scherrer 的 [FHS14] 则给出了对此方法的复杂度分析。

除了本章介绍的一些计算方法外，我们还需指出，正如值迭代一样，乐观策略迭代算法也可以通过分布式异步执行的方式来实现；参见作者的关于动态规划与不动点计算法文章 [Ber82, Ber83]，Williams 和 Baird 的关于异步策略迭代的文章 [WBI93]，以及 Bertsekas 和 Yu 的一系列关于异步乐观策略迭代和 Q 学习的文章 [BY10b, BY12, YB13b]。通常，异步与分布式算法非常适用于计算求解涉及仿真的问题，这是由于此类问题在本质上就适合采用多处理器及异步执行来处理。

4.8 附录：数学分析

本附录将给出本章数学命题的证明。此外，我们还将提供一些本章中提及的但没有给出严谨数学表述的额外的理论结果。

相关证明将大量运用贝尔曼算子 T 和 T_μ，尤其是在讨论折扣问题时：

$$(TJ)(i) = \min_{u \in U(i)} \sum_{j=1}^{n} p_{ij}(u)\big(g(i,u,j) + \alpha J(j)\big), \quad i = 1, \cdots, n$$

$$(T_\mu J)(i) = \sum_{j=1}^{n} p_{ij}\big(\mu(i)\big)\Big(g\big(i, \mu(i), j\big) + \alpha J(j)\Big), \quad i = 1, \cdots, n$$

这些算子的一个关键属性是单调性，即

$$TJ \geqslant TJ', \quad T_\mu J \geqslant T_\mu J', \quad \text{对所有满足 } J \geqslant J' \text{ 的 } J \text{ 和 } J'$$

而且，折扣问题还具有"常数平移"特性，即如果函数 J 在所有状态的取值都增加常数 c，那么函数 TJ 和 $T_\mu J$ 在所有点也增加 αc。

4.8.1 随机最短路径问题的相关证明

我们现在给出 4.2 节中命题 4.2.1∼ 命题 4.2.5的证明。在相关分析中，以下性质将发挥关键作用：如果将 m 个阶段费用之和的期望看作一个整体，那么随着 m 阶段起点向未来移动，该期望值将指数递减（此处的 m 是假设 4.2.1中给出的整数，即从任意状态出发，在 m 阶段都有正的概率到达终止状态）。具体来说，从 km 到 $k(m+1) - 1$ 之间的 m 个阶段的费用之和的绝对值具有上界 $\rho^k C$，其中，

$$C = m \max_{\substack{i=1,\cdots,n \\ j=1,\cdots,n,t \\ u \in U(i)}} |g(i,u,j)|$$

因此，可知

$$|J_\pi(i)| \leqslant \sum_{k=0}^{\infty} \rho^k C = \frac{1}{1-\rho} C \tag{4.38}$$

这表明费用序列的"尾部"

$$\sum_{k=mK}^{\infty} E\Big\{g\big(x_k, \mu_k(x_k), w_k\big)\Big\}$$

随着 K 增长到 ∞ 而趋于 0,这是因为 $x_{mK} \neq t$ 的概率按 ρ^K [参见式(4.5)] 的形式递减。形象地说,鉴于随着 $K \to \infty$ 费用序列的"尾部"可以被忽视,因此对有现阶段动态规划算法取极限(使视界趋于 ∞)就是有效的,由此得到的无穷阶段贝尔曼方程和值迭代收敛也是合理的。以上就是接下来数学证明中的核心。

命题 4.2.1(值迭代的收敛性) 对所有状态 i,最优费用 $J^*(i)$ 都有限。而且,给定任意初始条件 $J_0(1), \cdots, J_0(n)$,对每个 $i = 1, \cdots, n$,根据值迭代公式

$$J_{k+1}(i) = \min_{u \in U(i)} \left[p_{it}(u) g(i, u, t) + \sum_{j=1}^{n} p_{ij}(u)\big(g(i, u, j) + J_k(j)\big) \right] \tag{4.39}$$

生成的序列 $\{J_k(i)\}$ 都收敛到 $J^*(i)$。

证明:根据式(4.38)可知 $J^*(i)$ 是有限的。对于每个 $K > 0$、x_0 和策略 $\pi = \{\mu_0, \mu_1, \cdots\}$,我们将费用 $J_\pi(x_0)$ 分成前 mK 阶段的费用和以及剩余阶段的费用这两个部分:

$$J_\pi(x_0) = \lim_{N \to \infty} E\left\{ \sum_{k=0}^{N-1} g\big(x_k, \mu_k(x_k), w_k\big) \right\}$$

$$= E\left\{ \sum_{k=0}^{mK-1} g\big(x_k, \mu_k(x_k), w_k\big) \right\} + \lim_{N \to \infty} E\left\{ \sum_{k=mK}^{N-1} g\big(x_k, \mu_k(x_k), w_k\big) \right\}$$

将每个 m 个阶段当作一个整体,那么第 K 个 m 阶段区块 [第 mK 到 $(K+1)m - 1$ 阶段构成的区块] 费用的期望就具有上界 $C\rho^K$ [参见式(4.5)和式(4.38)],因此,

$$\left| \lim_{N \to \infty} E\left\{ \sum_{k=mK}^{N-1} g\big(x_k, \mu_k(x_k), w_k\big) \right\} \right| \leqslant C \sum_{k=K}^{\infty} \rho^k = \frac{\rho^K C}{1 - \rho}$$

此外,令 $J_0(t) = 0$,那么可以把 J_0 看作终止费用函数,并给出在策略 π 的作用下,经过 mK 阶段后的期望终止费用的界。具体而言,有

$$\big| E\{J_0(x_{mK})\} \big| = \left| \sum_{i=1}^{n} P(x_{mK} = i \,|\, x_0, \pi) J_0(i) \right|$$

$$\leqslant \left(\sum_{i=1}^{n} P(x_{mK} = i \,|\, x_0, \pi) \right) \max_{i=1,\cdots,n} |J_0(i)|$$

$$\leqslant \rho^K \max_{i=1,\cdots,n} |J_0(i)|$$

因为无论采用任何策略,$x_{mK} \neq t$ 的概率都小于或等于 ρ^K。将上述不等式联立,就得到

$$-\rho^K \max_{i=1,\cdots,n} |J_0(i)| + J_\pi(x_0) - \frac{\rho^K C}{1 - \rho}$$

$$\leqslant E\left\{ J_0(x_{mK}) + \sum_{k=0}^{mK-1} g\big(x_k, \mu_k(x_k), w_k\big) \right\} \tag{4.40}$$

$$\leqslant \rho^K \max_{i=1,\cdots,n} |J_0(i)| + J_\pi(x_0) + \frac{\rho^K C}{1-\rho}$$

需要注意的是，上述不等式中间的期望值正是从状态 x_0 出发、在策略 π 的作用下经过 mK 阶段并以 $J_0(x_{mK})$ 作为终止费用的 mK 阶段问题的费用；针对所有 π 最小化该费用所得的值等于经过 mK 步动态规划迭代式(4.39)生成的值 $J_{mK}(x_0)$。因此，通过在不等式(4.40)中针对 π 求最小值可知，对于所有的 x_0 和 K，不等式

$$-\rho^K \max_{i=1,\cdots,n} |J_0(i)| + J^*(x_0) - \frac{\rho^K C}{1-\rho} \leqslant J_{mK}(x_0) \leqslant \rho^K \max_{i=1,\cdots,n} |J_0(i)| + J^*(x_0) + \frac{\rho^K C}{1-\rho}$$

成立。对该不等式取 $K \to \infty$ 时的极限，可知

$$\lim_{K\to\infty} J_{mK}(x_0) = J^*(x_0)$$

对所有 x_0 都成立。此外，读者可自行验证，对所有 $\ell = 1, \cdots, m$，不等式

$$|J_{mK+\ell}(x_0) - J_{mK}(x_0)| \leqslant \rho^K \left(C + \max_{i=1,\cdots,n} J_0(i) - \min_{i=1,\cdots,n} J_0(i) \right)$$

对所有 x_0 都成立。这意味着对所有 $\ell = 1, \cdots, m$，极限 $\lim_{K\to\infty} J_{mK+\ell}(x_0)$ 都相同，因此 $\lim_{k\to\infty} J_k(x_0) = J^*(x_0)$。 □

命题 4.2.2（贝尔曼方程） 最优费用函数

$$J^* = \big(J^*(1), \cdots, J^*(n)\big)$$

对所有 $i = 1, \cdots, n$ 都满足方程

$$J^*(i) = \min_{u \in U(i)} \left[p_{it}(u)g(i,u,t) + \sum_{j=1}^{n} p_{ij}(u)\big(g(i,u,j) + J^*(j)\big) \right]$$

且为该方程的唯一解。

证明：通过针对动态规划迭代式(4.39)取 $k \to \infty$ 时的极限，并且根据命题 4.2.1中的结论，可知 $J^*(1), \cdots, J^*(n)$ 满足贝尔曼方程（此处我们还运用了如下性质：当最小化运算的对象具有有限多个时，最小化和求极限可以交换顺序）。

至于解的唯一性，如果 $J(1), \cdots, J(n)$ 满足贝尔曼方程，那么以 $J(1), \cdots, J(n)$ 为初始条件的值迭代算法式(4.39)将一再重复生成 $J(1), \cdots, J(n)$。那么由命题 4.2.1的收敛性结论可知 $J(i) = J^*(i)$ 对所有 i 都成立。 □

命题 4.2.3（针对策略的值迭代和贝尔曼方程） 对任何稳态策略 μ，相应的费用函数

$$J_\mu = \big(J_\mu(1), \cdots, J_\mu(n)\big)$$

对所有 $i = 1, \cdots, n$ 都满足方程

$$J_\mu(i) = p_{it}\big(\mu(i)\big)g\big(i, \mu(i), t\big) + \sum_{j=1}^{n} p_{ij}\big(\mu(i)\big)\Big(g\big(i, \mu(i), j\big) + J_\mu(j)\Big)$$

且为该方程的唯一解。此外，给定任意初始条件 $J_0(1), \cdots, J_0(n)$，对每个 $i = 1, \cdots, n$，根据限定于策略 μ 的值迭代公式

$$J_{k+1}(i) = p_{it}\big(\mu(i)\big)g\big(i, \mu(i), t\big) + \sum_{j=1}^{n} p_{ij}\big(\mu(i)\big)\Big(g\big(i, \mu(i), j\big) + J_k(j)\Big)$$

生成的序列 $\{J_k(i)\}$ 都收敛到 $J_\mu(i)$。

证明：给定某一策略 μ，引入一个新的随机最短路径问题。在该问题中，每个状态的控制约束集中只含有一个元素，$\mu(i)$，即控制约束集为

$$\tilde{U}(i) = \{\mu(i)\}$$

而非 $U(i)$。除此之外，新问题与原问题都完全相同。那么根据命题 4.2.1可知，J_μ 是这个新问题的贝尔曼方程的唯一解，即对于所有 i，等式

$$J_\mu(i) = p_{it}\big(\mu(i)\big)g\big(i, \mu(i), t\big) + \sum_{j=1}^{n} p_{ij}\big(\mu(i)\big)\Big(g\big(i, \mu(i), j\big) + J_\mu(j)\Big)$$

都成立。此外，根据命题 4.2.1，值迭代算法也收敛到 $J_\mu(i)$。 □

命题 4.2.4（最优条件） 稳态策略 μ 是最优策略的充要条件是，对于所有状态 i，$\mu(i)$ 都取得贝尔曼方程(4.6)中的最小值。

证明：策略 $\mu(i)$ 取得式(4.6)的最小值当且仅当

$$J^*(i) = \min_{u \in U(i)} \left[p_{it}(u)g(i, u, t) + \sum_{j=1}^{n} p_{ij}(u)\big(g(i, u, j) + J^*(j)\big) \right]$$

$$= p_{it}\big(\mu(i)\big)g\big(i, \mu(i), t\big) + \sum_{j=1}^{n} p_{ij}\big(\mu(i)\big)\Big(g\big(i, \mu(i), j\big) + J^*(j)\Big)$$

对所有 $i = 1, \cdots, n$ 都成立。命题 4.2.3和该等式相结合，意味着 $J_\mu(i) = J^*(i)$ 对所有 i 都成立。反过来，如果 $J_\mu(i) = J^*(i)$ 对所有 i 都成立，那么命题 4.2.2和命题 4.2.3意味着上述等式成立。 □

命题 4.2.5（贝尔曼算子的压缩属性） 式(4.7)中定义的贝尔曼算子是关于某加权范数

$$\|J\| = \max_{i=1,\cdots,n} \frac{|J(i)|}{v(i)}$$

的压缩映射，其中 $v = \big(v(1), \cdots, v(n)\big)$ 是组分均为正的某向量。换句话说，存在某正标量 $\rho < 1$，从而对所有的 n 维向量 J 和 J'，不等式

$$\|TJ - TJ'\| \leqslant \rho \|J - J'\|$$

都成立。对于任何策略 μ，根据式(4.8)定义的贝尔曼算子 T_μ 也具有上述属性。

证明：首先利用例 4.2.1来定义向量 v。具体来说，定义 $v(i)$ 为从 i 出发到达终止状态所需的最大期望步数。由例 4.2.1中的贝尔曼方程可知，对所有 $i = 1, \cdots, n$ 和任意稳定策略 μ，不等式

$$v(i) = 1 + \max_{u \in U(i)} \sum_{j=1}^{n} p_{ij}(u)v(j) \geqslant 1 + \sum_{j=1}^{n} p_{ij}\big(\mu(i)\big)v(j), \quad i = 1, \cdots, n$$

都成立。因此对所有 μ，则有

$$\sum_{j=1}^{n} p_{ij}\big(\mu(i)\big)v(j) \leqslant v(i) - 1 \leqslant \rho v(i), \quad i = 1, \cdots, n \tag{4.41}$$

其中，ρ 定义为

$$\rho = \max_{i=1,\cdots,n} \frac{v(i) - 1}{v(i)}$$

由于 $v(i) \geqslant 1$ 对所有 i 都成立，可知 $\rho < 1$。

接下来说明由式(4.41)可推导出所求的压缩性质。对于任意向量 $J = \big(J(1), \cdots, J(n)\big)$，采用算子 T_μ 将生成向量 $T_\mu J = \big((T_\mu J)(1), \cdots, (T_\mu J)(n)\big)$，其中对所有 $i = 1, \cdots, n$，$(T_\mu J)(i)$ 定义为

$$(T_\mu J)(i) = p_{it}\big(\mu(i)\big)g\big(i, \mu(i), t\big) + \sum_{j=1}^{n} p_{ij}\big(\mu(i)\big)\Big(g\big(i, \mu(i), j\big) + J(j)\Big)$$

那么对所有的 J、J' 和 i，则有

$$
\begin{aligned}
(T_\mu J)(i) =& (T_\mu J')(i) + \sum_{j=1}^{n} p_{ij}\big(\mu(i)\big)\big(J(j) - J'(j)\big) \\
=& (T_\mu J')(i) + \sum_{j=1}^{n} p_{ij}\big(\mu(i)\big)v(j)\frac{\big(J(j) - J'(j)\big)}{v(j)} \\
\leqslant& (T_\mu J')(i) + \sum_{j=1}^{n} p_{ij}\big(\mu(i)\big)v(j)\|J - J'\| \\
\leqslant& (T_\mu J')(i) + \rho v(i)\|J - J'\|
\end{aligned}
$$

其中，最后一个不等式根据式(4.41)得到。在该不等式两边针对 $\mu(i) \in U(i)$ 作最小化运算，可以得到

$$(TJ)(i) \leqslant (TJ')(i) + \rho v(i)\|J - J'\|, \quad i = 1, \cdots, n$$

由此可知

$$\frac{(TJ)(i) - (TJ')(i)}{v(i)} \leqslant \rho\|J - J'\|, \quad i = 1, \cdots, n$$

类似地，通过调换上式中的 J 和 J' 可得

$$\frac{(TJ')(i) - (TJ)(i)}{v(i)} \leqslant \rho\|J - J'\|, \quad i = 1, \cdots, n$$

将上面两个不等式联立，则有

$$\frac{|(TJ)(i) - (TJ')(i)|}{v(i)} \leqslant \rho\|J - J'\|, \quad i = 1, \cdots, n$$

然后在不等式左侧针对 i 作最大化运算，就得到了压缩性质 $\|TJ - TJ'\| \leqslant \rho\|J - J'\|$。 □

4.8.2 折扣问题的相关证明

鉴于折扣问题可以转化为图 4.3.1所示的等价的随机最短路径问题，命题 4.2.1~ 命题 4.2.4可以用于折扣问题的分析。那么由于图 4.3.1中的等价关系，命题 4.3.1~ 命题 4.3.4成立。命题 4.3.5所述的压缩属性则可以通过命题 4.2.5加以证明：在图 4.3.1的随机最短路径问题中，从状态 $i \neq t$ 出发到达终止状态所需步数的期望值是以具有 $1 - \alpha$ 为参数的几何分布的随机变量的期望值：

$$v(i) = 1 \cdot (1 - \alpha) + 2 \cdot \alpha(1 - \alpha) + 3 \cdot \alpha^2(1 - \alpha) + \cdots = \frac{1}{1 - \alpha}, \quad i = 1, \cdots, n$$

从而可知压缩的模为（参见命题 4.2.5的证明）

$$\rho = \frac{v(i) - 1}{v(i)}$$

因此，通过运用命题 4.2.5就证明了命题 4.3.5。需要注意的是，算子 T_μ 也具有类似的压缩属性。事实上，可以不依赖等价随机最短路径问题的命题 4.2.5而直接证明折扣问题算子的压缩属性，这种证明方法也更为简单（参见 [Ber12a] 的 1.2 节）。

4.8.3 精确与乐观策略迭代的收敛性

我们接下来给出折扣问题乐观精确策略迭代的收敛性证明。适用于随机最短路径问题的相关证明与之类似。

命题 4.6.1（精确策略迭代的收敛性） 无论是随机最短路径问题还是折扣问题，精确策略迭代算法都会生成依次改进的策略序列，即

$$J_{\mu^{k+1}}(i) \leqslant J_{\mu^k}(i), \quad \text{对所有 } i \text{ 和 } k$$

并以最优策略终止。

证明：对于任意 k，考虑针对策略 μ^{k+1} 的值迭代算法生成的序列

$$J_{N+1}(i) = \sum_{j=1}^{n} p_{ij}(\mu^{k+1}(i))\Big(g(i, \mu^{k+1}(i), j) + \alpha J_N(j)\Big), \quad i = 1, \cdots, n$$

其中，$N = 0, 1, \cdots$，且

$$J_0(i) = J_{\mu^k}(i), \quad i = 1, \cdots, n$$

根据式(4.26)和式(4.27)可知

$$J_0(i) = \sum_{j=1}^{n} p_{ij}(\mu^k(i))\Big(g(i, \mu^k(i), j) + \alpha J_0(j)\Big)$$

$$\geqslant \sum_{j=1}^{n} p_{ij}\big(\mu^{k+1}(i)\big)\Big(g\big(i,\mu^{k+1}(i),j\big) + \alpha J_0(j)\Big)$$

$$= J_1(i)$$

对所有 i 都成立。通过利用上述不等式，还可以得到

$$J_1(i) = \sum_{j=1}^{n} p_{ij}\big(\mu^{k+1}(i)\big)\Big(g\big(i,\mu^{k+1}(i),j\big) + \alpha J_0(j)\Big)$$

$$\geqslant \sum_{j=1}^{n} p_{ij}\big(\mu^{k+1}(i)\big)\Big(g\big(i,\mu^{k+1}(i),j\big) + \alpha J_1(j)\Big)$$

$$= J_2(i)$$

对所有 i 都成立。以此类推，可知

$$J_0(i) \geqslant J_1(i) \geqslant \cdots \geqslant J_N(i) \geqslant J_{N+1}(i) \geqslant \cdots, \quad i = 1, \cdots, n \tag{4.42}$$

由命题 4.3.3可知 $J_N(i) \to J_{\mu^{k+1}}(i)$，因此 $J_0(i) \geqslant J_{\mu^{k+1}}(i)$，以及

$$J_{\mu^k}(i) \geqslant J_{\mu^{k+1}}(i), \quad i = 1, \cdots, n,\, k = 0, 1, \cdots$$

因此算法生成的策略序列是依次改进的。鉴于问题中只有有限多种稳态策略，那么在有限多步迭代，譬如 $k+1$ 步后，一定会得到 $J_{\mu^{k+1}}(i) = J_{\mu^k}(i)$ 对所有 i 都成立。这表明式 (4.42)中均为等式，进而意味着

$$J_{\mu^k}(i) = \min_{u \in U(i)} \sum_{j=1}^{n} p_{ij}(u)\big(g(i,u,j) + \alpha J_{\mu^k}(j)\big), \quad i = 1, \cdots, n$$

因此费用值 $J_{\mu^k}(1), \cdots, J_{\mu^k}(n)$ 是贝尔曼方程组的解，进而根据命题 4.3.2和命题 4.3.4可知，$J_{\mu^k}(i) = J^*(i)$ 且 μ^k 为最优策略。 □

接下来我们给出适用于折扣问题的乐观策略迭代算法收敛性的证明。

命题 4.6.2（乐观策略迭代的收敛性） 对于折扣问题，乐观策略迭代算法生成的序列 $\{J_k\}$ 满足 $J_k \to J^*$，而且只要 k 足够大，生成的策略 μ^k 都是最优策略。

证明：首先引入标量值 r 并定义向量 $\bar{J}_0$ 为

$$\bar{J}_0 = J_0 + re$$

通过选取 r 的值从而使得 $T\bar{J}_0 \leqslant \bar{J}_0$ 成立，e 则代表单位向量

$$e = (1, 1, \cdots, 1)'$$

上述假设完全可行的原因就在于如果 r 满足

$$TJ_0 - J_0 \leqslant (1-\alpha)re$$

那么就得到

$$T\bar{J}_0 = TJ_0 + \alpha re \leqslant J_0 + re = \bar{J}_0$$

对于通过上述方式定义的 $\bar{J}_0$，对所有 k，以迭代方式定义 $\bar{J}_{k+1} = T_{\mu^k}^{m_k}\bar{J}_k$。那么鉴于

$$T(J + re) = TJ + \alpha re, \quad T_\mu(J + re) = T_\mu J + \alpha re$$

对所有 J 和 μ 都成立，通过归纳法可知，对于所有的 k 和 $m = 0, 1, \cdots, m_k$，向量 $J_{k+1} = T_{\mu^k}^m J_k$ 和 $\bar{J}_{k+1} = T_{\mu^k}^m \bar{J}_k$ 之差均为单位向量的若干倍，且差值为

$$r\alpha^{m_0 + \cdots + m_{k-1} + m} e \tag{4.43}$$

由此可见，如果用 $\bar{J}_0$ 代替 J_0 作为初始点来执行该算法，那么将会生成完全相同的策略序列

$$T_{\mu^k}\bar{J}_k = T\bar{J}_k, \quad 对所有 k$$

此外，生成向量之差 $\bar{J}_{k+1} - J_{k+1}$，即向量(4.43)，收敛到 0。由此可知

$$\lim_{k\to\infty} \bar{J}_k = \lim_{k\to\infty} J_k$$

接下来我们将证明对所有 k，不等式 $J^* \leqslant \bar{J}_k \leqslant T^k\bar{J}_0$，基于此便可以得到收敛性。首先已知 $T_{\mu^0}\bar{J}_0 = T\bar{J}_0 \leqslant \bar{J}_0$，在不等式两边重复采用 T_{μ^0} 就得到

$$T_{\mu^0}^m\bar{J}_0 \leqslant T_{\mu^0}^{m-1}\bar{J}_0, \quad m = 1, 2, \cdots$$

进而可知

$$T_{\mu^1}\bar{J}_1 = T\bar{J}_1 \leqslant T_{\mu^0}\bar{J}_1 = T_{\mu^0}^{m_0+1}\bar{J}_0 \leqslant T_{\mu^0}^{m_0}\bar{J}_0 = \bar{J}_1 \leqslant T_{\mu^0}\bar{J}_0 = T\bar{J}_0$$

通过重复类似于上述的不等式，可知对于所有的 k，不等式 $\bar{J}_k \leqslant T\bar{J}_k$ 成立，从而可知

$$\bar{J}_k \leqslant T^k\bar{J}_0, \quad k = 0, 1, \cdots$$

然而，因为 $T\bar{J}_0 \leqslant \bar{J}_0$，可知 $J^* \leqslant \bar{J}_0$。那么采用算子 T 作用于 $\bar{J}_0$ 任意多次后所得向量都不小于 J^*。因此，

$$J^* \leqslant \bar{J}_k \leqslant T^k\bar{J}_0, \quad k = 0, 1, \cdots$$

通过取 $k \to \infty$ 时的极限，得到 $\lim_{k\to\infty} \bar{J}_k(i) = J^*(i)$ 对所有 i 都成立，且鉴于 $\lim_{k\to\infty} \bar{J}_k = \lim_{k\to\infty} J_k$，得到

$$\lim_{k\to\infty} J_k(i) = J^*(i), \quad 对所有 i$$

最后，由于状态和控制空间是有限的，那么就存在 $\epsilon > 0$，从而对于满足

$$\max_i |J(i) - J^*(i)| \leqslant \epsilon$$

的向量 J 以及满足 $T_\mu J = TJ$ 的策略 μ，等式 $T_\mu J^* = TJ^*$ 同时成立，这就意味着相应的策略 μ 是最优的。因为 $J_k \to J^*$ 且 $T_{\mu^k}J_k = TJ_k$，那么对于足够大的 k，我们将得到 $T_{\mu^k}J^* = TJ^*$。此时由命题 4.3.4可知，策略 μ^k 是最优策略。 $\qquad\square$

第 5 章　无穷阶段强化学习

本章将采用近似动态规划/强化学习方法来近似求解前一章中介绍的无穷阶段随机最短路径问题和折扣问题。具体来说，我们将考虑近似版本的值迭代和策略迭代算法。在此过程中，我们将频繁采用动态规划算子 T 和 T_μ（也称为贝尔曼算子）来进行讲解。这两个算子将 n 维向量 J 分别映射到 n 维向量 TJ 和 $T_\mu J$，并且简化了算法与分析的表述。为了便于参考，我们将符号定义列举如下：

对于随机最短路径问题：针对所有 i，引入

$$(TJ)(i) = \min_{u \in U(i)} \left[p_{it}(u)g(i,u,t) + \sum_{j=1}^{n} p_{ij}(u)\big(g(i,u,j) + J(j)\big) \right] \tag{5.1}$$

并针对所有的 μ 和 i，引入

$$(T_\mu J)(i) = p_{it}\big(\mu(i)\big)g(i,\mu(i),t) + \sum_{j=1}^{n} p_{ij}\big(\mu(i)\big)\Big(g\big(i,\mu(i),j\big) + J(j)\Big) \tag{5.2}$$

对于折扣问题：针对所有 i，引入

$$(TJ)(i) = \min_{u \in U(i)} \sum_{j=1}^{n} p_{ij}(u)\big(g(i,u,j) + \alpha J(j)\big) \tag{5.3}$$

并针对所有的 μ 和 i，引入

$$(T_\mu J)(i) = \sum_{j=1}^{n} p_{ij}\big(\mu(i)\big)\Big(g\big(i,\mu(i),j\big) + \alpha J_\mu(j)\Big) \tag{5.4}$$

5.1　值空间近似——性能界

本节以折扣问题为出发点，介绍适用于无穷阶段动态规划问题的值空间近似方法的一般框架。与第 2 章中介绍的有限阶段问题的相应方法一致，这些方法的基本思路是首先计算最优费用函数 J^* 的近似 $\tilde{J}$，然后通过执行一步或多步前瞻得到策略 $\tilde{\mu}$。因此，一步前瞻策略（one-step lookahead policy）在状态 i 所选取的控制 $\tilde{\mu}(i)$ 会取得表达式

$$\min_{u \in U(i)} \sum_{j=1}^{n} p_{ij}(u)\big(g(i,u,j) + \alpha \tilde{J}(j)\big) \tag{5.5}$$

的最小值，参见图 5.1.1。

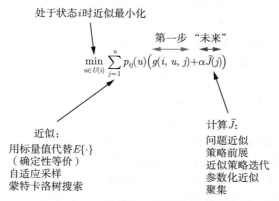

图 5.1.1　针对无穷阶段问题，采用一步前瞻的值空间近似方法有众多选择。此处前瞻函数的值 $\tilde{J}(j)$ 用于近似最优展望费用值 $J^*(j)$，并且可以通过多种方式计算得到。在此基础上，我们还可以引入针对 u_k 的最小化计算的近似以及期望值计算的近似。

　　类似地，两步前瞻策略（two-step lookahead policy）在状态 i 所选取的控制 $\tilde{\mu}(i)$ 也会最小化前面表达式的值，只是此时的函数 $\tilde{J}$ 本身就是在一步前瞻近似的基础上得到的。换句话说，对于所有可以从 i 抵达的状态 j，有

$$\tilde{J}(j) = \min_{u \in U(j)} \sum_{m=1}^{n} p_{jm}(u)\big(g(j,u,m) + \alpha \hat{J}(m)\big)$$

而此处的 $\hat{J}$ 则是另一个对于 J^* 的近似。因此，$\tilde{J}$ 是从 $\hat{J}$ 出发，通过一步值迭代得到的函数。其他通过多于两步的前瞻得到的策略也可以用类似方法定义。在 ℓ 步前瞻中，"有效的一步"费用近似 $\tilde{J}$ 是从某个初始值 $\hat{J}$ 出发、经过 $\ell-1$ 步值迭代运算后得到的结果。如果采用贝尔曼算子 T 来表述的话 [参见式 (5.3)]，以 $\hat{J}$ 终止的 ℓ 步前瞻等价于以 $T^{\ell-1}\hat{J}$ 终止的一步前瞻算法。

值空间近似方法的类型

　　在第 2 章介绍了多种有限前瞻的方案，其中涉及的 $\tilde{J}$ 可以通过多种方法获得，例如问题近似和策略前展等。其中的一些方法经过适当修改就可以用在无穷阶段问题中，见图 5.1.1。例如，2.3 节介绍的问题近似方法就能够直接拓展到无穷阶段问题中，此时式 (5.5)中的函数 $\tilde{J}(j)$ 可以通过精确求解一个与原问题相关的无穷阶段（甚至是有限阶段）问题得到。聚集是另一类可行的近似方法，第 6 章将介绍此方法。

　　当考虑无穷阶段问题时，不完备状态信息会带来特殊的挑战。我们可以将此类问题重新表述为涉及置信状态的完整状态信息问题，但是此时状态空间就变成无限维（参见 1.3.6 节）。①当求解此类问题时，基于某种形式的确定性等价的问题近似尤为相关，这是因为通常都很容易得到一个近似问题。例如，前瞻函数 $\tilde{J}$ 可以通过求解对应于原问题的完备状态信息问题得到，此时系统状态的估

---

　　① 由于置信空间是无限维的，我们需要将第 4 章的理论进行扩展才能适用于此类问题。这是因为第 4 章的理论针对的是有限状态空间的问题。通常对于折扣问题来说，这种扩展是相当简单的，但对于随机最短路径问题则非如此。本书不会对相关内容作进一步讲解。

计值就被当作真实值加以使用。相应的完整状态信息问题有可能是确定性的，或者只涉及了数量不算太多的状态，故而可以求解。

本章的 5.1~5.5 节所关注的值空间近似方法主要是基于近似策略迭代的思想得到的。具体来说，给定某初始策略 μ^0，这些算法通常有如下步骤：

（a）生成一系列策略 $\mu^0, \mu^1, \cdots, \mu^m$。

（b）对于每个策略 μ^k 执行近似策略评价，从而得到费用函数 $\tilde{J}_{\mu^k}$。评价过程可能涉及采用参数化近似架构/神经网络等方法，也可能用到截短策略前展。

（c）基于 $\tilde{J}_{\mu^k}$ 通过一步或多步策略改进得到下一个策略 μ^{k+1}。

（d）在所生成的一系列策略中，最后一个策略的近似评价函数 $\tilde{J}_{\mu^m}$ 就可以作为前瞻近似 $\tilde{J}$ 用于一步前瞻最小化式 (5.5)，或者相对应的多步前瞻最小化中。

我们会将策略前展视为近似策略迭代的一种简单变形，即在仿真的辅助下涉及一步策略迭代的方法。该方法中的前展仿真轨迹可以截短并辅以（可能非常复杂的）终止费用函数近似（参见 2.4 节）。5.1.1 节和 5.2.1 节将分别给出有限前瞻方案和策略前展的性能界。5.1.3 节则将讨论一般的近似策略迭代方法的性能界。

5.1.1 有限前瞻

现在我们考虑 ℓ 步前瞻方法的性能界。具体来说，对于给定状态 i_0，ℓ 步前瞻最小化问题

$$\min_{\mu_0, \cdots, \mu_{\ell-1}} E\left\{ \sum_{k=0}^{\ell-1} \alpha^k g(i_k, \mu_k(i_k), i_{k+1}) + \alpha^\ell \tilde{J}(i_\ell) \right\}$$

的最优策略记为 $\hat{\mu}_0, \cdots, \hat{\mu}_{\ell-1}$。我们着重考虑定义为 $\tilde{\mu}(i_0) = \hat{\mu}_0(i_0)$ 的次优策略，并将 $\tilde{\mu}$ 称为对应于 $\tilde{J}$ 的 ℓ 步前瞻策略。如果采用式 (5.3) 和式 (5.4) 中介绍的贝尔曼算子 T 和 T_μ，该策略可以用更为简短的表达式等效表述为

$$T_{\tilde{\mu}}(T^{\ell-1}\tilde{J}) = T^\ell \tilde{J}$$

我们将在下列命题（a）中给出策略 $\tilde{\mu}$ 的性能界，它的证明则在本章附录中给出。

此外，我们还会推导出一个拓展的一步前瞻方法的性能界 [即以下命题（b）的部分]。通过针对子集 $\overline{U}(i) \subset U(i)$ 执行前瞻最小化，该方法旨在减小求取 $\tilde{\mu}(i)$ 时的运算量。因此在该拓展方法中，$\tilde{\mu}(i)$ 是取得表达式

$$\min_{u \in \overline{U}(i)} p_{ij}(u) + \left(g(i, u, j) + \alpha \tilde{J}(j)\right)$$

最小值的控制。如果通过某些启发式方法，我们能够识别出有希望包含原一步前瞻的最优解的控制子集 $\overline{U}(i)$，那么为了减少运算量，在相应的一步前瞻最小化中，就可以把需要考虑的控制局限在这个子集中。

命题 5.1.1（有限前瞻的性能界）　（a）令 $\tilde{\mu}$ 为对应于 $\tilde{J}$ 的 ℓ 步前瞻策略。那么，

$$\|J_{\tilde{\mu}} - J^*\| \leqslant \frac{2\alpha^\ell}{1-\alpha} \|\tilde{J} - J^*\| \tag{5.6}$$

其中，$\|\cdot\|$ 表示最大范数 $\|J\| = \max\limits_{i=1,\cdots,n} |J(i)|$。

（b）定义

$$\hat{J}(i) = \min_{u \in \overline{U}(i)} \sum_{i=1}^{n} p_{ij}(u)\big(g(i,u,j) + \alpha \tilde{J}(j)\big), \quad i = 1, \cdots, n \tag{5.7}$$

其中，$\overline{U}(i) \subset U(i)$ 对所有 $i = 1, \cdots, n$ 都成立。令 $\tilde{\mu}$ 为通过最小化该式右侧所得的一步前瞻最小化策略，那么，

$$J_{\tilde{\mu}}(i) \leqslant \tilde{J}(i) + \frac{c}{1-\alpha}, \quad i = 1, \cdots, n \tag{5.8}$$

成立，其中，

$$c = \max_{i=1,\cdots,n} \big(\hat{J}(i) - \tilde{J}(i)\big)$$

关于性能界 [式(5.6)]，值得关注的一点是如果对 $\tilde{J}$ 作常数平移 [即在所有 $\tilde{J}(j)$ 的基础上添加常数 β]，那么相应的 $\tilde{\mu}$ 并不会受到影响。因此，式(5.6)中的 $\|\tilde{J} - J^*\|$ 可以用值

$$\min_{\beta \in \Re} \max_{i=1,\cdots,n} \big|\tilde{J}(i) + \beta - J^*(i)\big| \tag{5.9}$$

且后者的取值更小。另外一个有趣的点是上述的表达式中，只需要针对经过 ℓ 步前瞻后有可能达到的状态 i 进行最大化运算，从而有可能进一步改善性能界 [式(5.6)]。此方法也可用于得到对应于命题 5.1.1（a），以及后续相关的命题 5.1.3（a）的更好的性能界，不过本书不会对此作更进一步的分析。

性能界 [式(5.6)] 似乎表明性能会随着长度 ℓ 的增加而改善。类似的情况似乎会在前瞻费用近似 $\tilde{J}$ 靠近 J^*（当经过最优的常数平移 β 调整后）时发生。这两个结论都很直观，并且与我们的实践经验相符。值得注意的是，我们并没有证明多步前瞻最小化所得策略的性能一定优于通过一步前瞻得到的策略；前面章节中已经提及这并不一定成立（参见例 2.2.1）。此处所证明的采用多步前瞻会带来性能界（bound）的提高。

性能界 [式(5.8)] 表明，当 $c \leqslant 0$ 时，一步前瞻策略的费用 $J_{\tilde{\mu}}$ 不会大于 $\tilde{J}$。当 $c \leqslant 0$ 时，这就等价于 $\hat{J} \leqslant \tilde{J}$ 成立，而这与确定性策略前展方法中所提及的顺序提升属性类似（参见 2.4.1 节）。当对于某策略 μ，等式 $\tilde{J} = J_\mu$ 成立，且对于所有状态 i，满足 $\mu(i) \in \overline{U}(i)$（5.1.2 节中介绍的策略前展的精确形式将会假设这些条件成立），那么 $c \leqslant 0$，而且由式 (5.8)可知费用改进在此时成立，即 $J_{\tilde{\mu}} \leqslant J_\mu$。

不幸的是，当 α 接近 1 时，性能界 [式(5.6)] 并不令人放心。尽管如此，接下来的例子将表明即使在只涉及两个状态的简单问题中，上述的性能界也可以是紧的。该例中，单一阶段的两个控制所对应的阶段费用之差为 $O(\epsilon)$。该差值所带来的相应的策略费用之差为 $O(\epsilon/(1-\alpha))$（通过累积无穷多阶段的折扣费用）。然而，在贝尔曼方程中，这些差值可能会被 J^* 和 $\tilde{J}$ 之间幅度为 $O(\epsilon)$ 的差值而"抹平"。

例 5.1.1 考虑如图 5.1.2所示的涉及两个状态的折扣问题，其中 ϵ 为一个正的常数，$\alpha \in [0,1)$ 为折扣因子。当处于状态 1 时有两个控制选择：前往状态 2 并花费 0（策略 μ^*）或者留在状态 1 并花费 $2\alpha\epsilon$（策略 μ）。最优策略是 μ^*，且最优展望费用函数是 $J^*(1) = J^*(2) = 0$。现考虑费用函数近似 $\tilde{J}$

$$\tilde{J}(1) = -\epsilon, \quad \tilde{J}(2) = \epsilon$$

从而有

$$\|\tilde{J} - J^*\| = \epsilon$$

选择留在状态 1 的策略 μ 正是基于 $\tilde{J}$ 的一步前瞻策略, 这是因为

$$2\alpha\epsilon + \alpha\tilde{J}(1) = \alpha\epsilon = 0 + \alpha\tilde{J}(2)$$

而且等式

$$J_\mu(1) = \frac{2\alpha\epsilon}{1-\alpha} = \frac{2\alpha}{1-\alpha}\|\tilde{J} - J^*\|$$

成立, 从而可见式 (5.6) 中给出的性能界在 $\ell = 1$ 时等号成立。

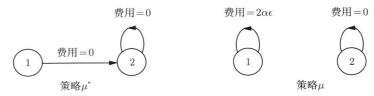

图 5.1.2　涉及两个状态的问题, 用于说明命题 5.1.1 (b) 给出的性能界是紧的 (参见例 5.1.1)。如图所示, 所有转移都是确定性的。当处于状态 1 时有两个控制选择: 前往状态 2 并花费 0 (策略 μ^*) 或者留在状态 1 并花费 $2\alpha\epsilon$ (策略 μ)。

5.1.2　策略前展

首先考虑精确形式的策略前展, 此时式 (5.5) 中的函数 $\tilde{J}$ 即为某个稳态策略 μ [也称为基本策略 (base policy) 或基本启发式方法 (base heuristics)] 的费用函数, 即 $\tilde{J} = J_\mu$。那么, 前展策略就是从 μ 出发、经过一步策略迭代得到的策略。执行策略改进需要一些费用函数 $J_\mu(j)$ 的值, 求解这些值的策略评价可以通过任意适当方法来完成。蒙特卡洛仿真 (对从 j 出发的许多轨迹的费用作平均) 是其中的主要手段。当然如果问题是确定性的, 那么获得从 j 出发的单一轨迹就足够了, 此时策略前展所需的计算量就小了很多。此外, 在求解折扣问题时, 当仿真的步数足够大以至于折扣后剩余转移费用可以忽略不计时, 可以将仿真轨迹截短。

另外一个重要的事实是, 当采用策略前展的精确形式时, 前展策略优于基本策略, 这与有限阶段问题中的情况一致, 参见 2.4 节。该结论由下面的命题给出 [如前面所提及的, 此命题可以被视为命题 5.1.1 (b) 的特殊情况], 并且也符合我们的直觉, 因为策略前展本身就是一步策略迭代, 那么策略迭代算法中的策略改进这一一般属性在此情况下也成立。与此相关的一个结果是附录中的引理 5.9.1 (5.9.3 节)。

命题 5.1.2 (策略前展的费用改进)　令 $\tilde{\mu}$ 表示通过一步前瞻最小化

$$\min_{u \in \overline{U}(i)} \sum_{i=1}^n p_{ij}(u)\big(g(i,u,j) + \alpha J_\mu\big)$$

所得的前展策略, 其中, μ 为基本策略 [参考式 5.7 并令 $\tilde{J} = J_\mu$] 且假设 $\mu(i) \in \overline{U}(i) \subset U(i)$ 对所有 $i = 1, \cdots, n$ 都成立, 那么 $J_{\tilde{\mu}} \leqslant J_\mu$。

接下来介绍策略前展的另外一个变体, 该方法涉及多个基本启发式方法, 并且所得策略优于所有已有的启发式方法。鉴于该变体具有显而易见的并行执行的潜质, 它也被称为并行策略前展 (parallel rollout)。它与适用于有限阶段问题的相应方法类似, 参见 2.4.1 节。

例 5.1.2（涉及多个启发式方法的策略前展） 令 $\mu_1,\cdots,\mu_M$ 表示多个稳态策略，并记

$$\tilde{J}(i) = \min\left\{J_{\mu_i}(i),\cdots,J_{\mu_M}(i)\right\},\quad i=1,\cdots,n$$

以及 $\overline{U}(i)\subset U(i)$，并假设

$$\mu_1(i),\cdots,\mu_M(i)\in\overline{U}(i),\quad i=1,\cdots,n$$

那么对于所有的 i 以及 $m=1,\cdots,M$，有

$$\hat{J}(i) = \min_{u\in\overline{U}(i)}\sum_{i=1}^{n}p_{ij}(u)\big(g(i,u,j)+\alpha\tilde{J}(j)\big)$$

$$\leqslant \min_{u\in\overline{U}(i)}\sum_{i=1}^{n}p_{ij}(u)\big(g(i,u,j)+\alpha J_{\mu_m}(j)\big)$$

$$\leqslant \sum_{j=1}^{n}p_{ij}\big(\mu_m(i)\big)\Big(g\big(i,\mu_m(i),j\big)+\alpha J_{\mu_m}(j)\Big)$$

$$\leqslant J_{\mu_m}(i)$$

对不等式右侧取关于 m 的最小值就得到

$$\hat{J}(i) \leqslant \tilde{J}(i),\quad i=1,\cdots,n$$

由命题 5.1.1（b）可知，采用 $\tilde{J}$ 作为一步前瞻近似得到的前展策略 $\tilde{\mu}$ 满足

$$J_{\tilde{\mu}}(i) \leqslant \tilde{J}(i) = \min\left\{J_{\mu_i}(i),\cdots,J_{\mu_M}(i)\right\},\quad i=1,\cdots,n$$

即前展策略优于所有给定策略 $\mu_1,\cdots,\mu_M$。

含多步前瞻和终止费用函数近似的截短策略前展

在接下来介绍策略前展方法的一类变体中，我们首先采用 ℓ 步前瞻，然后根据策略 μ 执行有限多步的仿真前展，并在仿真末端采用终止费用近似 $\tilde{J}$ 来代表其余阶段的费用，参见图 5.1.3 中给出的 $\ell=2$ 时的架构。我们可以将此方法视为与多步前瞻相结合的乐观策略迭代的一步迭代（因为此处的策略评估是以 $\tilde{J}$ 为出发点，通过 m 步值迭代实现的，因此相应的策略迭代是乐观的）。该类算法也用于 Tesauro 的基于策略前展的双陆棋程序中 [TG96]（AlphaGo 程序也采用了该算法的一种变体，其中采用了蒙特卡洛树搜索来代替普通的有限前瞻）。后续会给出更多细节。

需要注意的是，策略前展架构中的各个组分（多步前瞻、基于 μ 的策略前展以及费用函数近似 $\tilde{J}$）可以通过各自独立的设计得到。此外，尽管多步前展是通过在线执行实现的，μ 和 $\tilde{J}$ 则需要提前通过先前的离线计算得到。

接下来的命题扩展了前面给出的适用于有限前瞻的性能界（参见命题 5.1.1）。具体来说，下列命题的（a）部分可以通过运用命题 5.1.1（a）得到，这是因为截短策略前展可以被视为涉及 ℓ 步前瞻的值空间近似方法，其在前瞻末端所用的终止费用近似是 $T_\mu^n\tilde{J}$，而 T_μ 则是对应于 μ 的贝尔曼算子。

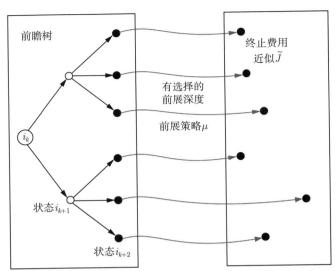

图 5.1.3　图示架构中采用了两步前瞻，然后根据策略 μ 执行随状态变化的有限多步的前展仿真，并在其后采用费用函数近似 $\tilde{J}$。蒙特卡洛树搜索方法也可以用于代替此处的多步前瞻，参见 2.4.2 节。

命题 5.1.3（含终止费用函数近似的截短策略前展的性能界）　令 ℓ 和 m 为某些正整数，μ 表示某一策略，并令 $\tilde{J}$ 表示关于状态的函数。现考虑某一截短策略前展方案，其中含有 ℓ 步前瞻，且在其后伴随 m 步针对策略 μ 的策略前展，并在 m 步仿真后采用费用函数近似 $\tilde{J}$。我们将通过此方案得到的策略记为 $\tilde{\mu}$。

（a）可知

$$\|J_{\tilde{\mu}} - J^*\| \leqslant \frac{2\alpha^\ell}{1-\alpha}\|T_\mu^m \tilde{J} - J^*\| \tag{5.10}$$

成立，其中 T_μ 是式 (5.4) 定义的贝尔曼算子，$\|\cdot\|$ 表示最大范数 $\|J\| = \max\limits_{i=1,\cdots,n}|J(i)|$。

（b）可知

$$J_{\tilde{\mu}}(i) \leqslant \tilde{J}(i) + \frac{c}{1-\alpha}, \quad i = 1, \cdots, n$$

成立，其中，

$$c = \max_{i=1,\cdots,n}\big((T_\mu \tilde{J})(i) - \tilde{J}(i)\big)$$

（c）有

$$J_{\tilde{\mu}}(i) \leqslant J_\mu(i) + \frac{2}{1-\alpha}\|\tilde{J} - J_\mu\|, \quad i = 1, \cdots, n$$

成立。

根据上述命题，可以得出一些有用的结论：

（1）命题的（a）部分说明随着前瞻步数 ℓ 的增大，前展策略的性能的界也得到改善。此外，如果 μ 是近乎最优的（从而当 $m \to \infty$ 时，$T_\mu^m \tilde{J}$ 也会靠近 J^*），前展策略 $\tilde{\mu}$ 的性能界也随着 m 的增大而改善（在此基础上如果 $\tilde{J}$ 接近 J_μ，则会给性能界带来进一步的提高）。[1]

---

[1]　对 $\tilde{J}$ 进行常数平移并不会影响生成的策略 $\tilde{\mu}$。因此，在性能界式 (5.10) 中可以加入一个经过优化得到的常数 β [参见式 (5.9)]。

（2）命题的（c）部分表明如果 $\tilde{J}$ 接近 J_μ，那么相对基本策略 μ，前展策略 $\tilde{\mu}$ 的性能几乎会得到改进。这与策略前展方法中的费用改进属性一致，参见命题 5.1.2。对上述命题（b）部分的解读也是类似的。

总之，由上述结果总结得出的涉及截短策略前展的指南是选取实际允许的尽可能大的前瞻步数，并且使 $\tilde{J}$ 尽可能接近 J_μ 或 J^*。目前尚不清楚把对应于 μ 执行的前展的步数 m 增大到什么程度能够改善该方法的性能，而有些例子表明 m 的取值不宜过大。此外，较小的 m 值意味着相应的策略前展算法所需的计算量较小，并且会降低估计费用时的方差。在实践中，当求解无穷阶段问题时，人们通常经过某种经验方法选取 m。

至于截短策略前展中所涉及的终止费用近似 $\tilde{J}$，它可以是根据启发式方法得到的，也可能是基于问题近似或更加系统性的仿真方法算出的。例如，我们可以首先找出状态空间中一些具有代表性的状态 i，然后通过仿真算出这些状态的费用函数值 $J_\mu(i)$。在此基础上，采用最小二乘回归方法就能从给定的某一个参数向量组中选出合适的参数向量，从而得到 $\tilde{J}$。计算 $\tilde{J}$ 的过程可以通过离线方式实现，故不受在线执行任务的实时性要求的影响。由此得到的 $\tilde{J}$ 可以在在线选取控制时取代 J_μ 作为终止费用函数的近似。需要注意的是，在随机最短路径问题中，当绝大多数甚至全部的费用都产生于抵达终止状态的那一步（例如游戏是赢了还是输了），那么一个好的终止费用近似就极为关键。此外，一旦在策略前展的末端引入了终止费用近似，那么前展策略的费用改进属性就不能保证成立 [参见命题 5.1.3（c）]。

由 Tesauro 和 Galperin 在 [TG96] 中提出的策略前展双陆棋程序就采用了图 5.1.3 的截短策略前展的架构。其中，策略 μ 和终止费用函数近似 $\tilde{J}$ 由 Tesauro 在 [Tes94] 中介绍的 TD-Gammon 算法提供。根据该方法，策略 μ 和终止费用函数近似 $\tilde{J}$ 均是基于神经网络得到的，其相应的训练方法是某种形式的乐观策略迭代以及 TD(λ)。AlphaGo 程序（见 [SHM$^+$16]）也采用了相似的算法（不过 ℓ 步前瞻被蒙特卡洛树搜索所代替），其中的 μ 和 $\tilde{J}$ 是通过使用近似策略迭代方法和深度神经网络得到的。

5.1.3 近似策略迭代

当问题中涉及的状态的数目过大时，策略迭代算法中的策略评价和/或策略改进步骤可能只能通过近似方法执行。在这类近似策略迭代方法中，对于每个策略 μ^k 的评价都是近似的，且相应的近似费用函数 $\tilde{J}_{\mu^k}$ 常常会用到基于特征的近似架构或者神经网络。后续策略 μ^{k+1} 则是在函数 $\tilde{J}_{\mu^k}$ 的基础上，通过（或许是近似的）策略改进得到的。

接下来我们给出此类方法的严格数学表述。假设策略评价的误差满足不等式

$$\max_{i=1,\cdots,n} \left| \tilde{J}_{\mu^k} - J_{\mu^k} \right| \leqslant \delta \tag{5.11}$$

并且每一步策略改进的误差也满足

$$\max_{i=1,\cdots,n} \left| \sum_{j=1}^n p_{ij}\big(\mu^{k+1}(i)\big)\Big(g\big(i,\mu^{k+1}(i),j\big) + \alpha\tilde{J}_{\mu^k}(j)\Big) \right.$$
$$\left. - \min_{u\in U(i)} \sum_{i=1}^n p_{ij}(u)\big(g(i,u,j) + \alpha\tilde{J}_{\mu^k}(j)\big) \right| \leqslant \epsilon \tag{5.12}$$

其中，δ 和 ϵ 是某些非负标量。此处的 δ 既包含了仿真误差，也包含了采用函数近似带来的误差。常数 ϵ 表示在策略改进步骤中执行前瞻最小化的精确程度（在许多情况下 $\epsilon = 0$）。

下列命题给出了该方法用于折扣问题时的性能界，其证明在附录中给出（此结论最早的出处及证明是 [BT96] 的 6.2.2 节）。适用于随机最短路径的相似结论可查阅 [BT96] 的 6.2.2 节。

命题 5.1.4（近似策略迭代的性能界）   考虑折扣问题，并且用 $\{\mu^k\}$ 表示通过以近似策略评价式(5.11)和近似策略改进式(5.12)定义的近似策略迭代算法生成的策略序列。那么策略误差

$$\max_{i=1,\cdots,n} \left| J_{\mu^k}(i) - J^*(i) \right|$$

随着 $k \to \infty$，渐近地小于或等于

$$\frac{\epsilon + 2\alpha\delta}{(1-\alpha)^2}$$

从定性角度看，上述关于性能界的结论与近似策略迭代的实践经验相符，因此非常重要。一般来说，在前期几步迭代中，该算法倾向于产生快速且相对单调的改进，但最终都会产生振荡现象。当函数 J_{μ^k} 进入宽度不大于

$$\frac{\epsilon + 2\alpha\delta}{(1-\alpha)^2}$$

的误差区域后，振荡现象就会出现，且振荡行为相当随机，参见图 5.1.4。与实际相比，命题 5.1.4 给出的误差界较为悲观。通常振荡区域的宽度比该性能界给出的宽度要窄得多。然而可以证明，该性能界是紧的。[BT96] 的 6.2.3 节通过一个例子对此加以说明。此外还要注意到，命题 5.1.4 中的界对于涉及无穷多状态和控制，因此有无穷多策略的折扣问题同样适用（见 [Ber18a] 中的命题 2.4.3）。

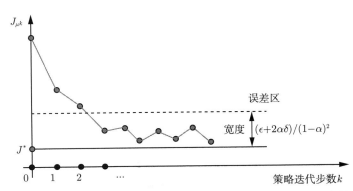

图 5.1.4   近似策略迭代算法的典型表现。在早期的几步迭代中，该方法倾向于给出较大的且相对单调的进展。当函数 J_{μ^k} 进入宽度小于或等于

$$\frac{\epsilon + 2\alpha\delta}{(1-\alpha)^2}$$

误差区域后，上述进展终止。此后函数 J_{μ^k} 将在误差区域内随机振荡。该图片是对实际情况的过度简化，因为在图中只给出了 $J_{\mu^k} - J^*$ 在单一状态的差值。对于不同的状态，其对应误差的振荡形式可能会不同。

策略收敛时的性能界

如前文所述，一般而言通过近似策略迭代生成的策略序列 $\{\mu^k\}$ 最终会在几个策略间振荡。但是在某些情况下，该序列会收敛到某策略 $\tilde{\mu}$，即

$$\mu^{\overline{k}+1} = \mu^{\overline{k}} = \tilde{\mu} \quad \text{对于某个} \overline{k} \tag{5.13}$$

成立。当采用聚集方法求解时，上述情况就会出现，详细内容见第 6 章。当出现策略收敛的现象时，我们可以得到比命题 5.1.4 更好的性能界，且原有界与新界的比值为 $1/(1-\alpha)$，如图 5.1.5 所示。下列命题给出了该性能界，其证明可见本章附录（或者该命题的原始出处 [BT96] 的 6.2.2 节）。

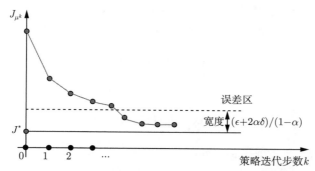

图 5.1.5 近似策略迭代算法在策略收敛时的典型表现。该方法倾向于给出相对单调的进展，且函数 J_{μ^k} 在一个误差宽度小于 $(\epsilon + 2\alpha\delta)/(1 - \alpha)$ 的区域内收敛。

命题 5.1.5（**近似策略迭代在策略收敛时的性能界**） 令 $\tilde{\mu}$ 表示采用近似策略迭代算法在式(5.11)、式(5.12)和式(5.13)条件下得到的策略。那么有

$$\max_{i=1,\cdots,n} \left| J_{\tilde{\mu}}(i) - J^*(i) \right| \leqslant \frac{\epsilon + 2\alpha\delta}{1 - \alpha}$$

最后我们指出，针对乐观策略迭代，即策略评价仅通过几步值迭代来执行且策略改进是近似完成的方法（见 4.6.2 节），我们也可以得到与上述结论相关的性能界。这些性能界与适用于非乐观策略迭代的界类似，而且并不能说明某一类的策略迭代算法比其他的强。这些界的推导相当复杂，感兴趣的读者可查阅 [Ber12a] 的第 2 章或 [Ber18a] 的 2.5.2 节，以及本章末罗列的文献。

5.2 拟合值迭代

在第 4 章中，我们讲解了适用于随机最短路径问题的值迭代算法

$$J_{k+1}(i) = \min_{u \in U(i)} \left[p_{it}(u)g(i,u,t) + \sum_{j=1}^{n} p_{ij}(u)\big(g(i,u,j) + J_k(j)\big) \right] \tag{5.14}$$

以及相应的折扣问题的版本

$$J_{k+1}(i) = \min_{u \in U(i)} \sum_{j=1}^{n} p_{ij}(u)\big(g(i,u,j) + \alpha J_k(j)\big) \tag{5.15}$$

该方法是计算最优费用函数 J^* 的核心方法之一。

但是，当状态数目很大时，迭代式(5.14)和式(5.15)可能过于耗时以致不再实用。鉴于此，人们提出了近似版本的值迭代算法，它是从 3.3 节所讲的，适用于有限阶段问题的最小二乘回归/拟合值迭代拓展得到的。该算法的初始条件 $\tilde{J}_0$ 是对 J^* 的初始估计。在此基础上，根据迭代公式将生成序列 $\{\tilde{J}_k\}$。其中，$\tilde{J}_{k+1}$ 等于精确值迭代 $T\tilde{J}_k$ 与某些误差之和 [此处我们使用了式 (5.1)和式(5.3)中定义的贝尔曼算子的简写符号 T]。假设对于某些样本状态 i，我们可以获得 $(T\tilde{J}_k)(i)$ 的值。那么通过某种形式的最小二乘回归就可以得到 $\tilde{J}_{k+1}$。接下来将探讨此类近似方法如何影响误差 $(\tilde{J}_k - J^*)$。

拟合值迭代的误差界与病态行为

接下来我们聚焦于拟合值迭代在折扣问题中的应用。对于随机最短路径问题的相关分析与之类似。首先考虑对费用函数误差（cost function error）

$$\max_{i=1,\cdots,n} \left| \tilde{J}_k(i) - J^*(i) \right| \tag{5.16}$$

和策略误差（policy error）

$$\max_{i=1,\cdots,n} \left| J_{\tilde{\mu}^k}(i) - J^*(i) \right| \tag{5.17}$$

给出估计，其中 $\tilde{\mu}^k$ 是通过一步前瞻最小化

$$\tilde{\mu}^k(i) \in \arg \min_{u \in U(i)} \sum_{j=1}^{n} p_{ij}(u)\big(g(i,u,j) + \alpha\tilde{J}_k(j)\big)$$

得到的。

在后文中我们将看到，在某些假设条件下可以得出相应的估计。不过这些假设可能不容易验证。具体来说，一个很自然的假设就是认为对于所有的状态 i 和迭代步数 k，在生成的值迭代 $(T\tilde{J}_k)(i)$ 所产生的误差不大于某个常数 $\delta > 0$，即

$$\max_{i=1,\cdots,n} \left| \tilde{J}_{k+1}(i) - \min_{u \in U(i)} \sum_{i=1}^{n} p_{ij}(u)\big(g(i,u,j) + \alpha\tilde{J}_k(j)\big) \right| \leqslant \delta \tag{5.18}$$

的条件下可以证明随着 $k \to \infty$，费用误差式(5.16)渐近地小于或等于 $\delta/(1-\alpha)$，而策略误差则小于或等于 $2\delta/(1-\alpha)^2$。

此类误差界在 [BT96] 的 6.5.3 节中给出（另见 [Ber12a] 的命题 2.5.3）。但需要注意的是，3.3 节中介绍的直观的最小二乘回归/拟合值迭代方法并不一定满足条件式(5.18)。我们通过下面的例子来解释这一现象。该例源自 [TVR96b]（另见 [BT96] 的 6.5.3 节），它表明逐步近似值迭代的误差可能会累积起来，从而使得条件式(5.18)不再成立（即不存在独立于 k 的 δ），且近似值迭代 $\tilde{J}_k$ 会变成无界的。

例 5.2.1（近似值迭代中的误差放大） 现考虑涉及两个状态 1 和 2 以及单一策略的折扣问题。问题中的状态转移都是确定性的：从状态 1 到 2 以及从状态 2 到 2。所有转移都不花费任何费用，参见图 5.2.1。因此贝尔曼方程为

$$J(1) = \alpha J(2), \quad J(2) = \alpha J(2)$$

且方程的唯一解为 $J^*(1) = J^*(2) = 0$。此外，精确动态规划的形式为

$$J_{k+1}(1) = \alpha J_k(2), \quad J_{k+1}(2) = \alpha J_k(2)$$

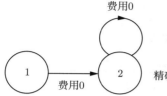

贝尔曼方程：$J(1) = \alpha J(2),\ J(2) = \alpha J(2)$

$$J^*(1) = J^*(2) = 0$$

精确值迭代：$J_{k+1}(1) = \alpha J_k(2),\ J_{k+1}(2) = \alpha J_k(2)$

图 5.2.1　例 5.2.1的折扣问题图示。在此问题中有两个状态以及一个策略。所有的状态转移都是确定性的：从状态 1 到 2 以及从状态 2 到 2。这些转移也不花任何费用。

现在我们考虑一种近似值迭代方法，其中采用了线性函数所在的一维子空间 $S = \big\{(r, 2r) \mid r : \text{标量}\big\}$ 来近似费用函数：鉴于最优费用函数 $J^* = (0,0)$ 属于 S，那么选择在此空间中近似是合理的。采用加权的最小二乘回归来近似费用。具体来说，给定 $\tilde{J}_k = (r_k, 2r_k)$，通过如下步骤得到 $\tilde{J}_{k+1} = (r_{k+1}, 2r_{k+1})$，参见图 5.2.2：

（a）首先计算以 $\tilde{J}_k$ 为起点，经过一步精确值迭代得到的值：

$$T\tilde{J}_k = \big(\alpha \tilde{J}_k(2), \alpha \tilde{J}_k(2)\big) = (2\alpha r_k, 2\alpha r_k)$$

（b）对于某些给定的权重 $\xi_1, \xi_2 > 0$，令标量 r_{k+1} 满足

$$r_{k+1} \in \arg\min_r \Big[\xi_1\big(r - (T\tilde{J}_k)(1)\big)^2 + \xi_2\big(2r - (T\tilde{J}_k)(2)\big)^2\Big]$$

或者等价地

$$r_{k+1} \in \arg\min_r \Big[\xi_1(r - 2\alpha r_k)^2 + \xi_2(2r - 2\alpha r_k)^2\Big]$$

为了求解上述最小值，将二次型费用函数相对于 r 的导数设为 0。经过一些计算后可知

$$r_{k+1} = \alpha \zeta r_k, \quad \text{其中} \quad \zeta = \frac{2(\xi_1 + 2\xi_2)}{\xi_1 + 4\xi_2} > 1 \tag{5.19}$$

因此，如果所选权重 ξ_1 和 ξ_2 使得 $\alpha > 1/\zeta$ 成立，那么序列 $\{r_k\}$ 和 $\{\tilde{J}_k\}$ 都会发散。具体来说，当采用自然的权重取值 $\xi_1 = \xi_2 = 1$ 时，可知 $\zeta = 6/5$。那么当 α 在 $(5/6, 1)$ 的范围内时近似值迭代生成序列发散，参见图 5.2.2。

产生上述困难的原因是基于加权最小二乘近似 $T\tilde{J}_k$ 来得到 $\tilde{J}_{k+1}$ 的近似值迭代算子并不是压缩算子（即使 T 本身是压缩算子）。同时，由于每步近似值迭代的误差不断放大，并不存在对于所有 k 都满足条件(5.18)的 δ。

上述例子表明，最小二乘权重的选择是决定基于最小二乘的近似值迭代方法成功与否的重要因素。一般而言，对于 3.1.2 节中介绍的那类基于回归的近似架构的训练方法，权重与样本的收集方式是相关的：样本 i 的权重 ξ_i 就是二次型求和的项中对应于状态 i 的项所占的比例。因此，前面例子中设 $\xi_1 = \xi_2 = 1$ 就意味着我们对于状态 1 和状态 2 使用了相同数目的样本。

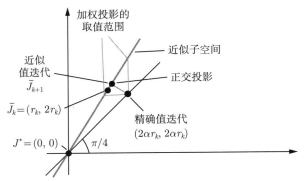

图 5.2.2 例 5.2.1图示。每步近似值迭代给出的费用都位于近似子空间，即直线 $\{(r, 2r) \mid r \in \Re\}$ 上。给定当前近似值 $\tilde{J}_k = (r_k, 2r_k)$，那么精确值迭代给出的值为

$$\left(\alpha \tilde{J}_k(2), \alpha \tilde{J}_k(2)\right) = (2\alpha r_k, 2\alpha r_k)$$

通过对该精确值迭代的输出进行最小二乘回归近似就得到了 $\tilde{J}_{k+1}$，且该近似过程可以视为将精确值迭代的输出加权投影到直线 $\{(r, 2r) \mid r \in \Re\}$ 上，且投影点受到权重 (ξ_1, ξ_2) 的影响。图中给出了该加权投影的取值范围随权重变化的情况。当采用自然的权重取值 $\xi_1 = \xi_2 = 1$ 并且 α 足够接近 1 时，$\tilde{J}_{k+1}$ 会比 $\tilde{J}_k$ 离 $J^* = (0, 0)$ 更远。造成此困难的根本原因是由一步精确动态规划以及紧随其后的映射到直线 $\{(r, 2r) \mid r \in \Re\}$ 上的加权投影一起构成的映射并不一定是压缩映射。

接下来考虑形如 $\tilde{J}(i, \cdot)$ 的近似架构以及相应的近似值迭代算法所需的采样过程。具体来说，令

$$\tilde{J}_k(i) = \tilde{J}(i, r_k), \quad i = 1, \cdots, n$$

其中，r_k 是第 k 步迭代中得到的参数向量。那么下一步近似值迭代的输出就可以通过参数 r_{k+1} 表示为

$$\tilde{J}_{k+1}(i) = \tilde{J}(i, r_{k+1}), \quad i = 1, \cdots, n$$

其中的参数是通过最小化

$$r_{k+1} \in \arg\min_r \sum_{s=1}^{q} \left(\tilde{J}(i^s, r) - \beta^s\right)^2 \tag{5.20}$$

得到，$(i^s, \beta^s), s = 1, \cdots, q$ 是训练集，且每个 β^s 都是状态 i^s 的值迭代的精确值：

$$\beta^s = (T\tilde{J}_k)(i^s)$$

显然，此时一个关键的问题就是如何选择样本状态 $i^s, s = 1, \cdots, q$，从而使 r_k 保持有界，进而确保形如式(5.18)的条件成立且例 5.2.1中不稳定的情况不会出现。对于无穷阶段问题，迄今为止并没有一般普适的方法可以确保上述条件成立。但是人们已经设计出了一些实用的方法，其中一种是依据状态的"长期重要性"给出权重，即状态权重与其在某个"好的"启发式策略下生成的长的状态轨迹中出现次数成比例。[①] 具体而言，我们可以选取一些具有代表性的状态，以它们为出发点，采用启发式策略生成一系列系统轨迹并等到系统趋向于稳定状态后，记录下生成的状态 $i^s, s = 1, \cdots, q$，

---

① 在前面的例子 5.2.1中，如果根据两个状态的"长期重要性"给出权重，那么 ξ_2 的取值将会远大于 ξ_1，这是因为在系统轨迹中几乎只有状态 2，从而表明 2 比 1 "重要得多"。事实上，由式 (5.19)可知，当比例 ξ_1/ξ_2 足够接近 0 时，ζ 会趋向于 1，从而使得标量 $\alpha\zeta$ 严格小于 1，进而保证 $\tilde{J}_k$ 收敛到 J^*。

并用于回归方法式(5.20)中。当没有额外的条件时，并没有理论能够保证该方案的稳定性：尽管此方法的理论基础薄弱，它已成功应用于几个公开的案例中。就此问题的进一步讨论可参阅 [Ber12a] 的 6.3 节以及本章末的引文。

最后我们指出，如果没有额外的改动，近似形式的乐观策略迭代也可能存在例 5.2.1中所示的误差放大的问题。这是因为近似值迭代本身就是乐观策略迭代的一个特例，即每一步迭代中的策略评价只涉及一步值迭代，并通过最小二乘回归来近似。

5.3 采用参数化近似的基于仿真的策略迭代

在本节讲解的策略迭代算法中，策略评价和策略改进都是通过采用参数化近似和蒙特卡洛仿真实现的。我们将聚焦于折扣问题，但类似方法也适用于随机最短路径问题。

5.3.1 自主学习与执行–批评方法

在强化学习文献中，"自主学习"一词通常用于指代借助于仿真来执行近似策略评价和/或近似策略改进的某种形式的策略迭代算法。在该算法中，执行策略评价的部分通常被称为批评家（critic），而当其中的参数架构是神经网络，则称之为批评家网络（critic network）。算法中执行策略改进的部分通常被称为执行者（actor），且其中涉及的神经网络被称为执行者网络（actor network）。

如果某策略迭代类型的算法中，批评家和执行者的部分都涉及了近似，那么该方法就被称为执行–批评方法（actor-critic method）。[①]事实上，术语"执行–批评"的适用范围不仅仅局限于策略迭代类的方法，也用于如策略梯度法等其他方法中，后续我们将会加以介绍。

在每一步策略迭代中需要执行的两种操作如下：

（a）评价当前策略 μ^k（批评家）：此时算法、系统和仿真器合为一体，且系统通过采用策略 μ^k 仿真得到费用样本来"观察自己"。然后它将这些样本结合起来去"学习"近似费用评价 $\tilde{J}_{\mu^k}$。通常此步骤需要通过某种形式的增量方法来求解基于样本的最小二乘回归问题，并且会涉及线性的基于特征的架构或者神经网络。需要注意的是，此处的评价可能是乐观的，即两步策略更新之间所用的样本数量很有限甚至很少，并通过采用费用函数近似来纠正由小样本量带来的误差。实际上，对前一个策略的评价结果正是对当前策略执行乐观评价的起始点（见 4.6.2 节）。

（b）改进当前策略 μ^k（执行者）：在获得近似策略评价后，通过前瞻最小化

$$\mu^{k+1}(i) \in \arg\min_{u \in U(i)} \sum_{j=1}^{n} p_{ij}(u)\big(g(i,u,j) + \alpha \tilde{J}_{\mu^k}(j)\big), \quad i = 1, \cdots, n \tag{5.21}$$

生成或"学习"新策略 μ^{k+1}。另外一种选择是针对一组样本状态 i^s, $s = 1, \cdots, q$ 通过

$$u^s \in \arg\min_{u \in U(i^s)} \sum_{j=1}^{n} p_{i^s j}(u)\big(g(i^s, u, j) + \alpha \tilde{J}_{\mu^k}(j)\big)$$

获得相应的最小化控制 u^s。这些正是改进策略 μ^{k+1} 在样本状态处的取值。然后通过采用某种形式

---

① 在本书中，单独出现的 "critic" 和 "actor" 分别译为 "批评家" 和 "执行者"。但在 "actor-critic" 情境中，我们将其简化译为 "执行–批评"。因此，"actor-critic method" 就是 "执行–批评方法"。——译者注

的策略空间近似（见 2.1.5 节）就可以从样本中"学习"拓展出一个完整的 μ^{k+1}。此处的方法可以是"增量"形式的，即只借助于很少量的样本 (i^s, u^s) 来更新策略。

前面的两个操作按顺序依次执行，直到出现某种形式的"收敛"为止。总结起来，执行–批评型策略迭代算法可视为重复执行以下两步：[①]

（a）批评家步骤（critic step）：基于（或多或少的）费用样本的某种形式的最小二乘回归，其目的是更好地评价当前策略的费用（与此同时不对该策略做出改动）。

（b）执行者步骤（actor step）：在感兴趣的状态通过一步前瞻最小化式(5.21)计算出改进策略。另外一种选择是基于（许多或几个）状态–控制样本对执行某种形式的最小二乘回归，其目的是改进当前策略（同时不对现有的策略评价结果做出改动）。

需要注意的是，尽管上述方法出现在很多文献中并被广泛倡导，但从理论上讲，它们很少有性能保证（至少在费用或策略或者双方是通过近似构架表示的时候是如此）。此外，尽管在此情境下系统会自主学习，但系统并没有学习它本身，即系统没有构造关于自身的数学模型。上述方法的一个替代方案是采用一种两阶段的方法：首先采用系统辨识和仿真构造一个系统的数学模型，然后再采用一种基于模型的策略迭代方法（参见 1.3.8 节）。但是本书不会探讨系统辨识和模型构造的方法。

本节剩余部分以及 5.4 节和 5.5 节将专注于仅含批评家（critic-only）的策略迭代方法。在此类方法中，策略改进步骤通过执行式 (5.21) 来实现，因此是"精确的"。5.7 节将介绍仅含执行者和执行–批评方法。

5.3.2 一种基于模型的变体

我们首先给出一个概念上很简单的基于模型的策略迭代的实现方式，然后在 5.3.3 节讨论与之对应的无模型的版本。具体来说，假设转移概率 $p_{ij}(u)$ 已知，且任意给定策略 μ 的费用函数 J_μ 通过参数架构 $\tilde{J}_\mu(i, r)$ 来近似。

正如前面所讲到的，对任意策略 μ，关于费用的精确策略迭代算法通过一轮策略评价/策略改进过程得到一个新策略 $\tilde{\mu}$。我们现在对此过程近似如下，参见图 5.3.1。

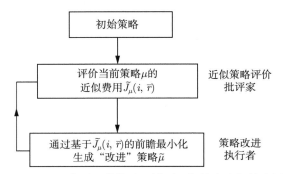

图 5.3.1　针对费用函数的基于模型近似策略迭代算法图示

（a）近似策略评价（approximate policy evaluation）：为了评价 μ，首先生成大量的训练数据 (i^s, β^s)，$s = 1, \cdots, q$。然后通过求解最小二次训练问题

[①] 执行–批评方法还出现在其他的、非策略迭代的其他方法中。此类方法将策略与值空间的参数化近似相结合，并会涉及梯度下降类的参数调整。5.7 节将对此类问题作简要讲解。

$$\overline{r} \in \arg\min_r \sum_{s=1}^{q} \left(\tilde{J}_\mu(i^s, r) - \beta^s \right)^2 \tag{5.22}$$

得到参数向量 r。此处的标量 β^s 是对应于状态 i^s 和策略 μ 的费用样本。

具体来说，从状态 i^s 出发，通过采用策略 μ 和已知的状态转移概率就可以进行仿真来获得阶段数目为 N 的状态–控制轨迹。如果 N 阶段轨迹末端的状态为 i_N，并且对费用函数 J_μ 的初始估计 $\hat{J}$ 可以用作终止费用近似，那么将样本轨迹的阶段费用累加起来，并在此基础上添加

$$\alpha^N \hat{J}(i_N)$$

就得到了样本费用 β^s。其中，$\hat{J}$ 可能是通过额外的训练方式或其他手段得到的，例如使用针对 μ 之前的策略的执行评价而得到的函数，这就类似于乐观策略迭代中所隐含的费用函数近似，参见 4.6.2 节。此外也可以令 $\hat{J}(i_N) = 0$ 来简化该方法，或者通过问题近似的方法得到 $\hat{J}$。[①]

执行近似策略评价所涉及的问题式(5.22)可通过 3.1.3 节中介绍的增量方法求解。具体来说，此问题对应的增量梯度法的公式为

$$r^{k+1} = r^k - \gamma^k \nabla \tilde{J}(i^{s_k}, r_k) \left(\tilde{J}(i^{s_k}, r_k) - \beta^{s_k} \right)$$

其中，(i^{s_k}, β^{s_k}) 是第 k 步迭代中用到的状态–费用样本对，r^0 是初始参数估计。此处的近似架构可以是线性的，也可以是非线性且可微的。当近似架构为线性时，也可以采用解析表达式求解问题式(5.22)，即采用精确最小二乘公式来计算。

（b）策略改进（policy improvement）：在求解了近似策略评价问题式(5.22)的基础上，新的"改进的"策略 $\tilde{\mu}$ 可以通过执行策略改进

$$\tilde{\mu}(i) \in \arg\min_{u \in U(i)} \sum_{j=1}^{n} p_{ij}(u) \big(g(i, u, j) + \alpha \tilde{J}(j, \overline{r}) \big), \quad i = 1, \cdots, n \tag{5.23}$$

获得，其中 $\overline{r}$ 正是通过执行策略评价式(5.22)得到的参数向量。

轨迹重复利用和偏差–方差的权衡

正如前面所述，每个训练对 (i^s, β^s) 的费用 β^s 都是通过将一个 N 阶段轨迹的费用累加得到的。但是对于不同的 s，轨迹长度并不需要相同。正因为此，我们可以通过轨迹重复利用（trajectory reuse）来节省采样所需的工作量。具体而言，假设从状态 i_0 出发，采用策略 μ 得到一个很长的轨迹 $(i_0, i_1, \cdots, i_N)$。那么如前面介绍的，我们就可以得到对应于 i_0 的状态–费用样本。但是对于后续状态 $i_1, i_2, \cdots$，也可以利用以这些状态为起点的轨迹的剩余部分，从而获得额外的费用样本。

显然样本轨迹一定会在某个阶段 N 之后终止，因为在实际中我们并不能获得长度为无穷的轨迹。如果 N 很大，那么由于折扣因子的影响，忽略 N 以外阶段费用的影响就会很小。但是在选取轨迹长度时，还需要考虑其他重要因素。

具体来说，阶段数目小能够减小采样的工作量，但也会因此引入误差。这是因为轨迹尾部的费用（从阶段 N 到无穷）需要通过 $\alpha^N \hat{J}(i_N)$ 来近似，其中 i_N 是 N 阶段轨迹末端的状态，而 $\hat{J}$ 则是

[①] 当求解随机最短路径问题，尤其是大多数费用都产生于终止那一步时，终止费用函数近似 $\hat{J}$ 的选取可能会是个难点。对此的处理方法因问题而异。我们将不对此作进一步讲解。

对 J_μ 的初始估计。与乐观策略迭代的思路相同，此处的终止费用是用于补偿忽略掉的后续阶段费用，但它也给费用样本 β^s 引入了误差，且该误差会随着轨迹长度 N 的减小而增大。

使用大量的、每个轨迹长度都相对较小的训练轨迹还有如下两个额外的优点：

（1）在此情况下，每个 β^s 对应于较少的随机阶段费用之和。因此其中的噪声就会较小。由此引发了所谓的偏差与方差的权衡（bias-variance tradeoff）：较短的轨迹会带来更大的偏差，但此时费用样本的方差会小。

（2）采用更多的初始状态 i_0 时，对状态空间的探索（exploration of the state space）就更充分。更确切地说，我们想要实现的是样本集合充分体现了所有可能的轨迹初始状态。在近似策略迭代方法中，这是一个很重要的问题。5.3.4 节将对此展开讨论。

最后我们指出，正是由于存在偏差–方差的权衡，人们提出了 TD(λ)、LSTD(λ) 和 LSPE(λ) 等一系列方法来替代普通的策略评价。我们会在 5.5 节对此加以总结，参见 [Ber12a] 的 6.3 节以及前面提及的其他近似动态规划/强化学习书籍。文章 [Ber12b, YB12b] 以及教材 [Ber12a] 的 6.4 节讨论了多种短轨迹的采样方法。

5.3.3 一种无模型的变体

接下来我们给出无模型策略迭代算法的一种实现方式。前一节中介绍的涉及近似和基于仿真的实现方式还可以借助 Q 因子来表述。这并不令人意外，因为精确策略迭代算法就有对应于 Q 因子的形式（参见 4.6.3 节）：当给定任意策略 μ，该算法可以通过一轮策略评价/策略改进来获得新策略 $\tilde{\mu}$。

为描述该近似算法，引入参数化架构 $\tilde{Q}_\mu(i,u,r)$ 用于近似 μ 的 Q 因子。该近似架构可以是非线性的，其中还可能涉及了神经网络。但它也可以是基于特征的线性架构，其中的特征向量可能同时依赖于状态和控制，也可完全由状态决定。在前一种情况下，近似架构的形式为

$$\tilde{Q}_\mu(i,u,r) = r'\phi(i,u)$$

其中，r 是独立于 u 的权重向量。在后一种情况下，架构的形式为

$$\tilde{Q}_\mu(i,u,r) = r(u)'\phi(u)$$

此时，每一个 u 都有各自的权重向量 $r(u)$。该近似架构适用于每个阶段中控制数目较小的问题。我们现在对此过程近似如下，参见图 5.3.2。

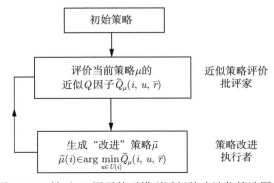

图 5.3.2　针对 Q 因子的无模型近似策略迭代算法图示

（a）近似策略评价（approximate policy evaluation）：首先（利用系统的仿真器）生成大量的训练数据组 (i^s, u^s, β^s), $s = 1, \cdots, q$。然后通过求解最小二次拟合

$$\bar{r} \in \arg \min_r \sum_{s=1}^q \big(\tilde{Q}_\mu(i^s, u^s, r) - \beta^s\big)^2 \tag{5.24}$$

得到参数向量 r。

具体来说，对于给定的状态控制对 (i^s, u^s)，β^s 就是对应于 (i^s, u^s) 的 Q 因子的样本。其计算过程如下：从状态 i^s 出发并在第一阶段执行控制 u^s，然后通过采用策略 μ 进行仿真来获得阶段数目为 N 的状态–控制轨迹，并且累积相应的折扣费用就得到样本值。如果用 $J_\mu^{N-1}(j)$ 表示从 j 出发、采用策略 μ 经过 $(N-1)$ 个阶段所花的费用，并基于此定义对应于策略 μ 的 N 阶段 Q 因子为

$$Q_\mu^N(i, u) = \sum_{j=1}^n p_{ij}(u)\big(g(i, u, j) + \alpha J_\mu^{N-1}(j)\big)$$

那么 β^s 就是 $Q_\mu^N(i^s, u^s)$ 的一个样本。对于不同的样本轨迹，其对应的阶段数目 N 的取值也许不同，并且可大可小。另外，如同 5.3.2 节介绍的基于模型的情况一样，我们还可以在 β^s 的取值中包括终止费用近似 $\alpha^N \hat{J}(i_N)$。而且增量方法也可以用于求解训练问题式(5.24)。

（b）策略改进（policy improvement）：此时我们可以通过计算

$$\tilde{\mu}(i) \in \arg \min_{u \in U(i)} \tilde{Q}_\mu(i, u, \bar{r}), \quad i = 1, \cdots, n \tag{5.25}$$

获得新的策略 $\tilde{\mu}$，其中 $\bar{r}$ 正是通过执行策略评价式(5.24)得到的参数向量。

但是，与涉及费用评价的方法相比，在评价 Q 因子时执行轨迹重复利用还有额外的问题。这是因为在每条轨迹中，除去第一阶段外，其余的状态–控制对都具有 $(i, \mu(i))$ 的特殊形式，进而导致对应于 $u \neq \mu(i)$ 的 (i, u) 并没有得到足够探索，参见 5.3.2 节中的讨论。正因为此，有必要在样本中刻意引入以满足 $u \neq \mu(i)$ 的 (i, u) 为起点的轨迹。5.3.4 节会讨论这一事项。

前述方法的一类重要替代方案是采用两阶段流程来进行策略评价。首先以无模型的方式通过求解回归问题(5.22)获得费用近似 $\tilde{J}_\mu(j, \bar{r})$，然后采用某个函数 $\tilde{Q}_\mu(i, u, \bar{r})$ 并通过第二个采样过程和回归（second sampling process and regression）来近似（已经涉及近似的）Q 因子

$$\sum_{j=1}^n p_{ij}(u)\big(g(i, u, j) + \alpha \tilde{J}_\mu(j, \bar{r})\big)$$

此处的 $\tilde{Q}_\mu(i, u, \bar{r})$ 可以是通过策略近似架构得到的（见 2.1.3 节中的讲解）。最后，一旦得到了 $\tilde{Q}_\mu(i, u, \bar{r})$，通过最小化式(5.25)就可以得到"改进的"策略 $\tilde{\mu}$。鉴于此方法中获取 $\tilde{Q}_\mu(i, u, \bar{r})$ 需要两重近似，因此该方案更加复杂。但是该方法允许我们重复利用轨迹，进而可以更好地处理探索问题。

5.3.4　实施参数化策略迭代的挑战

针对各种形式的近似策略迭代现在已有大量的理论和应用研究。我们就此给出一些评论，重点是前面所讲的只含批评家的参数化策略迭代方法。

架构问题和费用整形

对于策略迭代的参数化近似方法，费用 $\tilde{J}_\mu(j,r)$ 和 Q 因子 $\tilde{Q}_\mu(i,u,r)$ 的架构选择是决定其成功与否的关键因素。这些架构中可能涉及特征的运用，可以是线性的，也可能是譬如神经网络的非线性架构。采用线性的基于特征的架构有一个重要优点。此时相应的策略评价式(5.22)和式(5.24)涉及线性最小二乘问题，而此类问题具有解析解。此外，当采用线性架构时，有更多的具有坚实理论基础的近似策略评价方法可供选择，譬如 TD(λ)、LSTD(λ) 和 LSPE(λ)。这些方法在许多教材中都有详细讲解，我们也会在 5.5 节加以总结。

另一个与架构选择相关的有趣方法是在 4.2 节中介绍的费用整形（cost shaping），即对每阶段的费用加以修改。当处理随机最短路径问题时，修改后的阶段费用为

$$\hat{g}(i,u,j) = g(i,u,j) + V(j) - V(i), \quad i = 1, \cdots, n$$

其中，V 是任意对 J^* 的近似，且 $V(t) = 0$。相应的适用于折扣问题的公式为

$$\hat{g}(i,u,j) = g(i,u,j) + \alpha V(j) - V(i), \quad i = 1, \cdots, n$$

正如 4.2 节所提到的，费用整形可能会极大地改变通过近似动态规划，尤其是近似策略迭代所生成的次优策略。一般来说，所选的 V（至少在"形状上"）应当接近 J^* 或当前策略的费用函数 J_{μ^k}，以便使得那些很好匹配问题特征的近似架构能够近似相应的差值 $J^* - V$ 或 $J_{\mu^k} - V$。根据具体问题，我们可以通过近似架构或其他近似方法来表示 V。此外，在近似策略迭代的情境中，所选的 V 在评价不同策略时也可以不同。

我们罗列的关于 4.2 节的参考文献给出了费用整形的一些应用（在强化学习文献中该方法常常被称为收益整形）。在此情境下，一种有趣的方法是对于 V 以及 J^* 或 J_{μ^k}，采用互为补充的近似。例如，可以通过基于神经网络的方法来近似 V，从而发掘 J^* 或 J_{μ^k} 的大体形式，然后应用不同的方法来对 V 提供局部校正从而改进近似效果。第 6 章在将讲解偏心聚集时介绍该方法。

探索问题

在近似策略迭代方法的策略评价这一步，如何生成合适的训练集是一个相当大的挑战。就此问题不少文献提出了应对的方法。我们将讨论关于探索不足（inadequate exploration）的一般问题。在先前的讲解基于模型的策略迭代时，我们就提到了此类问题，它也的确是基于仿真的近似策略迭代方法的致命弱点，可在实践中该问题并没有得到足够重视。

在 5.3.2 节介绍的策略迭代算法的变体中，为了评价 μ，首先生成大量的训练数据 (i^s, β^s)，$s = 1, \cdots, q$，其中的标量 β^s 是对应于状态 i^s 和策略 μ 的费用样本。然后通过求解最小二乘训练问题

$$\overline{r} \in \arg\min_r \sum_{s=1}^{q} \left(\tilde{J}_\mu(i^s, r) - \beta^s \right)^2$$

得到参数向量 r。具体来说，从状态 i^s 出发，通过采用策略 μ 和已知的状态转移概率就可以进行仿真来获得阶段数目为 N_s 的状态–控制轨迹。如果 N_s 阶段轨迹末端的状态为 i_N，并且对费用函数 J_μ 的初始估计 $\hat{J}$ 可以用作终止费用近似，那么将样本轨迹的阶段费用累加起来，并在此基础上添加

$$\alpha^{N_s} \hat{J}(i_{N_s})$$

就得到了样本费用 β^s。在介绍此方法时，我们还讨论了轨迹重复利用，即通过使用任意生成轨迹的尾部从而减小采样的工作量。

因此，当采用上述方法并重复使用轨迹时，生成的许多费用或 Q 因子样本的起始状态将会是在策略 μ 之下经常访问的状态，由此导致在 μ 之下不经常访问的状态的样本数量不足，带来仿真偏差。在此情况下，未被充分采样的状态的费用估计可能很不准确，进而在通过策略改进操作来计算改进策略 $\tilde{\mu}$ 时导致严重的潜在误差。

改进状态空间探索的一种可行手段是使用大量的初始状态，此时就需要使用相对较短的轨迹来保持较低的仿真成本。如前所述，为了使样本 β^s 更准确，在策略评价步骤中引入终止费用函数近似来补偿短轨迹的省略部分就尤为重要。此外，在选择这些轨迹的初始状态时，应该确保样不论是在当前策略下还是在其他策略下，所选取的样本都能代表状态空间中访问最多的那部分。

在评价策略 μ^k 时，一个简单可行的方法是采用内存缓冲区的随机化（randomization over a memory buffer），即在存储候选初始状态的内存缓冲区上随机选取状态。具体来说，我们可以使用由多个子集 $I, I_0, \cdots, I_{k-1}$ 构成的并集作为初始状态的候选集合，其中 I 是一开始就给定的初始子集，$I_0, \cdots, I_{k-1}$ 则是在评价先前的策略 $\mu^0, \cdots, \mu^{k-1}$ 时生成的。每个子集 I_m 应包含在评价策略 μ^m 时生成的状态。我们通过使用短轨迹来评价策略 μ^k，相应的初始状态则是从 $I, I_0, \cdots, I_{k-1}$ 随机选择的，并且选取所依据的概率可以偏向于更新的策略（即选取子集 I_m 中状态作为初始状态的概率随着 m 而增加）。此外在评价策略 μ^k 时，我们还会生成状态子集 I_k 以用于训练下一个策略 μ^{k+1}。在此方法中，初始子集 I 的地位很特殊，因此需要慎重选取，从而使其中不仅包括具有代表性的状态，还含有采用各种不同控制时前往的后继状态。此类方法的具体实施细节很可能需要通过反复实验来解决。

因此在上述方案中，用于得到训练集费用 β^s 的所有状态转移和相应的转移费用都是通过使用当前策略 μ^k 生成的。然而，用于计算费用样本的轨迹的初始状态的集合却是非常多样化的：这些起始状态是通过在初始子集 I 和并集 $I_0 \cup \cdots \cup I_{k-1}$ 中进行随机选取得到的，且后者对应于先前策略访问过的状态。

以上类型的方法的一个潜在弱点是其需要一个良好的终止费用函数近似。这样的费用函数近似也许并不容易获得，尤其是对于涉及大量"延迟费用"的随机最短路径问题，譬如当绝大多数的费用都仅在抵达终点时才产生。此类问题通常都需要"深度探索"，即采用很长样本轨迹从而抵达或接近终点。

刚刚描述的探索方法也适用于涉及 Q 因子的无模型近似策略迭代变体，请参阅 5.3.3 节。事实上，正如我们在 5.3.3 节所提到的，与涉及费用的方法相比，对于不同的状态–控制对进行探索的需求更为迫切。与上面介绍的方法类似，我们也可以构造一个能代表多种不同策略下轨迹的状态控制对的集合，然后从中随机选取初始状态，并生成较短的轨迹。

此外，我们还可以将状态空间划分为若个部分，并且从各部分中选取足够有代表性的状态来构成初始状态集合。这种方式能让我们更好地控制探索过程，还可以对每部分状态执行分布式的策略评价算法，参阅我们之前的讨论以及论文 [BY10a]、[BY12] 和 [YB13b]。

文献中还有一些其他相关的方法用于改善探索，其中就包括与时序差分相关的方法，5.5 节将对此方法加以介绍。在其中一些方法中，轨迹是通过混合采用两种策略获得的：正在评价的策略，有时也称为目标策略（target policy），还有与之相区别的行为策略（behavior policy）。系统会按照一定的概率采用行为策略，从而加强探索；参阅章末的文献索引。在强化学习文献中（例如教材 [SB18]），那些采用了行为策略的方法被称为离轨策略（off-policy）方法，而那些未使用的则是同轨策略（on-policy）方法。一种常见的探索方法就是采用所谓的"ϵ-贪婪"的离轨策略方法，即处于策略改进阶段时在一定的阈值 $\epsilon > 0$ 之内选取对应于最小值的控制，而 ϵ 的取值则是通过实验确定。

然而，还需要注意的是，使用行为策略又会使费用样本偏向于该策略。在此情况下就需要对算法进行专门的调整，从而消除这一偏差的来源，并且只针对行为策略而不会干扰其他策略。Bertsekas 和 Yu 在 [BY09] 中介绍了此类调整，它可以用于不涉及转移概率的一般线性方程组；读者还可以查阅 [Ber12a] 的 6.4.2 节和 7.3.1 节。

一般而言，高效的采样方法和权衡探索与选取有潜力的控制（即探索–开发的权衡）是现阶段的科研热点。许多学者都提出了在特定情况，包括需要实时计算的情境中，可行的实践方法。关于该主题的近期成果包括 Russo 和 Van Roy 的 [RVR16]。Osband 等在 [OVRRW19] 中提出了用于处理深度探索的特定方法。

5.3.5 近似策略迭代的收敛问题——振荡

接下来我们考虑通过近似策略迭代生成的策略序列。与保证产生最优策略的精确策略迭代不同，近似策略迭代生成的策略序列只能保证渐近地处于最优策略的某个误差范围内，参阅命题 5.1.4。此外，生成的策略还可能会振荡。更确切地说，所谓振荡，就是经过几步迭代后，所生成的策略往往会循环重复。

这种振荡现象由作者在 1996 年的会议文献 [BY96] 中首次描述。当不存在特殊条件时，无论是采用乐观的还是非乐观的策略迭代方法，该现象都会系统性地发生，即使在简单的示例中也可以观察到（参见 [BT96] 的 6.4.2 节，[Ber12a] 的 6.4.3 节）。

为了描述在近似策略迭代中可能导致策略振荡的一般机制，我们专注于折扣问题，并且引入所谓的贪婪划分（greedy partition）。对于一个给定的近似架构 $\tilde{J}(\cdot, r)$，它将参数向量 r 对应的空间 $\Re^s$ 划分为若干子集 R_μ，每个子集都对应于一个稳态策略，且被定义为[①]

$$R_\mu = \left\{ r \,|\, T_\mu\big(\tilde{J}(\cdot, r)\big) = T\big(\tilde{J}(\cdot, r)\big) \right\}$$

或者等效的

$$R_\mu = \left\{ r \,\Big|\, \mu(i) \in \arg \min_{u \in U(i)} \sum_{j=1}^n p_{ij}(u)\big(g(i, u, j) + \alpha \tilde{J}(j, r)\big), \, i = 1, \cdots, n \right\}$$

因此对于集合 R_μ 中的每一个参数向量 r，μ 都是对应于 $\tilde{J}(\cdot, r)$ 的"贪婪"策略。需要注意的是，贪婪划分只依赖于近似架构 $\tilde{J}(\cdot, r)$（架构可以是包括非线性在内的任意形式），而不受策略评价方法的影响。

接下来我们首先考虑非乐观版本的近似策略迭代方法，后续我们将说明类似的情况也出现在采用乐观策略迭代的时候。为了简单起见，假设对任意给定策略 μ，所采用的策略评价方法都会生成唯一的参数向量 r_μ。以某个策略 μ^0 为初始条件，该方法首先通过给定的策略评价方法生成参数 r_{μ^0}，

[①] 鉴于此时我们要处理多种不同的策略，我们的符号反映了阶段费用和转移概率受控制的影响。此外，T_μ 是对应于策略 μ 的贝尔曼算子，而选取合适的 μ 来最小化 T_μ 就定义了 T。

然后计算策略 μ^1 从而使 $r_{\mu^0} \in R_{\mu^1}$ 成立。之后用 μ^1 代替 μ^0 并重复上述步骤。如果在此过程中生成的某策略 μ^k 满足 $r_{\mu^k} \in R_{\mu^k}$，那么该方法收敛（即后续将一直生成策略 μ^k）。这正是非乐观策略迭代算法中策略收敛的充要条件。

当采用的费用函数的表示方法不涉及近似时，即参数向量 r_μ 等于展望费用向量 J_μ 时，条件 $r_{\mu^k} \in R_{\mu^k}$ 就等价于 $r_{\mu^k} = Tr_{\mu^k}$。然而此条件成立当且仅当 μ^k 为最优。可是，如果采用了费用函数近似，那么该等式关系对于任意策略都不一定成立。鉴于只存在有限多的不同的向量 r_μ，且每个向量都是在另一个的基础上通过确定性的方法生成，该算法最终会在一些策略 $\mu^k, \mu^{k+1}, \cdots, \mu^{k+m}$ 之间重复循环，即

$$\mu^k \in R_{\mu^{k+1}}, \mu^{k+1} \in R_{\mu^{k+2}}, \cdots, \mu^{k+m-1} \in R_{\mu^{k+m}}, \mu^{k+m} \in R_{\mu^k}$$

（参见图 5.3.3。）此外，问题中可能有多个此类的循环，而迭代方法最终可能收敛到其中的任意一个，具体收敛到哪一个则取决于初始策略 μ^0。这与采用梯度法最小化具有多个局部最小值点的函数类似，此时收敛的极限点就取决于初始点。

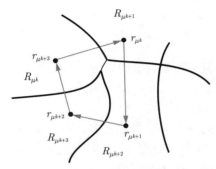

图 5.3.3　贪婪划分和包含费用函数近似的非乐观策略迭代生成的策略循环。具体来说，μ 通过策略改进生成 $\bar{\mu}$ 当且仅当 $r_\mu \in R_{\bar{\mu}}$ 成立。在此图中，该方法在四个策略间循环，且相应参数为 $r_{\mu^k}, r_{\mu^{k+1}}, r_{\mu^{k+2}}, r_{\mu^{k+3}}$。

从原则上讲，循环可能很有害，这是因为并没有理论可以保证循环中涉及的策略是"好的"，而且通常也没有办法去验证它们与最优策略间的差距。然而，我们后续给出的一些论证（源自 [BT96] 的 6.4.2 节）似乎表明对于许多类型的问题，振荡并不会显著影响近似策略迭代算法的性能。此外需要注意到，在某些特殊情况下，我们可以避免振荡并证明该算法的收敛性，其中就包括了采用聚集方法的时候，请参阅第 6 章和关于近似策略迭代算法的综述 [Ber11a]。此外，当策略收敛时，我们也能得到更优越的性能界，参见命题 5.1.5。

乐观策略迭代方法中的振荡与抖动

接下来我们考虑采用乐观近似策略迭代时的振荡现象。此时算法生成的参数轨迹更不好预测，且依赖于策略更新的具体细节，如策略更新的频率。

具体来说，给定当前策略 μ，只要 μ 相对于当前的展望费用近似 $\tilde{J}(\bullet, r)$ 还是贪婪的，即只要当前参数向量 r 还属于 R_μ，那么乐观策略迭代就会向着相应的"目标"向量 r_μ 迈进。然而，一旦参数 r 进入另一个子集，比如 $R_{\bar{\mu}}$，那么策略 $\bar{\mu}$ 就变成了相应的贪婪策略，参数 r 也改变原来的指向而开始朝着新的"目标"$r_{\bar{\mu}}$ 前进。因此，与非乐观策略迭代类似，该方法中的"目标"r_μ 以及相应的策略 μ 和集合 R_μ 可能会不停地变化。与此同时，参数向量 r 可能会朝着参数轨迹涉足的区域 R_μ

的边界移动，从而根据非乐观策略迭代涉及的策略循环的缩减版本来循环策略（参见图 5.3.3）。①此外，如图 5.3.4 所示，如果在策略更新之间采用递减的参数（如在策略评价方法中使用递减步长）并且该方法最终在多个策略之间循环，那么参数向量将倾向收敛到对应于这些策略的区域 R_μ 的公共边界。

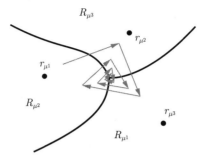

图 5.3.4　包含费用函数近似的乐观策略迭代生成的参数轨迹图示。该算法最终会在满足关系

$$r_{\mu^1} \in R_{\mu^2}, \quad r_{\mu^2} \in R_{\mu^3}, \quad r_{\mu^3} \in R_{\mu^1}$$

的策略 μ^1、μ^2 和 μ^3 之间振荡。参数向量则会收敛到 R_{μ^1}、R_{μ^2} 和 R_{μ^3} 的公共边界。

乐观策略迭代中，策略空间振荡和参数空间收敛同时发生的现象被称为抖动（chattering）。关于该现象的本质，有些文献的解读并不清晰，而且事实上人们经常错误地认为，如果生成的参数序列收敛，那么相应的策略序列也会收敛。

一个有趣的观察是，就获得的最终策略的性能而言，近似策略评价和探索方法的选择可能并不重要。不同方法可能会使目标 r_μ 发生一些变化，但是并不会改变贪婪划分。因此，不同的方法只是"同池共渔"，所生产的最终策略循环往往也类似。

需要注意的是，当抖动发生时，乐观策略迭代的极限往往是位于贪婪划分的几个子集的公共边界上，而且可能并不对应于振荡中涉及的任何策略的费用近似值。鉴于此由该方法得到的参数极限并不能用于构造任何策略的费用函数近似。进而在乐观策略迭代终止后，我们可能需要回过头来执行筛选过程；即评价该方法生成的许多策略并选择其中最有希望的一个。

即使出现抖动现象，振荡中涉及的不同策略的费用函数也可能"相差不是很大"，因此导致生成策略的费用函数好像显得"接近收敛"（这并不是说这些策略都是"好的"）。对此我们给出如下解释，假如生成的参数向量收敛到 $\bar{r}$，并且最终会有稳态的策略振荡。我们将含有振荡涉及的策略的集合记为 $\mathcal{M}$。那么 $\mathcal{M}$ 中的所有策略相对于 $\tilde{J}(\cdot, \bar{r})$ 都是贪婪的，这就意味着对于状态空间中的某个子集，对应于其中每个状态 i 都存在至少两个控制 $\mu_1(i)$ 和 $\mu_2(i)$ 满足

$$\min_{u \in U(i)} \sum_{j=1}^{n} p_{ij}(u)\big(g(i, u, j) + \alpha \tilde{J}(j, \bar{r})\big)$$

$$= \sum_{j=1}^{n} p_{ij}\big(\mu_1(i)\big)\Big(g\big(i, \mu_1(i), j\big) + \alpha \tilde{J}(j, \bar{r})\Big)$$

---

① 此处意指与非乐观策略迭代相比，乐观策略迭代中循环所涉及的策略可能是前者循环时涉及策略的一部分。——译者注

$$= \sum_{j=1}^{n} p_{ij}\big(\mu_2(i)\big)\Big(g\big(i,\mu_2(i),j\big) + \alpha\tilde{J}(j,\bar{r})\Big)$$

每一个此类的等式都可被看作参数向量 $\bar{r}$ 的一个约束关系。因此，如果不考虑奇异的情况，最多只能存在 s 个前述形式的关系，其中 s 是 $\bar{r}$ 的维数。这就意味着最多会有 s 个"模棱两可"的状态，在这些状态时有至少两个控制相对于 $\tilde{J}(j,\bar{r})$ 是贪婪的。

现在如果假设问题中的状态数目远大于 s，并且假设问题中并没有"关键"状态；即将一个策略中对应于较小数量（譬如，s 的数量级那么多）的状态所选的控制做改动并不会对策略的费用带来大的影响。那么，集合 $\mathcal{M}$ 中的那些涉及抖动的策略都具有大致相同的费用函数（尽管这些策略并不一定就是"好的"策略），进而我们可以认为费用近似 $\tilde{J}(j,\bar{r})$ 接近于任意策略 $\mu \in \mathcal{M}$ 所对应的 $\tilde{J}(j,r_\mu)$。然而，需要注意的是，此处假设的"无关键状态"可能不易量化或者检验，甚至可能是错的。

5.4　Q 学习

本节我们将专注于折扣问题，并讨论多种 Q 学习算法。这些算法都可以通过无模型的方式来实现。该算法的原始版本与 4.2 节和 4.3 节介绍的对应于 Q 因子的值迭代算法相关。与策略迭代算法中近似相继生成的策略的费用函数不同，该算法旨在得到最优的 Q 因子，从而避免了策略迭代中多步的策略评价步骤。我们将会介绍 Q 学习算法以及一系列相关的方法，它们的共同点是其中都涉及了精确或近似的 Q 因子。

我们首先讨论为折扣问题设计的 Q 学习算法的原始形式，专著 [BT96] 和 [Ber12a]，以及文章 [Tsi94] 和 [YB13a] 中有用于随机最短路径问题的 Q 学习的讨论。然后我们考虑针对 Q 因子的策略迭代算法，其中包括乐观异步的版本，以及涉及 Q 因子近似的算法。

在折扣问题中，对于所有的满足 $u \in U(i)$ 的状态–控制对 (i,u)，最优 Q 因子定义为

$$Q^*(i,u) = \sum_{j=1}^{n} p_{ij}(u)\big(g(i,u,j) + \alpha J^*(j)\big)$$

正如 4.3 节所述，对于所有状态–控制对 (i,u)，这些 Q 因子满足

$$Q^*(i,u) = \sum_{j=1}^{n} p_{ij}(u)\Big(g(i,u,j) + \alpha \min_{v \in U(j)} Q^*(j,v)\Big)$$

并且是这些方程组的唯一解。此外，最优 Q 因子还可以通过值迭代方法 $Q_{k+1} = FQ_k$ 得到，其中 F 是针对 Q 因子的贝尔曼算子，其定义为

$$(FQ)(i,u) = \sum_{j=1}^{n} p_{ij}(u)\Big(g(i,u,j) + \alpha \min_{v \in U(j)} Q^*(j,v)\Big), \quad \text{对所有}(i,u) \tag{5.26}$$

与针对费用的贝尔曼算子类似，很容易证明 F 是模为 α 的压缩映射 [参见式 (5.3)]。因此从任意初始点 Q_0 开始，算法 $Q_{k+1} = FQ_k$ 都将收敛于 Q^*。

最初的也是最广为人知的 Q 学习算法（[Wat89]）可看作随机版本的值迭代，其中式(5.26)的期望值通过采样和仿真来近似。具体来说，我们通过某种概率机制得到了无穷长的状态控制对序列 $\{(i_k, u_k)\}$。对于每个 (i_k, u_k)，根据概率 $p_{i_k j}(u_k)$ 生成状态 j_k。那么采用步长 $\gamma^k \in (0, 1]$ 就可以更新对应于 (i_k, u_k) 的 Q 因子值而将其他 Q 因子保持不变：

$$Q_{k+1}(i, u) = (1 - \gamma^k)Q_k(i, u) + \gamma^k(F_kQ_k)(i, u), \quad \text{对所有}(i, u) \tag{5.27}$$

其中，

$$(F_kQ_k)(i, u) = \begin{cases} g(i_k, u_k, j_k) + \alpha \min_{v \in U(i_k)} Q_k(j_k, v), & (i, u) = (i_k, u_k) \\ Q_k(i, u), & (i, u) \neq (i_k, u_k) \end{cases} \tag{5.28}$$

可以发现，$(F_kQ_k)(i_k, u_k)$ 就是式 (5.26)所定义的期望值 $(FQ_k)(i_k, u_k)$ 的单一样本估计。

为了保证式(5.27)、式(5.28)收敛到最优 Q 因子，还需要满足一些条件。其中最重要的条件是在无穷长的序列 $\{(i_k, u_k)\}$ 中，每个状态–控制对 (i, u) 都需要出现无穷多次，而且对于同一对 (i, u)，每次它们的后继状态 j 都需要是独立生成的。此外，步长 γ^k 应当满足随机近似方法中的典型条件

$$\gamma^k > 0, \text{ 对所有} k, \qquad \sum_{k=0}^{\infty} \gamma^k = \infty, \quad \sum_{k=0}^{\infty} (\gamma^k)^2 < \infty$$

（参见 [BT96],[Ber12a] 的 6.1.4 节。）例如，当 $\gamma^k = c_1/(k + c_2)$，其中 c_1、c_2 为正的常数时就满足以上条件，此外还需要一些技术性条件成立。论文 [Tsi94] 给出了该算法的严格数学证明，它将 Q 学习算法嵌入到一类广泛的随机异步算法中。其证明（[BT96] 中也提供了该证明）将随机近似算法的理论与异步动态规划和异步迭代算法的收敛理论相结合，参见论文 [Ber82, Ber83] 以及专著 [BT96]。

在实践中，Q 学习算法有一些缺点，其中最重要的是 Q 因子/状态–控制对 (i, u) 的数量可能过多。我们可以通过引入 Q 因子的近似架构来缓解这一困难。接下来将考虑其中一种方法。

采用参数化 Q 因子近似的乐观策略迭代——SARSA 和 DQN

迄今为止介绍的 Q 学习算法中都有 Q 因子的精确表达式。接下来我们考虑涉及 Q 因子近似的 Q 学习算法。正如前面提到的，我们可以将 Q 因子视为某个折扣动态规划问题的最优费用，且该问题中的状态是在原有状态的基础上添加所有的状态–控制对 (i, u)。基于这一等效关系，我们可以采用前面讨论过的近似策略迭代方法求解涉及 Q 因子的问题。为此，需要引入参数化的架构 $\tilde{Q}(i, u, r)$。该架构可以是线性基于特征的，也可以是涉及神经网络的非线性架构。

5.3.3 节介绍了一种基于 Q 因子和最小二乘训练/回归的无模型近似策略迭代。文献中还有相应的乐观近似策略迭代方法，它们采用某策略执行有限多阶段并通过费用函数近似来代表剩余阶段费用，而且/或者在两步策略更新之间使用少量的样本。

为了介绍此类方法，接下来我们考虑其中的一种极端版本，即两步策略更新之间只使用一个样本的方法。在第 k 步迭代开始时，已知当前的参数向量为 r^k，当前处于状态 i^k，并且已经选取了控制 u^k。接下来：

（1）根据 $p_{i^k j}(u^k)$ 仿真得到下一个转移 (i^k, i^{k+1})。

（2）通过最小化运算

$$u^{k+1} \in \arg \min_{u \in U(i^{k+1})} \tilde{Q}(i^{k+1}, u, r^k)$$

得到控制 u^{k+1}。[在一些方法中，为了增强探索，u^{k+1} 可能有小概率会从 $U(i^{k+1})$ 中随机选取，或者是"ϵ 贪婪的"，即相应 Q 因子的取值与上式中的最小值相比在 ϵ 的误差范围内。]

（3）通过

$$r^{k+1} = r^k - \gamma^k \nabla \tilde{Q}(i^k, u^k, r^k)\big(\tilde{Q}(i^k, u^k, r^k) - g(i^k, u^k, i^{k+1}) - \alpha \tilde{Q}(i^{k+1}, u^{k+1}, r^k)\big) \tag{5.29}$$

来更新参数向量，其中 γ^k 是正的步长，$\nabla(\cdot)$ 表示关于 r 梯度值在当前参数向量 r_k 处的取值。为了理解上述迭代公式的原理，我们暂时假设 $\tilde{Q}$ 是线性的基于特征的架构 $\tilde{Q}(i, u, r) = \phi(i, u)'r$，那么 $\nabla \tilde{Q}(i^k, u^k, r^k)$ 就是特征向量 $\phi(i^k, u^k)$，此时迭代式(5.29)就变成

$$r^{k+1} = r^k - \gamma^k \phi(i^k, u^k)\big(\phi(i^k, u^k)'r^k - g(i^k, u^k, i^{k+1}) - \alpha \phi(i^{k+1}, u^{k+1})'r^k\big)$$

因此，r_k 是朝着增量梯度的方向作改变，即增量误差

$$\big(\phi(i^k, u^k)'r^k - g(i^k, u^k, i^{k+1}) - \alpha \phi(i^{k+1}, u^{k+1})'r^k\big)^2$$

(关于 r) 的梯度在当前迭代 r^k 处的取值的相反数。

使用 r^{k+1}、i^{k+1} 和 u^{k+1} 分别代替 r^k、i^k 和 u^k 并重复上述步骤。

刚刚介绍的这种极端乐观的方法在实践中已经有应用，并且经常被称为 SARSA（状态–动作–收益–状态–动作，State-Action-Reward-State-Action），参见 [BT96]、[BBDSE17] 和 [SB18]。当此类方法中包含了 Q 因子近似时，其行为会非常复杂，它们的理论收敛特性尚不清楚，而且文献中也没有相关的性能界。人们更常采用该方法不那么极端/乐观的版本，此时人们将几个（也许很多）状态–控制–转移费用绑定在一起并经过适当平均后，才用于更新向量 r^k。

该方法的其他变体则试图通过将生成的样本存储在缓冲区并在随后的迭代中以某种随机抽取的方式重复使用它们来降低采样成本（参见 5.3.4 节中对探索的讨论）。该方法有时被称为经验回放（experience replay）。该思想在强化学习发展的早期就已出现，它既可以降低采样的工作量，还能增强探索。DeepMind 倡导的 DQN（深度 Q 网络，Deep Q Network）（参见 Mnih 等的 [MKS$^+$15]）方法就是基于这一思想 [此处的"深度"（Deep）一词反映的是 DeepMind 对深度神经网络的喜爱，但是经验回放并不只是适用于深度神经网络架构]。

5.5 附加方法——时序差分

本节总结了一些无穷阶段问题中值空间近似的附加方法，其中包括基于仿真的时序差分方法，此类方法适用于利用线性参数架构进行近似策略评价的问题。该方法的主要目的是处理一类偏差–方差的权衡，其在本质上与 5.3.2 节中讨论的权衡类似。这里对相关方法的介绍很简单，有些抽象，并且利用了线性代数的知识。读者可以跳过这一部分而不会影响对后续章节的理解。我们只是给出此类方法的概要，旨在提供它们与本章中其他方法的联系，并且为读者进一步学习有关该主题的优化和人工智能文献指明方向。

采用投影的近似策略评价

在策略评价中我们主要的关注点是如何近似地求解对应于某给定策略 μ 的贝尔曼方程。因此，对于折扣问题而言，我们的目的是求解线性方程组

$$J_\mu(i) = \sum_{j=1}^n p_{ij}\big(\mu(i)\big)\Big(g\big(i, \mu(i), j\big) + \alpha J_\mu(j)\Big), \quad i = 1, \cdots, n$$

或者简写为

$$J_\mu = T_\mu J_\mu \tag{5.30}$$

其中，T_μ 是对应于 μ 的贝尔曼算子，其定义为

$$(T_\mu J)(i) = \sum_{j=1}^n p_{ij}\big(\mu(i)\big)\Big(g\big(i, \mu(i), j\big) + \alpha J(j)\Big), \quad i = 1, \cdots, n \tag{5.31}$$

考虑通过参数化近似来近似地求解该方程（参见 5.3.2 节）。这就等价于引入了以近似架构表示的流形

$$\mathcal{M} = \Big\{\big(\tilde{J}(1, r), \cdots, \tilde{J}(n, r)\big) \,\big|\, \text{所有的参数向量} r\Big\} \tag{5.32}$$

并用处于该流形内的向量来代替 J_μ。

在科学计算领域，人们很早就在形如式(5.32)的近似流形中寻找方程组的近似解，当流形为线性时更是常见。此类方法的核心是关于加权二次范数

$$\|J\|^2 = \sum_{i=1}^n \xi_i\big(J(i)\big)^2 \tag{5.33}$$

作投影，其中 $J(i)$ 是向量 J 的组分，ξ_i 是某些正的权重。向量 J 到 $\mathcal{M}$ 上的投影则记为 $\Pi(J)$。因此，

$$\Pi(J) \in \arg\min_{V \in \mathcal{M}} \|J - V\|^2$$

需要注意的是，当采用譬如神经网络的非线性近似架构时，上述投影可能并不存在或者并不唯一。然而，当采用线性架构时，近似流行 $\mathcal{M}$ 就是子空间，那么该投影一定存在且唯一；这是根据微积分和实分析中的正交投影定理得到的。

此时我们有三种通用的方法来近似 J_μ。

（a）将 J_μ 投影到 $\mathcal{M}$ 上得到 $\Pi(J)$，并把它作为 J_μ 的近似。

（b）从 J_μ 的某个近似 $\hat{J}$ 出发，执行 N 步值迭代从而得到 $T_\mu^N \hat{J}$，再将其投影到 $\mathcal{M}$ 上得到 $\Pi(T_\mu^N \hat{J})$。然后把 $\Pi(T_\mu^N \hat{J})$ 用作 J_μ 的近似。

（c）求解贝尔曼方程(5.30)的投影版本 $J_\mu = \Pi(T_\mu J_\mu)$，并把此投影方程的解用作 J_μ 的近似。将此处投影方程中的 T_μ 用其他算子代替，就得到其他相关的投影方程。后续我们还会对这些相关方程加以讨论。

前面三种方法在实践中很难实现，例如由于我们不知道 J_μ 的值所以方法（a）不可能实现。然而，后续我们将会看到，可以通过某种适用于大规模问题的蒙特卡洛方法来近似地实现这些方法。为了解释该方法，我们首先讨论在参数架构为线性且 $\mathcal{M}$ 为子空间时，如何通过采样来实现投影操作。

基于蒙特卡洛仿真的投影

接下来我们关注流形 $\mathcal{M}$ 为

$$\mathcal{M} = \{\Phi r \mid r \in \Re^m\} \tag{5.34}$$

形式的子空间时的问题，其中 $\Re^m$ 是 m 维向量的空间，Φ 是 $n \times m$ 矩阵，且它的行记为 $\phi(i)'$，$i = 1, \cdots, n$。此处我们遵循的符号惯例是所有向量都是列向量，且角分符号表示转置，因此 $\phi(i)'$ 就是 m 维的行向量，而我们可以将 $\mathcal{M}$ 视为由 Φ 中 n 维的列向量张成的子空间。

考虑关于式 (5.33) 定义的加权欧几里得范数的投影，因此 $\Pi(J)$ 形如 Φr^*，其中，

$$r^* \in \arg\min_{r \in \Re^m} \|\Phi r - J\|_\xi^2 = \arg\min_{r \in \Re^m} \sum_{i=1}^n \xi_i \big(\phi(i)'r - J(i)\big)^2 \tag{5.35}$$

通过将费用函数的梯度设为 0，

$$2\sum_{i=1}^n \xi_i \phi(i)\big(\phi(i)'r - J(i)\big) = 0$$

就可以求得相应最小值。由此可以得到解析解

$$r^* = \left(\sum_{i=1}^n \xi_i \phi(i)\phi(i)'\right)^{-1} \sum_{i=1}^n \xi_i \phi(i)J(i) \tag{5.36}$$

当然，此时我们需要假设上式中涉及的逆存在。该方法求解的困难之一是如果 n 非常大，那么上述公式中的矩阵向量计算将会非常耗时。

另外，假设（如果需要的话可通过归一化 ξ）$\xi = (\xi_1, \cdots, \xi_n)$ 是概率分布，那么我们就可以将式 (5.36) 右侧的两项看作关于 ξ 的期望值，从而通过蒙特卡洛仿真来近似它们。具体来说，假设根据分布 ξ 生成了一组状态样本 $i^s, s = 1, \cdots, q$，并且构造了蒙特卡洛估计

$$\frac{1}{q}\sum_{s=1}^q \phi(i^s)\phi(i^s)' \approx \sum_{i=1}^n \xi_i \phi(i)\phi(i)', \quad \frac{1}{q}\sum_{s=1}^q \phi(i^s)\beta^s \approx \sum_{i=1}^n \xi_i \phi(i)J(i) \tag{5.37}$$

其中，β^s 是对精确值 $J(i^s)$ 基于仿真的近似，可以认为它满足

$$\beta^s = J(i^s) + n(i^s)$$

其中，$n(i^s)$ 是由于仿真随机性而引入的随机变量（"噪声"）。为了保证式 (5.37) 中左侧的蒙特卡洛估计渐近准确，需要

$$\frac{1}{q}\sum_{s=1}^q \phi(i^s)n(i^s) \approx 0 \tag{5.38}$$

成立，而噪声的零均值条件就会保证该关系成立。

对于噪声 $n(i^s)$，一种恰当的零均值条件具有如下形式：

$$\lim_{q \to \infty} \frac{\sum_{s=1}^{q} \delta(i^s = i) n(i^s)}{\sum_{s=1}^{q} \delta(i^s = i)} = 0, \quad \text{对所有} i = 1, \cdots, n \tag{5.39}$$

其中，$\delta(i^s = i) = 1$ 如果 $i^s = i$，而 $\delta(i^s = i) = 0$ 如果 $i^s \neq i$。该条件的意思是，对应于每个状态 i 的噪声项的蒙特卡洛均值都是零。那么式 (5.38)就可以写作

$$\frac{1}{q} \sum_{s=1}^{q} \phi(i^s) n(i^s) = \frac{1}{q} \sum_{i=1}^{n} \phi(i) \sum_{s=1}^{q} \delta(i^s = i) n(i^s)$$

$$= \frac{1}{q} \sum_{i=1}^{n} \phi(i) \left(\sum_{s'=1}^{q} \delta(i^{s'} = i) \right) \frac{\sum_{s=1}^{q} \delta(i^s = i) n(i^s)}{\sum_{s=1}^{q} \delta(i^s = i)}$$

此时若假设式 (5.39)成立 [并且假设每个索引 i 都被采样无穷多次，以保证式 (5.39)有意义]，那么上式在 $q \to \infty$ 时会收敛到 0。

给定式 (5.36)中两项的蒙特卡洛近似式(5.37)，就可以通过

$$\overline{r} = \left(\sum_{s=1}^{q} \phi(i^s) \phi(i^s)' \right)^{-1} \sum_{s=1}^{q} \phi(i^s) \beta^s \tag{5.40}$$

估计 r^*（此处我们需要假设收集了足够多的样本用于保证上述逆存在）[1]。这就等价于通过如下的最小二乘训练问题

$$\overline{r} \in \arg \min_{r \in \Re^m} \sum_{s=1}^{q} \left(\phi(i^s)' r - \beta^s \right)^2 \tag{5.41}$$

来近似最小二乘最小化运算(5.35)从而估计 r^* 的取值。

因此，基于仿真的投影方法可以通过如下两种等价方法实现：

（a）将精确投影式(5.36)中的期望值替换为基于仿真的估计式(5.37) [参见式 (5.40)]。

（b）采用基于仿真的最小二乘近似问题 [式(5.41)] 代替精确最小二乘问题 [式(5.35)]。

我们可以交替运用这两种通过仿真来执行投影的对偶方法。具体来说，本书中讨论的用于值空间近似的最小二乘训练问题可看作基于仿真的近似投影计算。

一般而言，人们希望随着样本 q 的增加，估计 $\overline{r}$ 能收敛到 r^*。要想满足该性质，我们并不需要仿真过程生成独立的样本，只需要索引 i 在仿真中出现的长期经验频率与投影范数中的概率 ξ_i 一致就足以保证收敛性，即满足

$$\xi_i = \lim_{q \to \infty} \frac{1}{q} \sum_{s=1}^{q} \delta(i^s = i), \quad i = 1, \cdots, n \tag{5.42}$$

---

[1] 只要式 (5.36)和式(5.40)中的逆存在，即使 $\xi = (\xi_1, \cdots, \xi_n)$ 中某些组分为零，上述推导过程和式 (5.40)同样适用。这与所谓的半范数投影（seminorm projection）的概念相关；Yu 和 Bertsekas 在 [YB12b] 中探讨了此概念与近似动态规划相关的内容。

其中，$\delta(i^s = i) = 1$ 如果 $i^s = i$，而 $\delta(i^s = i) = 0$ 如果 $i^s \neq i$。

此外还需要注意的是，概率 ξ_i 并不需要预先确定。实际上，ξ_i 的确切取值是多少并没有很大影响，而且我们可以先选取一个合理且方便的采样方式，那么 ξ_i 就通过式(5.42)隐式地指定了。

投影方程视角的近似策略评价

接下来我们讨论 5.3.2 节给出的针对费用的近似策略评价 [参见式 (5.22)]。可以用投影方程来解读该方法，并将其简写为

$$\tilde{J}_\mu \approx \Pi(T_\mu^N \hat{J}) \tag{5.43}$$

其中：[1]

（a）$\hat{J}$ 是对 J_μ 的初始估计（即 5.3.3 节讨论的终止费用函数近似），$\tilde{J}_\mu$ 是向量

$$\tilde{J}_\mu = \big(\tilde{J}(1, \bar{r}), \cdots, \tilde{J}(n, \bar{r})\big)$$

即对 μ 的近似策略评价，并用于策略改进操作式(5.23)中。此处的 $\bar{r}$ 是训练问题式(5.22)的解。

（b）T_μ 是对应于 μ 的贝尔曼算子，它将向量 $J = \big(J(1), \cdots, J(n)\big)$ 映射到式 (5.31)定义的向量 $T_\mu J$。

（c）T_μ^N 是算子 T_μ 作用 N 次后对应的复合算子，其中 N 是最小二乘回归问题式(5.22)中所用样本轨迹的长度。具体来说，如果从 i 出发，在 N 个阶段执行策略 μ，并在其后产生 $\hat{J}$ 的终止费用，那么总的费用就是 $(T_\mu^N \hat{J})(i)$。采样的状态–费用对 (i^s, β^s) 就是对应于该有限阶段问题的样本轨迹中得到的。

（d）$\Pi(T_\mu^N \hat{J})$ 表示向量 $T_\mu^N \hat{J}$ 在近似向量所处的流形 $\mathcal{M}$ 上关于加权范数的投影，其中权重 ξ_i 表示状态 i 在训练集中作为轨迹初始状态出现的频率。该投影通过最小二乘回归式(5.22)来近似。具体来说，训练集中的费用样本 β^s 是 $(T_\mu^N \hat{J})(i^s)$ 含有噪声的样本，而投影则是通过最小二乘的最小化运算来近似，从而得到式 (5.43)中的函数 $\tilde{J}_\mu$。

现在假设 $T_\mu^N \hat{J}$ 接近 J_μ（该条件在 N 很大或 $\hat{J}$ 接近 J_μ 或前两个关系都满足时就会成立），而且样本数 q 很大（从而使基于仿真的回归能很好地近似投影操作 Π）。那么由式 (5.43)可知，对于 μ 的近似策略评价 $\tilde{J}_\mu$ 将向着 J_μ 在近似流形式(5.32)上的投影靠近，而后者可以看作对 J_μ 的最佳近似（至少以加权投影范数定义的距离度量是最优的）。至此，基于式 (5.43)，我们对 5.3.2 节介绍的参数化策略迭代方法给出了一种抽象而严谨的解读。

TD(λ)、LSTD(λ) 和 LSPE(λ)

投影方程还是时序差分方法（temporal difference methods, TD）的基础。这种基于仿真的方法是用于策略评价的一类重要手段。此类方法的代表包括 TD(λ)、LSTD(λ) 和 LSPE(λ)，其中 λ 是满足 $0 \leqslant \lambda < 1$ 的标量。[2]

这三种方法都要求通过近似架构为线性，即 $\tilde{J} = \Phi r$，且都试图求解同一问题。该问题就是寻求形如

$$\Phi r = \Pi(T_\mu^{(\lambda)} \Phi r) \tag{5.44}$$

---

[1] 式 (5.43)假设所有轨迹都具有相同长度 N，因此不允许轨迹的重复利用。如果想要使用不同长度的轨迹，那么公式中的 T_μ^N 项就要用更加复杂的 T_μ 之幂的加权和来代替，参见 [YB12b] 中的相关讨论。

[2] TD 代表"时序差分"（temporal difference），LSTD 代表"最小二乘时序差分"（least squares temporal difference），LSPE 代表"最小二乘策略评价"（least squares policy evaluation）。

投影方程的解，其中 T_μ 是算子式(5.31)，$T_\mu^{(\lambda)}J$ 则定义为

$$(T_\mu^{(\lambda)}J)(i) = (1-\lambda)\sum_{\ell=0}^{\infty}\lambda^\ell(T_\mu^{\ell+1}J)(i), \quad i=1,\cdots,n \tag{5.45}$$

Π 是在近似子空间

$$\mathcal{M} = \{\Phi r \mid r \in \Re^m\}$$

上关于某给加权投影范数的投影。对方程 $J = T_\mu^{(\lambda)}J$ 的一种解读是它是贝尔曼方程的多步版本（multistep version of Bellman's equation）。它与"一步"贝尔曼方程具有相同的解，且后者对应于前者在 $\lambda = 0$ 时的情况。

当然，在状态数目 n 很大时，投影就成了涉及 n 阶计算的高维操作，那么此时的投影方程组(5.44)将很难精确求解。应对该困难的核心思想是采用基于仿真的近似投影来代替投影，且涉及的近似投影正是我们前面介绍的那一类。根据该方法，我们希望得到向量 $\bar{r}$ 使其满足

$$\Phi\bar{r} = \tilde{\Pi}(T_\mu^{(\lambda)}\Phi\bar{r}) \tag{5.46}$$

其中，$\tilde{\Pi}$ 是通过采样实现的近似投影。

上述方程表达的意思是寻找具有如下性质的向量 $\Phi\bar{r} \in \mathcal{M}$：在经过算子 $T_\mu^{(\lambda)}$ 作用并（通过 $\tilde{\Pi}$）近似地投影回 $\mathcal{M}$ 之后能够得到它本身。为了执行该近似投影，假设对于 q 个样本状态 $i^s, s=1,\cdots,q$，我们可以算出相应 $(T_\mu^{(\lambda)}\Phi\bar{r})(i^s)$ 的样本值（因为我们并不知道 $\bar{r}$ 的值，所以此处显然是假设），那么参数向量 $\bar{r}$ 就满足

$$\bar{r} \in \arg\min_r \sum_{s=1}^{q}\left(\phi(i^s)'r - (T_\mu^{(\lambda)}\Phi\bar{r})(i^s)\text{的样本值}\right)^2 \tag{5.47}$$

其中，$\phi(i)'$ 是 Φ 的第 i 行，故内积 $\phi(i)'r$ 就表示向量 Φr 的第 i 个组分。这个最小二乘问题就实现了式 (5.46)的近似投影 [即式 (5.46)的解 $\bar{r}$ 会取得式 (5.47)中二项表达式的最小值]。

一个重要的事实是式 (5.47)中问题的最优性条件可以写作解析表达式的形式，进而可以解出 $\bar{r}$。实际上，LSTD(λ) 方法正是这样做的。与之相对的，LSPE(λ) 和 TD(λ) 则按照 3.1.3 节介绍的思路，通过迭代与增量的方式求解最优性条件。接下来我们首先给出这三种方法的一些整体描述，然后专注于 $\lambda = 0$ 这一相对简单的情形。

（a）LSTD(λ) 方法在收集了 q 个样本后，会将式 (5.47)的最优性条件写作形如

$$C_\lambda \bar{r} = d_\lambda \tag{5.48}$$

的线性方程，其中 C_λ 是 $m \times m$ 的矩阵，d_λ 是 m 维向量（且两者取值都依赖于 λ）。在以显式的形式算出 C_λ 和 d_λ 所有组分后，LSTD(λ) 就可以生成费用函数近似 $\tilde{J}_\mu(i) = \Phi\bar{r}$，其中 $\bar{r} = C_\lambda^{-1}d_\lambda$ 是方程 (5.48)的解。

（b）LSPE(λ) 通过使用一种基于仿真的投影值迭代（projected value iteration）

$$J_{k+1} = \tilde{\Pi}(T_\mu^{(\lambda)}J_k) \tag{5.49}$$

求解投影方程 (5.44)。这里的投影是通过迭代方式实现的，其中采用了基于采样的最小二乘回归，且在方法上与 3.1.3 节介绍的增量聚集梯度法类似。

（c）TD(λ) 是用于求解线性方程 (5.48) 的更为简单的迭代随机近似方法，与 3.1.3 节介绍的增量梯度法类似。我们还可以将它视为用于求解同一方程的邻近算法的随机版本（此时参数 λ 与邻近算法中的惩罚参数相关，参见作者的文章 [Ber16b] 和 [Ber18d]）。

一个有趣的问题是如何选取 λ 以及它在算法中扮演什么角色。实际上，针对它的取值也有类似于 5.3.2 节中讨论的偏差–方差权衡的问题。我们将在本节后续介绍应对的方法。

TD(0)、LSTD(0) 和 LSPE(0)

接下来我们给出用于评价策略 μ 的 LSTD(0) 方法的更多细节。假设根据策略 μ 生成了含有 q 个转移的样本序列

$$(i^1, i^2), (i^2, i^3), \cdots, (i^q, i^{q+1})$$

以及相应的转移费用

$$g(i^1, i^2), g(i^2, i^3), \cdots, g(i^q, i^{q+1})$$

此处为了简化符号，我们在转移费用中省略了由策略 μ 指定的控制。与前面所用符号相同，矩阵 Φ 的第 i 行即为 m 维行向量 $\phi(i)'$，由此可知费用 $J_\mu(i)$ 可由内积 $\phi(i)'r$ 来近似：

$$J_\mu(i) \approx \phi(i)'r$$

鉴于 $\lambda = 0$，有 $T_\mu^{(\lambda)} = T_\mu$，且式 (5.47) 中 $T_\mu^{(\lambda)} \Phi \bar{r}$ 的样本为

$$g(i^s, i^{s+1}) + \alpha \phi(i^{s+1})' \bar{r}, \quad s = 1, \cdots, q$$

而且式 (5.47) 中最小二乘问题的形式为

$$\bar{r} \in \arg\min_r \sum_{s=1}^q \left(\phi(i^s)'r - g(i^s, i^{s+1}) - \alpha \phi(i^{s+1})' \bar{r} \right)^2 \tag{5.50}$$

通过将上式中最小化对应的表达式的梯度设为零，就可以得到在 $\bar{r}$ 取得最小值的条件为

$$\sum_{s=1}^q \phi(i^s) \left(\phi(i^s)' \bar{r} - g(i^s, i^{s+1}) - \alpha \phi(i^{s+1})' \bar{r} \right) = 0 \tag{5.51}$$

通过求解以上关于 $\bar{r}$ 的方程就得到 LSTD(0) 的解

$$\bar{r} = \left(\sum_{s=1}^q \phi(i^s) \left(\phi(i^s) - \alpha \phi(i^{s+1}) \right)' \right)^{-1} \sum_{s=1}^q \phi(i^s) g(i^s, i^{s+1}) \tag{5.52}$$

需要注意的是，为了保证该方法定义良好，必须保证上式中的逆存在，否则就需要对该方法做一些改动。当求逆矩阵接近奇异时，也需要调整上述方法；在此情况下，仿真噪声可能会导致严重的数值计算问题。文献中有多种不同方法可用于处理接近奇异时的问题，参见 Wang 和 Bertsekas 的 [WB14]、[WB13]，以及动态规划教材 [Ber12a] 的 7.3 节。

在式 (5.51) 中出现的表达式

$$d^s(\bar{r}) = \phi(i^s)' \bar{r} - g(i^s, i^{s+1}) - \alpha \phi(i^{s+1})' \bar{r} \tag{5.53}$$

被称为对应于第 s 次转移和参数向量 $\bar{r}$ 的时序差分。在人工智能领域的文献中，时序差分被认为是学习方法的根本，并以此加以解读。本书不会就此给出更进一步的描述，感兴趣的读者可查阅前面索引的强化学习教材。

LSPE(0) 方法可以按照类似的推导过程得到。该方法由投影值迭代的基于仿真的近似

$$J_{k+1} = \tilde{\Pi}(T_\mu J_k)$$

构成 [参见式 (5.49)]。在第 k 步迭代中，它仅使用样本 $s = 1, \cdots, k$，并且根据

$$r^{k+1} = r^k - \left(\sum_{s=1}^{k} \phi(i^s)\phi(i^s)'\right)^{-1} \sum_{s=1}^{k} \phi(i^s)d^s(r^k), \quad k = 1, 2, \cdots \tag{5.54}$$

更新参数向量，其中 $d^s(r^k)$ 是式 (5.53)定义的时序差分在 r^k 处的取值；这里的迭代形式可以通过类似于 LSTD(0) 中的推导过程得到。在经过 q 步迭代，即所有样本都被处理后，所得的向量 r^q 就可用作 J_μ 的近似评价。此处需要注意的是，在相邻两步迭代间式 (5.54)中的逆可以通过快速的线性代数操作来实现，从而更加经济地完成更新 [参见 3.1.3 节的增量牛顿法中对 Sherman-Morrison 公式的用法]。

总体而言，可以证明 LSTD(0) 和 LSPE(0) [在式 (5.54)中采用了高效矩阵求逆的情况下] 需要相同的计算量来处理对应于当前策略 μ 的 q 个样本 [对于 LSTD(λ) 和 LSPE(λ) 此关系同样成立，参见 [Ber12a] 的 6.3 节]。相较而言，LSPE(0) 的一个优势是它是迭代方法，因此在用于近似策略迭代方法时，对应于当前策略得到的参数向量 r^q 可以用作评价后一策略时迭代计算的初始点，从而实现"热启动"。

TD(0) 算法的形式为

$$r^{k+1} = r^k - \gamma^k \phi(i^k)d^k(r^k), \quad k = 1, 2, \cdots \tag{5.55}$$

其中，γ^k 是递减的步长参数，$d^k(r^k)$ 是时序差分，参见式 (5.53)。可以看出 TD(0) 类似于采用增量梯度（incremental gradient）迭代求解最小二乘训练问题式(5.50)，区别在于其采用当前迭代值 r^k 代替了 $\bar{r}$。它们相似的原因是在式 (5.50)的最小二乘和中，第 k 项的梯度正是出现在 TD(0) 迭代式(5.55)中的向量 $\phi(i^k)d^k(r^k)$。因此在每步迭代中，TD(0) 只使用了一个样本，并朝着相应增量梯度的反方向调整 r^k，其中涉及的步长 γ^k 必须严格把控以保证该方法有效。

与之相比，LSPE(0) 迭代式 (5.54)则使用了全部和

$$\sum_{s=1}^{k} \phi(i^s)d^s(r^k)$$

因此也被视为聚集增量（aggregated incremental）方法，并采用矩阵 $\left(\sum_{s=1}^{k} \phi(i^s)\phi(i^s)'\right)^{-1}$ 进行放缩。

这就解释了为什么一般而言 TD(0) 比 LSPE(0) 收敛速度慢得多，且更加脆弱。尽管 TD(0) 不需要求矩阵的逆，但是如果采用与增量牛顿法中类似的、通过对角近似来取代放缩矩阵（参见例 3.1.9），那么 LSPE(0) 也不需要求矩阵的逆。然而采用 LSTD(0) 时，矩阵求逆则不可避免。

当用于近似策略迭代中时，时序差分方法的性质、分析和实现都相当复杂，其中的探索问题尤为重要且必须妥善处理。此外还需要应对收敛、振荡和可靠性等问题。LSTD(λ) 依赖于矩阵求逆而非迭代计算，因此不存在严重的收敛问题。但是，系统式(5.48)可能是奇异或接近奇异的。如我们前

面所提及的，此时需要足够精确的仿真来很好地近似矩阵 C_λ 从而可靠地求它的逆（参见 [WB14]、[WB13] 和 [Ber12a] 的 7.3 节）。LSPE(λ) 方法存在收敛性问题，这是因为映射 $\Pi T_\mu^{(\lambda)}$ 可能不是压缩映射（尽管 T_μ 是压缩的），进而导致投影值迭代式(5.49)可能不会收敛。然而分析表明，当 λ 足够接近 1 时，$\Pi T_\mu^{(\lambda)}$ 一定是压缩映射。因此，可以通过适当增大 λ 来规避收敛困难（参见 [Ber12a] 的 6.3.6 节）。

直接和间接的策略评价方法

为了与本节介绍的近似策略评价方法作比较，我们在此明确区分两类不同的方法，即用于近似计算投影 $\Pi(J_\mu)$ 的直接方法（direct methods），以及试图求解投影方程(5.44)的间接方法（indirect methods）。

5.3.2 节介绍的方法是直接方法且基于式 (5.44)。具体来说，当 $N \to \infty$ 且 $q \to \infty$ 时，该方法得到近似评价 $\Pi(J_\mu)$。时序差分方法是间接的，且其目的是求解投影方程(5.44)。该方程解的形式为 Φr_λ^*，且其中的参数向量 r_λ^* 依赖于 λ 的取值。需要注意的是，投影方程的解 Φr_λ^* 与 $\Pi(J_\mu)$ 并不相同。事实上，可以证明两者间满足误差界

$$\|J_\mu - \Phi r_\lambda^*\|_\xi \leqslant \frac{1}{\sqrt{1 - \alpha_\lambda^2}} \|J_\mu - \Pi(J_\mu)\|_\xi \tag{5.56}$$

其中，

$$\alpha_\lambda = \frac{\alpha(1 - \lambda)}{1 - \alpha\lambda}$$

且 $\|\cdot\|_\xi$ 是形如式(5.33)的特殊投影范数，ξ 是在策略 μ 作用下的受控系统马尔可夫链的稳态分布。此外，随着 $\lambda \to 1$，投影方程的解 Φr_λ^* 也朝着 $\Pi(J_\mu)$ 靠近。鉴于此，那些试图计算 $\Pi(J_\mu)$ 的方法，包括 5.3.2 节介绍的方法在内，有时也被称为 TD(1)。相关分析已经超出了本书的范畴，感兴趣的读者可查阅 [Ber12a] 的 6.3.6 节。

差值 $\Phi r_\lambda^* - \Pi(J_\mu)$ 通常也被称为偏差（bias），见图 5.5.1。由此图以及估计式 (5.56)可知，在选

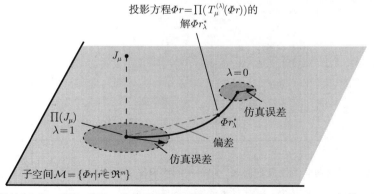

图 5.5.1　估计投影方程的解时，采用不同 λ 值的偏差–方差的权衡。随着 λ 由 $\lambda = 0$ 向着 $\lambda = 1$ 增加，投影方程

$$\Phi r = \Pi\big(T_\mu^{(\lambda)}(\Phi r)\big)$$

的解 Φr_λ^* 会朝着投影 $\Pi(J_\mu)$ 靠近。差值

$$\Phi r_\lambda^* - \Pi(J_\mu)$$

即为偏差，且随着 λ 接近 1 而减小到 0。与此同时仿真误差的方差则会增大。

取 λ 的值时也存在偏差–方差的权衡（bias-variance tradeoff）。随着 λ 减小，投影方程 (5.44)的解随之改变，并且相对于"理想的"近似 $\Pi(J_\mu)$ 而言引入更大的偏差（如文献 [Ber95] 给出的例子所示，这种偏差可以大得令人尴尬）。然而，与此同时，随着 λ 的减小，$T_\mu^{(\lambda)}J$ 的仿真样本中的噪声也会减小 [参见式 (5.45)]。在 5.3.2 节介绍短轨迹时我们已经介绍了偏差–方差的权衡，而这里的描述则对此权衡提供了一个新的解读视角。

5.6 精确与近似线性规划

另外一种精确求解无穷阶段动态规划问题的方法是基于线性规划。具体来说，可以证明 J^* 是某个线性规划问题的唯一最优解。专注于 α 折扣问题，此处的思路是在所有满足约束

$$J(i) \leqslant \sum_{j=1}^{n} p_{ij}(u)\big(g(i,u,j) + \alpha J(j)\big), \quad \text{对所有 } i=1,\cdots,n \text{ 和} u \in U(i) \tag{5.57}$$

的向量 J 中，J^* 是（根据逐个组分作比较）"最大的"向量。因此，$J^*(1),\cdots,J^*(n)$ 就是如下线性规划问题的解[①]：

$$\begin{cases} \text{maximize} & \sum_{i=1}^{n} J(i) \\ \text{subject to} & \text{约束}(5.57) \end{cases} \tag{5.58}$$

参见图 5.6.1。约束(5.57)有时也被称为贝尔曼不等式（Bellamn inequalities），其还被广泛用于本节介绍的方法外的其他动态规划方法中。

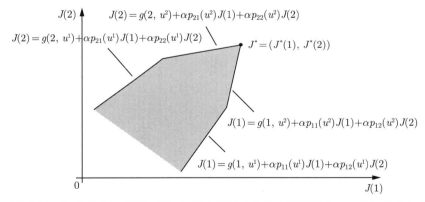

图 5.6.1 对应于两状态折扣问题的线性规划问题。问题中的约束集为有阴影的部分，目标是最大化 $J(1)+J(2)$。因为对所有约束集中的 J，有 $J(i) \leqslant J^*(i)$ 对所有 i 成立，因此向量 J^* 最大化所有形如 $\sum_{i=0}^{n} \beta_i J(i)$ 且对所有 i 都满足 $\beta_i \geqslant 0$ 的线性函数。当 $\beta_i > 0$ 对所有 i 都成立时，J^* 是相应线性规划问题的唯一解。

为了验证上述结论，我们通过值迭代算法生成向量 $J_k = \big(J_k(1),\cdots,J_k(n)\big)$ 的序列。其中，初

[①] 下列问题中，"maximize" 表示 "最大化"，"subject to" 则表示 "约束条件为"。——译者注

始向量 $J_0 = \big(J_0(1), \cdots, J_0(n)\big)$ 满足

$$J_0(i) \leqslant \min_{u \in U(i)} \sum_{j=1}^{n} p_{ij}(u)\big(g(i,u,j) + \alpha J_0(j)\big) = J_1(i), \quad \text{对所有 } i$$

利用该不等式和贝尔曼算子的单调性，我们就可以证明

$$J_0(i) \leqslant J_1(i) \leqslant \min_{u \in U(i)} \sum_{j=1}^{n} p_{ij}(u)\big(g(i,u,j) + \alpha J_1(j)\big) = J_2(i), \quad \text{对所有 } i$$

以及类似的，

$$J(i) = J_0(i) \leqslant J_k(i) \leqslant J_{k+1}(i), \quad \text{对所有 } i \text{ 和 } k$$

因为随着 $k \to \infty$，$J_k(i)$ 收敛到 $J^*(i)$，由此可知

$$J(i) = J_0(i) \leqslant J^*(i), \quad \text{对所有 } i$$

所以，在所有满足约束式(5.57)的向量 J 中，J^* 是以组分逐一比较最大的向量。

但是，当 n 的取值很大时，线性规划问题式(5.58)可能会过大，进而使得求解该问题不再可行，在问题缺乏特殊结构时尤其如此。此时我们可以转而寻找 J^* 的近似，然后将所得近似用于值空间近似方法中从而得到一个（次优的）策略。

近似 $J^*(i)$ 的选择之一是采用形如

$$\tilde{J}(i,r) = \sum_{\ell=1}^{m} r_\ell \phi_\ell(i)$$

线性基于特征的架构，其中 $r = (r_1, \cdots, r_m)$ 是参数向量，且对于每个状态 i，$\phi_\ell(i)$ 是一些特征。那么在与前述线性规划类似的方法中采用 $\tilde{J}(i,r)$ 取代 J^*，就可以确定 r 的取值。具体而言，我们所得的 r 会取得以下线性规划问题的解：

$$\text{maximize} \quad \sum_{i \in \tilde{I}} \tilde{J}(i,r)$$

$$\text{subject to} \quad \tilde{J}(i,r) \leqslant \min_{u \in U(i)} \sum_{j=1}^{n} p_{ij}(u)\big(g(i,u,j) + \alpha \tilde{J}(j,r)\big), \quad i \in \tilde{I},\, u \in \tilde{U}(i)$$

其中，$\tilde{I}$ 可以是状态空间 $I = \{1, \cdots, n\}$，抑或是所选的子集，而 $\tilde{U}(i)$ 可以是 $U(i)$ 或者其子集。鉴于我们假设 $\tilde{J}(i,r)$ 关于参数向量 r 是线性的，因此该问题为线性问题。

该近似方法的主要难点在于，尽管 r 的数目不算过大，但是约束的数目可能是巨大的。如果状态数目为 n 且控制约束集 $U(i)$ 的最大数目为 m，那么上述约束可能有 nm 个。因此当处理大规模问题时，必须大幅减少约束的数量。至于选择确保成立的约束子集的方法，随机采样可能是有效的手段（采样时可以使用一些已知的次优策略），并可以根据需要逐步丰富该约束子集。当使用这样的约束采样方案时，上述线性规划方法即使对于具有非常大量状态的问题可能也会适用。然而，此方

法具体应用时还需要相当复杂的设计和计算（参阅 de Farias 和 Van Roy 的 [DFVR03]、[DFVR04] 和 [DF04]）。

最后指出，在近似策略迭代方法中，我们还可以通过线性规划来近似评价某个给定的稳态策略 μ 的费用函数 J_μ。采用这种方法的原因是评价 μ 时的线性规划问题涉及的约束数目相对较小（每个状态对应一个约束）。

5.7 策略空间近似

接下来我们介绍可替代值空间近似的方法：在策略空间中近似，并且专注于 α 折扣问题。[①]具体来说，通过参数向量 r 将稳态策略参数化，并将所得的策略记为 $\tilde{\mu}(r)$，而其组分则记为

$$\tilde{\mu}(i,r) \quad i=1,\cdots,n$$

参数化可以涉及特征和/或神经网络。接下来根据某些性能指标就可以优化 r。因此与值空间近似显著不同的是，策略空间近似的出发点不是动态规划架构，也不是值迭代和策略迭代等算法。取而代之的是通用优化方法，例如梯度下降和随机搜索。

在下面给出的例子中，策略参数化是很自然的选择并且/或者在实践中已经取得了成功。

例 5.7.1（供应链参数化） 在许多问题中，基于对问题的分析和对问题结构的理解，我们可以知道某个最优或接近最优策略的一般结构。此类问题的一个重要例子就是将生产、库存和零售中心连接起来的供应链系统。图 5.7.1描绘了此类系统的一个简例。

图 5.7.1　一个简单的供应链系统图示

在这里，零售中心根据当前库存向生成中心下订单。系统中可能还有正在执行中的订单、随机的需求以及延迟。这样的问题可以描述为动态规划问题，但却很难精确求解。然而，直观地说，针对此问题有一个形式很简单且近于最优的策略：当零售库存低于某个临界水平 r_1 时，订购一定数量的货物从而使库存达到目标水平 r_2。此处的策略由参数向量 $r=(r_1,r_2)$ 完全决定，并且取值可以通过本节介绍的方法之一训练得到。这种类型的方法很容易扩展到生产/零售中心构成的复杂网络、涉及多种产品的问题等。

例 5.7.2（PID 控制） PID（比例–积分–微分，Proportional-Integral-Derivative）控制器是一种历史悠久且广受欢迎的控制系统设计方法。它广泛用于单输入–单输出的控制系统，从而使其输出维持在设定点附近（或者跟随一系列的设定点）。此时动态系统的内部运行机制不需要已知，但需要对 k 时刻系统输出和设定点之间的误差 e_k 进行观测，参见图 5.7.2。[②]

---

　① 从某种意义上说，涉及随机最短路径问题时情况更为复杂，这是因为我们必须专注于恰当策略，即从任意状态出发都能保证状态终止的策略。尽管如此，5.7.1 节和 5.7.2 节中介绍的方法经过一些调整后仍然适用于有限阶段的问题。

　② 请注意，PID 控制本质上适用于具有连续状态和控制空间的问题，因此并不直接适用于本章考虑的折扣和随机最短路径问题。我们介绍该方法是因为它与本节的策略空间近似的方法具有紧密的连续，因此如果将本节方法扩展到连续状态和控制空间问题时，可以把 PID 作为出发点。

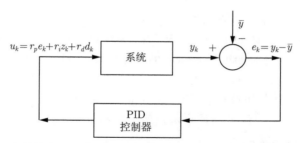

图 5.7.2　针对具有单输入 u_k 和单输出 y_k 系统的 PID 控制器。此处的目标是使输出保持在某"设定点"$\overline{y}$ 附近。该控制器观测误差 $e_k = y_k - \overline{y}$ 并施加控制

$$u_k = r_p e_k + r_i z_k + r_d d_k$$

其中，r_p、r_i 和 r_d 是需要选定的标量参数，z_k 是直到 k 时刻的所有误差之和

$$z_k = \sum_{m=0}^{k} e_m$$

通过公式

$$z_k = z_{k-1} + e_{k-1}$$

算出，而 d_k 是阻尼版的相邻误差之差 $e_k - e_{k-1}$，其计算公式为

$$d_k = (1 - \beta)d_{k-1} + \beta(e_k - e_{k-1})$$

其中，β 是阻尼系数且满足 $0 < \beta < 1$。该控制方法并不需要已知系统的数学模型。构成控制器的三项 $r_p e_k$、$r_i z_k$ 和 $r_d d_k$ 分别是比例、积分和微分项。

在 k 时刻采用的输入/控制 u_k 是三项之和，它们的取值依赖于到 k 时刻为止观测到的误差 $e_0, \cdots, e_k$。第一项，即比例（proportional），取值为 $r_p e_k$，其中 r_p 为某标量常数。第二项，即积分（integral），取值为

$$r_i \sum_{m=0}^{k} e_m$$

即它与运行中误差的总和成正比，其中 r_i 是另一个常数。第三项 $r_d d_k$，即微分（derivative），其中 r_d 是第三个常数，d_k 是最近两时刻误差的差值

$$d_k = e_k - e_{k-1}$$

或者与之对应的、通过迭代生成的阻尼版本

$$d_k = (1 - \beta)d_{k-1} + \beta(e_k - e_{k-1})$$

其中，β 是阻尼系数且满足 $0 < \beta < 1$（这是为了缓解误差 e_k 中噪声的影响）。

需要注意的是，与 2.5.1 节讨论的模型预测控制不同，PID 控制是一种无模型的方法：该方法并不需要系统的数学模型。此外，同一组 (r_p, r_i, r_d) 值可能就足以保证系统在很大范围的一系列运行条件下都有良好的表现。

PID 方法有许多变形和扩展，而且多年以来已经开发出了许多用于调参的实用方法，其中一些是手动的/启发式方法，参见如 Astrom 和 Hagglund 所著的专著 [ÅH95]、[ÅH06]。通过采用描述系统

稳态和瞬态表现的费用函数来优化控制器的算法被称为极值搜索控制（extremum seeking control），参考文献包括 Ariyur 和 Krstic 的 [AK03]，以及 Zhang 和 Ordonez 的 [ZO11]。许多文献给出了该方法在 PID 中的应用，如 Killingsworth 和 Krstic 的 [KK06]。近期的相关工作可见 Frihauf、Krstic 和 Basar 的 [FKB13]，Radenkovic 和 Krstic 的 [RK18]，以及文中索引。已成功应用于 PID 的另一类与其相似的基于优化的方法是迭代反馈调参（iterative feedback tuning），参见 Lequin 等的 [LGM+03] 以及文中所引的其他文献。当 PID 一类的方法用于模型参数变化较慢的问题时，采用上述某种方案一般就足以获得良好的参数选择。

此例的主要目的是指出 PID 控制也可以被视为策略空间近似的一种方法。以此视角来看，本节介绍的方法就可用于选取 PID 中的控制参数。但是需要指出，PID 和其他自适应方案通常是针对具有频繁和未知参数变化系统的实时控制，而现有的最新强化学习技术也无法完全解决此类极具挑战性的问题。

例 5.7.3（通过费用参数化实现策略参数化）　有一类重要的策略参数化方法以参数化费用函数近似 $\tilde{J}(j, r)$ 为出发点，通过一步前瞻最小化

$$\tilde{\mu}(i, r) \in \arg\min_{u \in U(i)} \sum_{j=1}^{n} p_{ij}(u)\big(g(i, u, j) + \alpha \tilde{J}(j, r)\big) \tag{5.59}$$

来定义策略参数，其中 $\tilde{J}$ 是具有给定架构且取值依赖于 r 的函数。[①]例如，$\tilde{J}$ 可以是基于特征的线性架构，而且其中的特性可能是另外单独训练得到的神经网络。式 (5.59) 中的策略 $\tilde{\mu}(r)$ 构造了一类以 r 为参数的一步前瞻策略。那么如果方便的话，我们可以采用某种策略训练方法来确定 r。

作为说明，我们指出此类的方案已被用于学习俄罗斯方块游戏的高分策略中，参见 Szita 和 Lorinz 的 [SL06]，以及 Thiery 和 Scherrer 的 [TS09]。在这些方法中，策略空间的参数化是通过值空间中基于特征的参数化（参见例 3.1.3）导出的。用于训练的算法是交叉熵方法，它是随机搜索方法的一种，我们将在 5.7.1 节中加以介绍。

例 5.7.4（通过特征参数化实现策略参数化）　策略参数化一种有趣的特例是基于状态特征实现参数化，此时 $\tilde{\mu}$ 对状态的依赖反映在其对某特征向量 $\phi(i)$ 的依赖，即对于某函数 $\hat{\mu}$，满足

$$\tilde{\mu}(i, r) = \hat{\mu}\big(\phi(i), r\big)$$

那么为了执行该策略，我们只需要知道 $\phi(i)$ 而不需要 i。此外，如果采用本节中大多数基于仿真的方法来训练策略，那么我们只需要一个费用仿真器 [用于生成 $J_{\tilde{\mu}}(i)$ 的样本] 和特征仿真器 [用于生成特征值 $\phi(i)$]，也就是说，我们不需要仿真生成状态值 i。在上一个例子中，如果费用函数近似 $\tilde{J}$ 本身是基于特征的，那么该方法就可视为基于特征的策略参数化。

---

① 策略参数化公式(5.59)关于 r 也许并不可导，因此可能导致某些基于梯度的方法并不适用于求解此问题。在此情况下，我们可以考虑采用随机（randomized）策略来近似式(5.59)中的策略 $\tilde{\mu}(i, r)$，即在状态 i 时，使用控制 $u \in U(i)$ 的概率为

$$p(u \mid i, r) = \frac{e^{-\beta \tilde{Q}(i, u, r)}}{\sum_{v \in U(i)} e^{-\beta \tilde{Q}(i, v, r)}}$$

其中，$\tilde{Q}(i, u, r)$ 是由

$$\tilde{Q}(i, u, r) = \sum_{j=1}^{n} p_{ij}(u)\big(g(i, u, j) + \alpha \tilde{J}(j, r)\big)$$

定义的近似 Q 因子，β 是正的常数，其取值决定着近似的准确性。在文献中，该方法被称为软最小化（soft-min）[或者在最大化收益的问题中则是软最大化（soft-max）]。

特征参数化可能有用的另外一个情境是求解部分状态信息问题（部分可观测马尔可夫决策问题，POMDP）的时候。在此情况下，任意给定时刻 k 的状态是到 k 时刻为止的整个观测和控制历史 I_k（即例 3.1.6 中考虑的信息记录）。当历史长度为无穷时，I_k 将会无上限递增，进而使得基于策略空间近似的方法实现起来更为复杂。然而，从信息记录 I_k 的充分统计量中得到的特征，如例 3.1.6 讨论的那些特征，也许有助于策略参数化的实现，例如，部分控制–观测历史（I_k 的子集）、对状态的某种估计或 I_k 的其他"好的"特征。

当采用策略前展算法且所用的基本策略涉及特征参数化时（如用于部分可观测马尔可夫决策问题的基于有限历史的控制），基于特征的策略空间参数化也是一个便利的选择。此外，在本章后续介绍的基于策略前展的近似策略迭代方案中（见 5.7.3 节），策略参数化也能被用到。

例 5.7.5（策略参数化、非常规问题结构与多智体问题）　需要牢记的重要一点是，相较于值空间近似，策略空间近似是适用性更广的方法。具体来说，动态规划中展望费用的理论架构对于近似值迭代和策略迭代方法是必不可少的，但策略空间近似却不依赖于该理论架构。因此，在与我们已经讨论的有限和无穷阶段动态规划问题具有一定的相似性但却并不能通过动态规划严格分析的其他问题中，策略参数化的思想同样适用。

实践中这类问题的例子有很多。例如，状态间的转移概率可能不仅依赖于控制，还受之前状态转移的影响。这种依赖性可能难以为人们理解或用数学模型描述，但却可以被仿真器表现出来，那么该仿真器就可用于实现策略空间的近似。

另一类重要的问题是多智体问题。其中动态系统的状态随时间演变，并且涉及的多个决策者并不共享关于（整体）系统状态的共同信息。每个智体能获知局部观测信息，并且可能在有延时的情况下收到其他某些智体的观测信息（或相关内容的总结）：每个智体在每个时刻都需要基于此时他/她现有的信息来做决策。这种类型的信息模式是非常规的，且不符合动态规划问题的特点。因此，无法采用动态规划的理论框架来描述此问题，它也就没有相应的贝尔曼方程。那么，值迭代和策略迭代方法也不再适用。然而尽管值空间近似不再可行，但我们仍可以通过参数化各智体的策略，然后以后续介绍的某种方法来优化这些参数，进而解决此问题。

接下来我们将介绍策略空间近似的三种训练方法。在第一种方法中（5.7.1 节），我们从给定的动态规划问题中推导出某种费用，然后通过优化该费用来确定参数 r。第二种方法（5.7.2 节）则不那么雄心勃勃，且与监督学习相似。此时我们先收集由人类或软件"专家"生成的状态–控制数据，然后经由某种形式的最小二乘误差最小化运算使得训练策略大致匹配专家决策，从而得到参数 r。第三种方法（5.7.3 节）则在近似策略迭代的框架下，采用策略空间近似来实现策略改进。此时，我们将策略前展作为软件专家，并采用 5.7.2 节介绍的专家训练方法来近似前展策略。

5.7.1　通过费用优化执行训练——策略梯度、交叉熵以及随机搜索方法

本节介绍一种策略空间近似的重要训练方法。该方法是基于控制器参数的优化来实现的：先采用向量 r 将策略参数化，然后优化关于 r 的相应的期望值。具体来说，通过最小化

$$\min_r E\big\{J_{\tilde{\mu}(r)}(i_0)\big\} \tag{5.60}$$

来确定 r，其中 $J_{\tilde{\mu}(r)}(i_0)$ 是以 i_0 为初始状态并采用策略 $\tilde{\mu}(r)$ 的费用。此处的期望值计算对应于关于初始状态 i_0 的适当概率分布（参见图 5.7.3）。

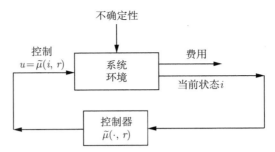

图 5.7.3　用于策略空间近似的优化框架。其中通过参数向量 r 将策略参数化，并将其记为 $\tilde{\mu}(r)$，且其组分为 $\tilde{\mu}(i, r)$，$i = 1, \cdots, n$。如图中所示，每个参数向量 r 对应于一个策略 $\tilde{\mu}(r)$，以及从每个初始状态 i_0 出发所需的费用 $J_{\tilde{\mu}(r)}(i_0)$。该优化方法通过最小化

$$\min_r E\{J_{\tilde{\mu}(r)}(i_0)\}$$

来确定 r，其中的期望值运算是关于初始状态 i_0 的某个概率分布。

　　需要注意的是，当初始状态 i_0 已知且固定时，该方法仅涉及选取 r 值来最小化 $J_{\tilde{\mu}(r)}(i_0)$。此时最小化运算得到了极大的简化，当问题本身是确定性问题时更是如此。

用于费用优化的梯度方法

　　首先考虑采用梯度方法执行最小化运算式(5.60)，并且简单起见，假设初始状态 i_0 已知。如果 $J_{\tilde{\mu}(r)}(i_0)$ 关于 r 可微，那么梯度方法

$$r^{k+1} = r^k - \gamma^k \nabla J_{\tilde{\mu}(r^k)}(i_0), \quad k = 0, 1, \cdots \tag{5.61}$$

就可用于求 $J_{\tilde{\mu}(r)}(i_0)$ 关于 r 的最小值。此处的 γ^k 是正的步长参数，$\nabla(\cdot)$ 则表示关于 r 的梯度在当前迭代值 r^k 处的取值。

　　此方法的困难之处在于 $\nabla J_{\tilde{\mu}(r^k)}(i_0)$ 可能并非直接已知，那么我们可以用费用函数值 $J_{\tilde{\mu}(r^k)}(i_0)$ 的有限差分来近似梯度。但是，当所求问题是随机时，费用函数可能只能通过蒙特卡洛仿真才能计算。该方法可能会引入大量的噪声。因此就可能需要采用大量的样本才能算出足够准确的梯度，进而使得该方法不再高效。然而，当所求的是确定性问题时，上述情况则不会发生。此时采用梯度法式(5.61)或其他不依赖于梯度的方法（如坐标下降法）就比较方便了。

　　在本节中，针对随机问题我们将采用基于采样的且通常更为高效的类梯度方法作为替代方案。其中一些方法基于增量梯度的思想（参见 3.1.3 节）并采用随机策略 [即将状态 i 映射到关于控制集 $U(i)$ 的概率分布，而非单一控制的策略]。[①] 接下来介绍这些类梯度方法。

基于随机化的增量梯度法

　　为了使读者了解运用随机化和采样的增量梯度法的一般原理，让我们暂时脱离动态规划的情境，考虑一般的优化问题

$$\min_{z \in Z} F(z) \tag{5.62}$$

---

　　① 在 AlphaGo 和 AlphaZero 程序中（Silver 等的 [SHM+16]、[SHS+17]）也采用了随机策略，并且其中的策略调整设计了沿着"改进的方向"做增量调整。然而这些参数更新是通过程序中所用的蒙特卡洛树搜索算法实现的，且并没有明确采用梯度（见 2.4.2 节的讨论）。因此，可以说 AlphaGo 和 AlphaZero 程序中采用了某种形式的策略空间近似（以及值空间的近似）。它与策略梯度法有一定的相似性，但不足以归类为策略梯度方法。

其中，Z 是 m 维空间 $\Re^m$ 的子集，F 是 $\Re^m$ 上的实函数。

我们将采用不寻常的手段，即将上述问题转化为随机（stochastic）优化问题

$$\min_{p \in \mathcal{P}_Z} E_p\{F(z)\} \tag{5.63}$$

其中，z 为随机变量，$\mathcal{P}_Z$ 是定义在 Z 上的概率的集合，p 表示 $\mathcal{P}_Z$ 中的任意概率分布，$E_p\{\cdot\}$ 表示关于 p 的期望值。当然，上述转化使搜索空间从 Z 扩大到 $\mathcal{P}_Z$，但该转化有助于我们运用随机方案和基于采样的方法，即使在原问题为确定性问题时也是如此。此外，该随机优化问题式(5.63)中可能有原确定性问题不具备的良好的可微性质；文献 [Ber73] 给出了在 F 为凸的假设下随机问题可微性质的分析。

到目前为止，读者可能并不理解随机优化问题式(5.63)与本章讨论的随机动态规划问题的联系。我们稍后将会回到该问题，但为方便理解其中的联系，首先需要指出，为了将动态规划问题转化为形如式(5.63)的问题，我们必须扩大策略的集合使其包含随机策略（randomized policies），即将状态 i 映射到关于控制集合 $U(i)$ 的概率分布的策略。

现假设我们将注意力集中在某个子集 $\tilde{\mathcal{P}}_Z \subset \mathcal{P}_Z$，并且其中的元素是通过某些连续参数 r，譬如某个欧几里得空间里的有限维向量，来描述的概率分布 $p(z;r)$。[①]换句话说，我们通过受限问题

$$\min_r E_{p(z;r)}\{F(z)\}$$

来近似原来的随机优化问题式(5.63)。那么我们就可以通过梯度法求解该问题，例如

$$r^{k+1} = r^k - \gamma^k \nabla\left(E_{p(z;r^k)}\{F(z)\}\right), \quad k = 0, 1, \cdots \tag{5.64}$$

其中，$\nabla(\cdot)$ 表示括号中函数关于 r 的梯度在当前迭代 r^k 处的取值。

似然比梯度法

首先考虑梯度法式(5.64)的一种增量版本。该方法要求 $p(z;r)$ 关于 r 可微，并且依赖于一种涉及对样本分布取自然对数的方便的梯度公式，即所谓的对数似然技巧（log-likelihood trick）。

该方法的公式由以下步骤得到，其中的运算涉及将梯度和期望值计算交换顺序，以及采用梯度公式 $\nabla(\log p) = \nabla p / p$。我们有

$$
\begin{aligned}
\nabla\left(E_{p(z;r)}\{F(z)\}\right) &= \nabla\left(\sum_{z \in Z} p(z;r)F(z)\right) \\
&= \sum_{z \in Z} \nabla p(z;r)F(z) \\
&= \sum_{z \in Z} p(z;r)\frac{\nabla p(z;r)}{p(z;r)}F(z) \\
&= \sum_{z \in Z} p(z;r)\nabla\left(\log\left(p(z;r)\right)\right)F(z)
\end{aligned}
$$

---

① 为保证数学的严谨性，在本节后续部分我们都假设 $p(z;r)$ 为离散分布。

并最终可得

$$\nabla\Big(E_{p(z;r)}\big\{F(z)\big\}\Big) = E_{p(z;r)}\Big\{\nabla\Big(\log\big(p(z;r)\big)\Big)F(z)\Big\} \tag{5.65}$$

其中对任意 z，$\nabla\Big(\log\big(p(z;r)\big)\Big)$ 是函数 $\log\big(p(z;\cdot)\big)$ 关于 r 的梯度在当前 r 处的取值（假设梯度存在的话）。

上述公式意味着我们可以采用单一样本来近似式(5.65)右侧的期望值，从而以增量方式实现梯度迭代式(5.64)（参见 3.1.3 节）。该方法的典型迭代如下。

适用于 $\min\limits_{z\in Z} F(z)$ 参数化近似的基于样本的梯度法　令 r^k 表示当前的参数向量。

（a）根据分布 $p(z;r^k)$ 获得样本 z^k。

（b）计算梯度 $\nabla\Big(\log\big(p(z^k;r^k)\big)\Big)$。

（c）根据

$$r^{k+1} = r^k - \gamma^k\nabla\Big(\log\big(p(z^k;r^k)\big)\Big)F(z^k) \tag{5.66}$$

进行迭代更新。

上述基于样本的方法的优点在于其简单易行且适用性很广。该方法允许对任何最小化问题（远远不止动态规划问题）采用参数化近似，只要采样分布 $p(z;r)$ 的对数能够方便地对 r 进行微分，并且可以根据分布 $p(z;r)$ 获得 z 的样本。

需要注意的是，在迭代式(5.66)中，r 是沿着随机的方向更新。该方向完全不涉及 F 的梯度，而仅仅是样本分布对数的梯度。因此，该迭代方法具有无模型特性（model-free character）：只要我们可用的仿真器对于任意给定的 z 都能生成相应的费用函数值 $F(z)$，那么就不需要知道函数 F 的形式。这也是许多随机搜索方法的主要优势。

上述方法中一个重要的问题是如何高效地计算采样的梯度 $\nabla\big(\log\big(p(z^k;r^k)\big)\big)$。在动态规划问题中，包括我们一直考虑的随机最短路径问题和折扣问题，有一些专门的步骤和相应的参数化方法能够便利地近似该梯度。以下就是一个例子。

例 5.7.6（适用于折扣动态规划问题的策略梯度方法）　考虑折扣因子为 α 的问题，并将无穷阶段的状态–控制轨迹记为 z，即

$$z = \{i_0, u_0, i_1, u_1, \cdots\}$$

我们考虑用参数 r 来表示的随机策略，即在状态 i 时，根据关于 $U(i)$ 的概率分布 $p(u\,|\,i;r)$ 生成控制。那么对于一个给定的 r，状态–控制轨迹 z 就是一个随机向量，且其概率分布记为 $p(z;r)$。此时对应于轨迹 z 的费用就是

$$F(z) = \sum_{m=0}^{\infty} \alpha^m g(i_m, u_m, i_{m+1}) \tag{5.67}$$

而问题就是选取 r 从而最小化

$$E_{p(z;r)}\big\{F(z)\big\}$$

当采用基于样本的策略梯度方法式(5.66)求解此问题时，给定当前迭代值 r^k，我们需要根据分布 $p(z;r^k)$ 生成样本状态控制轨迹 z^k，计算相应的费用 $F(z^k)$，并且计算相应的梯度

$$\nabla\Big(\log\big(p(z^k;r^k)\big)\Big) \tag{5.68}$$

假设随机策略分布 $p(u\,|\,i;r)$ 的对数函数关于 r 可微（当采用软最小化时该假设成立），那么式 (5.68) 中可微的对数函数就可以写作

$$\log\big(p(z^k;r^k)\big) = \log\prod_{m=0}^{\infty} p_{i_m i_{m+1}}(u_m)p(u_m\,|\,i_m;r^k)$$

$$= \sum_{m=0}^{\infty}\log\big(p_{i_m i_{m+1}}(u_m)\big) + \sum_{m=0}^{\infty}\log\big(p(u_m\,|\,i_m;r^k)\big)$$

且用于迭代式 (5.66) 中的上式的梯度式 (5.68) 就可以写作

$$\nabla\Big(\log\big(p(z^k;r^k)\big)\Big) = \sum_{m=0}^{\infty}\nabla\Big(\log\big(p(u_m\,|\,i_m;r^k)\big)\Big) \tag{5.69}$$

该梯度计算涉及当前的随机策略，但不涉及转移概率和每阶段费用。

策略梯度方法式 (5.66) 可以通过有限阶段近似来实现，即经过有限多时间阶段后就调整 r^k [此时无穷阶段的费用与梯度和式 (5.67) 与式 (5.69) 被相应的有限项之和所代替]。该方法的迭代公式为

$$r^{k+1} = r^k - \gamma^k\sum_{m=0}^{N-1}\nabla\Big(\log\big(p(u_m\,|\,i_m;r^k)\big)\Big)F_N(z_N^k)$$

其中，$z_N^k = (i_0, u_0, \cdots, i_{N-1}, u_{N-1})$ 是随机生成的 N 阶段轨迹，$F_N(z_N^k)$ 是相应的费用。初始状态 i_0 是在考虑了探索问题的前提下随机选取的。

适用于其他类型动态规划问题的策略梯度方法也可以通过类似于上述的步骤得到。此外，同时采用了策略与值空间近似 [例如采用具有较小方差的参数化估计来代替式 (5.67) 中的 $F(z)$] 以及费用整形的策略梯度方法的变体也是同理。由此我们就得到了与 5.3.1 节介绍的策略迭代一类方法不同的执行–批评方法。对于此类方法的进一步讨论不在本书的讲解范围内，感兴趣的读者可查阅本章末列举的关于多种特定方法的文献。

实施挑战

在实施基于样本的梯度方法式 (5.66) 时，有许多问题需要考虑。首先，采用该方法求解的是原问题的随机版本。如果该方法在取极限时得到的参数为 $\bar{r}$ 而对应的分布 $p(z;\bar{r})$ 并不是单核的（即其分布并不聚集在某一点），那么我们就需要根据 $p(z;\bar{r})$ 找出解 $\bar{z}\in Z$。在随机最短路径问题和本章考虑的折扣问题中，参数化分布的集合 $\tilde{\mathcal{P}}_Z$ 通常都包含单核分布。同时可以证明，针对所有分布的集合 $\mathcal{P}_Z$ 执行最小化与针对 Z 执行最小化所得最优值相同（即采用随机策略并不能改善问题的最优费用）。基于以上两点，所得分布不是单核的情况一般不会出现。

另一个困难是如何收集样本 z^k。不同的采样方法需要在方便实现与合理保证搜索空间 Z 得到充分探索之间取得平衡。

最后，还需要考虑如何提高采样效率。为此，我们介绍梯度法式 (5.66) 的一种简单的拓展形式，且其通常都比原算法性能更好。该变形基于梯度公式

$$\nabla\Big(E_{p(z;r)}\{F(z)\}\Big) = E_{p(z;r)}\Big\{\nabla\big(\log\big(p(z;r)\big)\big)\big(F(z)-b\big)\Big\} \tag{5.70}$$

其中，b 是任意标量。该公式是对式(5.66)的拓展，即后者对应于 $b = 0$ 时的情况，并且可由以下计算得出；其思路是证明式 (5.70)中与 b 相乘的项等于 0:

$$
E_{p(z;r)}\left\{\nabla\Big(\log\big(p(z;r)\big)\Big)\right\} = E_{p(z;r)}\left\{\frac{\nabla p(z;r)}{p(z;r)}\right\}
$$

$$
= \sum_{z \in Z} p(z;r)\frac{\nabla p(z;r)}{p(z;r)}
$$

$$
= \sum_{z \in Z} \nabla p(z;r) = \nabla\left(\sum_{z \in Z} p(z;r)\right) = 0
$$

其中，最后一个等式成立的原因是 $\sum_{z \in Z} p(z;r)$ 总是等于 1，因此其值不依赖于 r。

基于梯度公式(5.70)，我们可以将迭代式(5.66)修改作如下形式：

$$
r^{k+1} = r^k - \gamma^k \nabla\Big(\log\big(p(z^k;r^k)\big)\Big)\big(F(z^k) - b\big) \tag{5.71}
$$

其中，b 是某个固定的标量，被称作基线（baseline）。尽管 b 的取值不会影响梯度 $\nabla\Big(E_{p(z;r)}\big\{F(z)\big\}\Big)$ [参见式 (5.70)]，但是它却影响迭代式(5.71)所用的增量梯度

$$
\nabla\Big(\log\big(p(z^k;r^k)\big)\Big)\big(F(z^k) - b\big)
$$

因此通过经验或者计算方法（参见 [DNP$^+$13]）来优化基线 b，我们通常可以提升算法的性能。此外，在求解折扣和随机最短路径问题时，人们也采用了依照状态而改变的基线函数。在此情况下，费用整形（参见 4.2 节）一类的方法就可以用得到，感兴趣的读者可参考相关的专门文献。

随机方向方法

现在我们介绍策略梯度方法式(5.64)的另一类增量梯度版本。为方便起见，我们在此重复策略梯度公式

$$
r^{k+1} = r^k - \gamma^k \nabla\Big(E_{p(z;r^k)}\big\{F(z)\big\}\Big), \quad k = 0, 1, \cdots \tag{5.72}
$$

此类增量方法基于对随机搜索方向的运用并且每步迭代中仅仅使用两个样本函数值（two sample function values per iteration）。一般而言，相较于针对整体费用函数的梯度采用有限差分近似的方法，此类方法的速度一般更快；Spall 的 [Spa05] 中给出了该方法的详细介绍，Nesterov 和 Spokoiny 的 [NS17] 则给出了更为理论的讲解。此外，此类方法并不需要样本分布或其对数的导数。

首先考虑 z 和 r 是标量的情况，然后再探讨多维的问题。与前面一样，为了避免数学上过于复杂，假设 $p(z;r)$ 为离散分布；对于更一般分布的推导与此处给出的推导类似。具体来说，我们假设 $p(z;r)$ 为对称分布且以 p_i 的概率集中在形如 $r + \epsilon_i$ 和 $r - \epsilon_i$ 的点上，而 $\epsilon_1, \cdots, \epsilon_m$ 是一些很小的正数。由此可知

$$
E_{p(z;r)}\big\{F(z)\big\} = \sum_{i=1}^{m} p_i\big(F(r + \epsilon_i) + F(r - \epsilon_i)\big)
$$

并且

$$\nabla\Big(E_{p(z;r)}\{F(z)\}\Big) = \sum_{i=1}^{m} p_i\big(\nabla F(r+\epsilon_i) + \nabla F(r-\epsilon_i)\big)$$

那么梯度迭代式(5.72)就变为

$$r^{k+1} = r^k - \gamma^k \sum_{i=1}^{m} p_i\big(\nabla F(r^k+\epsilon_i) + \nabla F(r^k-\epsilon_i)\big), \quad k=0,1,\cdots \tag{5.73}$$

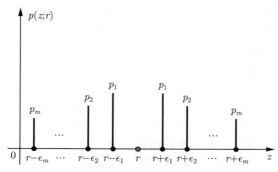

图 5.7.4　用于梯度迭代式(5.73)的分布 $p(z;r)$

接下来考虑用有限差分来近似梯度

$$\nabla F(r+\epsilon_i) \approx \frac{F(r+\epsilon_i) - F(r)}{\epsilon_i}, \quad \nabla F(r-\epsilon_i) \approx \frac{F(r) - F(r-\epsilon_i)}{\epsilon_i}$$

那么梯度迭代式(5.73)就可以近似为

$$r^{k+1} = r^k - \gamma^k \sum_{i=1}^{m} p_i \frac{F(r^k+\epsilon_i) - F(r^k-\epsilon_i)}{\epsilon_i}, \quad k=0,1,\cdots \tag{5.74}$$

该迭代的一种基于样本的增量版本的则表示为

$$r^{k+1} = r^k - \gamma^k \frac{F(r^k+\epsilon_{i^k}) - F(r^k-\epsilon_{i^k})}{\epsilon_{i^k}}, \quad k=0,1,\cdots \tag{5.75}$$

其中，索引 i^k 是按照与 p_{i^k} 成比例的概率分布随机生成的。该算法使用了式 (5.74)中涉及的 m 项中的一项。

上述方法可以很直接地扩展到 z 和 r 是多维的情况。此时对于概率分布 $p(z;r)$，z 的取值形如 $r+\epsilon d$，其中 d 是位于单位球面上的随机向量，ϵ 是（独立于 d 的）根据关于 0 对称的概率分布取值的标量。该算法的思路是，在 r^k 时，首先在单位球面上随机选取方向 d^k，然后根据方向导数的正负，沿着 d^k 或者 $-d^k$ 调整 r^k 的值。当采用该迭代的有限差分近似时，我们可以沿着直线 $\{r^k+\epsilon d^k \mid \epsilon \in \Re\}$ 采样 z^k，然后与迭代式(5.75)类似，令

$$r^{k+1} = r^k - \gamma^k \frac{F(r^k+\epsilon^k d^k) - F(r^k-\epsilon^k d^k)}{\epsilon^k} d^k, \quad k=0,1,\cdots \tag{5.76}$$

其中，ϵ^k 是 ϵ 的样本。

接下来考虑 $p(z;r)$ 是离散但非对称（nonsymmetric）分布时的情况，即 z 的取值形如 $r + \epsilon d$，其中 d 是位于单位球面上的随机向量，ϵ 是零均值的标量。那么与迭代式(5.76)类似的算法是

$$r^{k+1} = r^k - \gamma^k \frac{F(r^k + \epsilon^k d^k) - F(r^k)}{\epsilon^k} d^k, \quad k = 0, 1, \cdots \tag{5.77}$$

其中，ϵ^k 是 ϵ 的样本。所以在此情况下，我们在每步迭代中仍然需要两个函数的值。一般而言，对于对称的采样分布，迭代式(5.76)可能比式(5.77)更为准确，也更常见。

形如式(5.76)和式(5.77)的算法被称为随机方向方法（random direction methods）。它们在每步迭代中只使用了两个费用函数的值，以及可能与 F 的梯度没有任何关系的方向 d^k。鉴于该算法不限制选取 d^k 的方法，因此在特定问题中可以利用特定方法来提高算法性能。然而，步长 γ^k 和采样分布 ϵ 的选取可能很棘手，并且在 F 的取值中含有噪声时尤为如此。

随机搜索与交叉熵方法

在本节中考虑的策略梯度方法的主要缺点包括：随机不确定性会影响梯度的计算进而导致的潜在不可靠性，在许多情况下梯度方法典型的很慢的收敛速度，以及问题中存在的局部最小值。由于这些原因，基于随机搜索的方法被视为更为可靠的替代方案。整体而言，随机搜索方法与梯度方法具有一定的相似之处，即它们都是通过采样来寻求费用改进。然而，随机搜索方法并不涉及随机策略，并不要求费用可微，并且具有某些全局收敛性的理论保证，因此从原则上说这些方法不会受到局部最小值的很大影响。

考虑基于求解问题

$$\min_r E\big\{ J_{\bar{\mu}(r)}(i_0) \big\}$$

的参数化策略优化方法，参见式 (5.60)。对于此问题，随机搜索方法会以某种随机且智能的方式搜索参数向量 r 的空间。文献中有多种适用于一般优化问题的此类方法，并且已将其中一些应用于近似动态规划中。我们将简要地介绍交叉熵方法（cross-entropy method），该方法近来得到了极大的关注。

当应用于近似动态规划的情境中时，交叉熵方法与策略梯度方法具有一定的相似之处，即通过将 r^k 沿着某个"改进的"方向调整而得到 r^{k+1}，进而生成参数序列 $\{r^k\}$。具体来说，通过采用策略 $\tilde{\mu}(r^k)$，我们可以随机生成样本费用，它们对应于聚集在 r^k 附近的样本参数值。基于这些样本费用我们就得到上述的调整方向。然后对当前的样本参数集合进行筛选：基于某个费用改进的准则，接受一些样本并淘汰掉其他的。那么，这些接受的样本构成的集合的"中心点"或"样本均值"就被用作 r^{k+1}，并且围绕 r^{k+1} 随机生成更多的样本，然后重复上述步骤，参见图 5.7.5。因此，连续两步迭代中的 r^k 就是连续两组更好的样本的"中心"，从广义上说，随机样本生成过程受费用改进所指引。该思想在进化规划中也有体现，参见 [Bac96] 和 [DJ06]。

交叉熵方法实现起来很简单，不会像基于梯度优化方法一样脆弱，不涉及随机策略，并具有一定的理论依据。重要的是，该方法不需要计算梯度，也不需要费用函数具有可微性。此外，所需费用的计算并不一定需要通过模型来完成，有仿真器就足够了。

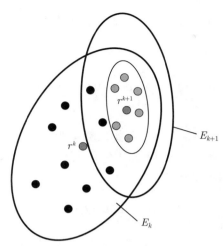

图 5.7.5　交叉熵方法图示。在当前迭代为 r^k 时，构造一个围绕 r^k 的椭圆 E_k。在 E_k 中生成随机样本，并且接受其中具有"低"费用的一些样本。将这些接受的样本的均值选作 r^{k+1}，并构造这些样本的"方差"矩阵。然后采用该矩阵以及适当扩大的半径来构造新的椭圆 E_{k+1}。注意该方法与策略梯度方法的相似之处：我们朝着费用改进的方向把 r^k 改成 r^{k+1}。

　　正如其他的随机搜索方法，交叉熵方法收敛速率的理论保证有限，且其成功实践依赖于所用领域的有关知识以及对相关启发式的精确运用。然而，该方法具有扎实的理论基础，并且赢得了良好的声誉。具体而言，在关于俄罗斯方块的成功实践中，该方法就发挥了作用，参见 Szita 和 Lorinz 的 [SL06]，以及 Thiery 和 Scherrer 的 [TS09]。与该方法相关的随机搜索方法也在一些特定领域取得了成果，参见 Salimans 等的 [SHC$^+$17]。感兴趣的读者可在章末索引中查到进一步的细节以及成功实践的案例。

5.7.2　基于专家的监督学习

　　当采用策略空间近似的第二种方法时,我们首先获得大量的状态–控制对样本 $(i^s, u^s), s = 1, \cdots, q$，其中 u^s 是对应于 i^s 的"好的"控制。然后通过基于这些样本的"训练"来选取参数 r。例如，可以通过求解最小二乘问题[①]

$$\min_r \sum_{s=1}^q \left\| u^s - \tilde{\mu}(i^s, r) \right\|^2 \tag{5.78}$$

来求解（并且可在上述问题中加入正则项）。例如，在某给定状态时，我们可以依赖于人工或软件的"专家"来选取"近于最优的"控制作为 u^s，因此训练得到的 $\tilde{\mu}$ 会与专家的行为类似。在 2.4.3 节介绍有限阶段问题以及在 3.5 节介绍策略空间近似的分类方法时我们就讨论了这类方法。在人工智能领域，该方法属于监督学习（supervised learning）方法的架构中。[②]

---

　　① 此处隐含的（在后续类似情境中也同样适用的）假设是控制是某个欧几里得空间的元素，因此两个控制间的距离可以通过它们之间的模的差来衡量。

　　② Tesauro 在 [Tes89b, Tes89a] 中构造的双陆棋程序是通过采用监督学习的方法训练神经网络得到的（原文中称其为"比较训练"），在此过程中，他采用了人类专家下棋的样本（他本人扮演了专家的角色从而为训练提供样本）。然而，他后续的基于 TD 的算法 [Tes92, Tes94, Tes95] 比该算法的表现要好得多，而他的基于策略前展的算法 [TG96] 性能则更进一步。由 David、Netanyahu 和 Wolf 在 [DNW16] 中介绍的深度国际象棋程序则是基于专家的监督训练的另一个例子。

另外一种方法我们已经在多种不同形式下提及。此时我们先适当选取大量的样本状态 i^s，$s = 1, \cdots, q$，然后通过形如

$$u^s = \arg \min_{u \in U(i^s)} \sum_{j=1}^{n} p_{ij}(u)\big(g(i^s, u, j) + \alpha \tilde{J}(j)\big) \tag{5.79}$$

的一步前瞻最小化来选取 u^s，$s = 1, \cdots, q$（多步前瞻最小化也同样适用），其中 $\tilde{J}$ 是合适的一步前瞻函数。类似地，一旦选定了某个近似 Q 因子架构 $\tilde{Q}(i, u, r)$，我们可以选定大量的样本状态 i^s，$s = 1, \cdots, q$，然后通过一步前瞻最小化

$$u^s = \arg \min_{u \in U(i^s)} \tilde{Q}(i^s, u, r) \tag{5.80}$$

算出相应的控制 u^s，$s = 1, \cdots, q$。在此情况下，通过式 (5.79)或式(5.80)表示的值空间近似方法来收集状态–控制对的样本 (i^s, u^s)，$s = 1, \cdots, q$，然后通过式 (5.78)运用策略空间近似方法。

需要注意的是，在收集到状态–控制对样本 u^s，$s = 1, \cdots, q$ 之后，我们可以采用插值（interpolation）（而非参数化近似）来代替求解最小二乘问题。确切地说，对于任意状态 $i \in \{i^1, \cdots, i^q\}$，指定概率分布 $\{\phi_{i1}, \cdots, \phi_{iq}\}$，并将所用的策略 $\tilde{\mu}$ 定义为

$$\tilde{\mu}(i) = \sum_{i=1}^{q} \phi_{is} u^s, \quad i = 1, \cdots, n \tag{5.81}$$

一般来说，上述方法要求控制约束集是欧几里得空间的凸子集，由此才能保证插值得到的控制式(5.81)是可行的。当插值概率值 ϕ_{is} 的取值只能是 0 和 1 时 [当采用最近邻方法（nearest neighbor approach）时就会出现此情况，这时对于给定状态 i，我们找出距离 i 在某种意义上"最近"的状态 $i^{\bar{s}}$，然后设 $\phi_{i\bar{s}} = 1$]，上述条件则不再必要。插值方法是第 6 章介绍的聚集方法的核心，我们会在下一章作进一步说明。

当然在采用专家训练方法时，我们不能期望由此得到的策略比其训练目标更好，譬如在采用式 (5.78)时，该目标就是相应的专家，而在采用式 (5.79)或式(5.80)时，目标则是基于近似 $\tilde{J}$ 或 $\tilde{Q}$ 的一步前瞻策略。然而，该方法的一个主要优势是，一旦获得了参数化策略，那么在线执行该策略会非常快速，并且不会涉及形如式(5.79)的大量最小化运算。一般而言，策略空间近似的方法都具有此优点。此外，类似 2.4.3 节提到的，我们还可以采用策略前展方法来改进通过模仿专家获得的策略。

5.7.3 近似策略迭代、策略前展与策略空间近似

本节将再次审视近似策略迭代，但是着眼于将其与策略前展和策略空间近似相结合。具体来说，我们介绍如何以策略空间近似为基础，以不同的方式实现策略迭代算法，即直接近似生成的策略而非对应于它们的费用或 Q 因子。

回顾 5.3.2 节和 5.3.3 节，其中介绍的策略迭代算法先采用近似策略评价（采用值空间近似来表示当前策略的费用函数或 Q 因子），然后再通过一步或多步前瞻来执行相当精确的策略改进。与之相对的，本节介绍的方法会通过前展仿真对状态的一个样本集合执行相当精确的策略评价，然后执行近似的策略改进 [采用策略架构来近似改进的（或前展）策略]。此时的思路是将策略迭代视为永

续的策略前展算法（perpetual rollout algorithm），即在任意给定时刻从一族参数化的基本策略中选出一个使用，并且偶尔采用策略前展的结果和策略空间近似来"提高"该策略。

接下来介绍的策略迭代算法就是此类方法的一个例子。在一步典型的迭代中，我们把策略 μ 用作基本策略，通过（可能是截短的）策略前展算法来生成许多的状态–控制样本对 (i^s, u^s)，$s = 1, \cdots, q$（参见 5.1.2 节的策略前展算法）。[①]然后通过采用某种近似架构（譬如神经网络），就得到"改进的"策略 $\tilde{\mu}(i, \bar{r})$，其中的参数 $\bar{r}$ 是通过最小二乘/回归最小化

$$\bar{r} \in \arg\min_r \sum_{s=1}^{q} \left\| u^s - \tilde{\mu}(i^s, r) \right\|^2 \tag{5.82}$$

得到的（并且其中可能加入正则项）；参见图 5.7.6。然后，该"改进的"策略 $\tilde{\mu}(i, \bar{r})$ 被用作基本策略，从而生成相应的前展策略的样本，而这些样本则用于对该前展策略作策略空间的近似，等等。该方法与 5.7.2 节介绍的专家训练方法 [参见式 (5.78)] 类似；此处我们把前展策略当作"专家"，然后通过采样和监督学习来模仿它。[②]训练问题式(5.82)与典型的（通常会采用神经网络或者其他近似架构的）分类问题类似，并且可以通过类似的算法来求解：参数 $\bar{r}$ 定义了一个分类器，对于任意给定状态 i，该分类器将其归为控制 $\tilde{\mu}(i, \bar{r})$ 对应的类型，参见 3.5 节。

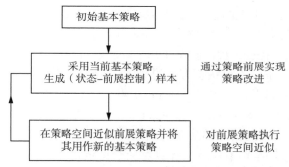

图 5.7.6　本节介绍的近似策略迭代算法图示。该算法基于由策略前展实现的策略改进和在策略空间执行的策略近似。算法中的策略评价和策略改进过程可能是精确的，但是对于"改进的"策略的实现是通过策略空间近似和回归来完成的，故而是近似的。

上述方案具有许多著名的特点。其中，在生成前展策略的样本对 (i^s, u^s)，$s = 1, \cdots, q$ 时，该方法所需的计算量极大，在处理随机问题时尤其如此（当然这种计算可以通过并行的方式实现）。因此该策略迭代过程只能离线完成。然而，一旦获得了最后的策略，那么该策略就可作为基本策略用于在线执行策略前展，从而可以实现在线重新规划。此外，该方法也具有一般策略空间近似所共有的优点：该方法最后得到的策略可以很方便地在线执行，并且不再需要一步或多步前瞻最小化运算。

有利的特殊情况——线性二次最优控制

实际上，本节的近似策略迭代方法可以在一些有趣的特殊情况下得到最优策略。具体来说，我们将近似架构可以表示的策略 μ 的集合记为 $\mathcal{M}$，即对于某个参数 r 满足 $\mu = \tilde{\mu}(r)$ 的策略。假定集

---

　　① 采用状态控制样本来近似前展策略时需要考虑探索问题，即如何选取在给定的基本策略下生成前展轨迹时的初始状态。具体来说，我们希望在初始状态的样本集 i^s，$s = 1, \cdots, q$ 中包含前展轨迹中"偏爱的"状态；例如从初始状态 i^s 的某个子集开始，有选择地将前展轨迹中遇到的状态添加到其中，参见 [LP03]、[DL08]。

　　② 与参数化近似和最小二乘最小化式(5.82)相比，更为简单的替代方案是插值式(5.81)。

合 $\mathcal{M}$ 具有如下性质：如果将其中的元素用作基本策略，那么相应的前展策略也属于 $\mathcal{M}$（即精确策略改进得到的策略属于 $\mathcal{M}$）。那么可以看出，当采用本节的算法并以 $\mathcal{M}$ 中的元素作为初始策略时，如果在最小二乘回归式(5.82)中采用了取值为 q 的大量的样本（从而保证通过策略前展得到的策略与通过精确策略改进得到相同），那么算法得到的策略序列将都属于集合 $\mathcal{M}$，此时得到的策略序列与精确策略迭代得到的序列完全相同。

那么在这种有利情况下，本节介绍的算法会传承精确策略迭代算法所具有的收敛性质，却不需要知道系统的数学模型；只需要系统的仿真器就足够了。基于此我们可以推测，如果集合 $\mathcal{M}$ "几乎包含了" 精确策略迭代生成的策略，那么通过本节介绍的近似策略迭代方法生成的策略序列，其性能将在接近最优的水平波动。

满足上述条件的一类重要的特殊情况是系统为线性，费用函数为无穷阶段折扣的二次型之和，而 $\mathcal{M}$ 是由状态的线性函数构成的控制率（此时我们假设可获知完整状态信息）。那么（在很弱的假设下，参见 [Ber12a]4.2 节）可以证明最优策略属于 $\mathcal{M}$。[①]而且，当采用精确策略迭代且初始策略属于 $\mathcal{M}$ 时，其生成的策略序列都属于 $\mathcal{M}$ 并且收敛到一个最优策略。因此，对于该集合 $\mathcal{M}$，本节介绍的方法具有同样的属性，并且不需要系统的数学模型。

针对部分可观测马尔可夫决策问题的策略前展和近似策略迭代

接下来我们讨论如何将基于策略前展的近似策略迭代算法应用于 α 折扣问题的部分可观察版本。此时在每个阶段，我们不再能观测到当前状态，而是会以 $p(z \mid j, u)$ 的概率获得观测 z，其中 j 是当前状态，u 是前序阶段的控制。我们假设在每个阶段都可获知置信状态 $b = (b(1), \cdots, b(n))$，其中 $b(i)$ 是在给定历史的条件下，当前状态为 i 的概率。此外，我们还假设当给定了当前的置信状态 b，在 b 时所采用的控制 u，以及后继时刻的观测 z，我们可以计算下一个置信状态 $B(b, u, z)$。可以将 $B(b, u, z)$ 看作置信状态生成器（belief state generator）。最后假设初始迭代的基本策略以及所有通过策略空间方案式(5.82)生成的策略都是 b 的函数。

接下来考虑如何通过截短策略前展算法计算对应于指定置信 b 的前展策略 $\tilde{\mu}$。将当前的基本策略（置信状态的某个函数）记为 μ，$\tilde{J}$ 则表示某个费用函数近似。那么该前展控制可以通过运算

$$\tilde{\mu}(b) \in \arg\min_{u \in U} \sum_{i=1}^{n} b(i) \tilde{F}_\mu(i, b, u) \tag{5.83}$$

给出，其中 $\tilde{F}_\mu(i, b, u)$ 可以被视为近似 Q 因子。通过从状态 i 出发，采用控制 u，然后在接下来的 m 个阶段采用策略 μ，并采用函数 $\tilde{J}$ 来近似其余阶段的费用，由此就得到上述的费用函数近似。[也可以采用式 (5.83)的多步前瞻版本。] 对于给定的 b 和 u，式 (5.83)中最小化运算的对象可以通过仿真来近似。具体的实现方式有多种，其中的可能性之一涉及对原系统的状态以及通过置信状态生成器产生的置信状态执行同步仿真，图 5.7.7即为相应的仿真器。

根据分布 b，我们可以对状态空间进行采样，从而获得由状态 $\mathcal{I} = \{i^m, \mid m = 1, \cdots, M\}$ 构成的数据集（当 n 的取值较小时，可以令 $\mathcal{I} = \{1, \cdots, n\}$）。那么对于数据集中每个状态，譬如 i^m，以及每个控制 $u \in U$，执行如下步骤：首先根据转移概率 $p_{i^m j}(u)$ 获得后继状态 j_1 并记录相应的费用

[①] 我们并没有讨论具有连续状态和控制空间的无穷阶段问题。尽管一般而言此类问题很具挑战性，但是线性二次型问题则具有一定的规律性，其相应的值迭代和策略迭代算法也有坚实的理论基础；参见 [Ber12a]、[Ber17]。此处的讨论中，我们只是援引相关方法的理论结果而不给出相应的证明。

$g(i^m, u, j_1)$。然后根据概率 $p(z_1 \mid j_1, u)$ 得到随机观测 z_1，并且计算接下来的置信状态 $b_1 = B(b, u, z_1)$ [由此我们才可以计算用于下一步仿真的控制 $\mu(b_1)$]。类似地，以 j_1 作为初始状态，采用策略 μ 得到 m 阶段的仿真轨迹，并由此得到 m 个相邻的控制–后继状态–观测–置信状态的四元组

$$(\mu(b_1), j_2, z_2, b_2), \cdots, (\mu(b_m), j_{m+1}, z_{m+1}, b_{m+1})$$

参见图 5.7.7。同时，可算出相应的阶段费用与终止（近似）费用的总和

$$g(i^m, u, j_1) + \alpha g(j_1, \mu(b_1), j_2) + \cdots + \alpha^m g(j_m, \mu(b_m), j_{m+1}) + \alpha^{m+1} \tilde{J}(b_{m+1})$$

通过上述方法，就得到了对应于状态–控制对 (i^m, u) 的函数 $\tilde{F}_\mu(i^m, b, u)$ 的单一样本。

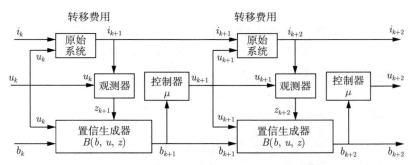

图 5.7.7　在基本策略 $\mu(b)$ 的作用下，对原系统的状态和通过置信状态生成器产生的置信状态执行同步仿真

通过将对应于每个状态 $i^m \in \mathcal{I}$ 和控制 $u \in U$ 的许多上述样本取平均值，就得到 $\sum_{i=1}^{n} b(i) \tilde{F}_\mu(i, b, u)$ 的估计。针对 u 取上述估值的最小值，就得到处于 b 时的前展策略 $\tilde{\mu}(b)$，参见式 (5.83)。等到收集了 q 个类似的置信–前展控制对 $(b^s, \tilde{\mu}(b^s))$，$s = 1, \cdots, q$ 之后，我们就可以通过策略空间近似 [参见式 (5.83)] 生成新的基本策略。相关计算与处理完备状态信息问题时类似，唯一的区别是在通过最小化式 (5.83) 来获得每个置信–前展控制对时需要一步额外的操作：根据当前的置信状态对状态空间进行采样，并且对应于每个 $i^m \in \mathcal{I}$ 和 $u \in U$ 的状态–控制对 (i^m, u)，都需要执行相关运算。与之相比，在求解完备状态信息问题时，只需要对单一的状态–控制对执行相关计算。尽管只有这一处差别，不完备状态信息问题所需的计算量可能要大得多，其具体的差别取决于满足 $b(i) > 0$ 的状态 i 的多少。鉴于此，我们可能需要采用较短的前瞻最小化和策略前展的步数，那么终止费用函数近似 $\tilde{J}$ 就变得更加重要。

变体

本节介绍的近似策略迭代方案有诸多变体。基本上所有的策略前展的变体（多步前瞻、截短策略前展以及终止费用函数近似）都可用于此。此外，我们还可以使用策略迭代的乐观版本，即只生成较小数目 q 的样本，就更新参数向量和相应的基本策略。为实施该乐观变体，可以采用增量梯度或牛顿法（参见 3.1.3 节）来求解回归问题式 (5.82)，并随着新样本 (i^s, u^s) 的出现，将相应的项添加到最小二乘和当中，其中 u^s 是通过当前策略（即对应于当前 r 值的策略）得到的控制。与其他所有的近似策略迭代方法一样，探索自然是一个很重要的问题，这要求我们对样本状态 i^s 做出明智的选择。

在此给出上述乐观增量梯度类算法的极端情况的一种实现方法，其中在获得每个状态–控制对的样本 (i^s, u^s) 后，r 就得到更新。该算法与 5.4.1 节给出的 SARSA 和 Q 学习算法类似。

当第 k 步迭代开始时，已知当前参数向量 r^k 以及相应的策略 $\mu^k = \tilde{\mu}(\cdot, r^k)$。然后：

（1）选择某一状态 i^k（同时兼顾探索问题）。

（2）采用 $\mu^k = \tilde{\mu}(\cdot, r^k)$ 为基本策略，计算处于 i^k 时的前展控制 u^k，即

$$u^k \in \arg \min_{u \in U(i^k)} \sum_{j=1}^n p_{i^k j}(u)\big(g(i^k, u, j) + \alpha J_{\mu^k}(j)\big)$$

（3）通过

$$r^{k+1} = r^k - \gamma^k \nabla \tilde{\mu}(i^k, r^k)\big(\tilde{\mu}(i^k, r^k) - u^k\big)$$

更新参数向量，其中 γ^k 是正的步长，$\nabla \tilde{\mu}(i^k, r^k)$ 表示 $\tilde{\mu}(i^k, \cdot)$ 的梯度矩阵在 r^k 处的值。

与 SARSA 的情况相同，文献中也有上述方法的不那么乐观的版本，即先计算一些状态和它们相应的前展控制，然后才更新参数向量 r。

5.8 注释和资源

5.1 节：命题 5.1.1给出的涉及终止费用近似的多步前瞻方法的性能界广为人知，参见作者所著的动态规划教材 [Ber17]（及其更早版本）的命题 6.1.1，以及 [Ber18a] 的 2.2 节。命题 5.1.3中给出的涉及多步前瞻、截短策略前展以及终止费用近似方法的性能界则是新结果。

5.1.3 节介绍的近似策略迭代的性能界最早在 Bertsekas 和 Tsitsiklis 所著 [BT96] 的 6.2.2 节和 6.2.3 节中给出，且适用范围涵盖了折扣和随机最短路径两类问题。这些性能界以及由 Thiery 和 Scherrer 在 [ST10] 中给出的针对近似乐观策略迭代的性能界具有根本性的意义。尽管这些性能界与算法的实际表现相比相对保守，但它们对近似策略迭代及其变体的算法表现给出了正确的定性表述，并且这些理论还描述了近似策略迭代相关方法和与其对应的近似值迭代方法的不同之处，而我们已经知道，当缺少合适的采样策略时，后者一般是不稳定的（参见例 5.2.1）。作者在抽象动态规划专著 [Ber18a] 的 2.4.1 节和 2.5.2 节中将上述近似策略迭代的性能界拓展到了满足压缩和单调性质的一般空间抽象动态规划问题。

5.2 节：自动态规划理论发展的早期，拟合值迭代算法就已被用于求解有限阶段问题。该方法从概念上说容易理解，实现起来很方便，并已被广泛用于近似最优的费用或 Q 因子（参见 Gordon 的 [Gor95]，Longstaff 和 Schwartz 的 [LS01]，Ormoneit 和 Sen 的 [OS02]，Ernst、Geurts 和 Wehenkel 的 [EGW05]，Antos、Munos 和 Szepesvari 的 [ASM07]，以及 Munos 和 Szepesvari 的 [MS08]）。对值迭代的近似还可以通过约束松弛和/或引入定界操作来简化计算，参见如 Lincoln 和 Rantzer 的 [LR06]，而 Spaan 和 Vlassis 的 [SV05] 则考虑此类方法在部分可观测马尔可夫决策问题中的应用。

5.3 节：5.3.3 节中考虑的一类近似策略迭代方法最早由 Fern、Yoon 和 Givan 在 [FYG06] 中提出，而其他学者已对其变形给出了讨论与分析。该方法（经过一些修改后）已被用于训练一个俄罗斯方块程序。与基于别的近似策略迭代变体或者其他方法得到的程序相比，该程序的表现要好得多，参见 Scherrer 的 [Sch13]，Scherrer 等的 [SGG$^+$15]，以及 Gabillon、Ghavamzadeh 和 Scherrer 的 [GGS13]，其中还对该方法给出了理论分析。

5.4 节：由 Watkins 在 [Wat89] 中提出的 Q 学习算法对强化学习领域具有重大的影响。Tsitsiklis 在 [Tsi94] 中给出了关于 Q 学习算法的一种严谨的数学证明。该证明采用了更为通用的架构，并且将源于随机近似理论和分布式异步计算理论的多个思想巧妙结合。该证明适用于折扣问题，也适用于所有策略都恰当的随机最短路径问题。当涉及含有不恰当策略的随机最短路径问题时，如果假设 Q 学习每步迭代都是非负或有界的，那么该证明也同样适用。对于不含非负或有界假设的随机最短路径问题，Q 学习的收敛性由 Bertsekas 和 Yu 在 [YB13a] 中给出证明。Tsitsiklis 和 Van Roy 在 [TVR99b] 中分析了用于最优停止问题的 Q 学习算法，后续相关研究为 Yu 和 Bertsekas 的 [YB06]。

基于 Q 学习的乐观异步版策略迭代算法由 Bertsekas 和 Yu 在 [BY10a]、[BY12] 和 [YB13b] 中提出，并且它们具有良好的收敛性质。[BY12] 和 [YB13b] 中给出的 Q 学习方法的独特之处在于其策略评价的目标是某最优停止问题的解，而不是对应于当前策略的贝尔曼方程的解；这样做的原因是为了避免 Williams 和 Baird 在 [WBI93] 中指出并且在本书 4.6.3 节提及的病态问题。

SARSA 算法的最初设计归功于 Rummery 和 Niranjan 的 [RN94]，相关内容也出现在 Peng 和 Williams 的 [PW94]，以及 Wiering 和 Schmidhuber 的 [WS98] 当中。DQN 算法的思想在 Mnih 等的 [MKS+15] 发表后吸引了大量的关注，他们在 49 个经典的雅达利（Atari）2600 游戏中测试了该算法并大获成功。

在 3.4 节考虑有限阶段问题时就提了优势更新的思想，我们很容易将其拓展应用于无穷阶段问题。该思想在无穷阶段问题中的应用最早由 Baird 在 [Bai93] 和 [Bai94] 中提出，参见 [BT96] 的 6.6 节。与近似策略迭代和 Q 学习相关的一类变形为微分训练（differential training），其目的是近似展望费用之差，而非展望费用的值。该方法由作者在 [Ber97b] 中提出，另见 Weaver 和 Baxter 的 [WB99]。

5.5 节：Galerkin 方法在科学计算领域有悠久的历史，而投影方程正是它的基础。此类方法广泛应用于近似求解大规模问题，其中包括求解对偏微分方程和积分方程进行离散化后得到的线性系统。Yu、Bertsekas 的 [YB10] 和 Bertsekas 的 [Ber11c] 首次指明了近似动态规划中的基于投影方程的策略评价与 Galerkin 方法的联系。然而，近似动态规划中蒙特卡洛仿真思想占据了核心地位，这也将本章介绍的投影方程方法与 Galerkin 方法区别开来。不过，Galerkin 方法适用于动态规划之外多种不同的问题，因而近似动态规划中基于仿真的思想也被扩展应用于更多其他问题（参见 Bertsekas 和 Yu 的 [BY09]，Wang 和 Bertsekas 的 [WB14]、[WB13]，以及作者教材 [Ber12a] 的 7.3 节，其中讨论了如何采用时序差分方法求解一般线性方程组）。

时序差分的思想最早由 Samuel 在其关于跳棋程序的研究 [Sam59] 和 [Sam67] 中提出。在 Barto、Sutton 和 Anderson 的早期工作 [BSA83] 的基础上，Sutton 在 [Sut88] 中给出了时序差分的严格数学表述，并且提出了 TD(λ) 的方法。这项重大成果激发了强化学习和基于仿真的动态规划领域的大量研究工作，在 Tesauro 的双陆棋程序 [Tes92] 和 [Tes94] 取得令人赞叹的早期成功后尤其如此。Tsitsiklis 和 van Roy 在 [TVR96a] 和 [TVR99b] 中阐明了 TD(λ) 和投影方程解的关系，神经元动态规划专著 [BT96] 中也介绍了这部分内容。

TD(λ)、LSTD(λ) 和 LSPE(λ) 这三种方法在学术期刊和强化学习教材中都有详细讨论。其中，[Ber12a] 第 6 章和第 7 章扩展了本书 5.5 节的内容。

TD(λ) 的收敛性由 Tsitsiklis 和 Van Roy 在 [TVR96a] 中给出。相关结果的扩展可见 [TVR99a] 和 [TVR99b]。作者的 [Ber16b] 和 [Ber18d] 描述了时序差分方法和邻近算法的关系，而后者是凸优化中的一种核心方法。具体来说，这些文献说明了 TD(λ) 是用于求解线性方程组的邻近算法的随机版本，并且将 TD(λ) 推广应用于求解非线性方程组（参数 λ 与邻近算法中的惩罚参数相关）。

Bradtke 和 Barto 在 [BB96] 中最早提出了 $\lambda = 0$ 时的 LSTD(λ) 算法。此后，Boyan 在 [Boy02] 中将其拓展得到了 $\lambda > 0$ 时的算法。LSTD(λ) 算法的收敛性分析由 Nedić、Bertsekas 和 Yu 在 [NB03]、[BY09] 和 [Yu12b] 中给出，其中分析所需假设的一般性依次增大。

LSPE(λ) 算法最早由作者和 Ioffe 在 [BI96] 中提出，并将其称为 λ 策略迭代（λ-policy iteration）。它被用于训练一个俄罗斯方块的操作程序，其中还采用了例 3.1.3 中描述的基于特征的线性近似架构。鉴于基于 TD(λ) 的策略迭代并没有在俄罗斯方块程序中取得成功，因此提出 LSPE(λ) 的初衷是提供一种更好的替代方案。专著 [BT96] 的 2.3.1 节也对此方法给出了讲解。Nedić、Borkar、Yu、Scherrer 和作者在 [NB03]、[BBN04]、[YB06]、[BY09]、[YB09b]、[Ber11a]、[Ber11c]、[Yu12b]、[Sch13] 和 [Ber18a] 中扩展了该方法，其中就包括通过对角放缩来避免矩阵求逆。

在本书的讲解中并没有给出 TD(λ)、LSTD(λ) 和 LSPE(λ) 采样实现的更多细节，感兴趣的读者可参阅前面索引的近似动态规划/强化学习教材。Bertsekas 和 Yu 在 [BY09] 中将时序差分基于仿真的方法推广应用于求解大规模的一般线性方程组。

5.6 节：采用线性规划精确求解无穷阶段动态规划问题的方法由 D'Epenoux 在 [D'E60] 中提出。Schweitzer 和 Seidman 在 [SS85] 中提及了采用基函数和线性规划的近似求解方法，不过几乎没有给出分析，de Farias 和 Van Roy 在 [DFVR03]、[DFVR04] 和 [DF04] 中进一步发展了该方法。Paschalidis 和 Tsitsiklis 在 [PT00] 中应用此方法解决了富有挑战性的网络服务定价的问题。近期基于线性规划变体的工作包括 Cogill 等的 [CRRL06]，Desai、Farias 和 Moallemi 的 [DFM12]、[DFM13]，Wang、O'Donoghue 和 Boyd 的 [WOB15]，Beuchat、Warrington 和 Lygeros 的 [BWL21]，以及这些文献中的参考文献。尽管在本书中并没有详细讲解基于线性规划的近似方法，但该方法很有前景，值得进一步关注。

5.7 节：我们对策略空间近似、策略梯度和随机搜索方法的讨论有限，旨在为读者提供了解该领域的切入点。有关策略梯度方法的详细讨论和参考，读者可参考 Sutton 和 Barto 的 [SB18]，Deisenroth、Neumann 和 Peters 的 [DNP11]，以及 Peters 和 Schaal 的综述 [PeS08] 和 Grondman 等的综述 [GBL12]。Williams 的论文 [Wil92] 在此领域具有很大的影响力，文中提出了我们讲解的似然比策略梯度的方法。[Wil92] 的方法在文献中通常称为 REINFORCE（参见 [SB18] 的第 13 章）。

在一些早期工作中，研究者着眼于沿随机生成的方向执行搜索（Rastrigin 的 [Ras63]，Matyas 的 [Mat65]，Aleksandrov、Sysoyev 和 Shemeneva 的 [ASS68]，Rubinstein 的 [Rub69]）；关于此类方法的近期成果请参阅 Spall 的 [Spa92]、[Spa05]，Duchi、Jordan、Wainwright 和 Wibisono 的 [WWJD12]、[DJWW15]，以及 Nesterov 和 Spokoiny 的 [NS17]。针对各种动态规划问题的基于仿真的策略梯度方法的早期工作包括 Glynn 的 [Gly87]、[Gly90]，L'Ecuyer 的 [L'E91]，Fu 和 Hu 的 [FH94]，Jaakkola、Singh 和 Jordan 的 [JSJ94]，Cao 和 Chen 的 [CC97]，Cao 和 Wan 的 [CW98]。

想要成功实施策略梯度方法需面对双重挑战：梯度优化方法固有的缓慢收敛和局部最小值的困难，以及仿真噪声的不利影响。许多相关工作提出的算法变形都是为了应对这些困难，其中包括使用基线和减小方差方法（Greensmith、Bartlett 和 Baxter 的 [GBB04]，Greensmith 的 [Gre05]），以及基于所谓的自然梯度（natural gradient）（Kakade 的 [Kak01]）或二阶信息（参见 Wang 和 Paschalidis 的 [WP16]，以及其中的参考文献）的放缩。B. Recht 在 [Rec19] 和博客 [Rec] 中关于

PID 控制、无模型的策略空间近似和策略梯度方法给出了很有趣的讨论。

本章讲解的策略梯度的内容并没有涉及执行–批评方法。此类方法由 Barto、Sutton 和 Anderson 在 [BSA83] 中提出。近期有影响力的相关工作包括 Baxter 和 Bartlett 的 [BB01]，Konda 和 Tsitsiklis 的 [KT99] 和 [KT03]，Marbach 和 Tsitsiklis 的 [MT01]、[MT03]，以及 Sutton 等的 [SMSM99]。Yu 的 [Yu12a]，Estanjini、Li 和 Paschalidis 的 [ELP12] 提出了适用于部分可观测马尔可夫决策问题并且涉及梯度估计的执行–批评算法。

交叉熵方法最初是为了罕见事件仿真而设计的，并在其后修改应用在优化中。关于此类方法的教材包括 Rubinstein 和 Kroese 的 [RK04]、[RK13] 和 [RK16]，以及 Busoniu 等的 [BBDSE17]。相关综述可见 de Boer 等的 [DBKMR05]，以及 Kroese 等的 [KRC⁺13]。Mannor、Rubinstein 和 Gat 在 [MRG03] 中将此方法应用于近似动态规划的策略搜索。Szita 和 Lorinz 的 [SL06] 以及 Thiery 和 Scherrer 的 [TS09] 将此方法成功应用于俄罗斯方块游戏。近期的关于此方法的分析可见 Joseph 和 Bhatnagar 的 [JB16]、[JB18]。

5.7.2 节介绍的专家训练方法与 2.4.3 节讨论的比较训练方法类似，后者是由 Tesauro 在 [Tes89b]、[Tes89a] 和 [Tes01] 中提出的。文献中将从专家生成的数据中学习的方法称为模仿学习（imitation learning）和学徒学习（apprenticeship learning），参见如 Abbeel 和 Ng 的 [AN04]，Neu 和 Szepesvari 的 [NS12]，以及 Schaal 的 [Sch99]。

在机器人学中，利用人类专家来进行训练已经引起了极大的关注 [在该领域此方法被称为从演示中学习（learning from demonstration）]，参见 Argall 等的 [ACVB09]，而近期相关工作可见 Ben Amor 等的 [AVE⁺13] 和 Lee 的 [Lee17]。近期发表的关于其他相关方法的分析可见 Hanawal 等的 [HLZP18]。

5.7.3 节介绍的策略迭代/策略前展方法有多种实施方式，它们与文献中提出的一些方法类似。此类方法最早由 Lagoudakis 和 Parr 在 [LP03] 中提出，其他学者在其后也提出了类似的方法（参见如 Dimitrakakis 和 Lagoudakis 的 [DL08]，Lazaric、Ghavamzadeh 和 Munos 的 [LGM10]，Gabillon 等的 [GLGS11]，Liu 和 Wei 的 [LW13]，Farahmand 等的 [FPBG15]，以及上述文献中的索引）。Yan、Diaconis、Rusmevichientong 和 Van Roy 在 [YDRR04] 设计了一种不同类型的策略迭代/策略前展方法，该方法基于对前展策略的迭代应用，并被用于纸牌游戏中。

本节给出的相关方法应用于部分可观测马尔可夫决策问题的形式是全新的。一般而言，鉴于置信状态的连续性以及有用信息随时间的过度积累，不论是理论上还是实践上，部分可观测马尔可夫决策问题对于现有的强化学习方法都极具挑战性。

策略迭代/策略前展方法的主要优势在于其依赖于策略前展方法的可靠性与鲁棒性。众多实践研究在将此方法与成熟且完善的分类算法结合后，所得的结果已经证明了这一点。另外需要注意的是，尽管获得前展策略的样本需要极大的计算量，但是在此问题中我们可以采用并行计算。

我们在 5.7.3 节提及了含有策略空间近似的策略迭代算法在具有线性二次型结构和完整状态信息问题的自适应控制中的应用。Bradtke、Ydstie 和 Barto 在 [BYB94] 中的基于值空间近似和仿真的策略迭代算法，可用作上述方法的替代方案。在此方法的理想形式中（即具有完备状态信息以及无穷多的仿真样本），该方法能获得最优策略而无须线性系统的参数。Vrabie、Vamvoudakis 和 Lewis 的 [VVL13]，Jiang 和 Jiang 的 [JJ17]，以及 Liu 等的 [LWW⁺17] 等文献讨论了与此方法相关的、适用于离散与连续时间系统的自适应控制算法。

5.9 附录：数学分析

在附录中，我们给出本章讲解的数学结论的证明。我们还将证明一些正文中提及的但没有给出严谨数学表述的额外结论。

我们会大量使用三角不等式 $\|J + J'\| \leqslant \|J\| + \|J'\|$，该不等式对于任意范数 $\|\cdot\|$ 都成立。我们还将使用为折扣问题定义的贝尔曼算子 T 和 T_μ，其定义为

$$(TJ)(i) = \min_{u \in U(i)} \sum_{j=1}^{n} p_{ij}(u)\big(g(i,u,j) + \alpha J(j)\big), \quad i = 1, \cdots, n$$

$$(T_\mu J)(i) = \sum_{j=1}^{n} p_{ij}\big(\mu(i)\big)\big(g(i,\mu(i),j) + \alpha J(j)\big), \quad i = 1, \cdots, n$$

对于我们的分析而言，很重要的一个属性是这些算子都是压缩的，即对于所有的 J, J'，以及 μ，有

$$\|TJ - TJ'\| \leqslant \alpha\|J - J'\|, \quad \|T_\mu J - T_\mu J'\| \leqslant \alpha\|J - J'\|$$

其中，$\|J\|$ 是最大值范数 $\|J\| = \max_{i=1,\cdots,n} |J(i)|$，参见命题 4.3.5。另外一个重要的属性是这些算子具有单调性，即

$$TJ \geqslant TJ', \ T_\mu J \geqslant T_\mu J', \quad \text{对所有满足 } J \geqslant J' \text{ 的 } J \text{ 和 } J'$$

此外，此类问题还具有"常数平移"属性，即如果函数 J 的所有取值都增加相同的常数值 c，那么函数 TJ 和 $T_\mu J$ 的所有取值也会增加常数 αc。

5.9.1 多步前瞻的性能界

我们首先证明适用于折扣问题的 ℓ 步前瞻方法的基本性能界。

命题 5.1.1（有限前瞻的性能界） （a）令 $\tilde{\mu}$ 为对应于 $\tilde{J}$ 的 ℓ 步前瞻策略。那么，

$$\|J_{\tilde{\mu}} - J^*\| \leqslant \frac{2\alpha^\ell}{1-\alpha}\|\tilde{J} - J^*\| \tag{5.84}$$

其中，$\|\cdot\|$ 表示最大范数 $\|J\| = \max_{i=1,\cdots,n} |J(i)|$。

（b）定义

$$\hat{J}(i) = \min_{u \in \overline{U}(i)} \sum_{i=1}^{n} p_{ij}(u)\big(g(i,u,j) + \alpha \tilde{J}(j)\big), \quad i = 1, \cdots, n \tag{5.85}$$

其中，$\overline{U}(i) \subset U(i)$ 对所有 $i = 1, \cdots, n$ 都成立。令 $\tilde{\mu}$ 为通过最小化该式右侧所得的一步前瞻最小化策略。那么，

$$J_{\tilde{\mu}}(i) \leqslant \tilde{J}(i) + \frac{c}{1-\alpha}, \quad i = 1, \cdots, n \tag{5.86}$$

成立，其中，

$$c = \max_{i=1,\cdots,n} \big(\hat{J}(i) - \tilde{J}(i)\big) \tag{5.87}$$

证明：（a）此处证明的思路是首先说明不等式(5.84)在一步前瞻（$\ell = 1$）的情况下成立，然后通过用 $T^{\ell-1}\tilde{J}$ 取代 $\tilde{J}$，从而将证明推广到 $\ell > 1$ 的情况。在证明中，我们将会用到算子 T 和 T_μ 的压缩性质（参见命题 4.3.5）。

我们首先证明一个基本关系。已知如下关系成立：

$$\|T_{\tilde{\mu}}^m J^* - T_{\tilde{\mu}}^{m-1} J^*\| = \|T_{\tilde{\mu}}^{m-1}(T_{\tilde{\mu}} J^*) - T_{\tilde{\mu}}^{m-1} J^*\| \leqslant \alpha^{m-1}\|T_{\tilde{\mu}} J^* - J^*\|$$

并且根据三角不等式可知，对于每个 k，有

$$\|T_{\tilde{\mu}}^k J^* - J^*\| \leqslant \sum_{m=1}^k \|T_{\tilde{\mu}}^m J^* - T_{\tilde{\mu}}^{m-1} J^*\| \leqslant \sum_{m=1}^k \alpha^{m-1}\|T_{\tilde{\mu}} J^* - J^*\|$$

通过取 $k \to \infty$ 时的极限并且由 $T_{\tilde{\mu}}^k J^* \to J_{\tilde{\mu}}$ 可知

$$\|J_{\tilde{\mu}} - J^*\| \leqslant \frac{1}{1-\alpha}\|T_{\tilde{\mu}} J^* - J^*\| \tag{5.88}$$

记 $\bar{J} = T^{\ell-1}\tilde{J}$。由 $\tilde{\mu}$ 的定义可知 $T_{\tilde{\mu}}\bar{J} = T\bar{J}$，然后根据三角不等式，式 (5.88)中最右侧的表达式的大小可以通过如下关系来估计：

$$\|T_{\tilde{\mu}} J^* - J^*\| \leqslant \|T_{\tilde{\mu}} J^* - T_{\tilde{\mu}}\bar{J}\| + \|T_{\tilde{\mu}}\bar{J} - T\bar{J}\| + \|T\bar{J} - J^*\|$$

$$= \|T_{\tilde{\mu}} J^* - T_{\tilde{\mu}}\bar{J}\| + \|T\bar{J} - J^*\|$$

$$\leqslant 2\alpha\|\bar{J} - J^*\|$$

$$= 2\alpha\|T^{\ell-1}\tilde{J} - T^{\ell-1}J^*\|$$

$$\leqslant 2\alpha^\ell\|\tilde{J} - J^*\|$$

通过将上面两个不等式相结合，就得到不等式(5.84)。

（b）用 e 表示所有组分均为 1 的单位向量。那么根据 c 的定义式(5.87)，得到

$$T_{\tilde{\mu}}\tilde{J} = \hat{J} \leqslant \tilde{J} + ce$$

通过在将算子 $T_{\tilde{\mu}}$ 作用于上式的两侧，并利用 $T_{\tilde{\mu}}$ 的单调性和常数平移性质，得到

$$T_{\tilde{\mu}}^2\tilde{J} \leqslant T_{\tilde{\mu}}\tilde{J} + \alpha ce$$

以此类推，则有

$$T_{\tilde{\mu}}^{k+1}\tilde{J} \leqslant T_{\tilde{\mu}}^k\tilde{J} + \alpha^k ce, \quad k = 0, 1, \cdots$$

将上述关系中的前 $k+1$ 个相加会给出

$$T_{\tilde{\mu}}^{k+1}\tilde{J} \leqslant \tilde{J} + (1 + \alpha + \cdots + \alpha^k)ce, \quad k = 0, 1, \cdots$$

通过取 $k \to \infty$ 时的极限并且由 $T_{\tilde{\mu}}^k\tilde{J} \to J_{\tilde{\mu}}$ 可知不等式(5.86)成立。　　　　$\square$

5.9.2 策略前展的性能界

接下来我们说明策略前展具有的策略改进的基本属性。

命题 5.1.2（策略前展的费用改进） 令 $\tilde{\mu}$ 表示通过一步前瞻最小化

$$\min_{u \in \overline{U}(i)} \sum_{i=1}^{n} p_{ij}(u)\big(g(i,u,j) + \alpha J_\mu\big)$$

所得的前展策略，其中 μ 为基本策略 [参考式 (5.7) 并令 $\tilde{J} = J_\mu$] 且假设 $\mu(i) \in \overline{U}(i) \subset U(i)$ 对所有 $i = 1, \cdots, n$ 都成立，那么 $J_{\tilde{\mu}} \leqslant J_\mu$。

证明：记

$$\hat{J}(i) = \min_{u \in \overline{U}(i)} \sum_{i=1}^{n} p_{ij}(u)\big(g(i,u,j) + \alpha J_\mu\big)$$

那么对于所有的状态 $i = 1, \cdots, n$，不等式

$$\hat{J}(i) \leqslant \sum_{j=1}^{n} p_{ij}\big(\mu(i)\big)\Big(g\big(i,\mu(i),j\big) + \alpha J_\mu(j)\Big) = J_\mu(i)$$

成立，其中右侧的等式是由于其满足贝尔曼方程。由此可知，$c = \max\limits_{i=1,\cdots,n}\big(\hat{J}(i) - J_\mu(i)\big) \leqslant 0$，而通过设 $\tilde{J} = J_\mu$ 并利用命题 5.1.1（b）就得到了所求的不等式 [参见式 (5.86)]。 □

最后，针对涉及费用函数近似的截短策略前展算法，我们给出如下的性能界。

命题 5.1.3（含终止费用函数近似的截短策略前展的性能界） 令 ℓ 和 m 为某些正整数，μ 表示某一策略，并令 $\tilde{J}$ 表示关于状态的函数。现考虑某一截短策略前展方案，其中含有 ℓ 步前瞻，且在其后伴随 m 步针对策略 μ 的策略前展，并在 m 步仿真后采用费用函数近似 $\tilde{J}$。将通过此方案得到的策略记为 $\tilde{\mu}$。

（a）可知

$$\|J_{\tilde{\mu}} - J^*\| \leqslant \frac{2\alpha^\ell}{1-\alpha}\|T_\mu^m \tilde{J} - J^*\|$$

成立，其中 T_μ 是式 (5.4)定义的贝尔曼算子，$\|\cdot\|$ 表示最大范数 $\|J\| = \max\limits_{i=1,\cdots,n}|J(i)|$。

（b）可知

$$J_{\tilde{\mu}}(i) \leqslant \tilde{J}(i) + \frac{c}{1-\alpha}, \quad i = 1, \cdots, n \tag{5.89}$$

成立，其中，

$$c = \max_{i=1,\cdots,n}\big((T_\mu \tilde{J})(i) - \tilde{J}(i)\big)$$

（c）有

$$J_{\tilde{\mu}}(i) \leqslant J_\mu(i) + \frac{2}{1-\alpha}\|\tilde{J} - J_\mu\|, \quad i = 1, \cdots, n \tag{5.90}$$

成立。

证明：（a）该部分正是将命题 5.1.1（a）应用于截短策略迭代方法得到的 [将式 (5.84)中的 $\tilde{J}$ 用 $T_\mu^m \tilde{J}$ 来代替]。

（b）首先假设 $c = 0$ 并证明结论在此时成立。如果 $c = 0$，根据 c 的定义可知，$\tilde{J} \geqslant T_\mu \tilde{J}$。将此条件与算子 T 和 T_μ 单调性属性相结合，就意味着

$$\tilde{J} \geqslant T_\mu^m \tilde{J} \geqslant T_\mu^{m+1} \tilde{J} \geqslant TT_\mu^m \tilde{J} \geqslant T^{\ell-1} T_\mu^m \tilde{J} \geqslant T^\ell T_\mu^m \tilde{J} = T_{\tilde{\mu}} T^{\ell-1} T_\mu^m \tilde{J} \tag{5.91}$$

通过将以上不等式的第一项、第五项以及最后一项单独写出来，得到

$$\tilde{J} \geqslant T^{\ell-1} T_\mu^m \tilde{J} \geqslant T_{\tilde{\mu}} T^{\ell-1} T_\mu^m \tilde{J}$$

通过将上述关系中的右侧以及算子 $T_{\tilde{\mu}}$ 的单调性相结合可知，序列 $\{T_{\tilde{\mu}}^k T^{\ell-1} T_\mu^m \tilde{J}\}$ 随着 k 的递增单调非增，而上式左侧则表明 $\tilde{J}$ 为该序列的上界。鉴于值迭代算法的收敛性质，随着 $k \to \infty$，该序列将收敛到 $J_{\tilde{\mu}}$，由此可知 $\tilde{J} \geqslant J_{\tilde{\mu}}$。由此我们得出该结论在 $c = 0$ 时成立。

为了证明上述结论适用于任意的 c，引入函数 J'，其定义为

$$J' = \tilde{J} + \frac{c}{1-\alpha} e$$

其中，e 是所有组分都等于 1 的单位向量。将算子 T_μ 作用于等式两边，得到

$$T_\mu J' = T_\mu \tilde{J} + \frac{\alpha c}{1-\alpha} e$$

而根据 c 的定义可知

$$T_\mu \tilde{J} \leqslant \tilde{J} + ce$$

将上面两个关系相结合可以得到

$$T_\mu J' \leqslant \tilde{J} + ce + \frac{\alpha c}{1-\alpha} e = \tilde{J} + \frac{c}{1-\alpha} e = J'$$

即 $T_\mu J' \leqslant J'$。如果用 J' 代替 $\tilde{J}$，鉴于两个函数之差为常数，那么相应的前展策略 $\tilde{\mu}$ 并不会改变。那么通过运用前面证明的 $c = 0$ 时的结论以及 $T_\mu J' \leqslant J'$，就可以得到 $J_{\tilde{\mu}} \leqslant J'$，而此不等式等价于所求证的式 (5.89)。

（c）令 $c = \|\tilde{J} - J_\mu\|$，从而有 $J_\mu \leqslant \tilde{J} + ce$ 和 $T_\mu \tilde{J} \leqslant T_\mu J_\mu + \alpha ce = J_\mu + \alpha ce$。根据这些不等式可知

$$T_\mu \tilde{J} \leqslant J_\mu + \alpha ce \leqslant \tilde{J} + ce + \alpha ce$$

根据（b）部分的结论以及（根据 c 的定义得到的）不等式 $\tilde{J} \leqslant J_\mu + ce$ 可知

$$J_{\tilde{\mu}} \leqslant \tilde{J} + \frac{c + \alpha c}{1-\alpha} e \leqslant J_\mu + ce + \frac{c + \alpha c}{1-\alpha} e = J_\mu + \frac{2c}{1-\alpha} e$$

5.9.3 近似策略迭代的性能界

为了证明命题 5.1.4 中的性能界，我们将专注于折扣问题，且将运用 T_μ 的压缩属性。我们希望证明如下的性能界。

命题 5.1.4（近似策略迭代的性能界） 考虑折扣问题，并且用 $\{\mu^k\}$ 表示通过以近似策略评价式(5.11)和近似策略改进式(5.12)所定义的近似策略迭代算法生成的策略序列。那么有

$$\limsup_{k \to \infty} \|J_{\mu^k} - J^*\| \leqslant \frac{\epsilon + 2\alpha\delta}{(1-\alpha)^2}$$

以下引理给出了上述命题证明中的核心，其量化了每一步迭代中近似策略改进的程度。需注意的是，该引理还与策略前展相关，即以基本策略 μ 为起点的一步策略迭代生成前展策略 $\tilde{\mu}$。

引理 5.9.1（含有近似的策略前展的误差界） 考虑折扣问题，并且令 J、$\tilde{\mu}$ 和 μ 满足

$$\|J - J_\mu\| \leqslant \delta, \quad \|T_{\tilde{\mu}} J - TJ\| \leqslant \epsilon \tag{5.92}$$

其中，δ 和 ϵ 是某些常数。那么有

$$\|J_{\tilde{\mu}} - J^*\| \leqslant \alpha\|J_\mu - J^*\| + \frac{\epsilon + 2\alpha\delta}{1-\alpha} \tag{5.93}$$

证明： 由算子 T 和 T_μ 压缩性质可知

$$\|T_{\tilde{\mu}} J_\mu - T_{\tilde{\mu}} J\| \leqslant \alpha\delta, \quad \|TJ_\mu - TJ\| \leqslant \alpha\delta$$

由此可得

$$T_{\tilde{\mu}} J_\mu \leqslant T_{\tilde{\mu}} J + \alpha\delta e, \quad TJ \leqslant TJ_\mu + \alpha\delta e$$

其中，e 是所有组分都等于 1 的单位向量。根据式 (5.92)可知

$$T_{\tilde{\mu}} J_\mu \leqslant T_{\tilde{\mu}} J + \alpha\delta e \leqslant TJ + (\epsilon + \alpha\delta)e \leqslant TJ_\mu + (\epsilon + 2\alpha\delta)e \tag{5.94}$$

将上述不等式与 $TJ_\mu \leqslant T_\mu J_\mu = J_\mu$ 相结合，就可以得到

$$T_{\tilde{\mu}} J_\mu \leqslant J_\mu + (\epsilon + 2\alpha\delta)e \tag{5.95}$$

我们将证明此关系就意味着

$$J_{\tilde{\mu}} \leqslant J_\mu + \frac{\epsilon + 2\alpha\delta}{1-\alpha} e \tag{5.96}$$

为此，先将算子 $T_{\tilde{\mu}}$ 施加于式 (5.95)的两边，由此可知

$$T_{\tilde{\mu}}^2 J_\mu \leqslant T_{\tilde{\mu}} J_\mu + \alpha(\epsilon + 2\alpha\delta)e \leqslant J_\mu + (1+\alpha)(\epsilon + 2\alpha\delta)e$$

将 $T_{\tilde{\mu}}$ 作用于上式的两侧，并以此类推，就得到对于所有的 k，

$$T_{\tilde{\mu}}^k J_\mu \leqslant J_\mu + (1 + \alpha + \cdots + \alpha^{k-1})(\epsilon + 2\alpha\delta)e$$

通过取 $k \to \infty$ 时的极限，并且根据值迭代收敛性质 $T_{\tilde{\mu}}^k J_\mu \to J_{\tilde{\mu}}$，得到式 (5.96)。

将 $T_{\tilde{\mu}}$ 作用于式 (5.96)的两侧可得

$$T_{\tilde{\mu}} J_{\tilde{\mu}} \leqslant T_{\tilde{\mu}} J_\mu + \frac{\alpha(\epsilon + 2\alpha\delta)}{1-\alpha} e$$

进而由 $J_{\tilde{\mu}} = T_{\tilde{\mu}} J_{\tilde{\mu}}$ 可知

$$J_{\tilde{\mu}} \leqslant T_{\tilde{\mu}} J_\mu + \frac{\alpha(\epsilon + 2\alpha\delta)}{1-\alpha} e$$

将不等式两边都减去 J^*，得到

$$J_{\tilde{\mu}} - J^* \leqslant T_{\tilde{\mu}} J_\mu - J^* + \frac{\alpha(\epsilon + 2\alpha\delta)}{1-\alpha} e \tag{5.97}$$

此外，由算子 T 的压缩属性可知

$$T J_\mu - J^* = T J_\mu - T J^* \leqslant \alpha \| J - J^* \|$$

将该不等式与式 (5.94)相联立，得到

$$T_{\tilde{\mu}} J_\mu - J^* \leqslant T J_\mu - J^* + (\epsilon + 2\alpha\delta) e \leqslant \alpha \| J_\mu - J^* \| e + (\epsilon + 2\alpha\delta) e$$

将上述关系与式 (5.97)相联立就给出

$$J_{\tilde{\mu}} - J^* \leqslant \alpha \| J_\mu - J^* \| e + \frac{\alpha(\epsilon + 2\alpha\delta)}{1-\alpha} e + (\epsilon + 2\alpha\delta) e = \alpha \| J_\mu - J^* \| e + \frac{\epsilon + 2\alpha\delta}{1-\alpha} e$$

而由于 $J_{\tilde{\mu}} \geqslant J^*$，上述不等式就等价于所求关系式(5.93)。　□

命题 5.1.4的证明：　根据引理 5.9.1可知

$$\| J_{\mu^{k+1}} - J^* \| \leqslant \alpha \| J_{\mu^k} - J^* \| + \frac{\epsilon + 2\alpha\delta}{1-\alpha}$$

对不等式两边取 $k \to \infty$ 时的 $\limsup$ 就得到所求的关系。　□

接下来我们证明当近似策略迭代生成的策略收敛时，收敛所得策略的性能界。

命题 5.1.5 （近似策略迭代在策略收敛时的性能界）　令 $\tilde{\mu}$ 表示采用近似策略迭代算法在式(5.11)~ 式(5.13)条件下得到的策略。那么有

$$\| J_{\tilde{\mu}} - J^* \| \leqslant \frac{\epsilon + 2\alpha\delta}{1-\alpha}$$

证明：令 $\bar{J}$ 表示对策略 $\tilde{\mu}$ 作近似费用评价后得到的向量。那么根据式 (5.11)和式(5.12)可知

$$\| \bar{J} - J_{\tilde{\mu}} \| \leqslant \delta, \quad \| T_{\tilde{\mu}} \bar{J} - T \bar{J} \| \leqslant \epsilon$$

由上述关系、等式 $J_{\tilde{\mu}} = T_{\tilde{\mu}} J_{\tilde{\mu}}$ 以及三角不等式可知

$$
\begin{aligned}
\|TJ_{\tilde{\mu}} - J_{\tilde{\mu}}\| &\leqslant \|TJ_{\tilde{\mu}} - T\bar{J}\| + \|T\bar{J} - T_{\tilde{\mu}}\bar{J}\| + \|T_{\tilde{\mu}}\bar{J} - J_{\tilde{\mu}}\| \\
&= \|TJ_{\tilde{\mu}} - T\bar{J}\| + \|T\bar{J} - T_{\tilde{\mu}}\bar{J}\| + \|T_{\tilde{\mu}}\bar{J} - T_{\tilde{\mu}}J_{\tilde{\mu}}\| \\
&\leqslant \alpha\|J_{\tilde{\mu}} - \bar{J}\| + \epsilon + \alpha\|\bar{J} - J_{\tilde{\mu}}\| \\
&\leqslant \epsilon + 2\alpha\delta
\end{aligned}
\tag{5.98}
$$

对于每个 k，通过重复使用三角不等式及 T 的压缩性质，有

$$
\|T^k J_{\tilde{\mu}} - J_{\tilde{\mu}}\| \leqslant \sum_{\ell=1}^{k} \|T^\ell J_{\tilde{\mu}} - T^{\ell-1} J_{\tilde{\mu}}\| \leqslant \sum_{\ell=1}^{k} \alpha^{\ell-1} \|TJ_{\tilde{\mu}} - J_{\tilde{\mu}}\|
$$

并通过取 $k \to \infty$ 时的极限，可得到

$$
\|J^* - J_{\tilde{\mu}}\| \leqslant \frac{1}{1-\alpha} \|TJ_{\tilde{\mu}} - J_{\tilde{\mu}}\|
$$

将上式与式(5.98)联立就给出所求的性能界。 □

第 6 章 聚 集

本章介绍一种新的值空间近似方法，即采用基于聚集的问题近似。具体来说，我们构造由多个状态组成的特殊的"组"，并将这些组视为"聚集状态"，从而得到比原问题更简单且更容易求解的"聚集问题"。通过动态规划精确求解聚集问题，然后把它的最优展望费用函数应用在针对原问题的一步或多步前瞻近似方案中。

除问题近似之外，聚集还与基于特征的参数化近似相关。例如，该方法通常会生成分段常数的费用函数近似，而此类函数又可以被视为以取值 0 和 1 的指示函数为特征的、线性的基于特征的函数，参见例 3.1.1。当通过某种方法，例如采用神经网络，获得某个费用函数近似 $\tilde{J}$ 后，还可以在此基础上采用聚集方法对 $\tilde{J}$ 进行局部修正。

聚集方法对有限与无穷阶段问题都适用。本章主要聚焦于折扣无穷阶段问题。6.1 节以简短直观的方式介绍聚集，6.2 节将其拓展到更复杂的形式。

6.1 包含代表状态的聚集

本节重点关注一种相对简单的聚集形式，其中涉及一个特殊的状态子集，称为代表（representative）。我们的方法是将这些状态视为一个规模较小的最优控制问题的状态，而其所对应的问题就是所谓的聚集问题（aggregate problem）。我们将给出该问题的严谨表述，并精确求解聚集问题而非原问题。然后我们通过对代表状态的最优聚集费用进行插值，从而获得原问题的最优费用的近似。接下来通过一个经典的例子加以说明。

例 6.1.1（粗略网格近似） 考虑某折扣问题，其状态空间是由平面上的点 $i = 1, \cdots, n$ 构成的网格。我们引入由状态/点的子集 $\mathcal{A}$ 构成的粗略的网格，将其中的状态称为代表并且用 x 表示，参见图 6.1.1。接下来我们希望描述一个仅涉及粗略网格上状态的低维的动态规划问题。此处的难点在于原问题中可能有非零的从某代表状态 x 到某非代表状态 j 的转移概率 $p_{xj}(u)$。为解决此问题，引入从非代表状态 j 到代表状态 y 的虚拟状态转移概率 ϕ_{jy}，并称之为聚集概率（aggregation probabilities）。具体来说，每当发生从代表状态 x 到非代表状态 j 的转移时，紧接着系统会以 ϕ_{jy} 的概率从 j 转移到其他的代表状态 y，参见图 6.1.2。

构造上述问题虽然涉及近似，但是针对仅仅包含代表状态的聚集问题（aggregate problem），我们需要设计出相应的转移机制。任意代表状态 x 和 y 之间的转移概率和相应的期望转移费用为

$$\hat{p}_{xy}(u) = \sum_{j=1}^{n} p_{xj}(u)\phi_{jy}, \quad \hat{g}(x, u) = \sum_{j=1}^{n} p_{xj}(u)g(x, u, j) \tag{6.1}$$

我们可以通过任意形式的精确动态规划方法求解该问题。令 $\mathcal{A}$ 表示由代表状态构成的集合，并且用 r_x^* 表示对应于代表状态 x 的聚集问题的最优费用。那么通过插值公式

$$\tilde{J}(j) = \sum_{y \in \mathcal{A}} \phi_{jy} r_y^*, \quad j = 1, \cdots, n \tag{6.2}$$

就可以近似原问题的最优费用函数。当采用值空间近似方法求解原问题时，该函数可用在一步或多步前瞻方案中。

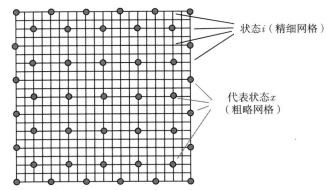

图 6.1.1 包含代表状态的聚集图示，参见例 6.1.1。相对较小数目的状态被视为代表。定义任意一对代表之间的转移概率以及相应的期望转移费用，参见式 (6.1)，由此我们就定义了一个规模较小的动态规划问题，即所谓聚集问题，并可以将其精确求解。那么通过对代表状态的最优费用 r_y^* 进行插值就可以得到原问题的最优费用函数 J^* 的近似：

$$\tilde{J}(j) = \sum_{y \in \mathcal{A}} \phi_{jy} r_y^*, \quad j = 1, \cdots, n$$

并且该近似可用于一步或多步前瞻方案中。

值得注意的是，我们在选择聚集概率 ϕ_{jy} 时有很大的自由度。直观地说，ϕ_{jy} 应当表述 j 和 y 在某种意义上的邻近程度，即 j 和 y 在几何空间中靠近时 ϕ_{jy} 的取值应相对较大。例如，对于距离状态 j "最近的"代表状态 y_j，我们可以令 $\phi_{jy_j} = 1$，而对于其他的 $y \neq y_j$，则令 $\phi_{jy} = 0$。在此情况下，式 (6.2)就给出了分段常数的费用函数近似 $\tilde{J}$（其中的常数值为代表状态 y 对应的标量 r_y^*）。

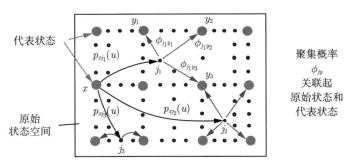

图 6.1.2 例 6.1.1中采用从非代表状态 j 到代表状态 y 的聚集概率 ϕ_{jy} 的方法示意图。每当发生从代表状态 x 到非代表状态 j 的转移时，紧接着系统会以 ϕ_{jy} 的概率从 j 转移到其他的代表状态 y。图中，从代表状态 x 出发，系统会按照 $p_{xj_1}(u)$、$p_{xj_2}(u)$ 和 $p_{xj_3}(u)$ 的概率转移到相应的三个状态 j_1、j_2 和 j_3，并且每个状态都可以通过聚集概率对应于代表状态的一种凸组合。例如，状态 j_1 对应于 $\phi_{j_1y_1}y_1 + \phi_{j_1y_2}y_2 + \phi_{j_1y_3}y_3$。

在将上述的例子进行扩展后，得到了含有代表状态的聚集方法架构的严谨数学表述，参见图 6.1.3。首先考虑第 4 章的含 n 个状态的 α 折扣问题，并将其称为"原问题"，并将其与稍后定义的"聚集问题"加以区分。

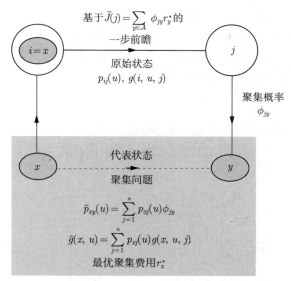

图 6.1.3 代表状态架构的聚集问题图示。转移概率 $\hat{p}_{xy}(u)$ 和转移费用 $\hat{g}(x,u)$ 可见于图中底部。一旦聚集问题得到（精确）求解并获得相应的最优费用 r_y^*，就可以定义近似费用

$$\tilde{J}(j) = \sum_{y\in\mathcal{A}} \phi_{jy} r_y^*, \quad j = 1, \cdots, n$$

并将其用于原问题的一步前瞻近似中。

含有代表状态的聚集架构 引入原系统状态的一个有限子集 $\mathcal{A}$，并将其称为代表状态（representative states），并采用符号 x 和 y 表示这些状态。构造聚集问题（aggregate problem），其状态空间为 $\mathcal{A}$，转移概率和转移费用定义如下：

（a）通过聚集概率 ϕ_{jy} 将原系统状态 j 和代表状态 $y\in\mathcal{A}$ 关联起来：此处的聚集概率即标量"权重"，并且满足 $\phi_{jy}\geqslant 0$ 对所有 $y\in\mathcal{A}$ 都成立，且 $\sum_{y\in\mathcal{A}}\phi_{jy}=1$。

（b）将两个代表状态 x 和 y 之间在控制 $u\in U(x)$ 的作用下的转移概率定义为

$$\hat{p}_{xy}(u) = \sum_{j=1}^{n} p_{xj}(u)\phi_{jy} \tag{6.3}$$

（c）将处于代表状态 x 时采用控制 $u\in U(x)$ 的期望转移费用定义为

$$\hat{g}(x,u) = \sum_{j=1}^{n} p_{xj}(u)g(x,u,j) \tag{6.4}$$

将聚集问题中对应于代表状态 $y\in\mathcal{A}$ 的最优费用记为 r_y^*，则通过关于它们的插值公式

$$\tilde{J}(j) = \sum_{y\in\mathcal{A}} \phi_{jy} r_y^*, \quad j = 1, \cdots, n \tag{6.5}$$

就可以得到原问题的近似费用。

除了代表状态的选取，定义合适的聚集概率也很重要。这些概率表达了原始状态和代表状态之间"相似"或"邻近"的程度（正如例 6.1.1中的粗略网格时的情况），但从原则上讲其取值可以是任意的。直观地说，ϕ_{jy} 可以被视为 j 到 y 的"关系强度"的度量。向量 $\{\phi_{jy} \,|\, j = 1, \cdots, n\}$ 可以被认为是形如式 (6.5)的线性费用函数近似的基函数。

硬聚集与误差界

接下来介绍一种有趣的特殊情况，即所谓的硬聚集（hard aggregation）。此时每个状态 j 都对应单一的代表状态 y_j，并且有 $\phi_{jy_j} = 1$，而对于其余所有的代表状态 y 则有 $\phi_{jy} = 0$。在此情况下，相应的一步前瞻近似

$$\tilde{J}(j) = \sum_{y \in \mathcal{A}} \phi_{jy} r_y^*, \quad j = 1, \cdots, n$$

为分段常数（piecewise constant）；对于所有在集合

$$S_y = \{j \,|\, \phi_{jy} = 1\}, \quad y \in \mathcal{A}$$

即所谓的代表状态 y 的足迹集合（footprint）中的元素 j，其相应的 $\tilde{J}$ 值均为常数且等于 r_y^*。此外，所有对应于不同代表状态的足迹集合互不相交并构成了状态空间的一种划分，即

$$\underset{x \in \mathcal{A}}{\cup} S_x = \{1, \cdots, n\}$$

这些足迹集合可以用于定义误差 $(J^* - \tilde{J})$ 的界。具体来说，可以证明

$$\left| J^*(j) - \tilde{J}(j) \right| \leqslant \frac{\epsilon}{1 - \alpha}, \quad j = 1, \cdots, n$$

其中，

$$\epsilon = \max_{y \in \mathcal{A}} \max_{i,j \in S_y} \left| J^*(i) - J^*(j) \right|$$

是 J^* 的取值在足迹集合 S_y 中的最大变化。在下一节介绍适用于更一般的聚集架构的误差界时我们将证明上述不等式。根据该不等式，可以得出如下的重要直观结论：如果在每个 S_y 中 J^* 的取值变化小，那么由于硬聚集带来的误差就小。

作为硬聚集的一个特例，我们可以考虑例 6.1.1应用于几何问题时的情况。此时，聚集概率通常是基于某种最近邻的近似方案设计的，此时对于每个非代表状态 j，其费用近似的取值为离它"最近的"代表状态 y 的费用，即

$$\phi_{jy_j} = 1, \quad \text{如果 } y_j \text{ 是离 } j \text{ 最近的代表状态}$$

那么对于任意状态 j，如果给定的代表状态 y 都是离它最近的代表状态（这些状态就是 y 的足迹），那么它们的近似费用都是 $\tilde{J}(j) = r_y^*$，见图 6.1.4。

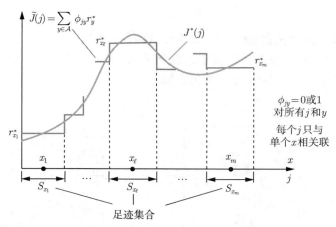

图 6.1.4 硬聚集中分段常数费用近似

$$\tilde{J}(j) = \sum_{y \in \mathcal{A}} \phi_{jy} r_y^*, \quad j = 1, \cdots, n$$

图示。此时除了某一个代表状态外，对于其余所有 y，都有 $\phi_{jy} = 0$。因此，对于所有在足迹集合

$$S_y = \{j \,|\, \phi_{jy} = 1\}, \quad y \in \mathcal{A}$$

中的 j，其相应的 $\tilde{J}$ 值均为常数且等于 r_y^*。

求解聚集问题的方法

　　求解聚集问题最直接的方法是通过代数计算或仿真算出聚集问题的转移概率 $\hat{p}_{xy}(u)$ [参见式 (6.3)] 和转移费用 $\hat{g}(x, u)$ [参见式 (6.4)]。然后聚集问题就可以通过任意的标准方法，例如值迭代、策略迭代或线性规划（参见第 4 章），从而获得其精确解。当代表状态的数目相对较小时，上述精确计算或许可行。

　　另一种可行的选择是采用基于仿真的值迭代或策略迭代方法。我们将此类问题的探讨留到 6.3 节，因为那一节会在更一般的聚集架构的情境下介绍此方法。

　　另外需要注意的是，如果将硬聚集用于确定性问题，那么相应的聚集问题也是确定性的，并且可以通过最短路径类方法求解。该结论对于折扣问题和非折扣最短路径类问题都成立。在后一种情况下，原问题中的终止状态必须作为代表状态出现在聚集问题中。然而，如果不采用硬聚集，那么由于引入了聚集概率，相应的聚集问题一定会是随机的。当然，一旦求解了聚集问题并得到了相应的前瞻近似 $\tilde{J}$，我们还是可以利用原问题的确定性架构以便于前瞻最小化的执行。

6.1.1　连续控制空间离散化

　　只要控制空间是有限的，含有代表状态的聚集方法可以很直接地拓展到具有连续状态空间的问题。在此情况下，一旦定义了代表状态和聚集概率，那么相应的聚集问题就是含有有限状态和控制空间的折扣问题，并且可以通过一般方法来求解。唯一可能的难点在于原问题中的扰动空间可能有无穷多元素，此时聚集问题中的转移概率和期望阶段费用的计算需要通过某种形式的积分过程才能完成。

　　具有连续的状态和控制空间的问题在某种意义上更为复杂，这是因为在此情况下想要执行离散化，需要用到代表状态–控制对，而非单纯的代表状态。下面例子说明了在此情况下只使用代表状态离散化可能造成的问题。

例 6.1.2（连续最短路径离散化） 假设在边长为 1000 米的正方形上相对的两顶点为 A 点和 B 点。我们想要在避开已知障碍物的前提下，找到两点之间最快的行车路线。假设车速为 1 米/秒 的常速，并且可以开向任意的方向，参见图 6.1.5。

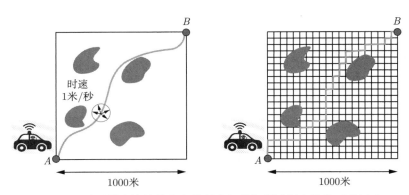

图 6.1.5 对于具有连续状态和控制空间的问题进行离散化时的困难

我们采用方形网格（即一组代表状态）将状态空间离散化，并且将行驶方向限制在水平和垂直 两个方向，因此每个阶段汽车都会从一个格点移动到距离其当前格点最近的四个点之一。由此可知，在此问题的离散版本中，汽车的轨迹是由一系列水平和垂直移动构成的序列构成的，如图 6.1.5 的右侧所示。那么，在假设网格足够精细的前提下，离散问题的最优解有可能以任意小的误差近似最快路线吗？

答案是否定的！原因就在于，无论网格多么精细，离散问题的最快行驶时间都是 2000 秒。然而，在连续空间/非离散的问题中最优行驶时间可以小到 $\sqrt{2} \cdot 1000$ 秒（这对应于连接 A 点和 B 点间的直线上没有障碍物这种理想情况）。

出现上述例子中问题的原因就在于状态空间被精细离散化但控制空间却没有。处理该问题的方法是通过引入某些"代表控制"构成的集合，对控制空间也进行精细的离散化。在此情况下，我们可以采用某种合理的离散聚集问题来近似原问题，求解后得到的费用函数近似就可以用于一步前瞻中。需要说明的是，由此得到的聚集问题是随机无穷阶段问题，且即使原始问题是确定性问题时也是如此。对此类方法的进一步探讨不在本书的讲解范围内，读者可参考本章末提及的相关文献。在合理的假设下，我们可以证明此方法具有一致性，即当状态和控制空间离散化的精细程度逐步提高时，离散问题的最优费用会收敛到原连续空间问题的最优费用。

当状态空间为连续但控制空间有限时，例 6.1.2 中说明的此类问题并不会出现。满足此条件的一类问题即部分可观测有限空间马尔可夫决策问题（POMDP），此类问题的状态空间为置信空间（即关于状态的概率分布构成的空间）。接下来就对此类问题给出简要的讲解。

6.1.2 连续状态空间——部分可观测马尔可夫决策问题的离散化

考虑任意的 α 折扣的动态规划问题，其中状态空间是欧几里得空间的一个有界的凸子集 B，例如单位体积的单纯形，而控制空间 U 则为有限集合。我们采用符号 b 来表示状态，用以强调其与部分可观测马尔可夫决策问题中置信状态的联系，并将其与符号 x 区别开来，我们用后者表示代表状

态。此类问题的贝尔曼方程为 $J = TJ$，其中贝尔曼算子 T 定义为

$$(TJ)(b) = \min_{u \in U} E_w \big\{ g(b,u,w) + \alpha J\big(f(b,u,w)\big) \big\}, \quad b \in B$$

我们引入代表状态构成的集合 $\{x_1, \cdots, x_m\} \subset B$，并且假设 $\{x_1, \cdots, x_m\}$ 凸包等于 B，故每个元素 $b \in B$ 都可以表示为

$$b = \sum_{i=1}^{m} \phi_{bx_i} x_i$$

其中，$\{\phi_{bx_i} \mid i = 1, \cdots, m\}$ 是概率分布

$$\phi_{bx_i} \geqslant 0, \, i = 1, \cdots, m, \quad \sum_{i=1}^{m} \phi_{bx_i} = 1, \quad \text{对所有 } b \in B$$

我们将 ϕ_{bx_i} 视为聚集概率。

接下来考虑算子 $\hat{T}$，其将向量

$$r = (r_{x_1}, \cdots, r_{x_m})$$

转变为向量 $\hat{T}r$，其形如

$$(\hat{T}r)(x_1), \cdots, (\hat{T}r)(x_m)$$

且各元素的定义为

$$(\hat{T}r)(x_i) = \min_{u \in U} E_w \left\{ g(x_i, u, w) + \alpha \sum_{j=1}^{m} \phi_{f(x_i,u,w)x_j} r_{x_j} \right\}, \quad i = 1, \cdots, m$$

其中，$\phi_{f(x_i,u,w)x_j}$ 是状态 $f(x_i,u,w)$ 的聚集概率。可以证明 $\hat{T}$ 是关于最大范数的压缩映射（我们会在下一节给出类似结论的证明）。对于含有状态 $x_1, \cdots, x_m$ 的聚集有限状态的折扣动态规划问题，其贝尔曼方程的形式为

$$r_{x_i} = (\hat{T}r)(x_i), \quad i = 1, \cdots, m$$

并且具有唯一解。

该问题中的状态转移的方式如下：当处于状态 x_i 并采用控制 u 时，首先以 $g(x_i,u,w)$ 的费用前往状态 $f(x_i,u,w)$，然后根据概率 $\phi_{f(x_i,u,w)x_j}$ 的概率前往状态 x_j，$j = 1, \cdots, m$。该问题的最优费用 $r_{x_i}^*$，$i = 1, \cdots, m$，通常可以通过标准的值迭代和策略迭代方法得到，计算过程中是否采用仿真依情况而定。在此基础上，可以采用

$$\tilde{J}(b) = \sum_{i=1}^{m} \phi_{bx_i} r_{x_i}^*, \quad \text{对所有 } b \in B$$

来近似原问题的最优费用函数，并且有理由认为随着代表状态数目的增加，最优的离散解收敛到原问题的最优解。

当 B 为某个 α 折扣的部分可观测马尔可夫决策问题的置信空间时，其代表状态/置信以及聚集概率一起就定义了一个聚集问题，并且是具有完整状态信息结构的有限状态的 α 折扣问题。当聚集

的转移概率和转移费用具有解析解（此为较理想的情况），或者当代表状态的数目较小从而可以通过仿真来计算上述概率和费用的值的时候，第 4 章介绍的精确方法就可以用于求解该问题。第 5 章介绍的近似方法也可以用于该聚集问题，例如问题近似/确定性等价方法。此外，我们还可以采用适用于在线执行的策略前展来求解聚集问题。

6.2　包含代表特征的聚集

针对无穷阶段的 n 状态的 α 折扣问题，通过采用代表特征来代替代表状态，就可以构造更为一般的聚集架构。为便于说明，首先介绍该架构的一般形式，然后再说明聚集问题描述中具体涉及的特征。本质上说，我们是用原问题中的子集（subset）$I_x \subset \{1, \cdots, n\}$ 代替了代表状态。

一般聚集架构　引入由有限多的聚集状态构成的子集 $\mathcal{A}$，并且用符号 x 和 y 来表示其中的元素。定义：

（a）一组互不相交的子集 $I_x \subset \{1, \cdots, n\}$，$x \in \mathcal{A}$。

（b）对应于每个 $x \in \mathcal{A}$ 的关于 $\{1, \cdots, n\}$ 的概率分布，记为 $\{d_{xi} | i = 1, \cdots, n\}$，并将其称作 x 的解散概率（disaggregation probabilities of x）。我们要求对应于 x 的分布必须集中在子集 I_x 上：

$$d_{xi} = 0, \quad \text{对所有 } i \notin I_x, \; x \in \mathcal{A} \tag{6.6}$$

（c）对应于原系统的每个状态 $j \in \{1, \cdots, n\}$ 的关于 $\mathcal{A}$ 的概率分布，记为 $\{\phi_{jy} | y \in \mathcal{A}\}$，并将其称作 j 的聚集概率（aggregation probabilities of j）。要求

$$\phi_{jy} = 1, \quad \text{对所有 } j \in I_y, \; y \in \mathcal{A} \tag{6.7}$$

聚集和解散概率一起定义了同时涉及聚集状态和原始状态的动态系统，参见图 6.2.1。在此系统中：

（i）从聚集状态 x 出发，根据 d_{xi} 生成原始系统状态 $i \in I_x$。

（ii）根据 $p_{ij}(u)$，以 $g(i, u, j)$ 的费用生成原始系统状态 i 和 j 之间的状态转移。

（iii）从原始系统状态 j 出发，根据 ϕ_{jy} 生成聚集状态 y。[由式 (6.7) 可知，所有处于集合 I_y 内的状态 j 都满足 $\phi_{jy} = 1$，因此都会聚集到 y 上。]

我们将聚集问题中对应于聚集状态 $y \in \mathcal{A}$ 的最优费用记为 r_y^*，那么通过插值公式

$$\tilde{J}(j) = \sum_{y \in \mathcal{A}} \phi_{jy} r_y^*, \quad j = 1, \cdots, n \tag{6.8}$$

就可以得到由它们表示的原问题的费用函数近似。

图 6.2.1 给出了上述的一般聚集架构。值得注意的是，当每个集合 I_x 中只含有一个元素时，上述架构就变成上一节的代表状态架构。在此情况下，解散概率 $\{d_{xi} | i \in I_x\}$ 为单核分布，即对应于 I_x 中唯一状态的概率为 1。与代表状态这种特殊情况一致，一般架构下解散概率 d_{xi} 也可以理解为"x 和 i 关系的度量"。

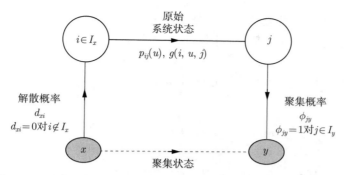

图 6.2.1　聚集问题中的聚集系统、转移机制以及每阶段费用的图示

由此得到的聚集问题也是动态规划问题，其状态空间含有两份原始状态空间 $\{1, \cdots, n\}$ 以及聚集状态集 $\mathcal{A}$，因此相较于原问题的状态空间更大。我们介绍相应的最优费用向量 $\tilde{J}_0$、$\tilde{J}_1$ 和 $\{r_x^* \mid x \in \mathcal{A}\}$，其中：

r_x^* 是聚集状态 x 的最优展望费用。

$\tilde{J}_0(i)$ 是从某个聚集状态生成的原始系统状态 i（图 6.2.1左侧）的最优展望费用。

$\tilde{J}_1(j)$ 是从某个原始系统状态生成的原始系统状态 j（图 6.2.1右侧）的最优展望费用。

需要注意的是，由于中途转移到了聚集状态，$\tilde{J}_0$ 和 $\tilde{J}_1$ 并不相同。

这三个向量满足以下的贝尔曼方程：

$$r_x^* = \sum_{i \in I_x} d_{xi} \tilde{J}_0(i), \quad x \in \mathcal{A} \tag{6.9}$$

$$\tilde{J}_0(i) = \min_{u \in U(i)} \sum_{j=1}^{n} p_{ij}(u)\big(g(i, u, j) + \alpha \tilde{J}_1(j)\big), \quad i = 1, \cdots, n \tag{6.10}$$

$$\tilde{J}_1(j) = \sum_{y \in \mathcal{A}} \phi_{jy} r_y^*, \quad j = 1, \cdots, n \tag{6.11}$$

我们的目标是求解对应于聚集状态的最优费用 r_x^*，通过插值公式

$$\tilde{J}(j) = \sum_{y \in \mathcal{A}} \phi_{jy} r_y^*, \quad j = 1, \cdots, n$$

[参见式 (6.8)]，进而得到原问题的费用函数近似。

通过将贝尔曼方程(6.9)~(6.11)联立，可知 r^* 满足

$$r_x^* = \sum_{i \in I_x} d_{xi} \min_{u \in U(i)} \sum_{j=1}^{n} p_{ij}(u)\bigg(g(i, u, j) + \alpha \sum_{y \in \mathcal{A}} \phi_{jy} r_y^*\bigg), \quad x \in \mathcal{A} \tag{6.12}$$

或等价表示为 $r^* = Hr^*$，其中算子 H 将向量 r 映射到向量 Hr，且其各组分为

$$(Hr)(x) = \sum_{i \in I_x} d_{xi} \min_{u \in U(i)} \sum_{j=1}^{n} p_{ij}(u)\bigg(g(i, u, j) + \alpha \sum_{y \in \mathcal{A}} \phi_{jy} r_y\bigg), \quad x \in \mathcal{A} \tag{6.13}$$

可以证明，H 是关于最大范数的压缩映射，因此，r^* 是复合贝尔曼方程 (6.12) 的唯一解。要证明上述结论，我们考虑任意向量 r 和 r'，则

$$(Hr)(x) = \sum_{i \in I_x} d_{xi} \min_{u \in U(i)} \sum_{j=1}^{n} p_{ij}(u) \left(g(i,u,j) + \alpha \sum_{y \in \mathcal{A}} \phi_{jy} r_y \right)$$

$$\leqslant \sum_{i \in I_x} d_{xi} \min_{u \in U(i)} \sum_{j=1}^{n} p_{ij}(u) \left(g(i,u,j) + \alpha \sum_{y \in \mathcal{A}} \phi_{jy} \left(r'_y + \|r - r'\| \right) \right)$$

$$= (Hr')(x) + \alpha \|r - r'\|$$

其中，$\|\cdot\|$ 是最大范数，且等式成立是由于 $(Hr')(x)$ 的定义，以及 d_{xi}、$p_{ij}(u)$ 和 ϕ_{jy} 均为概率。由此可知

$$(Hr)(x) - (Hr')(x) \leqslant \alpha \|r - r'\|, \quad x \in \mathcal{A}$$

通过将上述的 r 和 r' 交换位置，得到

$$(Hr')(x) - (Hr)(x) \leqslant \alpha \|r - r'\|, \quad x \in \mathcal{A}$$

进而有

$$\left| (Hr)(x) - (Hr')(x) \right| \leqslant \alpha \|r - r'\|, \quad x \in \mathcal{A}$$

通过取关于 $x \in \mathcal{A}$ 的最大值，得到 $\|Hr - Hr'\| \leqslant \alpha \|r - r'\|$，并且 H 是关于最大范数的压缩。

值得注意的是，复合贝尔曼方程 (6.12) 的维数等于聚集状态的数目，因此可能比 n 小得多。为了采用本节的聚集架构，我们可以采用值迭代和策略迭代的基于仿真的类似方法，求出该方程的最优聚集费用 r_x^*，然后通过插值公式 (6.8) 得到原始问题的费用函数近似。稍后将介绍这些求解方法，但在此之前我们先讨论各种各样的构造聚集架构的方法，尤其是如何利用特征来实现这一目的。

6.2.1 硬聚集与误差界

接下来我们考虑所谓的硬聚集（hard aggregation）这种特殊情况。此时每个状态 j 都对应单一的代表状态 y_j，并且有 $\phi_{jy_j} = 1$，而对于其余所有的代表状态 y 则有 $\phi_{jy} = 0$。在此情况下，相应的一步前瞻近似

$$\tilde{J}(j) = \sum_{y \in \mathcal{A}} \phi_{jy} r_y^*, \quad j = 1, \cdots, n$$

为分段常数；对于所有在集合

$$S_y = \{ j \,|\, \phi_{jy} = 1 \}, \quad y \in \mathcal{A} \tag{6.14}$$

即所谓的聚集状态 y 的足迹集合（footprint）中的元素 j，其相应的 $\tilde{J}$ 值均为常数且等于 r_y^*，参见图 6.1.4。此外，所有对应于不同聚集状态的足迹集合互不相交并构成了状态空间的一种划分，即

$$\cup_{x \in \mathcal{A}} S_x = \{1, \cdots, n\}$$

与 6.1 节介绍的代表状态的情况类似，在采用硬聚集时费用函数近似

$$\tilde{J}(j) = \sum_{y \in \mathcal{A}} \phi_{jy} r_y^*, \quad j = 1, \cdots, n$$

为分段常数；鉴于定义式(6.14)，其在每个足迹集合 S_y 上的取值都是常数，参见图 6.1.4。上述情况的案例之一即通过"最近邻"方案生成聚集概率，此时对于状态 $j \notin \cup_{y \in \mathcal{A}} I_y$，将其费用 $\tilde{J}(j)$ 设为集合 $\cup_{y \in \mathcal{A}} I_y$ 中离它"最近的"的状态的费用值。

以下误差界由 Tsitsiklis 和 Van Roy 在 [TVR96b] 中给出（其证明见本章末）。

命题 6.2.1（硬聚集的误差界） 当采用硬聚集时，有

$$\left| J^*(j) - \tilde{J}(j) \right| \leqslant \frac{\epsilon}{1-\alpha}, \quad \text{对于所有满足 } j \in S_y \text{ 且 } y \in \mathcal{A} \text{ 的 } j$$

其中，ϵ 是最优费用函数 J^* 在所有足迹集合 S_y，$y \in \mathcal{A}$ 中的最大变化

$$\epsilon = \max_{y \in \mathcal{A}} \max_{i,j \in S_y} \left| J^*(i) - J^*(j) \right|$$

上述命题的意思是，如果最优费用函数 J^* 在每个集合 S_y 中的变化幅度最大为 ϵ，那么通过硬聚集给出的分段常数近似与最优费用的误差不超过 $\epsilon/(1-\alpha)$。

硬聚集方法不仅本质上直观易懂以及有理论误差界，而且还与我们在 5.5 节讨论的策略评价的投影方法有联系。具体来说，可以证明，对于某给定策略 μ，为了近似评价该策略的复合贝尔曼方程(6.12)可以被视为投影方程，其中所采用的投影半范数是通过解散概率定义的，参见 Yu 和 Bertsekas 的 [YB12b]（5.5 节），或者教材 [Ber12a]（习题 6.10）。

聚集状态的选取

一般而言，如何选取聚集状态是一个重要的问题，但现阶段并没有关于此问题的数学理论。不过在实际问题中，基于直觉以及与问题相关的特定知识，我们通常能找出明显的备选状态，并可以通过实验进一步改进选择。例如，假定最优费用函数 J^* 是关于状态空间 $\{1, \cdots, n\}$ 的划分 $\{S_y \,|\, y \in \mathcal{A}\}$ 上的分段常数。确切地说，这意味着对某向量

$$r^* = \{r_y^* \,|\, y \in \mathcal{A}\}$$

有

$$J^*(j) = r_y^*, \quad \text{对所有 } j \in S_y, \ y \in \mathcal{A}$$

那么由命题 6.2.1可知，对于所有 $x \in \mathcal{A}$ 满足 $I_x = S_x$ 的硬聚集方法是精确的，因此 r_x^* 也是聚集问题中聚集状态 x 的最优费用。这意味着在硬聚集中，对应于某一聚集状态 y 的足迹集合 S_y 中的所有元素的最优费用应当大致相同，即与命题 6.2.1相一致。

我们还可以对上述论点作进一步的延伸。假设通过对问题特殊结构的分析或者基于前期的计算，我们知道在使用某种近似架构，例如线性架构时，系统状态的某些特征能"很好地预测"其最优费用。那么在采用硬聚集方案时，一个似乎合理的聚集状态集合 $\mathcal{A}$ 应当使得对应于同一个 $y \in \mathcal{A}$ 的集合 I_y 和 S_y 中的状态具有"类似的特征"。这就是所谓的基于特征的聚集（feature-based aggregation），并且在神经元动态规划文献 [BT96] 的 3.1.2 节就已提及。接下来我们就考虑此类方法，并介绍一种在聚集框架中引入特征与非线性的方式，其不影响聚集的有利特点。

6.2.2 采用特征的聚集

接下来我们就考虑前一节讨论的硬聚集方法的方针：属于同一足迹集合 S_y 的状态 i 应当具有近似相等的最优费用，即

$$\max_{i,j \in S_y} |J^*(i) - J^*(j)| \approx 0, \text{对所有 } y \in \mathcal{A}$$

那么接下来的问题就是如何根据这一方针选取集合 S_y。

在本节中我们考虑采用特征映射（feature mapping），即将状态 i 映射到 m 维特征向量 $F(i)$ 的某函数 F。具体来说，函数 F 所具有的性质是具有几乎相等特征向量的状态 i 的最优费用 $J^*(i)$ 也几乎相同。鉴于此，可以将具有几乎相等的特征向量的状态分为一组进而构造出集合 S_y。确切地说，给定 F，对特征空间 [包含所有特征向量 $F(i)$ 的 $\Re^m$ 的子集] 进行近乎规则的划分。那么，通过这一划分我们就引入了一组原始状态空间的不规则子集，其中的每一个子集都可以用作对应于不同聚集状态的足迹集合，见图 6.2.2。

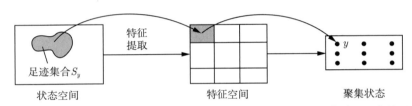

图 6.2.2 采用特征空间划分的基于特征的硬聚集。每个聚集状态 y 所对应的足迹集合 S_y 中的元素都具有"类似的"特征，即这些状态的特征都在特征空间划分的同一个子集。

需要注意的是，通过上述方法得到的聚集方案中，聚集状态的数目可能非常大。但是，相比于第 3 章介绍的基于特征的线性架构，此处的方法具有巨大的优势。在第 3 章介绍的方法中，不同的特征值都被赋予独有的权重值，但在基于特征的硬聚集中，我们赋予特征空间划分中的每个子集同一个权重值（在每个特征值本身都被视为特征空间划分的一个互不相同子集这种极端情况下，也可能会出现给每个特征值分配专门的权重值）。实际上，我们通过聚集构造了一个非线性的（nonlinear）（分段常数的）基于特征的架构，且该架构可能比相应的线性架构要好得多。

那么接下来问题就是当没有明显的选项时，如何基于对特定问题的分析，构造合适的特征向量。我们将在 6.4 节介绍通过采用神经网络构造"好的"特征。实际上，任何可以从数据中自动生成特征的方法都可以用于此目的。接下来我们先讨论一种简单的方法。

采用评分函数

假设通过某种方式，获得关于状态 i 的、取值为实数的评分函数（scoring function）$V(i)$，并且它可以用作把 i 当作初始状态的不理想指数（状态越理想，相应的 V 的取值就越小，因此可以将 V 视为某种形式的"费用"函数）。例如，某个"好的"（即近于最优的）策略的费用函数近似就可以用作 V。另外一种获取 V 的方法是通过问题近似（参见 2.3 节），即采用原问题的近似问题的某个合理策略的费用函数。

给定评分函数 V 之后，就可以构造出一种特征映射，进而将具有几乎相同分数 $V(i)$ 的状态 i 分为一组。具体来说，引入 q 个互不相交的区间 R_x, $x = 1, \cdots, q$，从而构成对 V 的值域的划分 [即

对于任意状态 i，存在唯一的区间 R_x 从而满足 $V(i) \in R_x$]。将状态 i 的特征向量定义为

$$F(i) = x, \quad \text{对所有满足 } V(i) \in R_x \text{的} i, \quad x = 1, \cdots, q \tag{6.15}$$

该特征进而构造了由集合

$$I_x = \{i \,|\, F(i) = x\} = \{i \,|\, V(i) \in R_x\}, \quad x = 1, \cdots, q \tag{6.16}$$

构成的原始状态空间的一种划分。假定所有集合 I_x 均非空，那么就得到一种硬聚集方案，其中的聚集状态为 $x = 1, \cdots, q$，聚集概率则定义为

$$\phi_{jx} = \begin{cases} 1, & j \in I_x, \\ 0, & \text{其他}, \end{cases} \quad j = 1, \cdots, n, \; x = 1, \cdots, q \tag{6.17}$$

参见图 6.2.3。注意此时集合 I_x 与足迹集合 S_x 重合。

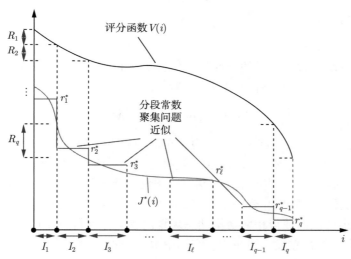

图 6.2.3 基于单一评分函数的硬聚集方案。通过引入 q 个互不相交的区间 $R_1, \cdots, R_q$ 来构造 V 值域的一个划分，然后根据公式

$$F(i) = x, \quad \text{对所有满足 } V(i) \in R_x \text{ 的 } i, \quad x = 1, \cdots, q$$

来定义状态 i 的特征向量 $F(i)$。此类特征向量进而将状态空间划分为形如

$$I_x = \{i \,|\, F(i) = x\} = \{i \,|\, V(i) \in R_x\}, \quad x = 1, \cdots, q$$

的集合。此处的集合 I_x 与足迹集合 S_x 重合，并且相应聚集问题的解就是原问题最优费用的一个分段常数的近似。

下列命题说明了量化误差（quantization error）所扮演的重要角色，其定义为

$$\delta = \max_{x=1,\cdots,q} \; \max_{i,j \in I_x} \left| V(i) - V(j) \right| \tag{6.18}$$

这一概念代表了当针对每个集合 I_x 中的所有状态，只采用该集合范围内的单一特征值来近似 V 时所能造成的最大误差。

命题 6.2.2 考虑如上所述的通过某评分函数 V 定义的硬聚集方案。假定 J^* 和 V 在集合 $I_1, \cdots, I_q$ 中的取值变化之比小于 β，即

$$\left| J^*(i) - J^*(j) \right| \leqslant \beta \left| V(i) - V(j) \right|, \quad \text{对于所有 } i, j \in I_x, \ x = 1, \cdots, q$$

（a）有

$$\left| J^*(i) - r_x^* \right| \leqslant \frac{\beta \delta}{1 - \alpha}, \quad \text{对于所有 } i \in I_x, \ x = 1, \cdots, q$$

其中，δ 是式 (6.18) 定义的量化误差。

（b）假定不存在量化误差，即 V 和 J^* 在每个集合 I_x 中均为常数。那么该聚集方法会精确得到最优费用函数 J^*，即

$$J^*(i) = r_x^*, \quad \text{对于所有 } i \in I_x, \ x = 1, \cdots, q$$

该命题基本上是通过命题 6.2.1 得到的。具体来说，此处的假设就意味着 J^* 在足迹集合 I_x 中最大变化的上界为 $\epsilon = \beta \delta$，那么上述命题的（a）部分就由命题 6.2.1 得到。（b）部分则是在 $\delta = \epsilon = 0$ 这一特殊情况下的结论。

评分函数和代表状态

接下来介绍与评分函数方案相关的一种基于代表状态的方法。此时，通过构造相对较大的状态的样本集合 $\{i_m \mid m = 1, \cdots, M\}$，计算相应的分数

$$\{V(i_m) \mid m = 1, \cdots, M\}$$

然后通过类似式 (6.15) 和式 (6.16) 方法，将这些分数的取值范围分为互不相交的区间 $R_x, x = 1, \cdots, q$，进而得到聚集状态。与此同时，还可以对得到的样本状态的子集 I_x 赋予正的解散概率。图 6.2.4 给出了每个子集 I_x 只含有单一（代表）状态时通过该方法得到的近似。这是一种基于评分函数的、对原始状态空间的"离散化"。但正如图中所示，其并不是硬聚集。此处评分函数的作用是辅助构造一组状态，使其数目较小（从而使得相应聚集动态规划问题的计算量可以接受）同时具有代表性（以保证在近似 J^* 时具有足够的精度，即在状态空间中 J^* 变化较大的区域离散化的点相对稠密，而在其他区域则较为稀疏）。

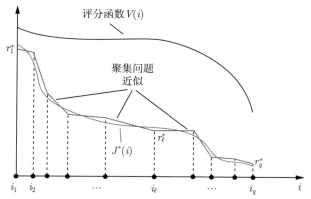

图 6.2.4 通过状态采样和使用评分函数 V 来构造代表状态集 $i_1, \cdots, i_q$ 的聚集方法图示。通过采用相应的聚集费用 $r_1^*, \cdots, r_q^*$ 和聚集概率，得到对 J^* 的分段线性近似。

在不同情形下，可能用作评分函数的例子包括近似最优策略的费用函数，或者通过神经网络或其他近似架构得到的这些函数的近似。文献 [BC88] 中提出的自适应聚集方案则提供了另一种选择，即采用残差向量 $(TJ)(i) - J(i)$ 或 $(T_\mu J)(i) - J(i)$ 作为 $V(i)$，其中前者的 J 是对最优费用函数 J^* 的近似，而后者的 J 是对相应策略 μ 的费用函数的近似，另见文献 [KMP06]。需要注意的是，此处的关键不在于使 V 能够很好地近似 J^* 或 J_μ，而在于使得在 J^* 或 J_μ 中取值相近的状态在 V 上的值也接近。

基于状态空间划分的评分函数方案

接下来介绍另一种基于评分函数 V 的方案，该方法假设给定的互不相交的一组集合 $C_1, \cdots, C_m$ 构成了状态空间的划分，然后在其中的每个集合上分别定义评分函数。在此基础上定义特征向量 $F(i)$，其取值不仅依赖于 $V(i)$ 的值，还会随着 i 所属的上述划分的子集变化而变化。① 具体来说，对于每个 $\theta = 1, \cdots, m$，将函数 V 在集合 C_θ 上的值域划分为 q 个互不相交的区间 $R_{1\theta}, \cdots, R_{q\theta}$。然后定义特征向量

$$F(i) = (x, \theta), \quad \text{对于所有满足 } V(i) \in R_{x\theta} \text{ 的 } i \in C_\theta$$

该特征向量进而将状态空间划分为 qm 个集合

$$I_{x\theta} = \{i \in C_\theta \mid V(i) \in R_{x\theta}\}, \quad x = 1, \cdots, q, \ \theta = 1, \cdots, m$$

进而由此得到相应的硬聚集方案。在此方案中，聚集状态的取值不仅取决于 V 的值，还受划分中子集 C_θ 的影响。

采用多个评分函数

采用单一评分函数构造特征的方法还可以拓展到由多个评分函数构成向量的情况，即 $V(i) = (V_1(i), \cdots, V_s(i))$。此时我们将 $V(i)$ 的值域划分成 q 个互不相交的 s 维空间 $\Re^s$ 的子集 $R_1, \cdots, R_q$，并将特征向量 $F(i)$ 定义为

$$F(i) = x, \quad \text{对所有满足 } V(i) \in R_x \text{ 的 } i, \quad x = 1, \cdots, q$$

并在后续采用与涉及标量评分函数时相同的步骤，即采用相应的硬聚集方案且相应的解散集为

$$I_x = \{i \mid F(i) = x\} = \{i \mid V(i) \in R_x\}, \quad x = 1, \cdots, q$$

获得多个评分函数的一种方法是以一个相当简单的评分函数为起点，通过前面所述的方法得到聚集状态，求解相应的聚集问题，然后采用该问题的最优费用函数作为新添加的评分函数。另一种与之相关且互为补充的方法是通过某种方式构造多个策略并执行策略评价（包括采用神经网络近似评价），并采用评价所得的这些策略的费用函数作为评分函数。

6.3 求解聚集问题的方法

接下来考虑如何求解聚集状态 $y \in \mathcal{A}$ 的最优费用 r_y^*。如前面所介绍的，这正是复合贝尔曼方程 (6.12) 的唯一解 r^*。我们首先指出，由于 r^* 和费用函数 $\tilde{J}_0$ 和 $\tilde{J}_1$ 一起组成了贝尔曼方程组 (6.9)~(6.11) 的解，因此原则上说，可以采用标准的策略迭代和值迭代算法求解。

---

① 基于问题特征的划分架构非常常见，并且也便于运用分布式计算执行相关运算。

本节将讨论专门用于聚集问题的策略迭代和值迭代算法, 它们只计算 r^*（具有相对较小的维度）, 却不计算 $\tilde{J}_0$ 和 $\tilde{J}_1$（可能具有大得多的维数）。鉴于存在解散和聚集概率, 所以聚集问题一定是随机的, 即使原问题本身是确定性的也依然如此。因此, 本节介绍的求解聚集问题的方法都是基于仿真实现的。

6.3.1 基于仿真的策略迭代

计算 r^* 的方法之一是一种类似策略迭代的算法, 该算法会生成用于原问题的策略序列 $\{\mu^k\}$ 以及对应于聚集问题的向量序列 $\{r^k\}$, 并且二者会分别收敛到最优策略和 r^*。该算法并不需要估算高维的中间向量 $\tilde{J}_0$ 和 $\tilde{J}_1$。

该算法以原问题的某个稳态策略 μ^0 为初始条件。当给定 μ^k 时, 该算法通过求解某压缩映射 H_{μ^k} 的唯一不动点来执行策略评价。该映射会将向量 r 映射为向量 $H_{\mu^k}r$, 并且其中各组分为

$$(H_{\mu^k}r)(x) = \sum_{i=1}^{n} d_{xi} \sum_{j=1}^{n} p_{ij}\big(\mu^k(i)\big)\left(g\big(i,\mu^k(i),j\big) + \alpha \sum_{y \in \mathcal{A}} \phi_{jy} r_y\right), \quad x \in \mathcal{A}$$

参见式 (6.13)。因此,

$$r_x^k = \sum_{i=1}^{n} d_{xi} \sum_{j=1}^{n} p_{ij}\big(\mu^k(i)\big)\left(g\big(i,\mu^k(i),j\big) + \alpha \sum_{y \in \mathcal{A}} \phi_{jy} r_y^k\right), \quad x \in \mathcal{A} \qquad (6.19)$$

在策略评价步骤之后, 该算法通过

$$\mu^{k+1}(i) \in \arg \min_{u \in U(i)} \sum_{j=1}^{n} p_{ij}(u)\left(g\big(i,u,j\big) + \alpha \sum_{y \in \mathcal{A}} \phi_{jy} r_y^k\right), \quad i = 1, \cdots, n \qquad (6.20)$$

得到新的策略 μ^{k+1}; 这就是策略改进步骤。在前面的最小化中, 我们采用了一步前瞻, 但是多步前瞻或蒙特卡洛树搜索方法也同样适用。此外, 第 4 章和第 5 章介绍的其他多种策略迭代方法, 例如乐观策略迭代方案, 也可以求解此问题。

下列命题说明策略迭代算法式(6.19)和式(6.20)经过有限步迭代后会收敛到复合贝尔曼方程式(6.12)的唯一解（其证明在附录中给出）。

命题 6.3.1（策略迭代的收敛性） 以任意策略 μ^0 为初始策略, 采用策略迭代算法式(6.19)和式(6.20)生成序列 $\{\mu^k, r^k\}$。那么序列 $\{r^k\}$ 是单调非增的（即 $r_x^k \geqslant r_x^{k+1}$ 对所有 x 和 k 都成立）, 并且对于某步数 $\bar{k}$, 相应的向量 $r^{\bar{k}}$ 等于复合贝尔曼方程 (6.12) 的唯一解 r^*。

接下来介绍如何通过仿真来执行上述的策略迭代算法。为了符号表述简便, 引入矩阵 D 和 Φ, 其中的每一行分别为解散和聚集概率（即矩阵 D 的第 x 行的元素为 d_{xi}, $i = 1, \cdots, n$, 而 Φ 的第 j 行的元素为 ϕ_{jy}, $y \in \mathcal{A}$）。那么策略评价步骤式(6.19)就是寻找 $r^k = \{r_x^k \mid x \in \mathcal{A}\}$ 使其满足

$$r^k = H_{\mu^k}r^k = DT_{\mu^k}\Phi r^k = D(g_{\mu^k} + \alpha P_{\mu^k}\Phi r^k) \qquad (6.21)$$

其中, P_{μ^k} 是对应于 μ^k 的概率转移矩阵, g_{μ^k} 则表示 μ^k 的期望费用向量, 即其第 i 个组分为

$$\sum_{j=1}^{n} p_{ij}\big(\mu^k(j)\big)g\big(i,\mu^k(j),j\big), \quad i = 1, \cdots, n$$

为了避免执行 n 维的策略评价计算式(6.21)，我们可以采用仿真。具体来说，策略评价方程 $r = H_\mu r$ 是形如

$$r = Dg_\mu + \alpha DP_\mu \Phi r \tag{6.22}$$

的线性方程 [参见式 (6.21)]。可以将该方程写作 $Cr = b$，其中，

$$C = I - \alpha DP_\mu \Phi, \quad b = Dg_\mu$$

需要注意的是，这是每阶段费用向量为 Dg_μ 且转移概率矩阵为 $DP_\mu \Phi$ 的某策略的贝尔曼方程。其中的转移概率对应于策略 μ 作用下的聚集状态的马尔可夫链。策略评价方程(6.22)的解 r_μ 正是对应该马尔可夫链的费用向量，并且可以通过仿真算出。

具体来说，我们通过仿真来近似 C 和 b，进而近似地求解 $Cr = b$。为此，首先根据某分布 $\{\xi_i | i = 1, \cdots, n\}$（其中 $\xi_i > 0$ 对所有 i 都成立）生成状态序列 $\{i_1, i_2, \cdots\}$，然后对于每个 $m \geqslant 1$，根据分布 $\{p_{i_m j}(\mu^k(j) | j = 1, \cdots, n)\}$ 生成一个转移样本 (i_m, j_m)，从而构造出样本转移序列 $\{(i_1, j_1), (i_2, j_2), \cdots\}$。给定前 M 个样本，可以构造矩阵 $\hat{C}_M$ 和向量 $\hat{b}_M$ 如下：

$$\hat{C}_M = I - \frac{\alpha}{M} \sum_{m=1}^{M} \frac{1}{\xi_{i_m}} d(i_m) \phi(j_m)' \tag{6.23}$$

$$\hat{b}_M = \frac{1}{M} \sum_{m=1}^{M} \frac{1}{\xi_{i_m}} d(i_m) g(i_m, \mu(i_m), j_m) \tag{6.24}$$

其中，$d(i)$ 是 D 的第 i 列，$\phi(j)'$ 是 Φ 的第 j 行。我们可以通过大数定律来证明 $\hat{C}_M \to C$ 和 $\hat{b}_M \to b$。具体来说，首先展开表达式

$$C = I - \alpha \sum_{i=1}^{n} \sum_{j=1}^{n} p_{ij}(\mu(i)) d(i) \phi(j)'$$

$$b = \sum_{i=1}^{n} \sum_{j=1}^{n} p_{ij}(\mu(i)) d(i) g(i, \mu(i), j)$$

为了将上述表达式看作期望值，对于每个 $p_{ij}(\mu(i))$ 先乘后除 ξ_i，然后利用关系

$$\lim_{M \to \infty} \frac{n_{ij}(M)}{M} = \xi_i p_{ij}(\mu(i))$$

其中，$n_{ij}(M)$ 表示从 $m = 1$ 到 $m = M$ 中发生 i 到 j 的转移的次数。

假设 $\hat{C}_M$ 可逆，那么相应的估计值

$$\hat{r}_M = \hat{C}_M^{-1} \hat{b}_M$$

随着 $M \to \infty$ 收敛到策略评价方程 (6.22)的唯一解，由此给出了策略 μ 的费用向量 J_μ 的估计值 $\Phi \hat{r}_M$

$$\tilde{J}_\mu = \Phi \hat{r}_M$$

这是对应于 5.5 节讨论的 LSTD(0) 方法的聚集版本。我们也可以采用基于仿真的迭代 LSPE(0) 一类方法或 TD(0) 之类的方法求解方程 $Cr = b$，参见 5.5 节和文献 [Ber12a]。

除了直接根据概率 ξ_i 采样原始系统状态之外，还可以根据某个概率分布 $\{\zeta_x \,|\, x \in \mathcal{A}\}$ 采样聚集状态，从而生成聚集状态序列 $\{x_1, x_2, \cdots\}$，进而通过解散概率生成状态序列 $\{i_1, i_2, \cdots\}$，以及相应的转移序列 $\{(i_1, j_1), (i_2, j_2), \cdots\}$。在此情况下，式 (6.23) 和式(6.24)则调整为

$$\hat{C}_M = I - \frac{\alpha}{M} \sum_{m=1}^{M} \frac{1}{\zeta_{x_m} d_{x_m i_m}} d(i_m)\phi(j_m)'$$

$$\hat{b}_M = \frac{1}{M} \sum_{m=1}^{M} \frac{1}{\zeta_{x_m} d_{x_m i_m}} d(i_m) g\big(i_m, \mu(i_m), j_m\big)$$

策略改进步骤的主要难点在于，当处于状态 i 时，需要计算形如

$$\sum_{j=1}^{n} p_{ij}(u)\left(g(i, u, j) + \alpha \sum_{y \in \mathcal{A}} \phi_{jy} r_y^k\right)$$

的 Q 因子表达式，从而针对 $u \in U(i)$ 执行相应的最小化运算。如果转移概率 $p_{ij}(u)$ 已知且后继状态 [满足 $p_{ij}(u) > 0$ 的状态 j] 数量较小，那么该期望值很容易算出（满足该条件的一类重要的特例是确定性问题）。

6.3.2　基于仿真的值迭代

求解 r^* 的一种精确值迭代算法以某初始猜测 r^0 为起点，采用不动点迭代公式

$$r^{k+1} = Hr^k$$

其中，H 是式 (6.13)定义的压缩映射。基于此不动点迭代的一种随机近似类算法根据某种概率机制，生成聚集状态的序列 $\{x_0, x_1, \cdots\}$，并保证所有聚集状态都在此序列中出现足够多次。给定 r^k 和 x_k，该算法根据概率 $d_{x_k i}$ 独立地生成原始系统状态 i_k，并且根据

$$r_{x_k}^{k+1} = (1 - \gamma^k)r_{x_k}^k + \gamma^k \min_{u \in U(i_k)} \sum_{j=1}^{n} p_{i_k j}(u)\left(g(i_k, u, j) + \alpha \sum_{y \in \mathcal{A}} \phi_{jy} r_y^k\right)$$

更新 r_{x_k} 的相应组分，其中 γ^k 是递减的迭代步长，而其他的组分则保持不变：

$$r_x^{k+1} = r_x^k, \quad \text{如果 } x \neq x_k$$

该算法可视为值迭代算法的异步随机近似版本。其中的步长 γ^k 应当是递减的（通常是按照 $1/k$ 的速率），并且该算法可行性与收敛性的证明与 Q 学习的证明相似。Tsitsiklis 和 Van Roy 的 [TVR96b] 对此给出了进一步的说明和分析（也可见 [BT96] 的 6.7 节）。

6.4　包含神经网络的基于特征的聚集

如在第 3 章中所述，我们可以将神经网络最后的非线性层的输出视为其构造的特征。神经网络训练还在最后一层输出了特征向量 $F(i)$ 的线性权重，由此可以得到给定策略 μ 的一个费用函数近似 $\hat{J}_\mu(F(i))$。因此，给定当前策略 μ，典型的策略迭代算法会通过近似的策略改进操作或者其多步前瞻的变体获得新的策略 $\hat{\mu}$，参见图 6.4.1。

图 6.4.1　采用基于神经网络的费用近似的策略迭代算法示意图。采用当前策略 μ 生成由状态–控制对构成的训练集，然后用它们训练神经网络，从而得到一组特征以及由这些特征的线性组合构成的近似费用评价 $\hat{J}_\mu$。其后，基于 $\hat{J}_\mu$ 执行策略改进从而得到新策略 $\hat{\mu}$。

通过采用由同一个神经网络提供的特征，我们还可以构造出用于求解基于特征的聚集问题的策略迭代算法；参见图 6.4.2。该方法的主要思路是采用某聚集问题的解来代替（近似的）策略改进操作，从而得到（近似）改进的策略 $\hat{\mu}$。

图 6.4.2　用于基于特征的聚集问题的策略迭代算法示意图，其中的特征由神经网络提供。采用当前策略 μ 生成由状态–控制对构成的训练集，然后用它们训练神经网络，从而得到一组特征，进而由此构造出一个基于特征的聚集架构。相应聚集问题的最优策略就被用作新策略 $\hat{\mu}$。

上述方法所涉及的是一种更为复杂的策略改进操作，但是其计算新策略 $\hat{\mu}$ 时所依据的费用函数近似也更为精确：它是关于特征的非线性的函数，而不是线性的。此外，$\hat{\mu}$ 不仅很可能是相对 μ 而言更好的策略，而且很可能是基于聚集问题的最优策略，它本身是原始动态规划问题的近似。具体来说，假设神经网络能够完美近似 J_μ 而不存在误差，那么图 6.4.1中的方案就会完美复现从 μ 开始的策略迭代的一步；而图 6.4.2中的方案，在聚集状态足够多的前提下，则会生成与最优策略误差任意小的策略。

接下来介绍图 6.4.2中基于聚集的策略迭代流程的各个步骤，并将当前策略记为 μ。

（a）构造特征映射（feature mapping construction）：采用当前策略 μ 生成许多状态费用对，然后用由它们构成的训练集来训练神经网络。这样我们就得到了如 3.3 节介绍的特征向量 $F(i)$。

（b）通过采样得到聚集状态 x 的集合以及相应集合 I_x：通过对状态空间进行采样，从而获得状态的子集 $I \subset \{1,\cdots,n\}$。进而将该集合划分为由具有“相似”特征向量构成的状态的子集 I_x，$x = 1,\cdots,q$。然后考虑以 $x = 1,\cdots,q$ 为聚集状态的聚集架构，以及相应的聚集问题。在采样获得状态集合 I 的过程需要适当进行探索，从而保证集合中所含的状态具有足够的代表性。

（c）聚集问题求解（aggregate problem solution）：采用基于仿真的方法求解聚集动态规划问题，从而得到（也许是近似的）聚集状态的最优费用 r_y^*，$y = 1,\cdots,q$（参见 6.3 节）。

（d）改进策略的定义（definition of the improved policy）："改进的"策略正是该聚集问题的最优策略（或者通过近似的基于仿真的策略迭代的几步迭代后得到的其近似版本）。该策略是通过聚集费用 r_y^*，$y = 1, \cdots, q$，采用一步前瞻最小化

$$\hat{\mu}(i) \in \arg \min_{u \in U(i)} \sum_{j=1}^n p_{ij}(u)\left(g(i,u,j) + \alpha \sum_{y=1}^q \phi_{jy} r_y^*\right), \quad i = 1, \cdots, n$$

[参考式 (6.10)] 或者其多步前瞻的版本隐式地定义的。作为替代方案，也可以通过采用 Q 因子架构通过无模型的方式实现该"改进"策略。

需要指出的是，本节算法在实现过程中有许多选项。

（1）我们可以执行任意多次的基于神经网络的特征构造过程，然后求解相应的聚集问题，进而构造出新的策略。在该策略作用下生成新的训练数据集可用于训练神经网络。或者，我们也可以只执行一次神经网络训练和特征构造过程，并在其后求解相应的基于特征的聚集问题。

（2）我们可以执行若干轮的基于神经网络的策略迭代算法，选出所得特征的子集，并且只求解一次相应的聚集问题，以期进一步提高神经网络学习过程生成策略的性能。

（3）在每一轮基于神经网络的特征评价后，可以在其生成特征的基础上，补充添加根据具体问题所得的人工特征，以及/或者前面的几轮中给出的特征。

最后需要指出的是，在聚集方法中采用神经网络最后的非线性层输出的特征具有一个潜在的弱点：此时特征的数目也许过大，进而导致相应的聚集状态数目也可能过大。为应对此问题，我们可以牺牲一定的近似精确性为代价，修剪其中的一些特征，或者采用某种形式的回归方法来减小其数量。在这方面，深度（而非浅的）神经网络具有优势：这是因为在网络中每添加一层，其生成的特征也趋向于更加复杂，那么随着层数的增加，该网络最后的非线性层输出端的这些特征的数量就可以小一些。上述结论的一种极端情况即为采用神经网络输出端的费用函数近似作为单一特征/评分函数，正如 6.2.2 节介绍的方法。

6.5 偏心聚集

本节给出 6.2 节讲解的聚集架构的一种拓展形式。该形式涉及向量

$$V = (V(1), \cdots, V(n))$$

即所谓的偏心向量（bias vector）或偏心方程（bias function），它将影响聚集问题的费用结构，并使其最优费用函数趋向于正确的取值。当 $V = 0$ 时，就得到 6.2 节介绍的聚集方案。当 $V \neq 0$ 时，相应的聚集方案则不再相同，由此得到的 J^* 的近似等于 V 与局部校正之和，参见图 6.5.1。在此情况下，也许 V 本身可能就是关于 J^* 的较好的估计，而聚集动态规划的目的就在于对 V 进行局校正/改进。

当采用一种不同于聚集的方法，例如基于神经网络的近似策略迭代、策略前展或者问题近似，得到某个 J^* 的近似时，显然可以采用偏心聚集来改进该近似函数。一般而言，如果 V 中包含了 J^* 中的大多数非线性特性，那么也许能够在不损失性能的前提下仍然可以减少所需的聚集状态。

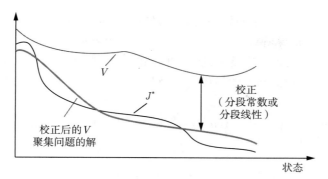

图 6.5.1 偏心聚集图示。由该方案提供的 J^* 的近似等于偏心函数 V 与局部校正之和。当 $V = 0$ 时，就得到经典的聚集架构。

接下来给出对应于偏心聚集的聚集问题的数学表述。与 6.2 节的（非偏心的）聚集问题的情况类似，所得的是折扣的无穷阶段问题。该问题中涉及三组状态：两份原始系统状态，记为 I_0 和 I_1，以及有限的聚集状态 $\mathcal{A}$，如图 6.5.2所示。在此聚集问题中，状态转移的机制如下：先根据解散概率从 $\mathcal{A}$ 中的一个状态转移到 I_0 中的一个状态，然后转移到 I_1 中，再根据聚集概率转移回 $\mathcal{A}$，重复该过程。当处于状态 $i \in I_0$ 时，需要选择一个控制 $u \in U(i)$，其后根据原始系统转移概率，以 $g(i, u, j)$ 的费用转移到状态 $j \in I_1$。

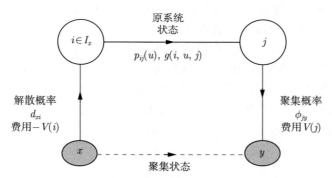

图 6.5.2 偏心聚集架构中聚集问题的转移机制以及每阶段费用图示。当 V 的函数值恒为零时，就得到 6.2 节的聚集架构。

偏心聚集方案的一个突出的新特点是从任意聚集状态转移到状态 $i \in I_0$ 时会产生（可能非零的）费用 $-V(i)$，以及从状态 $j \in I_1$ 转移到任意聚集状态所产生的费用 $V(j)$，参见图 6.5.2。此处涉及的函数 V 正是偏心函数，并且我们将说明所选的 V 应当尽可能接近 J^*。此外，为了方便实现，该函数在各种不同状态处的值也应当易于计算。

关于该方法的一个关键点是偏心聚集可以被视为应用于原动态规划问题的某变体的非偏心聚集，并且此修改问题与原问题具有相同的最优策略，故而可认为两者是等价的。相对于原问题，该修改问题将原问题的阶段费用从 $g(i, u, j)$ 改为

$$g(i, u, j) - V(i) + \alpha V(j), \quad i, j = 1, \cdots, n, \ u \in U(i) \tag{6.25}$$

具体来说，通过比较图 6.2.1和图 6.5.2可以发现，当针对修改问题采用非偏心的聚集方法时，所生成

的状态-控制轨迹与针对原动态规划问题采用偏心聚集生成的轨迹相同，并且两者产生的（从聚集状态到聚集状态的）转移费用也相等。

此外，涉及式 (6.25)定义的阶段费用的修改问题的最优费用函数与原始动态规划问题之间具有紧密的联系。具体来说，该修改问题的最优费用函数，记为 $\tilde{J}$，满足相应的贝尔曼方程

$$\tilde{J}(i) = \min_{u \in U(i)} \sum_{j=1}^{n} p_{ij}(u)\big(g(i,u,j) - V(i) + \alpha V(j) + \alpha \tilde{J}(j)\big), \quad i = 1, \cdots, n$$

或者其等效形式

$$\tilde{J}(i) + V(i) = \min_{u \in U(i)} \sum_{j=1}^{n} p_{ij}(u)\Big(g(i,u,j) + \alpha\big(V(j) + \tilde{J}(j)\big)\Big), \quad i = 1, \cdots, n$$

通过比较该方程与原问题的贝尔曼方程，可以发现，修改问题和原始问题的最优费用函数通过

$$J^*(i) = \tilde{J}(i) + V(i), \quad i = 1, \cdots, n$$

联系起来，并且两者具有相同的最优策略。当然，此处我们需要假设这两个问题都获得了精确解。如果这两类方法是采用聚集或例如神经网络的近似架构的方法近似求解的，那么由此得到的策略可能会有很大的区别。具体来说，所选的 V 以及近似架构可能会极大地影响所得次优策略的性能。这与我们在第 4 章介绍的费用整形的相关思想类似。

总结起来，针对以式 (6.25)为阶段费用的修改问题采用的任何非偏心的聚集方案和算法，都等价于对原始动态规划问题采用相应的偏心聚集方案和算法。因此，通过针对具有调整阶段费用式(6.25)采用非偏心聚集架构，可以将前面关于非偏心聚集的分析中得到的结论、算法以及直观经验转化应用于偏心聚集架构中。此外，对于相应聚集问题，还可以采用基于仿真的方法来执行策略评价、策略改进以及 Q 学习（参见 6.3 节），并且前提条件只是对于任意状态 i 的值 $V(i)$ 可以在需要时得到。

6.6 注释和资源

6.1 节：聚集方法在科学计算和运筹学领域具有悠久的历史（Bean、Birge 和 Smith 的 [BBS87]，Chatelin 和 Miranker 的 [CM82]，Douglas 和 Douglas 的 [DD93]，以及 Rogers 等的 [RPWE91]）。其后学者将该方法引入了基于仿真的近似动态规划方法中，并且主要应用于值迭代算法中，参见 Singh、Jaakkola 和 Jordan 的 [SJJ94]，Gordon 的 [Gor95]，以及 Tsitsiklis 和 Van Roy 的 [TVR96b]。神经元动态规划专著 [BT96] 的 3.1.2 节和 6.7 节对此方法给出了进一步的说明。近期在强化学习领域，Ciosek 和 Silver 的 [CS15] 在涉及所谓"选项"这一概念时考虑了聚集，而 Serban 等的 [SSP+20]则在涉及"瓶颈仿真器"这一概念时考虑了聚集。

对于具有连续状态和控制空间的最优控制问题（参见 6.1.1 节），就其离散化难点的讨论可参阅 Gonzalez 和 Rofman 的 [GR85]，以及 Falcone 的 [Fal87]。Kushner 和 Dupuis 的专著 [KD01] 则就此问题给出了更严谨的数学分析。Zhong 和 Todorov 近期的文章 [ZT11] 将聚集和连续空间最优控制问题联系了起来。在确定性最优控制问题中，最短路径问题的连续时间/连续空间版本是一类重要

的特殊情况。此类问题中有一个出发点和一个目的地,且其目的是找到连接这两点之间的一条路线,从而使得每单位费用沿着该路径的积分最小化;例 6.1.2 即为一个特例。终止时间可以自由选择并且也是优化变量。通过对时间进行离散化并采用含代表状态的聚集对空间进行离散化,我们就得到了一类特殊的随机最短路径问题。一旦求解了此问题,那么就得到原确定性问题的一个近似解。

针对离散时间连续空间的最优控制问题,Tsitsiklis 在 [Tsi95] 中设计了一种有限时间内终止的 Dijkstra 算法变体(该结果出人意料之处在于离散化的最短路径问题并不是确定性的,而是随机的)。Sethian 的 [Set99b]、[Set99a],以及 Helmsen 等的 [HPCD96] 介绍了该 Dijkstra 类算法、其他相关的算法以及许多相关应用。此外,Bertsekas、Guerriero 和 Musmanno 的 [BGM95],以及 Polymenakos、Bertsekas 和 Tsitsiklis 的 [PBT98] 给出了针对相同问题的类似于标记修正法的高效算法。关于此类问题的更近期的工作,可见 Vladimirsky 的 [Vla08],Chacon 和 Vladimirsky 的 [CV12]、[CV13]、[CV15],以及 Clawson 的 [Cla17]。

关于部分可观测马尔可夫决策问题离散化的方法(参见 6.1.2 节)是受 Yu 和 Bertsekas 的论文 [YB12a] 启发。针对一类贝尔曼方程可能无解的平均费用问题,该文章给出了一种处理方案,并且给出了实践中难以计算的最优平均费用的下界。在本书中我们讨论更为简单的折扣问题。

本书假设在计算费用函数近似的过程中,聚集状态构成的集合保持不变。该类方法的一种替代方案即根据中间计算结果,对该集合做出相应的调整。Bertsekas 和 Castanon[BC88] 以及 Singh、Jaakkola 和 Jordan[SJJ94] 已经探讨了相关思想。多重格点法按照考虑细节的多少进而给出不同层级的聚集问题,并且给定层级问题的解可以作为求解更精细的下一级聚集问题的出发点。该类方法已由 Chow 和 Tsitsiklis[CT91] 用于动态规划问题中。

6.2 节:作者所著的教材 [Ber12a] 中讨论了含有代表特征的聚集架构,而作者的综述文章 [Ber18b] 则进一步拓展了该方法,并将其与其他方法联系起来。[Ber12a] 一书中还讨论了软聚集方法,该方法与硬聚集类似,区别就在于其允许足迹集合之间部分重叠。6.2.1 节中的误差界由 Tsitsiklis 和 Van Roy 在 [TVR96b] 中给出。Yu 和 Bertsekas 的论文 [YB12b] 描述了基于特征的聚集和采用投影方程的近似方法的联系(参见该文的 5.5 节)。

6.3 节:教材 [Ber12a] 和综述 [Ber18b] 广泛讨论了用于聚集问题的计算方法,其中包括了本书中未提及的值迭代和策略迭代算法的变形和拓展。6.3.2 节的值迭代算法的收敛性证明由 Tsitsiklis 和 Van Roy 在 [TVR96b] 中给出。

6.4 节:作者在 [Ber18b] 中讨论了采用神经网络提取特征并采用策略迭代方法求解相应的基于特征的聚集问题。

6.5 节:作者近期的文章 [Ber19b] 介绍了偏心聚集的相关内容,并且其中还有更进一步的讨论,此方法与策略前展的联系,以及其他额外的方法。

本章聚焦于旨在减小状态空间大小的聚集方法,其中就包括了经典的连续空间离散化方法。与之互为补充的一类方法是时序聚集(temporal aggregation),即将多个时期(或者多个连续的时间区间)以及相应的状态转移和控制合为一步。对连续时间最优控制问题进行时间离散化就是此类方法的一个简单例子。另外一个例子是半马尔可夫问题,正如 4.4 节介绍的,处理此类问题的方法是将其转化为离散时间的问题。事实上,在强化学习文献中,学者已将半马尔可夫形式用于执行时序聚集的架构中,并称其为"选项",参见 Precup、Sutton 和 Singh 的 [PSS98],Ciosek 和 Silver 的 [CS15]。时序聚集还与多步聚集(multistep aggregation)相关,而后者又与 6.2 节介绍的架构类似,唯一的区别在于在返回聚集状态之前，多步聚集允许原始系统状态之间发生多步转移，参见教材 [Ber12a] 的 6.5.3 节。

在许多研究中，尤其是在交通系统的各种确定性优化问题的研究中，学者们还提出了用于时空同步聚集（simultaneous aggregation in space and time）的架构（另见作者的讲义和教学视频 [Ber19c]）。接下来我们以从波士顿到旧金山的 5 天自驾游的规划为例，说明该方法的一种思路。在此问题中，以每分钟或每条路为单位进行计划显然是不合理的。绝大多数人规划的方式会是先选出主要的可能的经停城市（如纽约、水牛城、哥伦比亚、亚特兰大、芝加哥、圣路易斯、盐湖城、达拉斯、菲尼克斯、洛杉矶等），然后选出主要的经停时间（以便睡觉、休息等），最后在粗糙的层面上决定时间和空间上的安排，而将详细的优化留在以后。在上述过程中，通过时间和空间上的聚集，原本巨大规模的最短路径问题就被简化到了一个可以处理的问题规模。

接下来我们给出上述聚集过程的一种严谨数学表述。考虑关于一个无环图的确定性最短路径问题（所有的最短路径问题都可以表述为此形式，参见 1.3.1～1.3.3 节）。我们将若干个阶段视为一个区块，并在每个区块之后引入"一层"代表状态和硬聚集（概率 $\phi_{jy} = 0$ 或 1），参见图 6.6.1（代表状态中必须包括终止状态，并且每个区块中所含的阶段数目不固定）。我们要求所得最短路径经过每一层中的一个代表状态。那么该聚集问题就分解为一系列的最短路径问题，且每个问题都是从一层中的每个代表状态 x 到下一层的每个代表状态 y。在通过适当的方法求解这些问题后，我们就可以构造一个只包含代表状态的低维的确定性最短路径问题。该方法可以拓展到时间和空间的压缩不如上述问题有规律的情形中，或涉及随机不确定性的问题，以及无穷阶段的问题中，但相关细节不在本书的讲解范围内。图 6.6.2 给出了该方法用于确定性折扣问题的情形。

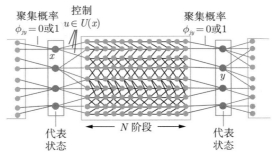

图 6.6.1　对确定性最短路径问题执行时间与空间的硬聚集。我们将整个时间阶段分为多个 N 阶段的时间区间，并在每个区间的开端植入代表状态。

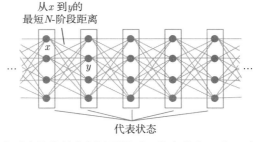

图 6.6.2　用于求解折扣问题的含有时空聚集的分解过程图示。代表状态 x 和 y 之间的转移费用是 x 与 y 之间的最短路径长度，并且可以通过最短路径计算得到。相应聚集问题是只涉及代表状态的确定性折扣问题。

6.7 附录：数学分析

本附录给出前文提及的数学结论的证明。以下命题给出了 6.2.1 节介绍的误差界。

命题 6.2.1（硬聚集的误差界） 当采用硬聚集时，有

$$\left| J^*(j) - \tilde{J}(j) \right| \leqslant \frac{\epsilon}{1-\alpha}, \quad \text{对于所有满足 } j \in S_y \text{ 且 } y \in \mathcal{A} \text{ 的 } j$$

其中，ϵ 是最优费用函数 J^* 在所有足迹集合 S_y，$y \in \mathcal{A}$ 中的最大变化

$$\epsilon = \max_{y \in \mathcal{A}} \max_{i,j \in S_y} \left| J^*(i) - J^*(j) \right| \tag{6.26}$$

证明：考虑式 (6.13) 定义的算子 H，以及向量 $\bar{r}$，其各组分定义为

$$\bar{r}_x = \min_{i \in S_x} J^*(i) + \frac{\epsilon}{1-\alpha}, \quad x \in \mathcal{A}$$

将 j 所属的足迹集合的下角标记为 y_j，即 $j \in S_{y_j}$，那么对于所有 $x \in \mathcal{A}$，有

$$
\begin{aligned}
(H\bar{r})(x) &= \sum_{i=1}^n d_{xi} \min_{u \in U(i)} \sum_{j=1}^n p_{ij}(u)\left(g(i,u,j) + \alpha\bar{r}_{y_j} \right) \\
&\leqslant \sum_{i=1}^n d_{xi} \min_{u \in U(i)} \sum_{j=1}^n p_{ij}(u)\left(g(i,u,j) + \alpha J^*(j) + \frac{\alpha\epsilon}{1-\alpha} \right) \\
&= \sum_{i=1}^n d_{xi}\left(J^*(i) + \frac{\alpha\epsilon}{1-\alpha} \right) \\
&\leqslant \min_{i \in S_x}\left(J^*(i) + \epsilon \right) + \frac{\alpha\epsilon}{1-\alpha} \\
&= \min_{i \in S_x} J^*(i) + \frac{\epsilon}{1-\alpha} \\
&= \bar{r}_x
\end{aligned}
$$

其中在第二个等号处，我们应用了关于 J^* 的贝尔曼方程，而第二个不等号成立则是由于式 (6.26)。由此可知 $H\bar{r} \leqslant \bar{r}$，而在此基础上可知 $r^* \leqslant \bar{r}$（这是由于算子 H 是单调的，由此可知序列 $\{H^k\bar{r}\}$ 为单调非增的，进而由于 H 是压缩映射，有

$$r^* = \lim_{k \to \infty} H^k\bar{r}$$

成立。）至此我们证明了误差界的一边。另一边的证明类似。 $\square$

以下命题说明了 6.3.1 节的策略迭代算法具有有限步的收敛性。

命题 6.3.1（策略迭代的收敛性） 以任意策略 μ^0 为初始策略，采用策略迭代算法式 (6.19) 和式 (6.20) 生成序列 $\{\mu^k, r^k\}$。那么序列 $\{r^k\}$ 是单调非增的（即 $r_x^k \geqslant r_x^{k+1}$ 对所有 x 和 k 都成立），并且对于某步数 $\bar{k}$，相应的向量 $r^{\bar{k}}$ 等于复合贝尔曼方程 (6.12) 的唯一解 r^*。

证明：为了表述方便，引入矩阵 D 和 Φ，它们的行分别为解散和聚集概率。对于每个策略 μ，考虑线性算子 $\Phi DT_\mu : \Re^n \mapsto \Re^n$，其定义为

$$\Phi DT_\mu J = \Phi D(g_\mu + \alpha P_\mu J), \quad J \in \Re^n$$

其中，P_μ 是对应于 μ 的转移概率矩阵，g_μ 是 μ 的期望费用向量。该算子是单调的，即对于所有向量 J 和 J'，如果 $J \geqslant J'$，那么有

$$\Phi DT_\mu J \geqslant \Phi DT_\mu J'$$

这是因为算子中的矩阵 $\alpha\Phi DP_\mu$ 的所有组分都是非负的。此外，该算子还是关于最大范数的压缩映射，且它的模为 α。这是因为矩阵 ΦDP_μ 为转移概率矩阵，即它的组分均为非负且每行的和均为 1。可以通过以下计算证明此结论：首先将其第 i 行之和写作①

$$\sum_{j=1}^n (\Phi DP_\mu)_{ij} = \sum_{j=1}^n \sum_\ell \phi_{i\ell} \sum_m d_{\ell m}(P_\mu)_{mj}$$

重新调整求和顺序（将关于 j 的求和计算置于最里面），然后运用 Φ、D 和 P_μ 的行是概率分布的性质，得到

$$\sum_{j=1}^n (\Phi DP_\mu)_{ij} = 1$$

鉴于算子 $DT_{\mu^k}\Phi$ 的唯一不动点为 r^k [参见式 (6.21)]，则 $r^k = DT_{\mu^k}\Phi r^k$，进而可知向量

$$\tilde{J}_{\mu^k} = \Phi r^k$$

满足

$$\tilde{J}_{\mu^k} = \Phi DT_{\mu^k}\tilde{J}_{\mu^k}$$

因此 $\tilde{J}_{\mu^k}$ 是压缩映射 ΦDT_{μ^k} 的唯一不动点。根据 μ^{k+1} 的定义

$$T_{\mu^{k+1}}\tilde{J}_{\mu^k} = T\tilde{J}_{\mu^k}$$

[参见式 (6.20)]，有

$$\tilde{J}_{\mu^k} = \Phi DT_{\mu^k}\tilde{J}_{\mu^k} \geqslant \Phi DT\tilde{J}_{\mu^k} = \Phi DT_{\mu^{k+1}}\tilde{J}_{\mu^k} \tag{6.27}$$

针对上述不等式，重复采用单调算子 $\Phi DT_{\mu^{k+1}}$，可知对 $m \geqslant 1$，

$$\tilde{J}_{\mu^k} \geqslant (\Phi DT_{\mu^{k+1}})^m \tilde{J}_{\mu^k} \geqslant \lim_{m\to\infty}(\Phi DT_{\mu^{k+1}})^m \tilde{J}_{\mu^k} = \tilde{J}_{\mu^{k+1}} \tag{6.28}$$

其中，等号成立的原因是 $\tilde{J}_{\mu^{k+1}}$ 是压缩映射 $\Phi DT_{\mu^{k+1}}$ 的唯一不动点。由此可知，$\tilde{J}_{\mu^k} \geqslant \tilde{J}_{\mu^{k+1}}$，或者等效地说，

$$\Phi r^k \geqslant \Phi r^{k+1}, \quad k = 0, 1, \cdots \tag{6.29}$$

---

① 我们也可以通过聚集问题的结构直观地验证该结论：ΦDP_μ 是图 6.2.1中右上角部分的 n 个状态在策略 μ 作用下所得马尔可夫链的转移概率。

根据基于特征的聚集架构的定义 [参见式 (6.7)]，Φ 的每一列至少有一个组分为 1 且 Φ 是满秩的。因此，由不等式 (6.29)可知，对于所有 k，

$$r^k \geqslant r^{k+1}$$

并且，等式 $r^k = r^{k+1}$ 成立当且仅当 $\Phi r^k = \Phi r^{k+1}$，或 $\tilde{J}_{\mu^k} = \tilde{J}_{\mu^{k+1}}$。

不等式 $\tilde{J}_{\mu^k} \geqslant \tilde{J}_{\mu^{k+1}}$ 意味着只要 $\tilde{J}_{\mu^k} \neq \tilde{J}_{\mu^{k+1}}$，那么策略 μ^k 就不会重复出现。鉴于问题中只有有限多的策略，因此，最终一定会得到 $\tilde{J}_{\mu^k} = \tilde{J}_{\mu^{k+1}}$。那么由式 (6.27)和式(6.28)可知，

$$\tilde{J}_{\mu^k} = \Phi D T \tilde{J}_{\mu^k}$$

或者等价地说，

$$\Phi r^k = \Phi D T \Phi r^k$$

鉴于 Φ 的每一列中都至少有一个组分等于 1，并且 Φ 为满秩，因此 r^k 是式 (6.13) 中压缩映射 $H = D T \Phi$ 的不动点。而由式 (6.12)可知，该不动点正是 r^*。因此我们最终得到 $r^k = r^*$。 □

参 考 文 献

[Abr90]   Bruce Abramson. Expected-outcome: A general model of static evaluation. *IEEE Transactions on Pattern Analysis and Machine Intelligence*, 12(2):182–193, 1990.

[ACBF02]   Peter Auer, Nicolo Cesa-Bianchi, and Paul Fischer. Finite-time analysis of the multiarmed bandit problem. *Machine Learning*, 47(2):235–256, 2002.

[ACVB09]   Brenna D. Argall, Sonia Chernova, Manuela Veloso, and Brett Browning. A survey of robot learning from demonstration. *Robotics and Autonomous Systems*, 57(5):469–483, 2009.

[ADBB17]   Kai Arulkumaran, Marc Peter Deisenroth, Miles Brundage, and Anil Anthony Bharath. A brief survey of deep reinforcement learning. *arXiv preprint arXiv:1708.05866*, 2017.

[AF66]   Michael Athans and Peter L. Falb. *Optimal Control*. McGraw-Hill, 1966.

[AG07]   Søren Asmussen and Peter W. Glynn. *Stochastic Simulation: Algorithms and Analysis*, volume 57. Springer Science & Business Media, 2007.

[Agr95]   Rajeev Agrawal. Sample mean based index policies by $o(\log n)$ regret for the multi-armed bandit problem. *Advances in Applied Probability*, 27(4):1054–1078, 1995.

[ÅH95]   Karl Johan Åström and Tore Hägglund. *PID Controllers: Theory, Design, and Tuning*, volume 2. Instrument Society of America Research Triangle Park, NC, 1995.

[ÅH06]   Karl Johan Åström and Tore Hägglund. *Advanced PID Control*, volume 461. ISA-The Instrumentation, Systems, and Automation Society Research Triangle Park, 2006.

[AK03]   Kartik B Ariyur and Miroslav Krstic. *Real-Time Optimization by Extremum-Seeking Control*. John Wiley & Sons, 2003.

[ALZ08]   John Asmuth, Michael L. Littman, and Robert Zinkov. Potential-based shaping in model-based reinforcement learning. In *AAAI*, pages 604–609, 2008.

[AM79]   Brian D. O. Anderson and John B. Moore. *Optimal Filtering*. Prentice-Hall, 1979.

[AMS09]   Jean-Yves Audibert, Rémi Munos, and Csaba Szepesvári. Exploration–exploitation tradeoff using variance estimates in multi-armed bandits. *Theoretical Computer Science*, 410(19):1876–1902, 2009.

[AN04]   Pieter Abbeel and Andrew Y. Ng. Apprenticeship learning via inverse reinforcement learning. In *Proceedings of the Twenty-First International Conference on Machine Learning*, page 1, 2004.

[ASM07]   András Antos, Csaba Szepesvári, and Rémi Munos. Fitted q-iteration in continuous action-space mdps. In *Advances in Neural Information Processing Systems*, volume 20, 2007.

[ASS68]   VM Aleksandrov, VI Sysoev, and VV Shemeneva. Stochastic optimization of systems. *Izv. Akad. Nauk SSSR, Tekh. Kibernetika*, pages 14–19, 1968.

[AVE+13]   Heni Ben Amor, David Vogt, Marco Ewerton, Erik Berger, Bernhard Jung, and Jan Peters. Learning responsive robot behavior by imitation. In *2013 IEEE/RSJ International Conference on Intelligent Robots and Systems*, pages 3257–3264. IEEE, 2013.

[ÅW13]   Karl J. Åström and Björn Wittenmark. *Adaptive Control*. Courier Corporation, 2013.

[Bac96]   Thomas Back. *Evolutionary Algorithms in Theory and Practice: Evolution Strategies, Evolution-ary Programming, Genetic Algorithms.* Oxford University Press, 1996.

[Bai93]   LC Baird. Advantage updating. *Wright Laboratory*, 1993.

[Bai94]   Leemon C. Baird. Reinforcement learning in continuous time: Advantage updating. In *Proceedings of 1994 IEEE International Conference on Neural Networks*, volume 4, pages 2448–2453. IEEE, 1994.

[BB96]   Steven J. Bradtke and Andrew G. Barto. Linear least-squares algorithms for temporal difference learning. *Machine Learning*, 22(1):33–57, 1996.

[BB01]   Jonathan Baxter and Peter L Bartlett. Infinite-horizon policy-gradient estimation. *Journal of Artificial Intelligence Research*, 15:319–350, 2001.

[BBDSE17]   Lucian Busoniu, Robert Babuska, Bart De Schutter, and Damien Ernst. *Reinforcement Learning and Dynamic Programming Using Function Approximators.* CRC press, 2017.

[BBGL13]   Luca Bertazzi, Adamo Bosco, Francesca Guerriero, and Demetrio Lagana. A stochastic inventory routing problem with stock-out. *Transportation Research Part C: Emerging Technologies*, 27:89–107, 2013.

[BBM17]   Francesco Borrelli, Alberto Bemporad, and Manfred Morari. *Predictive Control for Linear and Hybrid Systems.* Cambridge University Press, 2017.

[BBN04]   Dimitri P. Bertsekas, Vivek S. Borkar, and Angelia Nedic. Improved temporal difference methods with linear function approximation. *Learning and Approximate Dynamic Programming*, pages 231–255, 2004.

[BBP12]   Shalabh Bhatnagar, Vivek S Borkar, and LA Prashanth. Adaptive feature pursuit: Online adaptation of features in reinforcement learning. *Reinforcement Learning and Approximate Dynamic Programming for Feedback Control*, pages 517–534, 2012.

[BBS87]   James C. Bean, John R. Birge, and Robert L. Smith. Aggregation in dynamic programming. *Operations Research*, 35(2):215–220, 1987.

[BBS91]   Andrew Gehret Barto, Steven J. Bradtke, and Satinder P. Singh. Real-time learning and control using asynchronous dynamic programming. *Artificial Intelligence*, 72:82–138, 1991.

[BC88]   Dimitri P. Bertsekas and David A. Castanon. Adaptive aggregation methods for infinite horizon dynamic programming. *IEEE Transactions on Automatic Control*, 1988.

[BC99]   Dimitri P. Bertsekas and David A Castanon. Rollout algorithms for stochastic scheduling problems. *Journal of Heuristics*, 5(1):89–108, 1999.

[BCd08]   Camille Besse and Brahim Chaib-draa. Parallel rollout for online solution of dec-pomdps. In *FLAIRS Conference*, pages 619–624, 2008.

[BCN18]   Léon Bottou, Frank E Curtis, and Jorge Nocedal. Optimization methods for large-scale machine learning. *SIAM Review*, 60(2):223–311, 2018.

[BdBT$^+$18]   Lucian Buşoniu, Tim de Bruin, Domagoj Tolić, Jens Kober, and Ivana Palunko. Reinforcement learning for control: Performance, stability, and deep approximators. *Annual Reviews in Control*, 46:8–28, 2018.

[Bel57]   Richard E. Bellman. *Dynamic Programming.* Princeton University Press, 1957.

[Bel67]   Richard E. Bellman. *Introduction to the Mathematical Theory of Control Processes*, volume I and II. Academic Press, 1967.

[Bel84]   Richard E. Bellman. *Eye of the Hurricane.* World Scientific, 1984.

[Ben09]   Yoshua Bengio. *Learning Deep Architectures for AI*. Now Publishers Inc, 2009.

[Ber71]   Dimitri P. Bertsekas. *Control of Uncertain Systems With a Set-Membership Description of the Uncertainty*. PhD thesis, Massachusetts Institute of Technology, 1971.

[Ber72]   Dimitri P. Bertsekas. Infinite time reachability of state-space regions by using feedback control. *IEEE Transactions on Automatic Control*, 17(5):604–613, 1972.

[Ber73]   Dimitri P. Bertsekas. Stochastic optimization problems with nondifferentiable cost functionals. *Journal of Optimization Theory and Applications*, 12(2):218–231, 1973.

[Ber82]   Dimitri Bertsekas. Distributed dynamic programming. *IEEE Transactions on Automatic Control*, 27(3):610–616, 1982.

[Ber83]   Dimitri P. Bertsekas. Asynchronous distributed computation of fixed points. *Mathematical Programming*, 27(1):107–120, 1983.

[Ber91]   Dimitri P. Bertsekas. *Linear Network Optimization: Algorithms and Codes*. MIT Press, 1991.

[Ber95]   Dimitri P. Bertsekas. A counterexample to temporal differences learning. *Neural Computation*, 7(2):270–279, 1995.

[Ber97a]   Dimitri P. Bertsekas. Differential training of rollout policies. In *Proceedings of the 35th Allerton Conference on Communication, Control, and Computing*. IEEE, 1997.

[Ber97b]   Dimitri P. Bertsekas. Differential training of rollout policies. In *Proceedings of the 35th Allerton Conference on Communication, Control, and Computing*. IEEE, 1997.

[Ber97c]   Dimitri P. Bertsekas. A new class of incremental gradient methods for least squares problems. *SIAM Journal on Optimization*, 7(4):913–926, 1997.

[Ber98]   Dimitri P. Bertsekas. *Network Optimization: Continuous and Discrete Models*. Athena Scientific Belmont, 1998.

[Ber05a]   Dimitri P. Bertsekas. Dynamic programming and suboptimal control: A survey from adp to mpc. *European Journal of Control*, 11(4-5):310–334, 2005.

[Ber05b]   Dimitri P. Bertsekas. Rollout algorithms for constrained dynamic programming. *Lab. for Information and Decision Systems Report*, 2646, 2005.

[Ber07]   Dimitri P. Bertsekas. Separable dynamic programming and approximate decomposition methods. *IEEE Transactions on Automatic Control*, 52(5):911–916, 2007.

[Ber11a]   Dimitri P. Bertsekas. Approximate policy iteration: A survey and some new methods. *Journal of Control Theory and Applications*, 9(3):310–335, 2011.

[Ber11b]   Dimitri P. Bertsekas. Incremental proximal methods for large scale convex optimization. *Mathematical Programming*, 129(2):163–195, 2011.

[Ber11c]   Dimitri P. Bertsekas. Temporal difference methods for general projected equations. *IEEE Transactions on Automatic Control*, 56(9):2128–2139, 2011.

[Ber12a]   Dimitri P. Bertsekas. *Dynamic Programming and Optimal Control: Vol. II*. Athena Scientific Belmont, 4th edition, 2012.

[Ber12b]   Dimitri P. Bertsekas. Lambda-policy iteration: A review and a new implementation. *Reinforcement Learning and Approximate Dynamic Programming for Feedback Control*, pages 379–409, 2012.

[Ber13]   Dimitri P. Bertsekas. Rollout algorithms for discrete optimization: A survey. *Handbook of Combinatorial Optimization, D. Zu and P. Pardalos, Eds. Springer*, 2013.

[Ber15a]   Dimitri P. Bertsekas. *Convex Optimization Algorithms*. Athena Scientific Belmont, 2015.

[Ber15b]   Dimitri P. Bertsekas. Incremental aggregated proximal and augmented lagrangian algorithms. *arXiv preprint arXiv:1509.09257*, 2015.

[Ber16a]   Dimitri P. Bertsekas. *Nonlinear Programming*. Athena scientific Belmont, 3rd edition, 2016.

[Ber16b]   Dimitri P. Bertsekas. Proximal algorithms and temporal differences for large linear systems: Extrapolation, approximation, and simulation. *arXiv preprint arXiv:1610.05427*, 2016.

[Ber17]   Dimitri P. Bertsekas. *Dynamic Programming and Optimal Control: Vol. I*. Athena scientific Belmont, 4th edition, 2017.

[Ber18a]   Dimitri P. Bertsekas. *Abstract Dynamic Programming*. Athena Scientific, 2018.

[Ber18b]   Dimitri P. Bertsekas. Feature-based aggregation and deep reinforcement learning: A survey and some new implementations. *IEEE/CAA Journal of Automatica Sinica*, 6(1):1–31, 2018.

[Ber18c]   Dimitri P. Bertsekas. Proper policies in infinite-state stochastic shortest path problems. *IEEE Transactions on Automatic Control*, 63(11):3787–3792, 2018.

[Ber18d]   Dimitri P. Bertsekas. Proximal algorithms and temporal difference methods for solving fixed point problems. *Computational Optimization and Applications*, 70(3):709–736, 2018.

[Ber19a]   Dimitri P. Bertsekas. Affine monotonic and risk-sensitive models in dynamic programming. *IEEE Transactions on Automatic Control*, 64(8):3117–3128, 2019.

[Ber19b]   Dimitri P. Bertsekas. Biased aggregation, rollout, and enhanced policy improvement for reinforcement learning. *arXiv preprint arXiv:1910.02426*, 2019.

[Ber19c]   Dimitri P. Bertsekas. Lecture slides and videolectures on reinforcement learning and optimal control, asu. `http://web.mit.edu/dimitrib/www/RLbook.html`, 2019.

[Ber19d]   Dimitri P. Bertsekas. Multiagent rollout algorithms and reinforcement learning. *arXiv preprint arXiv:1910.00120*, 2019.

[Ber19e]   Dimitri P. Bertsekas. Robust shortest path planning and semicontractive dynamic programming. *Naval Research Logistics*, 66(1):15–37, 2019.

[Bet10]   Brett M. Bethke. *Kernel-Based Approximate Dynamic Programming Using Bellman Residual Elimination*. PhD thesis, Massachusetts Institute of Technology, 2010.

[BGM95]   Dimitri P. Bertsekas, Francesca Guerriero, and Roberto Musmanno. Parallel shortest paths methods for globally optimal trajectories. In *Advances in Parallel Computing*, volume 10, pages 303–315. Elsevier, 1995.

[BH75]   Arthur E. Bryson and Yu-Chi Ho. *Applied Optimal Control: Optimization, Estimation, and Control*. Taylor & Francis, 1975.

[BI96]   Dimitri P. Bertsekas and Sergey Ioffe. Temporal differences-based policy iteration and applications in neuro-dynamic programming. *Lab. for Info. and Decision Systems Report LIDS-P-2349, MIT, Cambridge, MA*, 14, 1996.

[Bia16]   Pascal Bianchi. Ergodic convergence of a stochastic proximal point algorithm. *SIAM Journal on Optimization*, 26(4):2235–2260, 2016.

[Bis95]   Christopher M. Bishop. *Neural Networks for Pattern Recognition*. Oxford University Press, 1995.

[Bis06]   Christopher M. Bishop. *Pattern Recognition and Machine Learning*. Springer, 2006.

[BK97]   Apostolos N. Burnetas and Michael N. Katehakis. Optimal adaptive policies for Markov decision processes. *Mathematics of Operations Research*, 22(1):222–255, 1997.

[BL14]   Steffen Beyme and Cyril Leung. Rollout algorithm for target search in a wireless sensor network. In *2014 IEEE 80th Vehicular Technology Conference*, pages 1–5. IEEE, 2014.

[Bla99]   Franco Blanchini. Set invariance in control. *Automatica*, 35(11):1747–1767, 1999.

[BLLT20]   Peter L Bartlett, Philip M Long, Gábor Lugosi, and Alexander Tsigler. Benign overfitting in linear regression. *Proceedings of the National Academy of Sciences*, 117(48):30063–30070, 2020.

[BMM18]   Mikhail Belkin, Siyuan Ma, and Soumik Mandal. To understand deep learning we need to understand kernel learning. In *International Conference on Machine Learning*, pages 541–549. PMLR, 2018.

[BNO03]   Dimitri P. Bertsekas, Angelia Nedic, and Asuman Ozdaglar. *Convex Analysis and Optimization*, volume 1. Athena Scientific, 2003.

[Bor08]   Vivek S. Borkar. *Stochastic Approximation: A Dynamical Systems Viewpoint*. Cambridge University Press, 2008.

[Bor09a]   Vivek S. Borkar. Reinforcement learning—a bridge between numerical methods and Monte Carlo. In *Perspectives in Mathematical Sciences I: Probability and Statistics*, pages 71–91. World Scientific, 2009.

[Bor09b]   Vivek S. Borkar. *Stochastic Approximation: A Dynamical Systems Viewpoint*, volume 48. Springer, 2009.

[Boy02]   Justin A. Boyan. Technical update: Least-squares temporal difference learning. *Machine Learning*, 49(2):233–246, 2002.

[BP03]   Dimitris Bertsimas and Ioana Popescu. Revenue management in a dynamic network environment. *Transportation Science*, 37(3):257–277, 2003.

[BPP13]   S. Bhatnagar, H.L. Prasad, and L.A. Prashanth. *Stochastic Recursive Algorithms for Optimization: Simultaneous Perturbation Methods*. Springer, 2013.

[BPW+12]   Cameron B. Browne, Edward Powley, Daniel Whitehouse, Simon M. Lucas, Peter I. Cowling, Philipp Rohlfshagen, Stephen Tavener, Diego Perez, Spyridon Samothrakis, and Simon Colton. A survey of Monte Carlo tree search methods. *IEEE Transactions on Computational Intelligence and AI in Games*, 4(1):1–43, 2012.

[BR71]   Dimitri P. Bertsekas and Ian B Rhodes. On the minimax reachability of target sets and target tubes. *Automatica*, 7(2):233–247, 1971.

[BR73]   Dimitri P. Bertsekas and Ian Rhodes. Sufficiently informative functions and the minimax feedback control of uncertain dynamic systems. *IEEE Transactions on Automatic Control*, 18(2):117–124, 1973.

[BRT19]   Mikhail Belkin, Alexander Rakhlin, and Alexandre B. Tsybakov. Does data interpolation contradict statistical optimality? In *The 22nd International Conference on Artificial Intelligence and Statistics*, pages 1611–1619. PMLR, 2019.

[BS78]   Dimitir P. Bertsekas and Steven Shreve. *Stochastic Optimal Control: The Discrete-Time Case*. Academic Press, 1978.

[BS18]   Luca Bertazzi and Nicola Secomandi. Faster rollout search for the vehicle routing problem with stochastic demands and restocking. *European Journal of Operational Research*, 270(2):487–497, 2018.

[BSA83]   Andrew G. Barto, Richard S. Sutton, and Charles W. Anderson. Neuronlike adaptive elements that can solve difficult learning control problems. *IEEE Transactions on Systems, Man, and Cybernetics*, 13:834–846, 1983.

[BT89]   Dimitri P. Bertsekas and John N. Tsitsiklis. *Parallel and Distributed Computation: Numerical Methods*, volume 23. Prentice Hall Englewood Cliffs, NJ, 1989.

[BT91]   Dimitri P. Bertsekas and John N. Tsitsiklis. An analysis of stochastic shortest path problems. *Mathematics of Operations Research*, 16(3):580–595, 1991.

[BT96]   Dimitri P. Bertsekas and John N. Tsitsiklis. *Neuro-Dynamic Programming*. Athena Scientific, 1996.

[BT97]   Dimitris Bertsimas and John N. Tsitsiklis. *Introduction to Linear Optimization*, volume 6. Athena Scientific Belmont, MA, 1997.

[BT00]   Dimitri P. Bertsekas and John N. Tsitsiklis. Gradient convergence in gradient methods with errors. *SIAM Journal on Optimization*, 10(3):627–642, 2000.

[BT08]   Dimitri P. Bertsekas and John N Tsitsiklis. *Introduction to Probability*, volume 1. Athena Scientific, 2008.

[BTW97]   Dimitri P. Bertsekas, John N. Tsitsiklis, and Cynara Wu. Rollout algorithms for combinatorial optimization. *Journal of Heuristics*, 3(3):245–262, 1997.

[BV79]   Vivek Borkar and P Varaiya. Adaptive control of Markov chains, i: Finite parameter set. *IEEE Transactions on Automatic Control*, 24(6):953–957, 1979.

[BWL21]   Paul Nathaniel Beuchat, Joseph Warrington, and John Lygeros. Accelerated point-wise maximum approach to approximate dynamic programming. *IEEE Transactions on Automatic Control*, 67(1):251–266, 2021.

[BY96]   Dimitri P. Bertsekas and Huizhen Yu. Lecture at nsf workshop on reinforcement learning. In *Hilltop House, Harper's Ferry, N. Y.*, 1996.

[BY09]   Dimitri P. Bertsekas and Huizhen Yu. Projected equation methods for approximate solution of large linear systems. *Journal of Computational and Applied Mathematics*, 227(1):27–50, 2009.

[BY10a]   Dimitri P. Bertsekas and H Yu. Asynchronous distributed policy iteration in dynamic programming. In *Proceedings of Annual Allerton Conference on Communication, Control, and Computing*, pages 1368–1374, 2010.

[BY10b]   Dimitri P. Bertsekas and Huizhen Yu. Distributed asynchronous policy iteration in dynamic programming. In *2010 48th Annual Allerton Conference on Communication, Control, and Computing (Allerton)*, pages 1368–1375. IEEE, 2010.

[BY12]   Dimitri P. Bertsekas and Huizhen Yu. Q-learning and enhanced policy iteration in discounted dynamic programming. *Mathematics of Operations Research*, 37(1):66–94, 2012.

[BY16]   Dimitri P. Bertsekas and Huizhen Yu. Stochastic shortest path problems under weak conditions. *Lab. for Information and Decision Systems Report LIDS-P-2909, MIT*, 2016.

[BYB94]   Steven J. Bradtke, B. Erik Ydstie, and Andrew G. Barto. Adaptive linear quadratic control using policy iteration. In *Proceedings of 1994 American Control Conference*, volume 3, pages 3475–3479. IEEE, 1994.

[CA04]   Eduardo F. Camacho and Carlos Bordons Alba. *Model Predictive Control*. Springer Science & Business Media, 2004.

[Can16]   James V. Candy. *Bayesian Signal Processing: Classical, Modern, and Particle Filtering Methods*, volume 54. John Wiley & Sons, 2016.

[Cao07]   Xi-Ren Cao. *Stochastic Learning and Optimization-A Sensitivity-Based Approach*. Springer, 2007.

[CC97]   Xi-Ren Cao and Han-Fu Chen. Perturbation realization, potentials, and sensitivity analysis of Markov processes. *IEEE Transactions on Automatic Control*, 42(10):1382–1393, 1997.

[CC17]   Charles K. Chui and Guanrong Chen. *Kalman Filtering*. Springer, 2017.

[CC18]   Anthony L Caterini and Dong Eui Chang. *Deep Neural Networks in a Mathematical Framework*. Springer, 2018.

[CFHM05]   Hyeong Soo Chang, Michael C. Fu, Jiaqiao Hu, and Steven I. Marcus. An adaptive sampling algorithm for solving Markov decision processes. *Operations Research*, 53(1):126–139, 2005.

[CFHM16]   Hyeong Soo Chang, Michael C. Fu, Jiaqiao Hu, and Steven I. Marcus. Google deepmind's AlphaGo: Operations research's unheralded role in the path-breaking achievement. *OR/MS Today*, 43(5):24–30, 2016.

[CGC04]   Hyeong Soo Chang, Robert Givan, and Edwin K.P. Chong. Parallel rollout for online solution of partially observable Markov decision processes. *Discrete Event Dynamic Systems*, 14(3):309–341, 2004.

[CHFM13]   Hyeong Soo Chang, Jiaqiao Hu, Michael C. Fu, and Steven I. Marcus. *Simulation-Based Algorithms for Markov Decision Processes*. Springer Science & Business Media, 2nd edition, 2013.

[Cla17]   Zachary Clawson. *Shortest Path Problems: Domain Restriction, Anytime Planning, and Multi-Objective Optimization*. PhD thesis, Cornell University, 2017.

[CLT$^+$19]   Margaret P. Chapman, Jonathan Lacotte, Aviv Tamar, Donggun Lee, Kevin M. Smith, Victoria Cheng, Jaime F. Fisac, Susmit Jha, Marco Pavone, and Claire J. Tomlin. A risk-sensitive finite-time reachability approach for safety of stochastic dynamic systems. In *2019 American Control Conference (ACC)*, pages 2958–2963. IEEE, 2019.

[CM82]   Françoise Chatelin and Willard L. Miranker. Acceleration by aggregation of successive approximation methods. *Linear Algebra and its Applications*, 43:17–47, 1982.

[CM10]   Dotan Di Castro and Shie Mannor. Adaptive bases for reinforcement learning. In *Joint European Conference on Machine Learning and Knowledge Discovery in Databases*, pages 312–327. Springer, 2010.

[Cou07]   Rémi Coulom. Efficient selectivity and backup operators in Monte-Carlo tree search. In *Computers and Games: 5th International Conference, CG 2006, Turin, Italy, May 29-31, 2006. Revised Papers 5*, pages 72–83. Springer, 2007.

[CRRL06]   Randy Cogill, Michael Rotkowitz, Benjamin Van Roy, and Sanjay Lall. An approximate dynamic programming approach to decentralized control of stochastic systems. In *Control of Uncertain Systems: Modelling, Approximation, and Design*, pages 243–256. Springer, 2006.

[CS15]   Kamil Ciosek and David Silver. Value iteration with options and state aggregation. *arXiv preprint arXiv:1501.03959*, 2015.

[CST$^+$00]   Nello Cristianini, John Shawe-Taylor, et al. *An Introduction to Support Vector Machines and Other Kernel-Based Learning Methods*. Cambridge University Press, 2000.

[CTWW19]   Jr-Chang Chen, Wen-Jie Tseng, I-Chen Wu, and Ting-Han Wei. Comparison training for computer chinese chess. *IEEE Transactions on Games*, 12(2):169–176, 2019.

[CT91]   Chow, CHEE-S and Tsitsiklis, John N. An optimal one-way multigrid algorithm for discrete-time stochastic control. *IEEE Transactions on Automatic Control*, 36(8):898–914, 1991.

[CV12]   Adam Chacon and Alexander Vladimirsky. Fast two-scale methods for eikonal equations. *SIAM Journal on Scientific Computing*, 34(2):A547–A578, 2012.

[CV13]   Adam Chacon and Alexander Vladimirsky. A parallel heap-cell method for eikonal equations. *arXiv preprint arXiv:1306.4743*, 2013.

[CV15]   Adam Chacon and Alexander Vladimirsky. A parallel two-scale method for eikonal equations. *SIAM Journal on Scientific Computing*, 37(1):A156–A180, 2015.

[CW98] Xi-Ren Cao and Yat-Wah Wan. Algorithms for sensitivity analysis of Markov systems through potentials and perturbation realization. *IEEE Transactions on Control Systems Technology*, 6(4):482–494, 1998.

[CXL19] Zihao Chu, Zhe Xu, and Haitao Li. New heuristics for the rcpsp with multiple overlapping modes. *Computers & Industrial Engineering*, 131:146–156, 2019.

[Cyb89] George Cybenko. Approximation by superpositions of a sigmoidal function. *Mathematics of Control, Signals and Systems*, 2(4):303–314, 1989.

[DBKMR05] Pieter-Tjerk De Boer, Dirk P. Kroese, Shie Mannor, and Reuven Y. Rubinstein. A tutorial on the cross-entropy method. *Annals of Operations Research*, 134(1):19–67, 2005.

[DD93] Craig C. Douglas and Jim Douglas, Jr. A unified convergence theory for abstract multigrid or multilevel algorithms, serial and parallel. *SIAM Journal on Numerical Analysis*, 30(1):136–158, 1993.

[DDF+19] I. Daubechies, R. DeVore, S. Foucart, B. Hanin, and G. Petrova. Nonlinear approximation and (deep) relu networks. *arXiv preprint arXiv:1905.02199*, 2019.

[D'E60] F D'Epenoux. Sur un probleme de production et de stockage dans l' aléatoire. *Revue Française de Recherche Opérationelle*, 14(3-16):4, 1960.

[DF04] Daniela Pucci De Farias. The linear programming approach to approximate dynamic programming. In Jennie Si, Andrew G. Barto, Warren B. Powell, and Don Wunsch, editors, *Handbook of Learning and Approximate Dynamic Programming*. IEEE Press, 2004.

[DFM12] VV Desai, VF Farias, and CC Moallemi. Approximate dynamic programming via a smoothed approximate linear program. *Operations Research*, 60:655–674, 2012.

[DFM13] Vijay V. Desai, Vivek F. Farias, and Ciamac C. Moallemi. Bounds for Markov decision processes. In Frank L. Lewis and Derong Liu, editors, *Reinforcement Learning and Approximate Dynamic Programming for Feedback Control*, pages 452–473. IEEE Press, 2013.

[DFVR03] Daniela Pucci De Farias and Benjamin Van Roy. The linear programming approach to approximate dynamic programming. *Operations Research*, 51(6):850–865, 2003.

[DFVR04] Daniela Pucci De Farias and Benjamin Van Roy. On constraint sampling in the linear programming approach to approximate dynamic programming. *Mathematics of Operations Research*, 29(3):462–478, 2004.

[DJ06] Kenneth A. De Jong. *Evolutionary Computation: A Unified Approach*. MIT Press, 2006.

[DJ+09] Arnaud Doucet, Adam M Johansen, et al. A tutorial on particle filtering and smoothing: Fifteen years later. *Handbook of Nonlinear Filtering*, 12(656-704):3, 2009.

[DJWW15] John C. Duchi, Michael I. Jordan, Martin J. Wainwright, and Andre Wibisono. Optimal rates for zero-order convex optimization: The power of two function evaluations. *IEEE Transactions on Information Theory*, 61(5):2788–2806, 2015.

[DK11] Sam Devlin and Daniel Kudenko. Theoretical considerations of potential-based reward shaping for multi-agent systems. In *The 10th International Conference on Autonomous Agents and Multiagent Systems*, pages 225–232. ACM, 2011.

[DL08] Christos Dimitrakakis and Michail G. Lagoudakis. Rollout sampling approximate policy iteration. *Machine Learning*, 72(3):157–171, 2008.

[DNP+13] Marc Peter Deisenroth, Gerhard Neumann, Jan Peters, et al. A survey on policy search for robotics. *Foundations and Trends in Robotics*, 2(1-2):388–403, 2013.

[DNW16]   Omid E. David, Nathan S Netanyahu, and Lior Wolf. Deepchess: End-to-end deep neural network for automatic learning in chess. In *International Conference on Artificial Neural Networks*, pages 88–96. Springer, 2016.

[DR79]   Eric V. Denardo and Uriel G. Rothblum. Optimal stopping, exponential utility, and linear programming. *Mathematical Programming*, 16(1):228–244, 1979.

[Dre02]   Stuart Dreyfus. Richard bellman on the birth of dynamic programming. *Operations Research*, 50(1):48–51, 2002.

[DW01]   Thomas G Dietterich and Xin Wang. Batch value function approximation via support vectors. In *NIPS*, pages 1491–1498, 2001.

[EGW05]   Damien Ernst, Pierre Geurts, and Louis Wehenkel. Tree-based batch mode reinforcement learning. *Journal of Machine Learning Research*, 6, 2005.

[ELP12]   Reza Moazzez Estanjini, Keyong Li, and Ioannis Ch Paschalidis. A least squares temporal difference actor-critic algorithm with applications to warehouse management. *Naval Research Logistics*, 59(3-4):197–211, 2012.

[EMM05]   Yaakov Engel, Shie Mannor, and Ron Meir. Reinforcement learning with gaussian processes. In *Proceedings of the 22nd International Conference on Machine Learning*, pages 201–208, 2005.

[Fal87]   Maurizio Falcone. A numerical approach to the infinite horizon problem of deterministic control theory. *Applied Mathematics and Optimization*, 15(1):1–13, 1987.

[Fer10]   Henning Fernau. Minimum dominating set of queens: A trivial programming exercise? *Discrete Applied Mathematics*, 158(4):308–318, 2010.

[FH94]   Michael C. Fu and Jian-Qiang Hu. Smoothed perturbation analysis derivative estimation for Markov chains. *Operations Research Letters*, 15(5):241–251, 1994.

[FHS14]   Eugene A. Feinberg, Jefferson Huang, and Bruno Scherrer. Modified policy iteration algorithms are not strongly polynomial for discounted dynamic programming. *Operations Research Letters*, 42(6-7):429–431, 2014.

[FKB13]   Paul Frihauf, Miroslav Krstic, and Tamer Başar. Finite-horizon lq control for unknown discrete-time linear systems via extremum seeking. *European Journal of Control*, 19(5):399–407, 2013.

[FPBG15]   Amir-massoud Farahmand, Doina Precup, André MS Barreto, and Mohammad Ghavamzadeh. Classification-based approximate policy iteration. *IEEE Transactions on Automatic Control*, 60(11):2989–2993, 2015.

[FS04]   Silvia Ferrari and Robert F. Stengel. Model-based adaptive critic designs. In Jennie Si, Andrew G. Barto, Warren B. Powell, and Don Wunsch, editors, *Handbook of Learning and Approximate Dynamic Programming*. IEEE Press, 2004.

[Fu17]   Michael C. Fu. Markov decision processes, AlphaGo, and Monte Carlo tree search: Back to the future. In *Leading Developments from INFORMS Communities*, pages 68–88. INFORMS, 2017.

[Fun89]   Ken-Ichi Funahashi. On the approximate realization of continuous mappings by neural networks. *Neural Networks*, 2(3):183–192, 1989.

[FV02]   Michael C. Ferris and Meta M. Voelker. Neuro-dynamic programming for radiation treatment planning. 2002.

[FV04]   Michael C. Ferris and Meta M. Voelker. Fractionation in radiation treatment planning. *Mathematical Programming*, 101(2):387–413, 2004.

[FYG06]   Alan Fern, Sungwook Yoon, and Robert Givan. Approximate policy iteration with a policy language bias: Solving relational Markov decision processes. *Journal of Artificial Intelligence Research*, 25:75–118, 2006.

[GBB04]   Evan Greensmith, Peter L. Bartlett, and Jonathan Baxter. Variance reduction techniques for gradient estimates in reinforcement learning. *Journal of Machine Learning Research*, 5(9), 2004.

[GBC16]   Ian Goodfellow, Yoshua Bengio, and Aaron Courville. *Deep Learning*. MIT press, 2016.

[GBLB12]   Ivo Grondman, Lucian Busoniu, Gabriel AD Lopes, and Robert Babuska. A survey of actor-critic reinforcement learning: Standard and natural policy gradients. *IEEE Transactions on Systems, Man, and Cybernetics, Part C (Applications and Reviews)*, 42(6):1291–1307, 2012.

[GDPPM19]   Francesca Guerriero, Luigi Di Puglia Pugliese, and Giusy Macrina. A rollout algorithm for the resource constrained elementary shortest path problem. *Optimization Methods and Software*, 34(5):1056–1074, 2019.

[GGS13]   Victor Gabillon, Mohammad Ghavamzadeh, and Bruno Scherrer. Approximate dynamic programming finally performs well in the game of tetris. In *Neural Information Processing Systems (NIPS) 2013*, 2013.

[Gla13]   Paul Glasserman. *Monte Carlo Methods in Financial Engineering*, volume 53. Springer Science & Business Media, 2013.

[GLGS11]   Victor Gabillon, Alessandro Lazaric, Mohammad Ghavamzadeh, and Bruno Scherrer. Classification-based policy iteration with a critic. In *26th International Conference on Machine Learning*, 2011.

[Gly87]   Peter W. Glynn. Likelilood ratio gradient estimation: An overview. In *Proceedings of the 19th Conference on Winter Simulation*, pages 366–375, 1987.

[Gly90]   Peter W. Glynn. Likelihood ratio gradient estimation for stochastic systems. *Communications of the ACM*, 33(10):75–84, 1990.

[GM03]   Francesca Guerriero and Marco Mancini. A cooperative parallel rollout algorithm for the sequential ordering problem. *Parallel Computing*, 29(5):663–677, 2003.

[Gor95]   Geoffrey J Gordon. Stable function approximation in dynamic programming. In *Machine Learning Proceedings 1995*, pages 261–268. Elsevier, 1995.

[Gos15]   Abhijit Gosavi. *Simulation-Based Optimization*. Springer, 2nd edition, 2015.

[GR85]   Roberto Gonzalez and Edmundo Rofman. On deterministic control problems: An approximation procedure for the optimal cost, parts i, ii. *SIAM Journal on Control and Optimization*, 23(2):242–285, 1985.

[Gre05]   Evan Greensmith. *Policy Gradient Methods: Variance Reduction and Stochastic Convergence*. PhD thesis, The Australian National University, 2005.

[Grz17]   Marek Grzes. Reward shaping in episodic reinforcement learning. In *Proceedings of the 16th Conference on Autonomous Agents and MultiAgent Systems*. ACM, 2017.

[GS14]   Graham C. Goodwin and Kwai Sang Sin. *Adaptive Filtering Prediction and Control*. Courier Corporation, 2014.

[GS20]   Matthieu Guillot and Gautier Stauffer. The stochastic shortest path problem: A polyhedral combinatorics perspective. *European Journal of Operational Research*, 285(1):148–158, 2020.

[GTO16]   Justin C. Goodson, Barrett W. Thomas, and Jeffrey W. Ohlmann. Restocking-based rollout policies for the vehicle routing problem with stochastic demand and duration limits. *Transportation Science*, 50(2):591–607, 2016.

[Han98]   Eric A. Hansen. Solving pomdps by searching in policy space. In *Proceedings of the 14th Conference on Uncertainty in Artificial Intelligence*, pages 211–219, 1998.

[Hay08]   Simon Haykin. *Neural Networks and Learning Machines*. Pearson Education India, 3rd edition, 2008.

[HJG16]   Qilong Huang, Qing-Shan Jia, and Xiaohong Guan. Robust scheduling of ev charging load with uncertain wind power integration. *IEEE Transactions on Smart Grid*, 9(2):1043–1054, 2016.

[HLZP18]   Manjesh Kumar Hanawal, Hao Liu, Henghui Zhu, and Ioannis Ch Paschalidis. Learning policies for Markov decision processes from data. *IEEE Transactions on Automatic Control*, 64(6):2298–2309, 2018.

[HMRT19]   Trevor Hastie, Andrea Montanari, Saharon Rosset, and Ryan J. Tibshirani. Surprises in high-dimensional ridgeless least squares interpolation. *arXiv preprint arXiv:1903.08560*, 2019.

[HPCD96]   John Joseph Helmsen, Elbridge Gerry Puckett, Phillip Colella, and Milo Dorr. Two new methods for simulating photolithography development in 3d. In *Optical Microlithography IX*, volume 2726, pages 253–261. SPIE, 1996.

[HSD00]   Peter E. Hart, David G. Stork, and Richard O. Duda. *Pattern Classification*. Wiley Hoboken, 2000.

[HSS08]   Thomas Hofmann, Bernhard Schölkopf, and Alexander J Smola. Kernel methods in machine learning. *The Annals of Statistics*, 36(3):1171–1220, 2008.

[HSW89]   Kurt Hornik, Maxwell Stinchcombe, and Halbert White. Multilayer feedforward networks are universal approximators. *Neural Networks*, 2(5):359–366, 1989.

[IJT19]   Alfredo N Iusem, Alejandro Jofré, and Philip Thompson. Incremental constraint projection methods for monotone stochastic variational inequalities. *Mathematics of Operations Research*, 44(1):236–263, 2019.

[IS12]   Petros A. Ioannou and Jing Sun. *Robust Adaptive Control*. Courier Corporation, 2012.

[Iva68]   Alexey Grigorevich Ivakhnenko. The group method of data of handling; a rival of the method of stochastic approximation. *Soviet Automatic Control*, 13:43–55, 1968.

[Iva71]   Alexey Grigorevich Ivakhnenko. Polynomial theory of complex systems. *IEEE Transactions on Systems, Man, and Cybernetics*, 1(4):364–378, 1971.

[JB16]   Ajin George Joseph and Shalabh Bhatnagar. Revisiting the cross entropy method with applications in stochastic global optimization and reinforcement learning. In *Proceedings of the Twenty-Second European Conference on Artificial Intelligence*, pages 1026–1034, 2016.

[JB18]   Ajin George Joseph and Shalabh Bhatnagar. A cross entropy based optimization algorithm with global convergence guarantees. *arXiv preprint arXiv:1801.10291*, 2018.

[JJ17]   Yu Jiang and Zhong-Ping Jiang. *Robust Adaptive Dynamic Programming*. John Wiley & Sons, 2017.

[Jon90]   Lee K. Jones. Constructive approximation for neural networks by sigmoidal functions. *Proceedings of IEEE*, 78:1586–1589, 1990.

[JP07]   Tobias Jung and Daniel Polani. Kernelizing lspe (λ). In *2007 IEEE International Symposium on Approximate Dynamic Programming and Reinforcement Learning*, pages 338–345. IEEE, 2007.

[JSJ94]   Tommi Jaakkola, Satinder Singh, and Michael Jordan. Reinforcement learning algorithm for partially observable Markov decision problems. *Advances in Neural Information Processing Systems*, 7, 1994.

[KAC+15]   Mykel J. Kochenderfer, Christopher Amato, Girish Chowdhary, Jonathan P. How, Hayley J. Davison Reynolds, Jason R. Thornton, Pedro A. Torres-Carrasquillo, N. Kemal Üre, and John Vian. *Decision Making under Uncertainty: Theory and Application*. MIT press, 2015.

[Kak01]   Sham M. Kakade. A natural policy gradient. *Advances in Neural Information Processing Systems*, 14, 2001.

[KC16]   Basil Kouvaritakis and Mark Cannon. *Model Predictive Control: Classical, Robust and Stochastic*. Springer, 2016.

[KD01]   Harold J. Kushner and Paul G. Dupuis. *Numerical Methods for Stochastic Control Problems in Continuous Time*, volume 24. Springer Science & Business Media, 2001.

[KG88]   S.S. Keerthi and Elmer G. Gilbert. Optimal infinite-horizon feedback laws for a general class of constrained discrete-time systems: Stability and moving-horizon approximations. *Journal of Optimization Theory and Applications*, 57(2):265–293, 1988.

[KGB82]   Joseph Kimemia, Stanley B Gershwin, and Dimitri P. Bertsekas. Computation of production control policies by a dynamic programming technique. In *Analysis and Optimization of Systems*, pages 241–259. Springer, 1982.

[Kim82]   Joseph Githu Kimemia. *Hierarchical Control of Production in Flexible Manufacturing Systems*. PhD thesis, Massachusetts Institute of Technology, 1982.

[KK06]   Nick J. Killingsworth and Miroslav Krstic. Pid tuning using extremum seeking: Online, model-free performance optimization. *IEEE Control Systems Magazine*, 26(1):70–79, 2006.

[KKK95]   Miroslav Krstic, Petar V Kokotovic, and Ioannis Kanellakopoulos. *Nonlinear and Adaptive Control Design*. John Wiley & Sons, Inc., 1995.

[KLC98]   Leslie Pack Kaelbling, Michael L. Littman, and Anthony R. Cassandra. Planning and acting in partially observable stochastic domains. *Artificial Intelligence*, 101(1-2):99–134, 1998.

[KLM96]   Leslie Pack Kaelbling, Michael L Littman, and Andrew W Moore. Reinforcement learning: A survey. *Journal of Artificial Intelligence Research*, 4:237–285, 1996.

[KMP06]   Philipp W Keller, Shie Mannor, and Doina Precup. Automatic basis function construction for approximate dynamic programming and reinforcement learning. In *Proceedings of the 23rd International Conference on Machine Learning*, pages 449–456, 2006.

[Kol12]   Andrey Kolobov. Planning with Markov decision processes: An ai perspective. *Synthesis Lectures on Artificial Intelligence and Machine Learning*, 6(1):1–210, 2012.

[Kor90]   Richard E. Korf. Real-time heuristic search. *Artificial Intelligence*, 42(2-3):189–211, 1990.

[KRC+13]   Dirk P. Kroese, Reuven Y. Rubinstein, Izack Cohen, Sergey Porotsky, and Thomas Taimre. Cross-entropy method. In *Encyclopedia of Operations Research and Management Science*, pages 326–333. Citeseer, 2013.

[Kre19]   Arthur J. Krener. Adaptive horizon model predictive control and al'brekht's method. *arXiv preprint arXiv:1904.00053*, 2019.

[Kri16]   Vikram Krishnamurthy. *Partially Observed Markov Decision Processes*. Cambridge University Press, 2016.

[KS06]   Levente Kocsis and Csaba Szepesvári. Bandit based Monte Carlo planning. In *European Conference on Machine Learning*, pages 282–293. Springer, 2006.

[KT99]   Vijay Konda and John N. Tsitsiklis. Actor-critic algorithms. *Advances in Neural Information Processing Systems*, 12, 1999.

[KT03]   Vijay Konda and John N. Tsitsiklis. On actor-critic algorithms. *SIAM Journal on Control and Optimization*, 42:1143–1166, 2003.

[Kum83]   Panqanamala Ramana Kumar. Optimal adaptive control of linear-quadratic-gaussian systems. *SIAM Journal on Control and Optimization*, 21(2):163–178, 1983.

[Kun14]   Sun Yuan Kung. *Kernel Methods and Machine Learning*. Cambridge University Press, 2014.

[KV86]   Panqanamala Ramana Kumar and Pravin Varaiya. *Stochastic Systems: Estimation, Identification, and Adaptive Control*. Prentice-Hall, 1986.

[KV15]   Panqanamala Ramana Kumar and Pravin Varaiya. *Stochastic Systems: Estimation, Identification, and Adaptive Control*. SIAM, 2015.

[KY03]   Harold J. Kushner and G. George Yin. *Stochastic Approximation and Recursive Algorithms and Applications*. Springer, 2 edition, 2003.

[L'E91]   Pierre L'Ecuyer. An overview of derivative estimation. In *Proceedings of the 1991 Conference on Winter Simulation*, pages 207–217. IEEE, 1991.

[Lee17]   Jangwon Lee. A survey of robot learning from demonstrations for human-robot collaboration. *arXiv preprint arXiv:1710.08789*, 2017.

[LGM+03]   Olivier Lequin, Michel Gevers, Magnus Mossberg, Emmanuel Bosmans, and Lionel Triest. Iterative feedback tuning of pid parameters: Comparison with classical tuning rules. *Control Engineering Practice*, 11(9):1023–1033, 2003.

[LGM10]   Alessandro Lazaric, Mohammad Ghavamzadeh, and Rémi Munos. Analysis of a classification-based policy iteration algorithm. In *ICML-27th International Conference on Machine Learning*, pages 607–614. Omnipress, 2010.

[LGW16]   Yu Lan, Xiaohong Guan, and Jiang Wu. Rollout strategies for real-time multi-energy scheduling in microgrid with storage system. *IET Generation, Transmission & Distribution*, 10(3):688–696, 2016.

[Li17]   Yuxi Li. Deep reinforcement learning: An overview. *arXiv preprint arXiv:1701.07274*, 2017.

[Lib11]   Daniel Liberzon. *Calculus of Variations and Optimal Control theory: A Concise Introduction*. Princeton university press, 2011.

[Liu01]   Jun S. Liu. *Monte Carlo Strategies in Scientific Computing*. Springer Science & Business Media, 2001.

[LL13]   Frank L. Lewis and Derong Liu. *Reinforcement Learning and Approximate Dynamic Programming for Feedback Control*, volume 17. John Wiley & Sons, 2013.

[LLL08]   Frank L. Lewis, Derong Liu, and George G. Lendaris. *Special Issue on Adaptive Dynamic Programming and Reinforcement Learning in Feedback Control*, volume 38 of *IEEE Transactions on Systems, Man, and Cybernetics, Part B*. IEEE, 2008.

[LLPS93]   Moshe Leshno, Vladimir Ya Lin, Allan Pinkus, and Shimon Schocken. Multilayer feedforward networks with a nonpolynomial activation function can approximate any function. *Neural Networks*, 6(6):861–867, 1993.

[LP03]   Michail G. Lagoudakis and Ronald Parr. Reinforcement learning as classification: Leveraging modern classifiers. In *Proceedings of the 20th International Conference on Machine Learning*, pages 424–431, 2003.

[LR85]   Tze Leung Lai and Herbert Robbins. Asymptotically efficient adaptive allocation rules. *Advances in Applied Mathematics*, 6(1):4–22, 1985.

[LR06]   Bo Lincoln and Anders Rantzer. Relaxing dynamic programming. *IEEE Transactions on Automatic Control*, 51(8):1249–1260, 2006.

[LS01]   Francis A. Longstaff and Eduardo S. Schwartz. Valuing american options by simulation: A simple least-squares approach. *The Review of Financial Studies*, 14(1):113–147, 2001.

[LS16]   Shiyu Liang and Rayadurgam Srikant. Why deep neural networks for function approximation? *arXiv preprint arXiv:1610.04161*, 2016.

[LV09]   Frank L. Lewis and Draguna Vrabie. Reinforcement learning and adaptive dynamic programming for feedback control. *IEEE Circuits and Systems Magazine*, 9(3):32–50, 2009.

[LW13]   Derong Liu and Qinglai Wei. Policy iteration adaptive dynamic programming algorithm for discrete-time nonlinear systems. *IEEE Transactions on Neural Networks and Learning Systems*, 25(3):621–634, 2013.

[LW15]   Haitao Li and Norman K. Womer. Solving stochastic resource-constrained project scheduling problems by closed-loop approximate dynamic programming. *European Journal of Operational Research*, 246(1):20–33, 2015.

[LWW$^+$17] Derong Liu, Qinglai Wei, Ding Wang, Xiong Yang, and Hongliang Li. *Adaptive Dynamic Programming with Applications in Optimal Control*. Springer, 2017.

[Mac02]   Jan Marian Maciejowski. *Predictive Control: With Constraints*. Pearson Education, 2002.

[Mat65]   J. Matyas. Random optimization. *Automation and Remote control*, 26(2):246–253, 1965.

[May14]   David Q. Mayne. Model predictive control: Recent developments and future promise. *Automatica*, 50(12):2967–2986, 2014.

[MB99]   Nicolas Meuleau and Paul Bourgine. Exploration of multi-state environments: Local measures and back-propagation of uncertainty. *Machine Learning*, 35(2):117–154, 1999.

[MBT05]   Ian M Mitchell, Alexandre M Bayen, and Claire J Tomlin. A time-dependent hamilton-jacobi formulation of reachable sets for continuous dynamic games. *IEEE Transactions on Automatic Control*, 50(7):947–957, 2005.

[Mey08]   Sean Meyn. *Control Techniques for Complex Networks*. Cambridge University Press, 2008.

[MJ15]   Andrew Mastin and Patrick Jaillet. Average-case performance of rollout algorithms for knapsack problems. *Journal of Optimization Theory and Applications*, 165(3):964–984, 2015.

[MKS$^+$15] Volodymyr Mnih, Koray Kavukcuoglu, David Silver, Andrei A. Rusu, Joel Veness, Marc G. Bellemare, Alex Graves, Martin Riedmiller, Andreas K. Fidjeland, Georg Ostrovski, et al. Human-level control through deep reinforcement learning. *Nature*, 518(7540):529–533, 2015.

[ML99]   Manfred Morari and Jay H. Lee. Model predictive control: Past, present and future. *Computers & Chemical Engineering*, 23(4-5):667–682, 1999.

[MMB02]   Amy McGovern, Eliot Moss, and Andrew G. Barto. Building a basic block instruction scheduler with reinforcement learning and rollouts. *Machine Learning*, 49(2):141–160, 2002.

[MMS05]   Ishai Menache, Shie Mannor, and Nahum Shimkin. Basis function adaptation in temporal difference reinforcement learning. *Annals of Operations Research*, 134(1):215–238, 2005.

[MPKK99] Nicolas Meuleau, Leonid Peshkin, Kee-Eung Kim, and Leslie Pack Kaelbling. Learning finite-state controllers for partially observable environments. In *Proceedings of the 15th Conference on Uncertainty in Artificial Intelligence*, pages 427–436, 1999.

[MPP04]   Carlo Meloni, Dario Pacciarelli, and Marco Pranzo. A rollout metaheuristic for job shop scheduling problems. *Annals of Operations Research*, 131(1):215–235, 2004.

[MRG03]   Shie Mannor, Reuven Y. Rubinstein, and Yohai Gat. The cross entropy method for fast policy search. In *Proceedings of the 20th International Conference on Machine Learning*, pages 512–519, 2003.

[MS08]   Rémi Munos and Csaba Szepesvári. Finite-time bounds for fitted value iteration. *Journal of Machine Learning Research*, 9(5), 2008.

[MT01]   Peter Marbach and John N. Tsitsiklis. Simulation-based optimization of Markov reward processes. *IEEE Transactions on Automatic Control*, 46(2):191–209, 2001.

[MT03]   Peter Marbach and John N. Tsitsiklis. Approximate gradient methods in policy-space optimization of Markov reward processes. *Discrete Event Dynamic Systems*, 13(1):111–148, 2003.

[Mun14]   Rémi Munos. From bandits to Monte-Carlo tree search: The optimistic principle applied to optimization and planning. 2014.

[MVSS20]   Vidya Muthukumar, Kailas Vodrahalli, Vignesh Subramanian, and Anant Sahai. Harmless interpolation of noisy data in regression. *IEEE Journal on Selected Areas in Information Theory*, 1(1):67–83, 2020.

[MYF03]   Hiroyuki Moriyama, Nobuo Yamashita, and Masao Fukushima. The incremental gauss-newton algorithm with adaptive stepsize rule. *Computational Optimization and Applications*, 26(2):107–141, 2003.

[NB01a]   Angelia Nedić and Dimitri P. Bertsekas. Convergence rate of incremental subgradient algorithms. In *Stochastic Optimization: Algorithms and Applications*, pages 223–264. Springer, 2001.

[NB01b]   Angelia Nedic and Dimitri P. Bertsekas. Incremental subgradient methods for nondifferentiable optimization. *SIAM Journal on Optimization*, 12(1):109–138, 2001.

[NB03]   Angelia Nedić and Dimitri P. Bertsekas. Least squares policy evaluation algorithms with linear function approximation. *Discrete Event Dynamic Systems*, 13(1):79–110, 2003.

[Ned11]   Angelia Nedić. Random algorithms for convex minimization problems. *Mathematical programming*, 129(2):225–253, 2011.

[NHR99]   Andrew Y. Ng, Daishi Harada, and Stuart Russell. Policy invariance under reward transformations: Theory and application to reward shaping. In *ICML*, volume 99, pages 278–287, 1999.

[NS12]   Gergely Neu and Csaba Szepesvári. Apprenticeship learning using inverse reinforcement learning and gradient methods. *arXiv preprint arXiv:1206.5264*, 2012.

[NS17]   Yurii Nesterov and Vladimir Spokoiny. Random gradient-free minimization of convex functions. *Foundations of Computational Mathematics*, 17(2):527–566, 2017.

[OS02]   Dirk Ormoneit and Śaunak Sen. Kernel-based reinforcement learning. *Machine Learning*, 49(2):161–178, 2002.

[OVRRW19] Ian Osband, Benjamin Van Roy, Daniel J Russo, and Zheng Wen. Deep exploration via randomized value functions. *Journal of Machine Learning Research*, 20(124):1–62, 2019.

[Pat01]   Stephen D. Patek. On terminating Markov decision processes with a risk-averse objective function. *Automatica*, 37(9):1379–1386, 2001.

[Pat07]   Stephen D. Patek. Partially observed stochastic shortest path problems with approximate solution by neuro-dynamic programming. *IEEE Transactions on Systems, Man, and Cybernetics-Part A: Systems and Humans*, 37(5):710–720, 2007.

[PB03]   Pascal Poupart and Craig Boutilier. Bounded finite state controllers. *Advances in Neural Information Processing Systems*, 16:823–830, 2003.

[PBT98]   Lazaros C. Polymenakos, Dimitri P. Bertsekas, and John N. Tsitsiklis. Implementation of efficient algorithms for globally optimal trajectories. *IEEE Transactions on Automatic Control*, 43(2):278–283, 1998.

[PDC+14]   Gianluigi Pillonetto, Francesco Dinuzzo, Tianshi Chen, Giuseppe De Nicolao, and Lennart Ljung. Kernel methods in system identification, machine learning and function estimation: A survey. *Automatica*, 50(3):657–682, 2014.

[PG04]   Laurent Péret and Frédérick Garcia. On-line search for solving Markov decision processes via heuristic sampling. *learning*, 16:2, 2004.

[Pow11]   Warren B. Powell. *Approximate Dynamic Programming: Solving the Curses of Dimensionality*. John Wiley & Sons, 2nd edition, 2011.

[PS78]   Martin L. Puterman and Moon Chirl Shin. Modified policy iteration algorithms for discounted Markov decision problems. *Management Science*, 24(11):1127–1137, 1978.

[PS82]   Martin L. Puterman and Moon Chirl Shin. Action elimination procedures for modified policy iteration algorithms. *Operations Research*, 30(2):301–318, 1982.

[PSS98]   Doina Precup, Richard S. Sutton, and Satinder Singh. Theoretical results on reinforcement learning with temporally abstract options. In *European Conference on Machine Learning*, pages 382–393. Springer, 1998.

[PT00]   I. Ch Paschalidis and John N. Tsitsiklis. Congestion-dependent pricing of network services. *IEEE/ACM Transactions on Networking*, 8(2):171–184, 2000.

[Put94]   Martin L. Puterman. *Markov Decision Processes: Discrete Stochastic Dynamic Programming*. John Wiley & Sons, 1994.

[PVR04]   Warren B. Powell and Benjamin Van Roy. Approximate dynamic programming for high-dimensional resource allocation problems. In Jennie Si, Andrew G. Barto, Warren B. Powell, and Don Wunsch, editors, *Handbook of Learning and Approximate Dynamic Programming*. IEEE Press, 2004.

[PW94]   Jing Peng and Ronald J Williams. Incremental multi-step q-learning. In *Machine Learning Proceedings 1994*, pages 226–232. Elsevier, 1994.

[Ras63]   Leonard Andreevich Rastrigin. About convergence of random search method in extremal control of multi-parameter systems. *Avtomat. i Telemekh*, 24(11):1467–1473, 1963.

[RC10]   Christian Robert and George Casella. *Monte Carlo Statistical Methods*. Springer Science & Business Media, 2010.

[Rec]   Benjamin Recht. An outsider's tour of reinforcement learning. http://www.argmin.net/2018/06/25/outsider-rl/.

[Rec19]   Benjamin Recht. A tour of reinforcement learning: The view from continuous control. *Annual Review of Control, Robotics, and Autonomous Systems*, 2:253–279, 2019.

[RK04]   Reuven Y. Rubinstein and Dirk P. Kroese. *The Cross-Entropy Method: A Unified Approach to Combinatorial Optimization*, volume 133. Springer, 2004.

[RK13]   Reuven Y. Rubinstein and Dirk P. Kroese. *The Cross-Entropy Method: A Unified Approach to Combinatorial Optimization, Monte-Carlo Simulation and Machine Learning*. Springer Science & Business Media, 2013.

[RK16]   Reuven Y. Rubinstein and Dirk P. Kroese. *Simulation and the Monte Carlo Method*. John Wiley & Sons, 2016.

[RK18]   Miloje S. Radenković and Miroslav Krstić. Extremum seeking-based perfect adaptive tracking of non-pe references despite nonvanishing variance of perturbation. *Automatica*, 93:189–196, 2018.

[RMD17]   James Blake Rawlings, David Q. Mayne, and Moritz Diehl. *Model Predictive Control: Theory, Computation, and Design*, volume 2. Nob Hill Publishing Madison, WI, 2017.

[RN94]   Gavin A Rummery and Mahesan Niranjan. *On-Line Q-Learning Using Connectionist Systems*. University of Cambridge, England, Department of Engineering, 1994.

[RN16]   Stuart Russell and Peter Norvig. Artificial intelligence: A modern approach. 2016.

[Ros70]   Sheldon M. Ross. *Applied Probability Models With Optimization Applications*. Holden-Day, 1970.

[Ros12]   Sheldon M. Ross. *Simulation*. Academic Press, 5 edition, 2012.

[RPWE91]   David F. Rogers, Robert D. Plante, Richard T. Wong, and James R. Evans. Aggregation and disaggregation techniques and methodology in optimization. *Operations Research*, 39(4):553–582, 1991.

[Rub69]   Reuven Y. Rubinstein. *Some Problems in Monte Carlo Optimization*. PhD thesis, Ph.D. thesis, 1969.

[RVR16]   Daniel Russo and Benjamin Van Roy. An information-theoretic analysis of thompson sampling. *Journal of Machine Learning Research*, 17(1):2442–2471, 2016.

[Sam59]   Arthur L. Samuel. Some studies in machine learning using the game of checkers. *IBM Journal of Research and Development*, 44(1.2):210–229, 1959.

[Sam67]   Arthur L. Samuel. Some studies in machine learning using the game of checkers. ii—recent progress. *IBM Journal of Research and Development*, 11(6):601–617, 1967.

[SB11]   Shankar Sastry and Marc Bodson. *Adaptive Control: Stability, Convergence and Robustness*. Courier Corporation, 2011.

[SB18]   Richard S. Sutton and Andrew G. Barto. *Reinforcement Learning: An Introduction*. MIT press, 2018.

[SBPW04]   Jennie Si, Andrew G. Barto, Warren B. Powell, and Don Wunsch, editors. *Handbook of Learning and Approximate Dynamic Programming*, volume 2. IEEE Press, 2004.

[SCG02]   Uday Savagaonkar, Edwin K.P. Chong, and Robert L. Givan. Sampling techniques for zero-sum, discounted Markov games. In *Proceedings Of The Annual Allerton Conference On Communication, Control and Computing*, volume 40, pages 285–294. The University; 1998, 2002.

[Sch99]   Stefan Schaal. Is imitation learning the route to humanoid robots? *Trends in Cognitive Sciences*, 3(6):233–242, 1999.

[Sch13]   Bruno Scherrer. Performance bounds for λ policy iteration and application to the game of tetris. *Journal of Machine Learning Research*, 14(4), 2013.

[Sch15]   Jürgen Schmidhuber. Deep learning in neural networks: An overview. *Neural Networks*, 61:85–117, 2015.

[Sec00]   Nicola Secomandi. Comparing neuro-dynamic programming algorithms for the vehicle routing problem with stochastic demands. *Computers & Operations Research*, 27(11-12):1201–1225, 2000.

[Sec01]   Nicola Secomandi. A rollout policy for the vehicle routing problem with stochastic demands. *Operations Research*, 49(5):796–802, 2001.

[Sec03]   Nicola Secomandi. Analysis of a rollout approach to sequencing problems with stochastic routing applications. *Journal of Heuristics*, 9(4):321–352, 2003.

[Set99a]   James A. Sethian. Fast marching methods. *SIAM Review*, 41(2):199–235, 1999.

[Set99b]　James Albert Sethian. *Level Set Methods and Fast Marching Methods: Evolving Interfaces in Computational Geometry, Fluid Mechanics, Computer Vision, and Materials Science*, volume 3. Cambridge University Press, 1999.

[SGG+15]　Bruno Scherrer, Mohammad Ghavamzadeh, Victor Gabillon, Boris Lesner, and Matthieu Geist. Approximate modified policy iteration and its application to the game of tetris. *Journal of Machine Learning Research*, 16:1629–1676, 2015.

[Sha50]　Claude E. Shannon. Xxii. programming a computer for playing chess. *The London, Edinburgh, and Dublin Philosophical Magazine and Journal of Science*, 41(314):256–275, 1950.

[SHB15]　Axel Simroth, Denise Holfeld, and Renè Brunsch. Job shop production planning under uncertainty: A Monte Carlo rollout approach. In *Proceedings of the International Scientific and Practical Conference*, volume 3, pages 175–179, 2015.

[SHC+17]　Tim Salimans, Jonathan Ho, Xi Chen, Szymon Sidor, and Ilya Sutskever. Evolution strategies as a scalable alternative to reinforcement learning. *arXiv preprint arXiv:1703.03864*, 2017.

[SHM+16]　David Silver, Aja Huang, Chris J. Maddison, Arthur Guez, Laurent Sifre, George Van Den Driessche, Julian Schrittwieser, Ioannis Antonoglou, Veda Panneershelvam, Marc Lanctot, et al. Mastering the game of go with deep neural networks and tree search. *Nature*, 529(7587):484–489, 2016.

[SHS+17]　David Silver, Thomas Hubert, Julian Schrittwieser, Ioannis Antonoglou, Matthew Lai, Arthur Guez, Marc Lanctot, Laurent Sifre, Dharshan Kumaran, Thore Graepel, et al. Mastering chess and shogi by self-play with a general reinforcement learning algorithm. *arXiv preprint arXiv:1712.01815*, 2017.

[SJJ94]　Satinder Singh, Tommi Jaakkola, and Michael Jordan. Reinforcement learning with soft state aggregation. In *Advances in Neural Information Processing Systems*, volume 7, 1994.

[SJL18]　Mahdi Soltanolkotabi, Adel Javanmard, and Jason D. Lee. Theoretical insights into the optimization landscape of over-parameterized shallow neural networks. *IEEE Transactions on Information Theory*, 65(2):742–769, 2018.

[SL91]　Jean-Jacques E Slotine and Weiping Li. *Applied Nonlinear Control*. Prentice hall Englewood Cliffs, NJ, 1991.

[SL06]　István Szita and András Lörincz. Learning tetris using the noisy cross-entropy method. *Neural Computation*, 18(12):2936–2941, 2006.

[SLJ+12]　Biao Sun, Peter B Luh, Qing-Shan Jia, Ziyan Jiang, Fulin Wang, and Chen Song. Building energy management: Integrated control of active and passive heating, cooling, lighting, shading, and ventilation systems. *IEEE Transactions on Automation Science and Engineering*, 10(3):588–602, 2012.

[SMSM99]　Richard S Sutton, David McAllester, Satinder Singh, and Yishay Mansour. Policy gradient methods for reinforcement learning with function approximation. *Advances in Neural Information Processing Systems*, 12, 1999.

[Spa92]　James C. Spall. Multivariate stochastic approximation using a simultaneous perturbation gradient approximation. *IEEE Transactions on Automatic Control*, 37(3):332–341, 1992.

[Spa05]　James C. Spall. *Introduction to Stochastic Search and Optimization: Estimation, Simulation, and Control*, volume 65. John Wiley & Sons, 2005.

[SS85]　Paul J. Schweitzer and Abraham Seidmann. Generalized polynomial approximations in Markovian decision processes. *Journal of Mathematical Analysis and Applications*, 110(2):568–582, 1985.

[SSP⁺20] Iulian Vlad Serban, Chinnadhurai Sankar, Michael Pieper, Joelle Pineau, and Yoshua Bengio. The bottleneck simulator: A model-based deep reinforcement learning approach. *Journal of Artificial Intelligence Research*, 69:571–612, 2020.

[ST10] Bruno Scherrer and Christophe Thiery. Performance bound for approximate optimistic policy iteration. Technical report, Technical Report, INRIA, France, 2010.

[STC⁺04] John Shawe-Taylor, Nello Cristianini, et al. *Kernel Methods for Pattern Analysis*. Cambridge University Press, 2004.

[Str18] Steven Strogatz. One giant step for a chess-playing machine. *New York Times*, 26, 2018.

[Sut88] Richard S. Sutton. Learning to predict by the methods of temporal differences. *Machine Learning*, 3(1):9–44, 1988.

[SV05] Matthijs T.J. Spaan and Nikos Vlassis. Perseus: Randomized point-based value iteration for pomdps. *Journal of Artificial Intelligence Research*, 24:195–220, 2005.

[SYL04] Jennie Si, Lei Yang, and Derong Liu. Direct neural dynamic programming. In Jennie Si, Andrew G. Barto, Warren B. Powell, and Don Wunsch, editors, *Handbook of Learning and Approximate Dynamic Programming*. IEEE Press, 2004.

[SYL17] Naci Saldi, Serdar Yüksel, and Tamás Linder. Finite model approximations for partially observed Markov decision processes with discounted cost. *arXiv preprint arXiv:1710.07009*, 2017.

[Sze10] Csaba Szepesvári. *Algorithms for Reinforcement Learning*. Synthesis Lectures on Artificial Intelligence and Machine Learning. Morgan & Claypool Publishers, 2010.

[SZLT08] Tao Sun, Qianchuan Zhao, Peter B. Luh, and Robert N. Tomastik. Optimization of joint replacement policies for multipart systems by a rollout framework. *IEEE Transactions on Automation Science and Engineering*, 5(4):609–619, 2008.

[Tes89a] Gerald Tesauro. Connectionist learning of expert preferences by comparison training. In *Advances in Neural Information Processing Systems*, pages 99–106, 1989.

[Tes89b] Gerald Tesauro. Neurogammon wins computer olympiad. *Neural Computation*, 1(3):321–323, 1989.

[Tes92] Gerald Tesauro. Practical issues in temporal difference learning. *Machine Learning*, 8(3):257–277, 1992.

[Tes94] Gerald Tesauro. Td-gammon, a self-teaching backgammon program, achieves master-level play. *Neural Computation*, 6(2):215–219, 1994.

[Tes95] Gerald Tesauro. Temporal difference learning and td-gammon. *Communications of the ACM*, 38(3):58–68, 1995.

[Tes01] Gerald Tesauro. Comparison training of chess evaluation functions. In *Machines That Learn to Play Games*, pages 117–130. Nova Science Publishers, 2001.

[Tes02] Gerald Tesauro. Programming backgammon using self-teaching neural nets. *Artificial Intelligence*, 134(1-2):181–199, 2002.

[TG96] Gerald Tesauro and Gregory Galperin. On-line policy improvement using Monte Carlo search. *Advances in Neural Information Processing Systems*, 9:1068–1074, 1996.

[TP03] Fang Tu and Krishna R. Pattipati. Rollout strategies for sequential fault diagnosis. *IEEE Transactions on Systems, Man, and Cybernetics-Part A: Systems and Humans*, 33(1):86–99, 2003.

[TS09] Christophe Thiery and Bruno Scherrer. Improvements on learning tetris with cross entropy. *International Computer Games Association Journal*, 32(1):23–33, 2009.

[Tse98]   Paul Tseng. An incremental gradient (-projection) method with momentum term and adaptive stepsize rule. *SIAM Journal on Optimization*, 8(2):506–531, 1998.

[Tsi94]   John N. Tsitsiklis. Asynchronous stochastic approximation and q-learning. *Machine learning*, 16(3):185–202, 1994.

[Tsi95]   John N. Tsitsiklis. Efficient algorithms for globally optimal trajectories. *IEEE Transactions on Automatic Control*, 40(9):1528–1538, 1995.

[TVR96a]   John N. Tsitsiklis and Benjamin Van Roy. Analysis of temporal-diffference learning with function approximation. *Advances in Neural Information Processing Systems*, 9, 1996.

[TVR96b]   John N. Tsitsiklis and Benjamin Van Roy. Feature-based methods for large scale dynamic programming. *Machine Learning*, 22(1):59–94, 1996.

[TVR99a]   John N. Tsitsiklis and Benjamin Van Roy. Average cost temporal-difference learning. *Automatica*, 35(11):1799–1808, 1999.

[TVR99b]   John N. Tsitsiklis and Benjamin Van Roy. Optimal stopping of Markov processes: Hilbert space theory, approximation algorithms, and an application to pricing high-dimensional financial derivatives. *IEEE Transactions on Automatic Control*, 44(10):1840–1851, 1999.

[UGMH19]   Marlin W. Ulmer, Justin C. Goodson, Dirk C. Mattfeld, and Marco Hennig. Offline-online approximate dynamic programming for dynamic vehicle routing with stochastic requests. *Transportation Science*, 53(1):185–202, 2019.

[Ulm17]   Marlin Wolf Ulmer. *Approximate Dynamic Programming for Dynamic Vehicle Routing*. Springer, 2017.

[Vla08]   Alexander Vladimirsky. Label-setting methods for multimode stochastic shortest path problems on graphs. *Mathematics of Operations Research*, 33(4):821–838, 2008.

[VN93]   J. A. Van Nunen. Contracting Markov decision processes. Technical report, Mathematical Centre Report, 1993.

[VVL13]   Draguna Vrabie, Kyriakos G. Vamvoudakis, and Frank L. Lewis. *Optimal Adaptive Control and Differential Games by Reinforcement Learning Principles*, volume 2. IET, 2013.

[Wat89]   Christopher J. C. H. Watkins. *Learning from Delayed Rewards*. PhD thesis, Cambridge University, 1989.

[WB99]   Lex Weaver and Jonathan Baxter. Reinforcement learning from state and temporal differences. Technical report, Citeseer, 1999.

[WB13]   Mengdi Wang and Dimitri P. Bertsekas. On the convergence of simulation-based iterative methods for solving singular linear systems. *Stochastic Systems*, 3(1):38–95, 2013.

[WB14]   Mengdi Wang and Dimitri P. Bertsekas. Stabilization of stochastic iterative methods for singular and nearly singular linear systems. *Mathematics of Operations Research*, 39(1):1–30, 2014.

[WB15]   Mengdi Wang and Dimitri P. Bertsekas. Incremental constraint projection methods for variational inequalities. *Mathematical Programming*, 150(2):321–363, 2015.

[WB16]   Mengdi Wang and Dimitri P. Bertsekas. Stochastic first-order methods with random constraint projection. *SIAM Journal on Optimization*, 26(1):681–717, 2016.

[WBI93]   Ronald J. Williams and Leemon C. Baird III. Analysis of some incremental variants of policy iteration: First steps toward understanding actor-critic learning systems. Technical report, Citeseer, 1993.

[WCG03]   Gang Wu, Edwin KP Chong, and Robert Givan. Congestion control using policy rollout. In *42nd IEEE International Conference on Decision and Control*, volume 5, pages 4825–4830. IEEE, 2003.

[Whi88]   Peter Whittle. Restless bandits: Activity allocation in a changing world. *Journal of Applied Probability*, 25(A):287–298, 1988.

[Whi91]   Chelsea C. White. A survey of solution techniques for the partially observed Markov decision process. *Annals of Operations Research*, 32(1):215–230, 1991.

[Wie03]   Eric Wiewiora. Potential-based shaping and q-value initialization are equivalent. *Journal of Artificial Intelligence Research*, 19:205–208, 2003.

[WIS94]   Chelsea C. White III and William T. Scherer. Finite-memory suboptimal design for partially observed Markov decision processes. *Operations Research*, 42(3):439–455, 1994.

[WOB15]   Yang Wang, Brendan O'Donoghue, and Stephen Boyd. Approximate dynamic programming via iterated bellman inequalities. *International Journal of Robust and Nonlinear Control*, 25(10):1472–1496, 2015.

[WP16]   Jing Wang and Ioannis Ch Paschalidis. An actor-critic algorithm with second-order actor and critic. *IEEE Transactions on Automatic Control*, 62(6):2689–2703, 2016.

[WS92]   David A. White and Donald A. Sofge, editors. *Handbook of Intelligent Control*. Van Nostrand Reinhold Company, 1992.

[WS98]   Marco Wiering and Jürgen Schmidhuber. Fast online q (λ). *Machine Learning*, 33(1):105–115, 1998.

[WWJD12]   Andre Wibisono, Martin J. Wainwright, Michael Jordan, and John C. Duchi. Finite sample convergence rates of zero-order stochastic optimization methods. *Advances in Neural Information Processing Systems*, 25, 2012.

[Yar17]   Dmitry Yarotsky. Error bounds for approximations with deep relu networks. *Neural Networks*, 94:103–114, 2017.

[YB06]   Huizhen Yu and Dimitri P. Bertsekas. A least squares q-learning algorithm for optimal stopping problems. *Lab. for Information and Decision Systems Report*, 2731, 2006.

[YB08]   Huizhen Yu and Dimitri P. Bertsekas. On near optimality of the set of finite-state controllers for average cost pomdp. *Mathematics of Operations Research*, 33(1):1–11, 2008.

[YB09a]   Huizhen Yu and Dimitri P. Bertsekas. Basis function adaptation methods for cost approximation in mdp. In *2009 IEEE Symposium on Adaptive Dynamic Programming and Reinforcement Learning*, pages 74–81. IEEE, 2009.

[YB09b]   Huizhen Yu and Dimitri P. Bertsekas. Convergence results for some temporal difference methods based on least squares. *IEEE Transactions on Automatic Control*, 54(7):1515–1531, 2009.

[YB10]   Huizhen Yu and Dimitri P. Bertsekas. Error bounds for approximations from projected linear equations. *Mathematics of Operations Research*, 35(2):306–329, 2010.

[YB12a]   Huizhen Yu and Dimitri P. Bertsekas. Discretized approximations for pomdp with average cost. *arXiv preprint arXiv:1207.4154*, 2012.

[YB12b]   Huizhen Yu and Dimitri P. Bertsekas. Weighted bellman equations and their applications in approximate dynamic programming. *Lab. for Information and Decision Systems Report LIDS-P-2876, MIT*, 2012.

[YB13a]   Huizhen Yu and Dimitri P. Bertsekas. On boundedness of q-learning iterates for stochastic shortest path problems. *Mathematics of Operations Research*, 38(2):209–227, 2013.

[YB13b]   Huizhen Yu and Dimitri P. Bertsekas. Q-learning and policy iteration algorithms for stochastic shortest path problems. *Annals of Operations Research*, 208(1):95–132, 2013.

[YB15]   Huizhen Yu and Dimitri P. Bertsekas. A mixed value and policy iteration method for stochastic control with universally measurable policies. *Mathematics of Operations Research*, 40(4):926–968, 2015.

[YDRR04]   Xiang Yan, Persi Diaconis, Paat Rusmevichientong, and Benjamin Roy. Solitaire: Man versus machine. In *Advances in Neural Information Processing Systems*, volume 17, pages 1553–1560, 2004.

[Yu12a]   Huizhen Yu. A function approximation approach to estimation of policy gradient for pomdp with structured policies. *arXiv preprint arXiv:1207.1421*, 2012.

[Yu12b]   Huizhen Yu. Least squares temporal difference methods: An analysis under general conditions. *SIAM Journal on Control and Optimization*, 50(6):3310–3343, 2012.

[Yu15]   Huizhen Yu. On convergence of value iteration for a class of total cost Markov decision processes. *SIAM Journal on Control and Optimization*, 53(4):1982–2016, 2015.

[ZBH+21]   Chiyuan Zhang, Samy Bengio, Moritz Hardt, Benjamin Recht, and Oriol Vinyals. Understanding deep learning (still) requires rethinking generalization. *Communications of the ACM*, 64(3):107–115, 2021.

[ZO11]   Chunlei Zhang and Raúl Ordóñez. *Extremum-Seeking Control and Applications: A Numerical Optimization-Based Approach*. Springer Science & Business Media, 2011.

[ZT11]   Mingyuan Zhong and Emanuel Todorov. Aggregation methods for lineary-solvable Markov decision process. *IFAC Proceedings Volumes*, 44(1):11220–11225, 2011.